全国各类高等院校食品加工工艺专业规划与创新系列教材

食品微生物学

主　编　徐博文　张　颖
副主编　王超男　吕　平　王增池

中国商业出版社

图书在版编目(CIP)数据

食品微生物学/徐博文，张颖主编. — 北京：中国商业出版社，2023.4

ISBN 978－7－5044－9310－1

Ⅰ.①食… Ⅱ.①徐… ②张… Ⅲ.①食品微生物－微生物学－教材 Ⅳ.①TS201.3

中国版本图书馆 CIP 数据核字(2016)第 026225 号

责任编辑：蔡凯

中国商业出版社出版发行

010－63180647 www.c－cbook.com

(100053 北京广安门内报国寺 1 号)

新华书店经销

北京军迪印刷有限责任公司印刷

＊ ＊ ＊ ＊ ＊

787 毫米×1092 毫米 16 开 20.5 印张 400 千字

2016 年 3 月第 1 版 2023 年 4 月第 2 次印刷

定价：46.00 元

＊ ＊ ＊ ＊

(如有印装质量问题可更换)

前言

近年来，随着社会经济的飞速发展，人们的生活水平不断提高，全球性食品安全问题越来越引起人们的广泛关注，特别是各国先后出现多起重大食品安全事件，食品卫生检验和食品质量监督工作在食品行业中的作用不可忽视。世界卫生组织将控制食品污染和食源性疾病列为优先重点战略工作领域。在食品生产领域中，微生物是一把锋利的“双刃剑”。有些食品的生产离不开微生物的作用，如：食醋、发酵乳、啤酒等，都是在醋酸杆菌、乳酸菌、啤酒酵母等不同种的微生物作用下，通过某种生产工艺发酵而成。但伴随食品原材料的处理、生产环境、加工过程、包装的处理等过程，都有可能产生不同程度的微生物污染，导致菌落总数、大肠菌群超标，甚至是致病菌的产生，也会给食品质量带来危害，由此引发的食品安全危害严重地影响了人们的身体健康，损害了市场秩序和经济的发展。通过食品微生物检验，可以判断食品原材料、生产加工环境及包装各个环节的卫生程度，对食品被细菌污染的程度做出正确的评价，为食品卫生质量和卫生管理措施提供科学依据，有效地防止或者减少食源性疾病的发生，保障人们的身体健康。所以，食品卫生微生物检验是判定食品能否食用的依据之一，是衡量食品卫生质量的重要指标之一，也是人们身体健康的食品安全保障之一。

根据国际和国内卫生组织的要求和规定，食品卫生的标准在不断地更新和提高，生物技术的进步也在促使食品微生物检验技术不断地朝着快速、可靠、准确的水平发展，这些都对从事食品卫生检验的人员提出了更高的要求，对于高职院校培养相关专业的学生提出了新的学习目标和学习方法。目前国内尚缺乏一套与最新食品卫生国家标准配套的高等职业学校食品、检验相关专业学生使用的教材。为此，在安徽省第一轻工业学校的组织下，由中国商业出版社出版发行《食品微生物技术》，本书根据最新的食品卫生国家职业标准的内容，反映在企业生产实践中的最新理论和技术，遵循以学生为主体的教学理念，依据高职高专学生的学习兴趣和认知规律，侧重于学生从事食品卫生行业的岗位技术技能，采用项目化学习情境的形式编写而成。本书既可作为高等职业学校相关专业的教学用书，也可作为食品企业从事微生物检验工作的技术人员参考用书。

本书参编人员全部为高职院校一线在职教师或食品企业质量管理人员，具有丰富的理论知识和实践经验。在编写过程中，我们结合当前职业院校教学改革成果，在内容方面既重视微生物基本理论知识的系统性，又突出重点技术的应用和技能操作实例，依据国家职业标准，编纂经典的项目化案例，既保持技术的更新，又做到技能的适用。本书主要介绍了食品微生物的主要类群、生长和培养规律、鉴别的主要特征和方法、微生物在食品工业中的应用、微生物引起的食品污染与腐败变质、微生物与食品卫生、综合实训等。

本书由徐博文、张颖担任主编，王超男、王增池、吕平任副主编，是在安徽省第一轻工业学校（徐博文、王超男）、天津职业大学（张颖、吕平）等单位从事教学和研究工作的老师和专家们的共同参与下完成的。编写分工如下：张颖编写绪论，和学习情境一、四、八，王蔷编写学习情境二，王芳编写学习情境三，吕平编写学习情境五，王超男编写学习情境六，徐博文编写学习情境七、九，杨永清编写学习情境十，王增池编写学习情境十一。

由于编者水平有限，不当之处在所难免，恳请读者多提宝贵意见。

编　者

2023年3月

目　录

学习情境一 食品微生物工作的认知

◆基础理论和知识

1. 食品微生物主要种类的形态、结构特征。
2. 食品微生物主要种类的分类、群体特征。

◆基本技能及要求

1. 了解食品微生物检验的意义和工作流程及主要内容；
2. 掌握食品检验中的主要菌种；
3. 掌握食品微生物检验的镜检技术。

◆学习重点

1. 食品微生物的主要种类及其形态；
2. 食品微生物检验的染色、镜检技术。

◆学习难点

不同食品微生物的菌落特征。

◆导入案例

案例回放 1

《汕头都市报》2004 年 6 月 21 日报道：从 2004 年 6 月 14 日下午 4 时起，广东省梅州市人民医院先后收治了9名食物中毒病人，多数为少年儿童，其中最小的是才7岁的小男孩。至15日傍晚，出现类似食物中毒症状的病人已达上百人之多。据悉，这些病人是吃了梅城一家“艺术”蛋糕店近日生产的蛋糕发病的。从14日至17日，先后有124人出现程度不同的中毒症状。后经有关卫生专家深入调查发现，该厂生产的“三明治”蛋糕主要成分为鸡蛋、色拉油、糖等，同时还使用了一种沙拉酱原料。工人在破壳打蛋过程中没有将鸡蛋外壳清洗消毒，致使沙拉酱被鸡蛋外壳上的沙门氏菌污染。被污染后的沙拉酱存放又超过了10小时，使得沙门氏菌大量繁殖。“三明治”蛋糕使用了这批被污染的沙拉酱，从而引发了这次大规模中毒事件。

案例回放2

《南方日报网络版》2006年4月13日报道:2006年4月12日下午，广东广州中医药大学大学城校区多名学生出现呕吐、腹泻症状。据了解，中毒的学生曾在11日吃过食堂的鸡饭和鸭饭。12日起，先后有数十名学生出现呕吐、腹泻、头晕和发烧等症状。截至4月13日，广州中医药大学和广东药学院两校入医院的学生超过百人。在54名有中毒症状的学生中，有47名是广州中医药大学大学城校区的学生，其余7名是广东药学院的学生。事发后，学校食堂的鸡饭和鸭饭停止销售。经调查，此事件被确认为由沙门氏菌引起的食物中毒。造成食物中毒的主要原因是广州中医药大学大学城校区第二饭堂盛装食品的容器、分切熟食的砧板等工具没有按规定进行消毒。4月10日和11日这两天恰逢广州气温高，细菌繁殖快，4月11日向学生供应的午餐、晚餐中，饭堂食品受到了容器和砧板上肠炎沙门氏菌的污染。番禺区卫生监督所对这一饭堂做出了吊销卫生许可证和罚款5万元的处理。

案例回放3

新华网2006年9月1日报道:匈牙利西部城市索姆包特海伊一家点心厂专门制作核桃点心，供应给3家福利院做福利餐，还供该市一家点心店出售。2006年8月20日，约有700人食用了该点心厂被污染的点心，其中一些进餐者食用后出现恶心、腹泻症状。在随后十多天中，出现感染症状的人数不断增加，从最初的100多人上升至405人，有4人死亡。卫生部门检查发现，点心厂的两名工作人员携带有沙门氏菌，最终确定点心被沙门氏菌污染。从以上案例可以看出，食品卫生微生物检验的意义重大，它是衡量食品卫生质量的重要指标之一，也是判定被检食品能否食用的科学依据之一。通过食品微生物检验，可以判断食品加工环境及食品卫生环境，能够对食品被细菌污染的程度作出正确的评价，为各项卫生管理工作提供科学依据，提供传染病和人类动物和食物中毒的防治措施。食品微生物检验可以有效地防止或者减少食物中毒人畜共患病的发生，保障人民的身体健康;同时，它对提高产品质量，避免经济损失，保证出口等方面具有政治上和经济上的重要意义。

◆讨论

1. 食品卫生微生物检验有什么意义?
2. 沙门氏菌是哪种微生物?

项目一　微生物检验工作的认知

微生物在我们的生活中无处不在，在食品工业中的应用也有悠久的历史。五千年前，我国劳动人民酿酒、酿醋、制造酱油都是与微生物分不开的。古代劳动人民用谷物制作出了一种叫酒曲的原料，在酿酒过程中，将生长了微生物的谷物称为曲，曲中含有大量的霉菌和酵母，分别起着对谷物进行糖化和酒精发酵的作用，用这种曲可以酿酒。在制曲技术发展的漫长过程中，分化出专用于酿醋、制酱的曲。利用醋酸细菌使酒精进一步氧化成醋酸就是酿醋的过程；制酱则是利用曲中的米曲霉产生的蛋白酶，把豆类、肉类等食品中大量含有的蛋白质分解成氨基酸等水解产物。在现代，我们通过乳酸菌进行乳酸发酵而生产出酸奶，利用酵母发酵做成面包、馒头、啤酒和葡萄酒。乳酸菌、醋酸细菌、霉菌和酵母菌都属于微生物。微生物的种类还有其他很多，用途也很广泛。除了食品方面，还有在医药领域，十分重要的抗生素也是从放线菌等代谢产物中筛选出来。放线菌也属于微生物。此外，在环保领域降解塑料、处理废水废气等等，也和很多微生物的作用密不可分。即使在我们的体内，也存在着大量的菌群维持身体的生态平衡，这也是微生物。

任务一　微生物的认知

微生物 microbe，microorganism

（一）微生物的定义及分类

微生物是指一切肉眼看不到或看不清楚的一群微小生物的总称，一般需要借助显微镜来观察研究，有的甚至用电子显微镜放大数万倍、上百万倍才能看清。举例来说，微生物中的某种细菌，1000个叠加在一起只有句号那么大，80个球菌“肩并肩”地排列成横队，也只有一根头发丝的宽度。微生物个体微小（直径小于0.1毫米），构造简单，包括细菌、病毒、真菌以及一些小型的原生生物、显微藻类等在内的一大类生物群体。它们是这个星球最早的居民，有单细胞，多细胞，还有一些微生物甚至连一个细胞都不是，只是由蛋白质和（或）核酸组成的不能独立生活的大分子生物。它们是一群地球上最低等的生物。根据存在环境的不同分为土壤微生物、空间微生物、空气微生物、肠道微生物、海洋微生物等。它们个体微小，但在维持生物圈和为人类提供众多未开发的资源方面发挥着重要的作用。微生物应用领域日益拓展，与人类日常生活、健康非常密切，工业应用日益广泛。

综上所述，给微生物下一个比较恰切的定义，则可以表述为：微生物是指所有形体微小，单细胞或结构简单的多细胞，或没有细胞结构的一群最低等的生物。

整个微生物家族的成员包括三大类：原核细胞类微生物、真核细胞类微生物和非细胞类微生物。现分述如下：

1. 原核细胞类微生物

（1）细菌（bacteria）

细菌中既有人类的“敌人”，也有“伙伴”。导致疾病、残害人命的病原菌是细菌的一部分，但大多数细菌能给我们带来很大的好处，生产醋酸、酸奶、味精，积累氮肥、净化环境都离不开细菌。如用于酿醋的醋酸杆菌；使牛奶变酸的乳酸杆菌；生产味精的谷氨酸短杆菌；生产淀粉酶的枯草芽孢杆菌等。细菌是一类构造简单的单细胞生物，个体极小，必须用显微镜才能观察得到。它没有成型的细胞核，只有一些核质分散在原生质中，或以颗粒状态存在细菌的种类繁多，而且分布极广，地球上从 1.7 万米的高空，到深度达 1.07 万米的海洋中到处都有细菌的踪影。在人体内内，也有细菌，如肠道内的大肠杆菌、皮肤上的葡萄球菌。

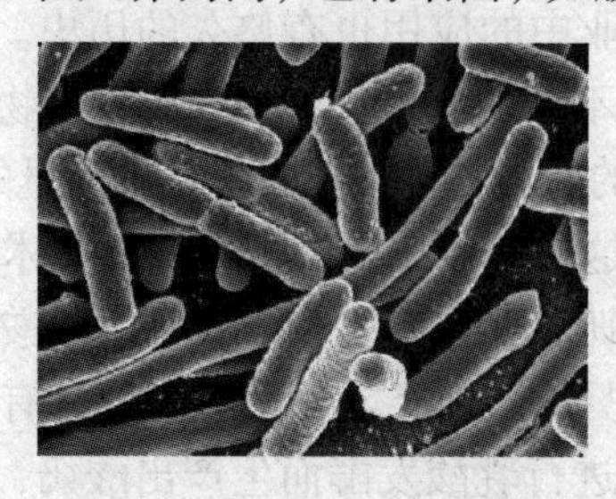

图 1－1a　大肠杆菌

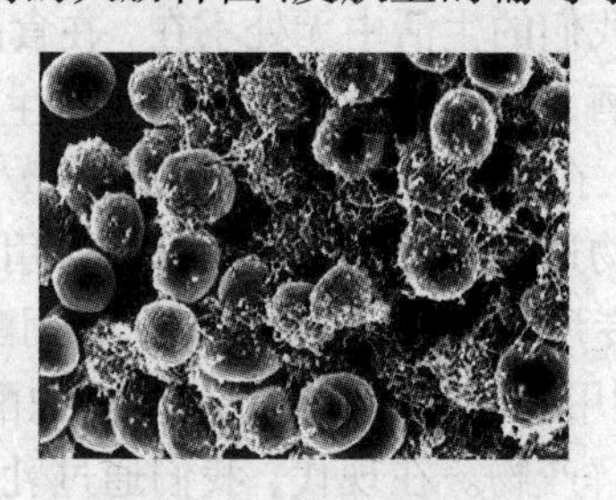

图 1－1b　葡萄球菌

(2)放线菌(actinomycetes)

放线菌普遍分布于土壤，其中大多是腐生菌，少数是某些植物的共生菌和动物及植物的寄生菌，能引起人、动物和植物的病害。如疮痂病链霉菌是甜菜疮痂病的病原菌，诺卡氏菌能引起人和家畜的皮肤病和肺部感染，放线菌具有特殊的土霉味，能使水和食物变味，有的放线菌也能使棉、毛、纸张等霉坏。但是，放线菌同时也对人类做出了很多贡献，世界上已发现的 2000 多种抗菌素中，约有 56% 是由放线菌所产生的，而抗菌素又占目前临床所用西药的半数以上，可见放线菌在医药工业上的重要性。不仅如此，放线菌目前还应用于生产农用抗菌素、维生素及酶制剂等。放线菌呈丝状生长，营养菌丝为单细胞，以孢子繁殖的一类原核生物，一般要采用也要在显微镜下观察得到。如生产链霉素的灰色链霉菌，生产红霉素的红色链霉菌。

图 1－2　灰色链霉菌

(3)蓝细菌

蓝细菌(cyanobacteria)旧称蓝藻或蓝绿藻。呈单细胞、非丝状群体或丝状体的大型原核生物，能进行产氧光合作用。在地球历史的演化过程中起到过关键性作用，正是它们借助光合作用的力量造就了一个富含氧气的大气层，从而为其他生命体的出现创造了条件。它们还通过共生演化形成了植物体内的叶绿体，从而让植物可以进行光合作用。如发菜念珠蓝细菌，盘状螺旋蓝细菌(螺旋藻)等。

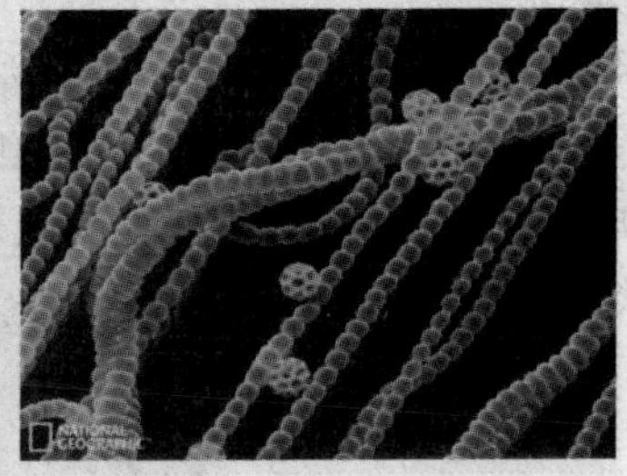

图1－3　发菜念珠蓝细菌

(4)支原体

支原体(mycoplasma)是一类不具细胞壁的最小型原核生物，为目前发现的最小的最简单的原核生物。细胞中唯一可见的细胞器是核糖体，支原体的基因组多为双链DNA，散布于整个细胞内没有形成的核区或拟核。支原体的大小为0.1～0.3μm，可通过滤菌器，常给细胞培养工作带来污染的麻烦。菌落小(直径0.1～1.0mm)，在固体培养基表面呈特有的“油煎蛋”状。许多支原种类是致病菌。如肺炎支原体、生殖道支原体等。肺炎支原体的一端有一种特殊的末端结构，能使支原体粘附于呼吸道黏膜上皮细胞表面，与致病性有关。

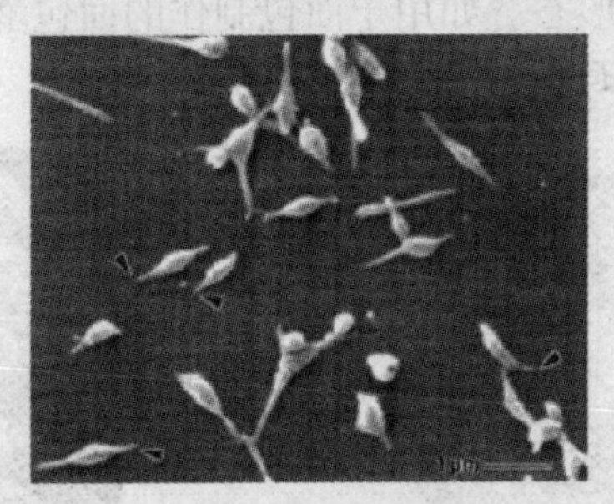

图1－4　肺炎支原体

(5)立克次氏体

立克次氏体(rickettsia)是一类专性寄生于真核细胞内的G－(革兰氏阴性菌)原核生物。立克次体是1909年美国病理学副教授立克次(HowardTaylorRicketts，1871－1910)在研究落基山斑疹热时首先发现的。一般不能通过细菌滤器，是介于细菌与病毒之间，而接近于细菌的一类原核生物。不能独立生活，一般呈球状或杆状，专性寄生于真核细胞内，是某些人类传染病的病原体。如斑疹伤寒立克次氏体、恙虫热立克次氏体等。

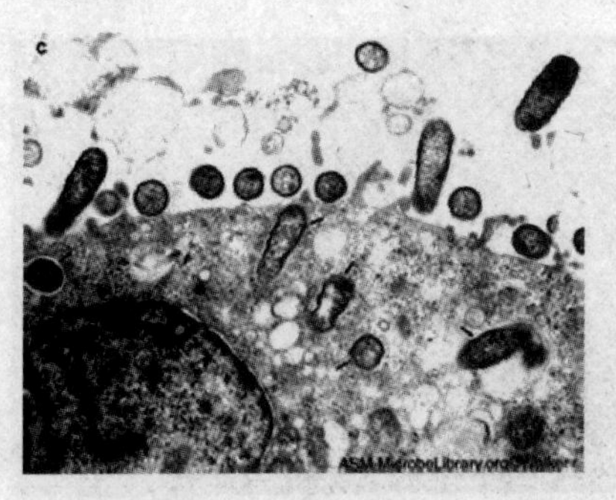

图1－5　立克次氏体

(6)衣原体

衣原体(chlamydia)是一类能通过细菌滤器，在细胞内寄生，有独特发育周期的原核细胞性微生物。多呈球状、堆状，无细胞壁，有细胞膜，属原核细胞，直径只有0.3－0.5微米，它无运动能力，广泛寄生于人类、哺乳动物及鸟类，仅少数有致病性。能引起人类疾病的有沙眼衣原体、肺炎衣原体、鹦鹉热衣原体。

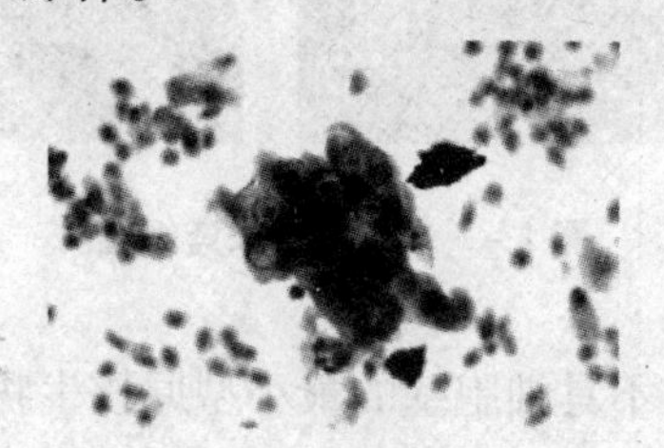

图1－6　衣原体

2. 真核细胞类微生物

(1)酵母菌

酵母菌(yeast)是单细胞真菌，能发酵糖类，是一类最低等的真核生物。一般用高倍镜(400～600倍)观察其个体细胞形态。如用于面包制作的面包酵母、酒精和酒类生产用的酿酒酵母、石油制品脱蜡用的假丝酵母等。

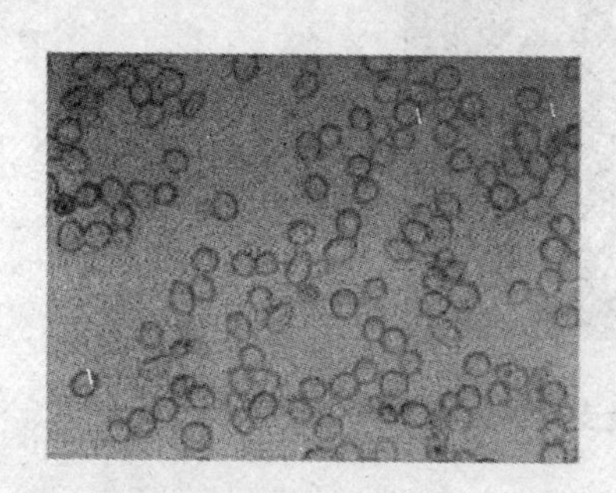

1－7a　酿酒酵母的光学显微镜观察

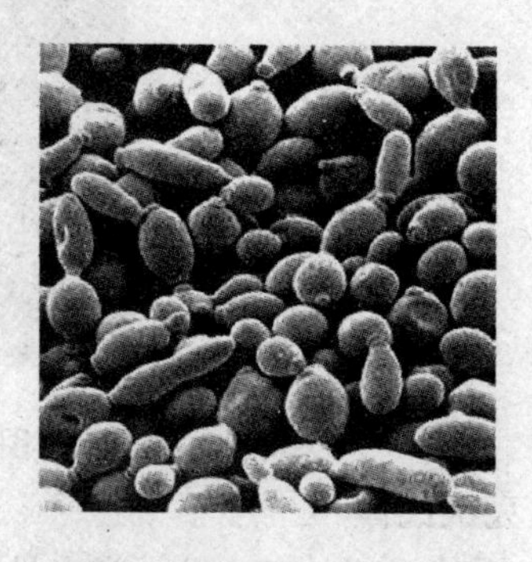

图1－7b　酿酒酵母的扫描电镜观察

(2)霉菌

霉菌(mould, mold)是引起物品霉变的丝状真菌，单细胞或多细胞真核生物。可用低倍或高倍镜观察其个体形态。如酿制小曲酒的根霉菌，制造豆腐乳的毛霉菌，生产葡萄糖的曲霉菌，生产青霉素的青霉菌等。

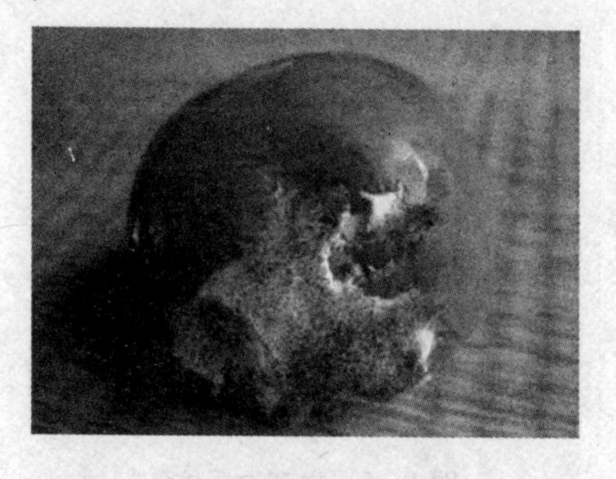

图1－8　肉眼观察番茄表面的霉菌

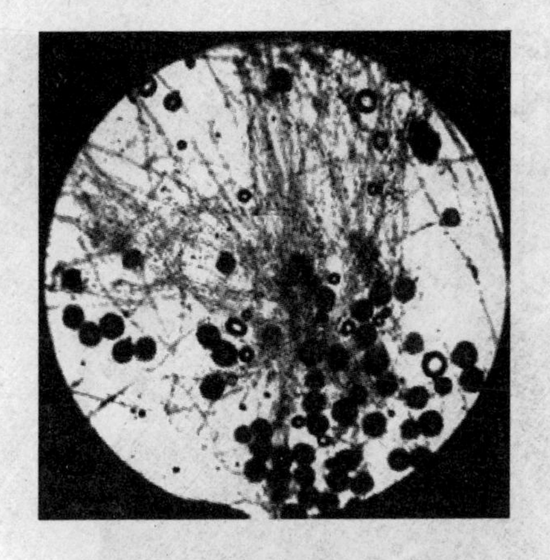

图 1－9　显微镜观察下的霉菌

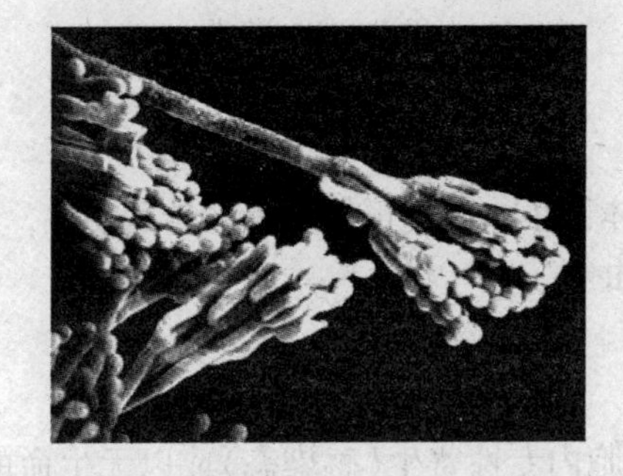

图 1－10　电镜下观察的青霉菌及其孢子

(3)蕈菌

蕈菌(mushroom)，是指能形成大型的子实体或菌核组织的高等真菌类的总称。又名伞菌或担子菌，与 macrofungi 同义。如蘑菇、香菇、草菇、平菇、木耳、银耳等食用菌，以及灵芝、云芝、猴头等药用菌。蕈菌生长在基质上或地下，子实体的大小足以让肉眼辨识和徒手采摘。

图 1－11　红菇

(4)藻类

藻类(algae)是单细胞或单细胞的聚合体，进行光合作用并产生氧气的一类真核生物。如微星鼓藻、团藻、栅藻等。主要水生，无维管束，能进行光合作用。体型大小各异，小至长 1 微米的单细胞的鞭毛藻，大至长达 60 米的大型褐藻。

图 1－12　藻类

(5)原生动物

原生动物(protozoan)个体微小，无真正细胞壁，具运动性，是吞噬营养的单细胞真核生物。如阿米巴、纤毛虫、鞭毛虫等。

3. 非细胞类微生物

(1)真病毒

真病毒 (euvirus)以活细胞内专性寄生(感染态)或以无生命的生物大分子(非感染态)两种形式存在，是由核酸和蛋白质组成的超显微的非细胞生物。如人类病毒有：流感病毒、肝炎病毒、艾滋病毒(HIV)等；动物病毒有：腺病毒、鸡瘟病毒、口蹄疫病毒等；植物病毒有：烟草花叶病毒、番茄丛矮病毒等；原核生物病毒有：噬菌体。

(2)亚病毒

亚病毒(subvirus)是只含核酸和蛋白质两种组分的其中一种的生物大分子病原体。包括类病毒(只含 RNA，专性活细胞内寄生)、拟病毒(仅由裸露核酸组成，包裹于真病毒粒中)、朊粒(不含核酸的传染性蛋白质微粒)等。

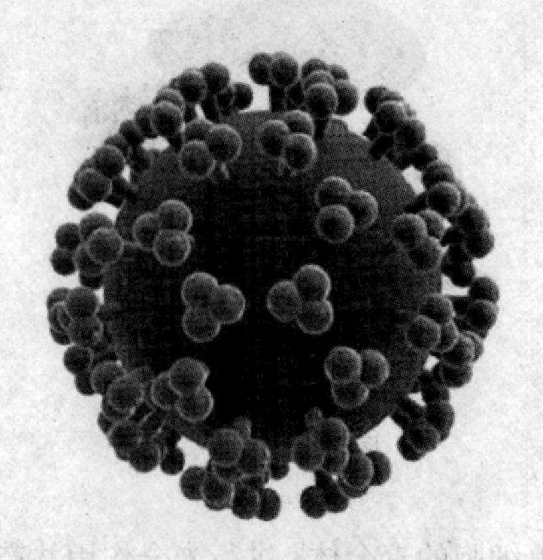

图 1－13　流感病毒

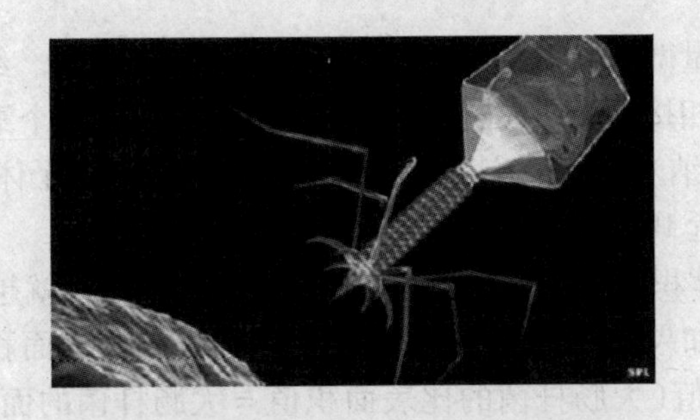

图1-14　噬菌体

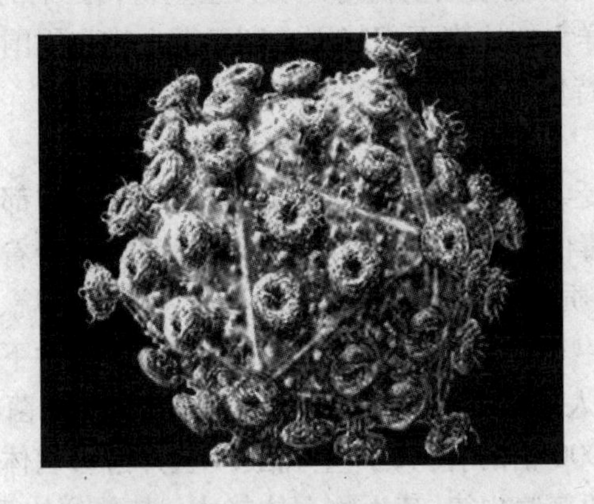

图1-15　艾滋病毒(HIV)

微生物世界中的成员确实是阵容庞大，姿态万千，芸芸众生，各有特色。其中原核生物中的细菌，真核生物中的酵母菌、霉菌，是食品行业中检验的主要微生物，也是本书讨论的重点。

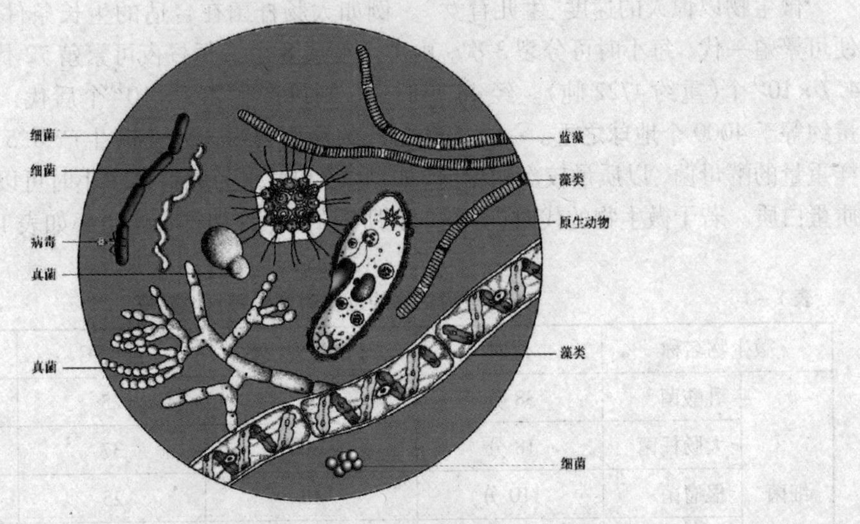

图1-16　微生物世界

(二)微生物的特点

1. **体积小，面积大**

微生物的个体都非常微小，必须借助显微镜才能看到，甚至电子显微镜把它们放大几十到几万倍才能看到。测量微生物需用测微尺，用微米或纳米表示。细菌以微米（μm）为计量单位，1500个杆菌首尾相接等于一粒芝麻的长度，10亿到100亿个细菌的重量才能达到1毫克；病毒比细菌还小，用纳米（nm）为计量单位。在微生物世界，个体最小的是类病毒和朊病毒，它们比病毒还小将近100倍。

我们知道，把一定体积的物体分割得越小，它们的总表面积就越大，物体的表面积和体积之比称为比表面积。如果把人的比表面积值定为1（人的比表面积值=人的面积/体积），则大肠杆菌的比表面积值（大肠杆菌的比表面积值=大肠杆菌的面积/体积）竟高达30万。如此一个小体积特大面积的系统是微生物与一切大型生物相区别的关键所在，也是发酵工业飞速发展的关键所在，这样大的比表面积特别有利于微生物和周围的环境进行物质、能量、信息的交换。微生物的许多特性都与这一特点密切相关。

2. 吸收多，转化快

微生物的食谱非常广泛，凡是动植物能利用的营养，微生物都能利用，大量的动植物不能利用的物质，甚至是剧毒的物质，微生物照样可以视为美味佳肴。其食谱之广是动植物完全无法相比的，纤维素、木质素、几丁质、角蛋白、石油、甲醇、甲烷、天然气、塑料、酚类、氰化物、各种有机物均可被微生物作为粮食。如大肠杆菌在合适条件下，每小时可以消耗相当于自身重量2000倍的糖，而人体则需要40年之久。发酵乳糖的细菌在1小时内就可以分解相当于其自身重量1000～10000倍的乳糖，产生乳酸；1公斤酵母菌体，在一天内可发酵几千公斤的糖，生成酒。生物界的普遍规律：某生物个体越小，其单位体重消耗的食物越多；从单位重量来看，微生物的代谢强度比高等动物的代谢强度大几千倍到几百万倍。这一特性为它们的高速生长繁殖和产生大量代谢产物提供了充分的物质条件。

3. 生长旺，繁殖快

微生物以惊人的速度“生儿育女”。例如大肠杆菌在合适的生长条件下，12.5～20分钟便可繁殖一代，每小时可分裂3次，由1个变成8个。每昼夜可繁殖72代，由1个细菌变成4.7×10^{21}个（重约4722吨）。经48小时后，则可产生2.2×10^{43}个后代，如此多的细菌的重量约等于4000个地球之重。一头500公斤的食用公牛，24小时生产0.5公斤蛋白质，而同样重量的酵母菌，以质量较次的糖液（如糖蜜）和氨水为原料，24小时可以生产50000公斤优质蛋白质。若干微生物的代时（分裂1次所需的时间）和每日增殖率如表1-1所示。

表1-1　若干微生物的世代时间和每日增殖率

微生物名称		代时	每日分裂次数	温度℃	每日增值率
细菌	乳酸菌	38分	38	25	2.7×10^{11}
	大肠杆菌	18分	80	37	1.2×10^{24}
	根瘤菌	110分	13	25	8.2×10^{3}
	枯草杆菌	31分	46	30	7.0×10^{13}
	光合细菌	144分	10	30	1.0×10^{3}
酿酒酵母		120分	12	30	4.1×10^{3}

续表

微生物名称		代时	每日分裂次数	温度℃	每日增值率
藻类	小球藻	7 小时	3.4	25	10.6
	念珠藻	23 小时	1.04	25	2.1
	硅藻	17 小时	1.4	20	2.64
草履虫		10.4 小时	2.3	26	4.92

当然由于种种条件的限制，这是不可能实现的。细菌数量的翻番只能维持几个小时，不可能无限制地繁殖。因而在培养液中繁殖细菌，它们的数量一般仅能达到每毫升 1 ~ 10 亿个，最多达到 100 亿。尽管如此，它的繁殖速度仍比高等动植物高出千万倍。微生物的这一特性在食品发酵工业上具有重要意义，可以提高生产效率，缩短发酵周期。

4. 适应强，易变异

微生物对环境条件尤其是恶劣的"极端环境"具有惊人的适应力，这是高等生物所无法比拟的。例如，多数细菌耐低温；在海洋深处的某些硫细菌可在 250℃ ~ 300℃的高温条件下正常生长；一些嗜盐细菌甚至能在 0 ~ －196℃的饱和盐水中正常生活；产芽孢细菌和真菌孢子在干燥条件下能保藏几十年、几百年甚至上千年。耐酸碱、耐缺氧、耐毒物、抗辐射、抗渗透压等特性在微生物中也极为常见。新华社莫斯科 2000 年报道，俄罗斯南极考察站在 3500 米冰下，发现了具有生命形式的细菌和酵母。《科学》杂志（Science，Vol. 301，Issue 5635，976 - 978，August 15，2003）发表的一篇论文表明，研究人员发现了一种能够在 121℃高温下生存繁殖的食铁微生物"121 株"。科学家在太平洋深海海床火山口发现这种微生物，该地的温度可以高达 400℃。两位研究人员将"121 株"放在 121℃的烤箱中，结果发现这种微生物竟然很适合这一温度，菌落大小很快就增大到原来的两倍。这比以前报告的微生物最高生存温度高出 8℃。

微生物个体微小，与外界环境的接触面积大，容易受到环境条件的影响而发生性状变化（变异）。尽管变异发生的机会只有百万分之一到百亿分之一，但由于微生物繁殖快，也可在短时间内产生大量变异的后代。正是由于这个特性，人们才能够按照自己的要求不断改良在生产上应用的微生物，如青霉素生产菌的发酵水平由最初每毫升 20 单位上升到目前近 10 万单位。利用微生物变异和育种得到如此大幅度的产量提高，在动植物育种工作中简直是不可思议的。另一方面，随之发展的就是病原微生物对药物的抗性，也随着变异的进行而在增加，这就要求我们既要利用变异的正向作用，又要预防病原微生物的变异发展。

5. 分布广，种类多

虽然我们不借助显微镜就无法看到微生物，可是它在地球上几乎无处不有，无孔不入。85 公里的高空，11 公里深、水压高达 1140 大气压的海底，2000 米深的地层，近 100℃的温泉，零下 250℃的环境下，均有微生物存在，这些都属极端环境。至于人们正常生产生活的地方，也正是微生物生长生活的适宜条件。因此，人类生活在微生物的汪洋大海之中，但常常是"身在菌中不知菌"。

微生物聚集最多的地方是土壤，土壤是各种微生物生长繁殖的大本营，任意取一把土或一粒土，就是一个微生物世界，无论数量或种类均最多。在肥沃的土壤中，每克土含有 20 亿个微生物，即使是贫瘠的土壤，每克土中也含有 3 ~ 5 亿个微生物。

空气里悬浮着无数细小的尘埃和水滴，它们是微生物在空气中的藏身之地。哪里的尘埃多，哪里的微生物就多。一般来说，陆地上空比海洋上空的微生物多，城市上空比农村上空里的多，杂乱肮脏地方的空气里比整洁卫生地方的空气里的多。人烟稠密、家畜家禽聚居地方的空气里的微生物最多，在160米高空的微生物比5300米处要多100倍。

各种水域中也有无数的微生物，居民区附近的河水和浅井水，容易受到各种污染，水中的微生物就比较多。大湖和海水中，微生物较少。

从人和动植物的表皮到人和动物的内脏，也都经常生活着大量的微生物，大肠杆菌在正常情况下，还是人肠道缺少不了的帮手呢！把手放到显微镜下观察，一双普通的手上带有细菌四万到四十万个，即使是一双用清水洗过的手，上面也有近三百个细菌。人们在握手时，将会把许多细菌传播给对方，握手也能传播疾病！幸好大多数微生物不是致病菌。

微生物种类繁多，迄今为止，我们所知道的微生物约有10万种，有人估计目前已知的种只占地球上实际存在的微生物总数的20%，微生物很可能是地球上物种最多的一类。微生物资源是极其丰富的，但在人类生产和生活中仅开发利用了已发现微生物种数的1%。

表1-2　微生物的特点

特点	举例	
体积小，面积大	大肠杆菌长1.0～3.0微米	大肠杆菌的比表面积值是人类的30万倍
吸收多，转化快	发酵乳糖细菌在1小时内就可以分解相当于其自身重量1000～10000倍的乳糖	1公斤酵母菌体，在一天内可发酵几千公斤的糖
生长旺，繁殖快	大肠杆菌20分钟便可繁殖一代	
适应强，易变异	3500米冰下，具有生命形式的细菌和酵母	硫细菌可在250℃～300℃的高温条件下正常生长
分布广，种类多	土壤是各种微生物生长繁殖的大本营	所知道的微生物约有10万种

任务二　细菌

【形态观察】

标本的观察：主要是教师使用显微镜，结合多媒体播放，学生主要任务是观察、认知。

任务准备：（微生物标准片，显微镜，擦镜纸，香柏油和二甲苯）

在显微镜下观察不同种微生物的形态。

（一）球菌的观察

球菌（coccus），菌体呈球形或近似球形，以典型的二分裂殖方式繁殖，分裂后产生的新细胞常保持一定的空间排列方式。根据细胞分裂的方向及分裂后的各子细胞的空间排列状态不同，可将球菌分为以下几种：单球菌、双球菌、链球菌、四联球菌、八叠球菌、葡萄球菌等。

1. 单球菌：菌体呈球形，分裂后的细胞分散而单独存在的球菌。

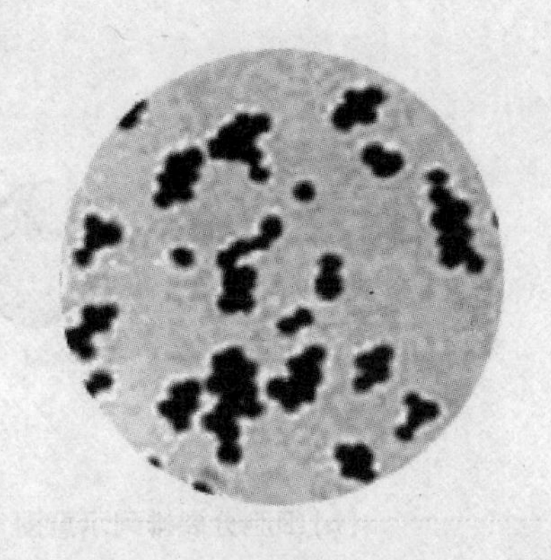

1－17　(a)显微镜下，100＊10倍观察单球菌　　　(b)示意图

2. 双球菌：分裂后两个球菌成对排列的为双球菌。

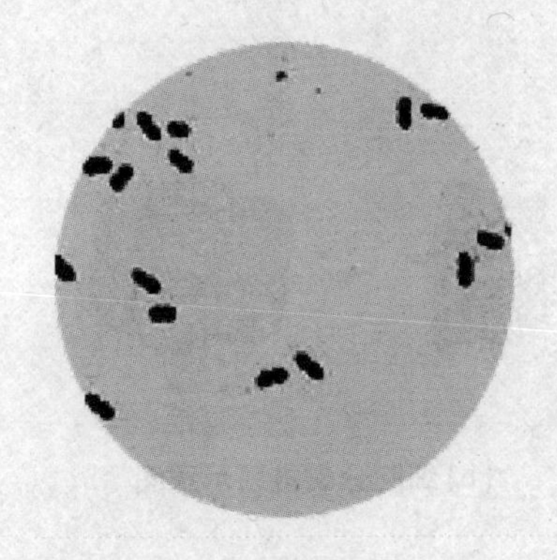

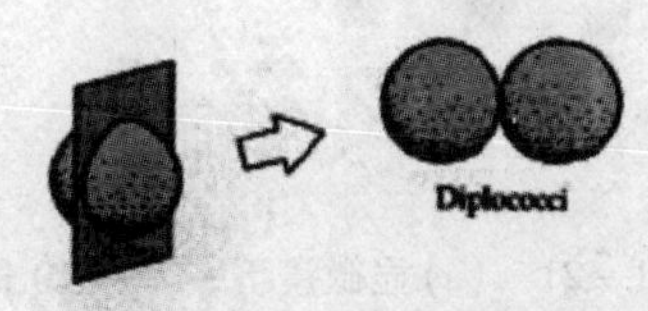

图1－18　(a)显微镜下，100＊10倍观察双球菌　　　(b)细胞分裂排列示意图

3. 链球菌：分裂是沿一个平面进行，分裂后细胞排列成链状。

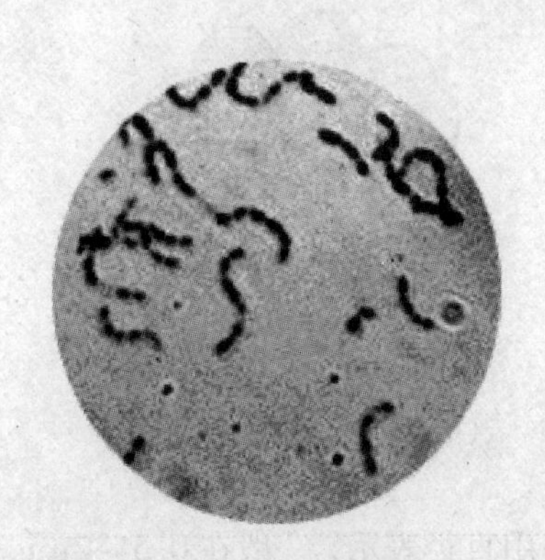

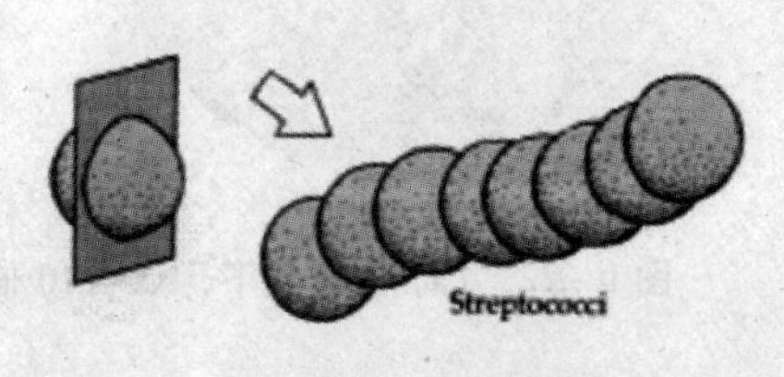

图1－19　(a)显微镜下，100＊10倍观察链球菌　　　(b)细胞分裂排列示意图

4. 四联球菌:沿两个相垂直平面进行分裂，分裂后每四个细胞在一起呈田字形。

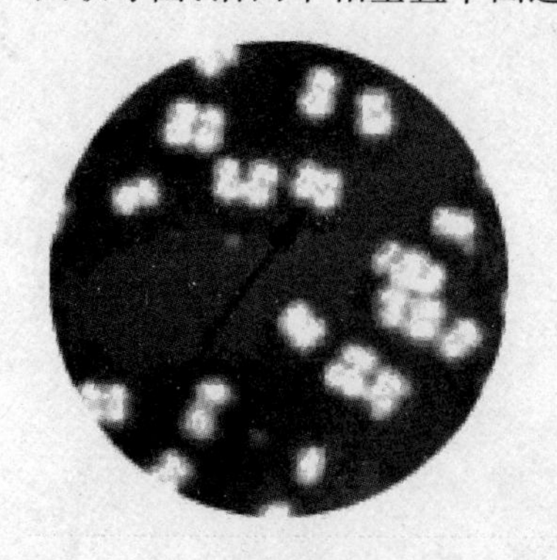

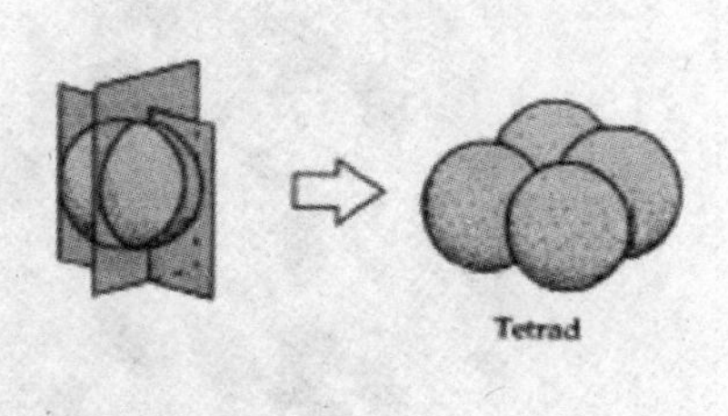

图 1－20　(a) 四联球菌细胞分裂排列示意图　　(b) 细胞分裂排列示意图

5. 八叠球菌:按三个互相垂直的平面进行分裂后，每八个球菌在一起成立方体形。

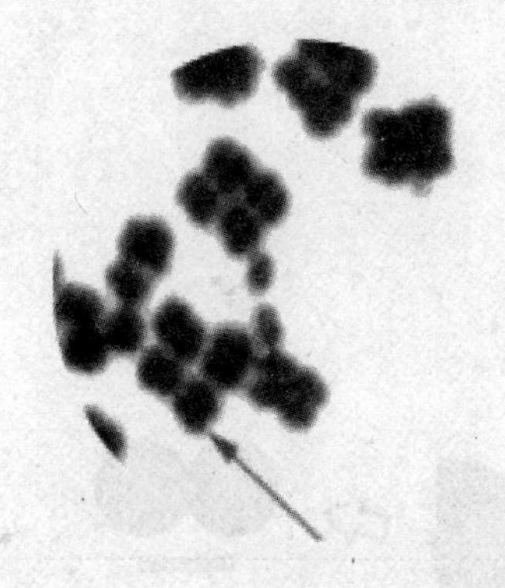

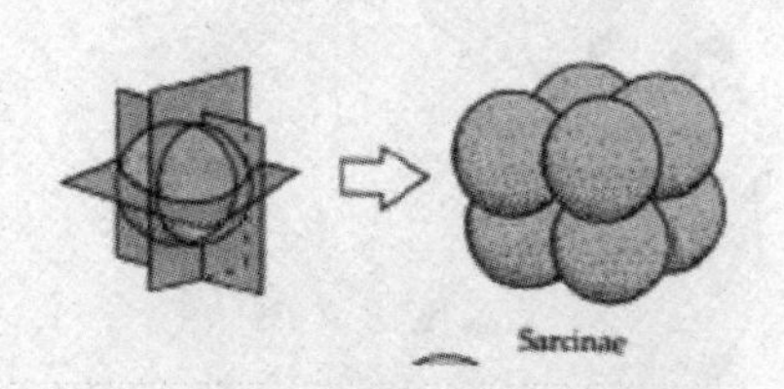

1－21　(a) 显微镜下，100＊10 倍观察八叠球菌　　(b) 细胞分裂排列示意图

6. 葡萄球菌:分裂面不规则，多个球菌聚在一起，像一串串葡萄。如金黄色葡萄球菌。

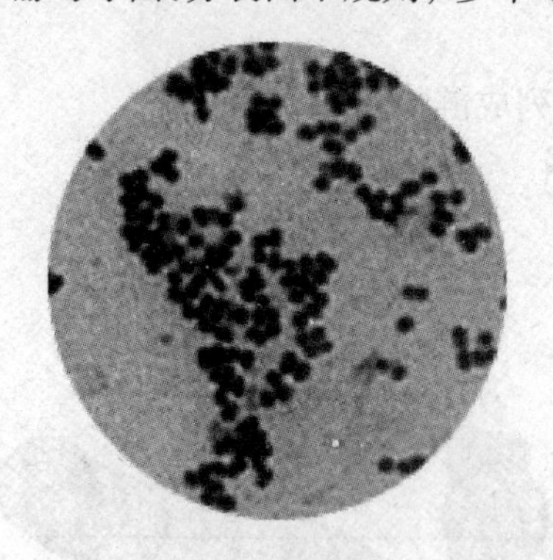

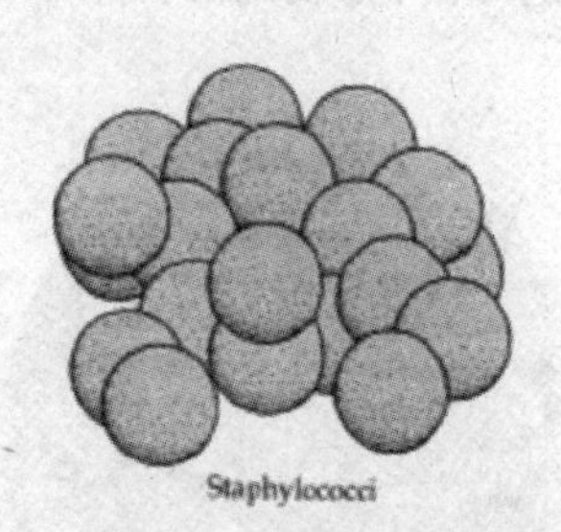

图 1－22　(a) 显微镜下，100＊10 倍观察葡萄球菌　　(b) 细胞分裂排列示意图

球菌的大小:细菌的大小用微米 μm 表示，球菌的大小用直径表示，一般在 0.5 ~2μm。

（二）杆菌的观察

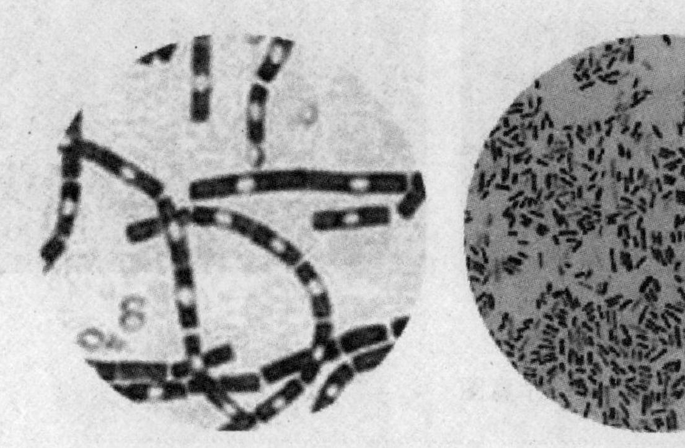

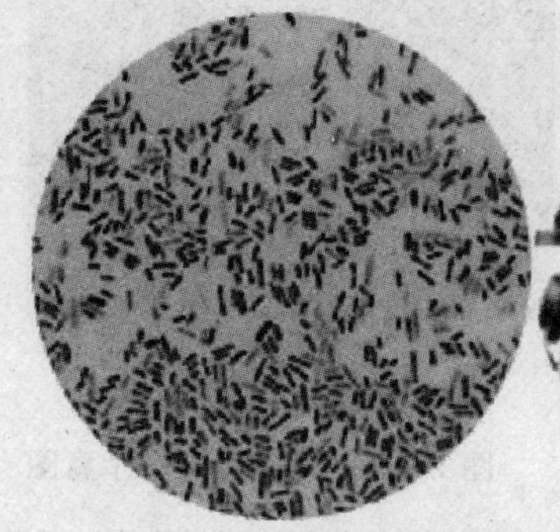

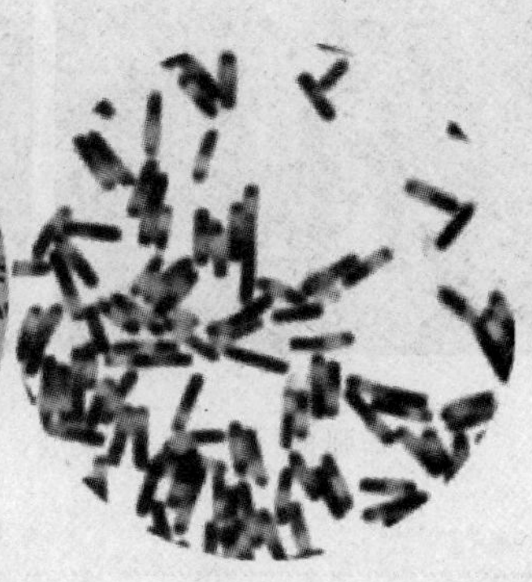

炭疽芽孢杆菌　　大肠埃希菌　　白喉棒状杆菌

图1－23　显微镜下，100＊10倍，杆菌形态

杆菌是细菌中种类最多的类型，因菌种不同，菌体细胞的长短、粗细等都有所差异。

杆菌的形态：短杆状、长杆状、棒杆状、梭状、梭杆状、月亮状、分枝状、竹节状等；按杆菌细胞的排列方式则有链状、栅状、"八"字状以及有鞘衣的丝状等。

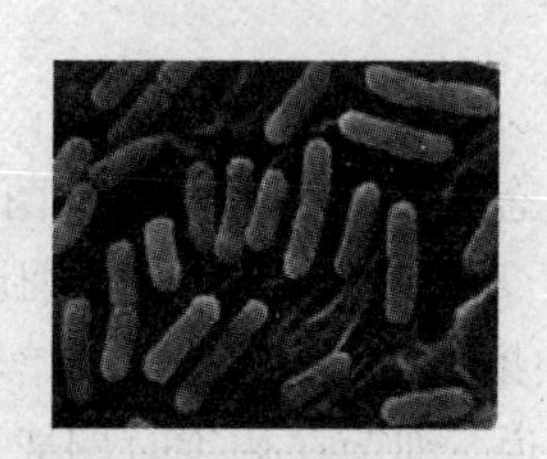

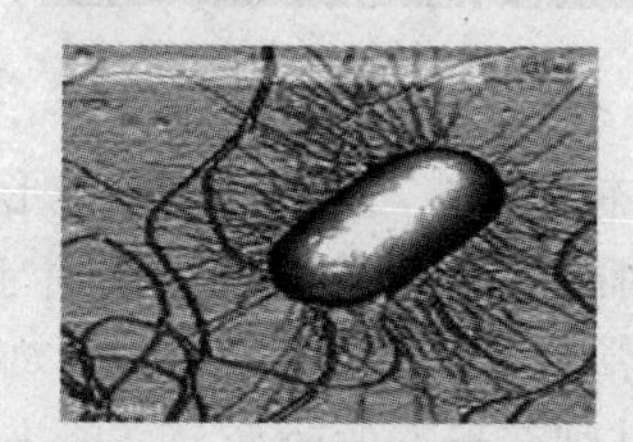

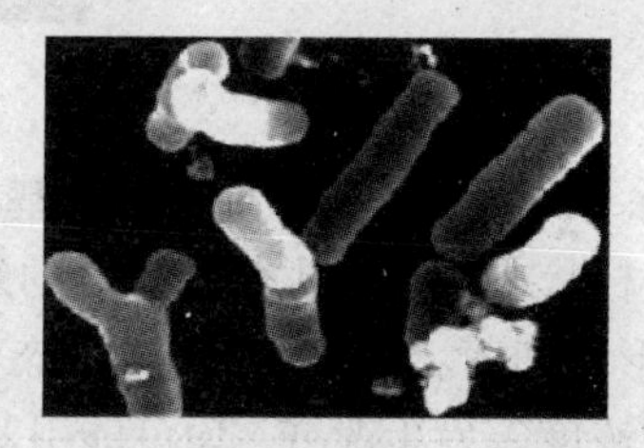

大肠杆菌　　大肠杆菌　　双歧杆菌

图1－24　电子显微镜下，杆菌形态

杆菌的大小：杆菌的大小用宽度×长度表示。宽（0.5～1.0）μm×长（1.0～5.0）μm。如1500个大肠杆菌头尾相接等于3mm。

（三）螺旋菌

螺旋状的细菌称为螺旋菌。根据其弯曲情况分为：

弧菌：螺旋不满一圈，菌体呈弧形或逗号形。例：霍乱弧菌、逗号弧菌。

螺旋菌：螺旋满2－6环，螺旋状。例：干酪螺菌。

螺旋体：旋转周数在6环以上，菌体柔软。例：梅毒密螺旋体。

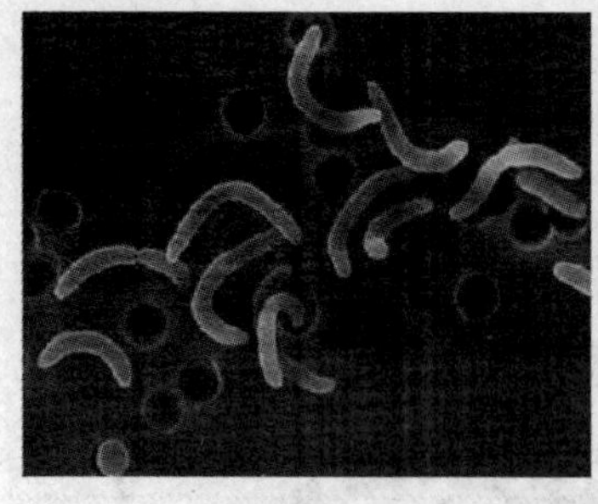
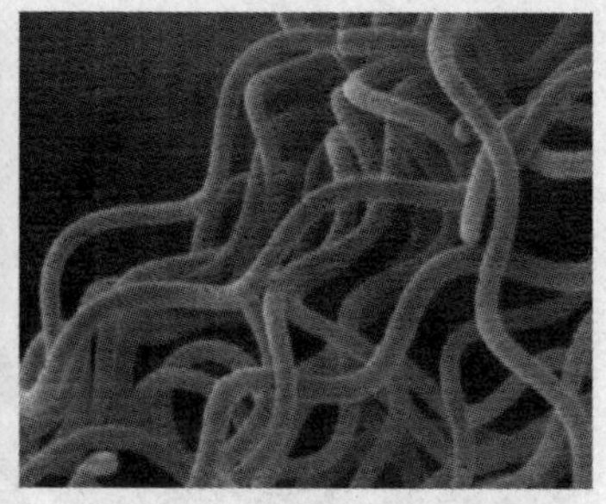

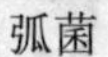

弧菌　　　　螺旋菌　　　　螺旋体

图1-25　螺旋菌形态示意图

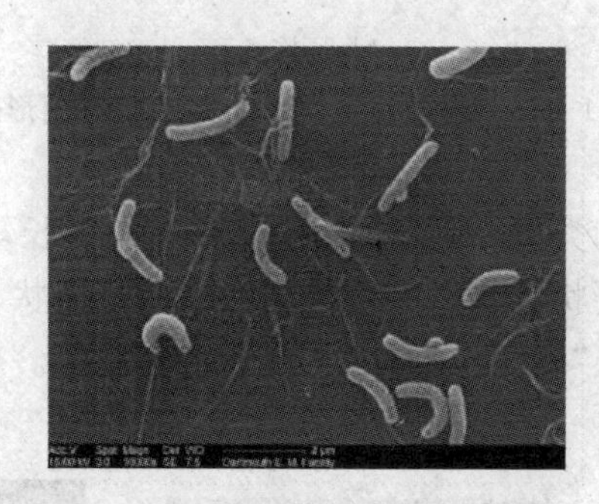

霍乱弧菌

除了球菌、杆菌、螺旋菌三种基本形态外，还有许多其他形态的细菌。例如柄杆菌，菌体细胞呈杆状或梭状，具有特征性的细柄，可用于将细胞附着于基物上。还发现了细胞呈星形、方形的细菌。而且，细菌的形态常常受环境条件的影响。如果培养时间与温度、培养基的成分与浓度等发生改变，均可能引其细菌形态的改变。一般来说，细菌在初生时期或适宜生活条件下呈现其典型形态，在衰老期或不正常条件下表现形态异常，此时如给予新鲜培养基或适宜的培养基条件，细菌形态可恢复其典型状态。这些典型的形态特征是鉴别菌种的依据之一。

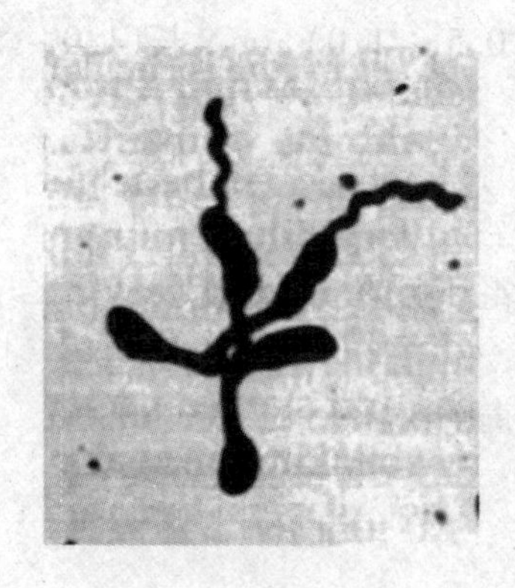
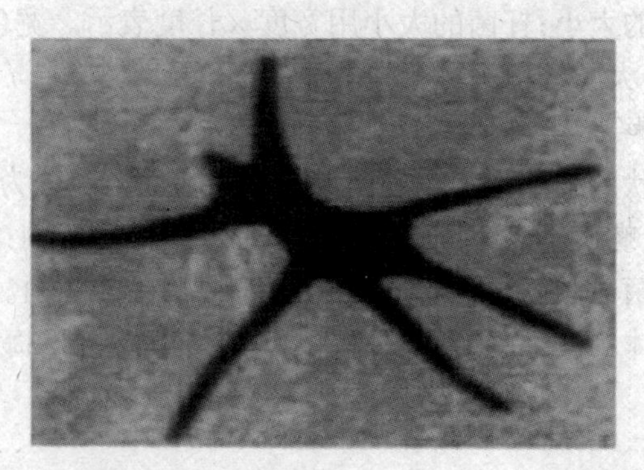

柄杆菌 Caulobacter sp　　　　游离壁微菌 Ancalomicrobium adetum

图1-26　其他细菌形态示意图

【相关知识】细菌的形态、大小与结构

一、细菌的形态、大小

细菌是单细胞的、没有真正细胞核的原核微生物。是微生物在自然界分布最广、数量最多、与人类关系最密切的一类。其个体微小，种类繁多。一滴水里，可以含有好几千万个细菌。所以要观察细菌的形状，必须要有一架可以放大一千倍或倍数更高的显微镜。但是由于细菌本身是无色半透明的，即使放在显微镜下看起来还是比较模糊，不容易看清楚。为了要清楚地观察细菌，目前已使用了各种细菌的染色法，这样，在显微镜下看起来，细菌的轮廓就很清楚。从大的方面来讲，细菌指的就是原核微生物，即所有原核微生物均可以称之为细菌；而从小的方面来讲，细菌主要指的是那些形态为杆状、球状或螺旋状的单细胞的原核微生物，有时也称之为真细菌(Eubacteria)。

大多数细菌具有一定的基本细胞形态并保持恒定。如前面的任务中所述，形状近圆形的细菌称为球菌；形状近圆柱形的称为杆菌；螺旋形的细菌称为螺旋菌。细胞的形状明显地影响着细菌的行为和其稳定性。例如球菌，由于是圆形，在干燥时较不易变形，因而它比杆菌和螺旋菌更能经受高度干燥而得以存活。杆菌较球菌每单位体积有较大的比表面，因而比球菌更易从周围环境中摄取营养。螺旋菌呈螺旋式运动，因而较之运动的杆菌受到的阻力要小。

细菌细胞的体积很难准确肯定，因为在固定和染色过程中，它们的体积大为缩小。细菌细胞的大小随种变化很小，必须用光学显微镜的油镜才能观察清楚。测量细菌长度的单位为微米(μm)，表1-3为重要细菌种的大小。

一般而言，球菌直径在0.2~1.5μm之间，若直径为1.2μm，则其体积约为$10^{-12}cm^3$，密度约为$1.1g/cm^3$，每个细胞质量为$1.1\times10^{-12}g$，即每克细菌约含9000亿个细胞。大型杆菌的宽长比约为(1.0~1.5)μm×(3~8)μm，中型杆菌为(0.5~1.0)μm×(2.0~3.0)μm，小型杆菌约为(0.2~0.4)μm×(0.7~1.5)μm。

表1-3　重要细菌种的大小

球菌	直径/μm	
亮白微球菌(Micrococcus candidus)	0.5~0.7	
金色微球菌(M. aureus)	0.8~1.0	
乳酸链球菌(Streptococcus lactis)	0.5~1.0	
藤黄八叠球菌(Sarcina lutea)	1.0~1.5	
最大八叠球菌(S. maxima)	4.0~4.5	
金黄色葡萄球菌(Staphylococcus aureus)	0.8~1.3	
杆菌	长/μm	宽/μm
大肠杆菌(Escherichia coli)	1.0~3.0	0.4~0.7
大肠杆菌(E. coli)	2.0~6.0	1.1~1.5
普通变形杆菌(Proteus vulgaris)	1.0~3.0	0.5~1.0

续表

杆菌	长/μm	宽/μm
普通变形杆菌(Proteus vulgaris)	1.4~3.1	1.0~1.4
铜绿色假单孢菌(Pseudomonas aeruginosa)	1.5~3.0	0.5~0.6
枯草芽孢杆菌(Bacillus subtilis)	1.6~4.0	0.5~0.8
巨大芽孢杆菌(B. megaterium)	2.4~5.0	0.9~1.7
巨大芽孢杆菌(B. megaterium)	3.7~9.7	1.6~2.0
德氏乳酸杆菌(Lactobacterium delbrllckii)	2.8~7.0	0.4~0.7

注:菌种的大小一般是用干燥染色细胞测定的,有"*"者是用活细胞测量的。

二、细菌的结构

细菌是单细胞微生物,虽然个体微小,但其内部构造却相当复杂。典型的细菌细胞构造可分为两部分:一是不变部分或称基本构造,包括细胞壁、原生质体,为所有细菌细胞所共有;二是可变部分或称特殊构造,只在一些种、一些细胞中发现,可能具有某些特定功能。如荚膜、芽孢、鞭毛等,这些结构只在某些细菌种类中发现,具有某些特定功能。细菌细胞的典型结构见图1-27。

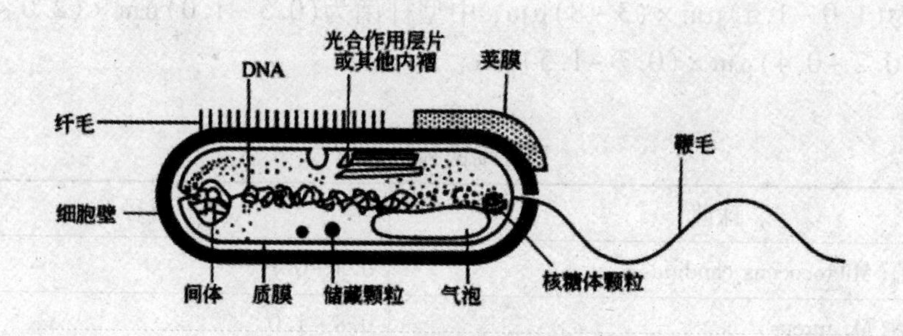

图1-27 细菌细胞构造模式图

(一)基本构造

1. 细胞壁

(1)细胞壁的结构

细胞壁是包围在细胞表面,内侧紧贴细胞膜的一层较为坚韧、略具弹性的结构,占细胞干重的10%~25%,具保护和成形的作用,是细胞的重要结构之一。各种细菌的壁厚度不等,如金黄色葡萄球菌为15~20nm;大肠杆菌为10~15nm。细胞经质壁分离并适当染色后可在光学显微镜下观察到细胞壁。

细胞壁具有固定细胞外形和保护细胞的功能,是细胞中很重要的结构单元,也是细菌分类中最重要的依据之一。失去细胞壁后,各种形态的细菌都变成球形。细菌在一定范围的高渗溶液中，原生质收缩，出现质壁分离现象。在低渗溶液中，细胞膨大，但不会改变形状或破裂，这些都与细胞壁具有一定坚韧性和弹性有关。细胞壁的化学组成也使细菌具有一定的抗原性、致病性以及对噬菌体的敏感性。有鞭毛的细菌失去细胞壁后，仍可保持有鞭毛，但不能运动，可见细胞壁的存在为鞭毛运动提供的力学支点，为鞭毛运动所必需的。细胞壁是多孔性的，可允许水及一些化学物质通过，但对大分子物质有阻拦作用。

（2）细胞壁的化学组成

1884 年丹麦人革兰氏（Christian Gram）发明了一种染色法，这种染色方法的基本步骤为：在一个已固定的细菌涂片上用结晶紫染色，再加媒染剂 - 碘液染色，然后用乙醇脱色，最后用复染液（沙黄或番红）复染。显微镜下菌体呈红色者为革兰氏染色反应阴性细菌（常以 G^- 或 $GRAM^-$ 表示），呈深紫色者为革兰氏染色反应阳性细菌（常以 G^+ 或 $GRAM^+$ 表示）。这一程序后称革兰氏染色法。通过这一简单染色可将所有细菌分为革兰氏阳性菌和革兰氏阴性菌两大类。这两大类细菌在细胞结构、成分、形态、生理、生化、遗传、免疫、生态和药物敏感性等方面都呈现出明显差异，因此革兰氏染色有着十分重要的理论与实践意义。G^+ 菌细胞壁较厚，约 20 ~ 80nm，含 40% ~ 90% 肽聚糖（peptidoglycan），另外还结合有其他多糖及一类特殊的多聚物——磷壁酸（teichoic acid）；G^- 菌细胞壁较薄，约 10nm，只含 10% 肽聚糖，2 ~ 3nm 厚的肽聚糖层紧贴细胞质膜且不易分开。肽聚糖层外还有 8 ~ 10nm 的外壁层（outer wall layer），主要由脂蛋白和脂多糖（LPS）组成，这些成分常与细菌的抗原性、毒性和对噬菌体的敏感性有关。外壁层表面不规则，横截面呈波浪状。通过电镜观察以及细胞壁化学结构的分析表明革兰氏阳性细菌与阴性细菌的细胞壁在结构和化学组分上有显著的差异，见表 1 - 4，图 1 - 28。

表 1 - 4　　革兰氏阳性细菌与革兰氏阴性细菌细胞壁的主要区别

特征	革兰氏阳性菌	革兰氏阴性菌
强度	较坚韧	较疏松
细胞壁厚度	厚，20 ~ 80 nm	薄，5 ~ 10 nm
肽聚糖层数	多层，可达 50 层	少，1 ~ 3 层
肽聚糖含量	多，占细胞壁干重的 40 ~ 90%	少，占细胞壁干重的 5% ~ 10%
磷壁酸	+	-
外膜	-	+
结构	三维空间（立体结构）	二位空间（平面结构）
脂肪	1% ~ 4%	11% ~ 22%
蛋白质	约 20%	约 60%
对青霉素、溶菌酶	敏感	不够敏感

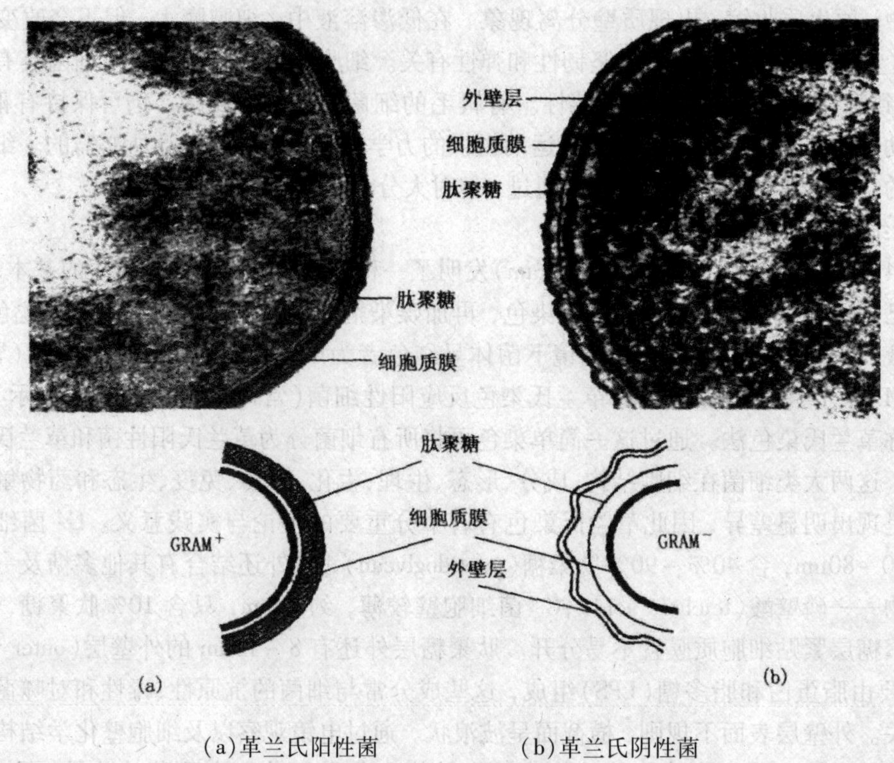

(a)革兰氏阳性菌　　(b)革兰氏阴性菌

图1-28　细菌的细胞壁

①肽聚糖(peptideglycan)　细菌细胞壁的成分与真核生物的细胞壁有着明显的不同。细菌细胞壁的共性是以肽聚糖(peptideglycan)为骨架结构基本成分构成的网袋。肽聚糖是除古菌外，凡有细胞壁的原核生物细胞壁中的共有组分。肽聚糖是由若干肽聚糖单体聚合而成的多层网状结构大分子化合物。肽聚糖的单体含有三种组分：N-乙酰葡萄糖胺(N-acetylglucosamine，简写NAG)、N-乙酰胞壁酸(N-acetylmuramic acid，简称NAM)和L-丙氨酸、D-丙氨酸、D-谷氨酸、赖氨酸或者二氨基庚二酸(DAP)等氨基酸组成的四肽链。N-乙酰葡萄糖胺与N-乙酰胞壁酸交替排列，通过糖苷键连接成聚糖链骨架。四肽链则是通过一个酰胺键与N-乙酰胞壁酸相连，肽聚糖单体聚合成肽聚糖大分子时，主要是两条不同聚糖链骨架上与N-乙酰胞壁酸相连的两条相邻四肽链间的相互交联。不同种类细菌的肽聚糖聚糖链骨架基本是相同的，不同的是四肽链氨基酸的组成以及两条四肽链间的交联方式。如革兰氏阳性菌(以金黄色葡萄球菌为例)的四肽链是L-丙氨酸、D-谷氨酸、L-赖氨酸和D-丙氨酸组成。肽聚糖层厚度为20~80nm，由约40层网状分子组成，由甘氨酸五肽组成的肽桥连接组成网状。革兰氏阴性菌(以大肠杆菌E. Coli为例)为代表，肽聚糖含量不足细胞壁的10%，一般由1~2层网状分子构成，在细胞壁上的厚度仅为1~3nm。结构单体与革兰氏阳性细菌基本相同，但是肽尾的第三个氨基酸为二氨基庚二酸(m-DAP)，而且 没有特殊的肽桥，其前后两条肽聚糖链之间的联系仅由甲肽尾D-丙氨酸的羧基与乙肽尾m-二氨基庚二酸的氨基直接连接而成。以下是各种生物的细胞壁化学成分：

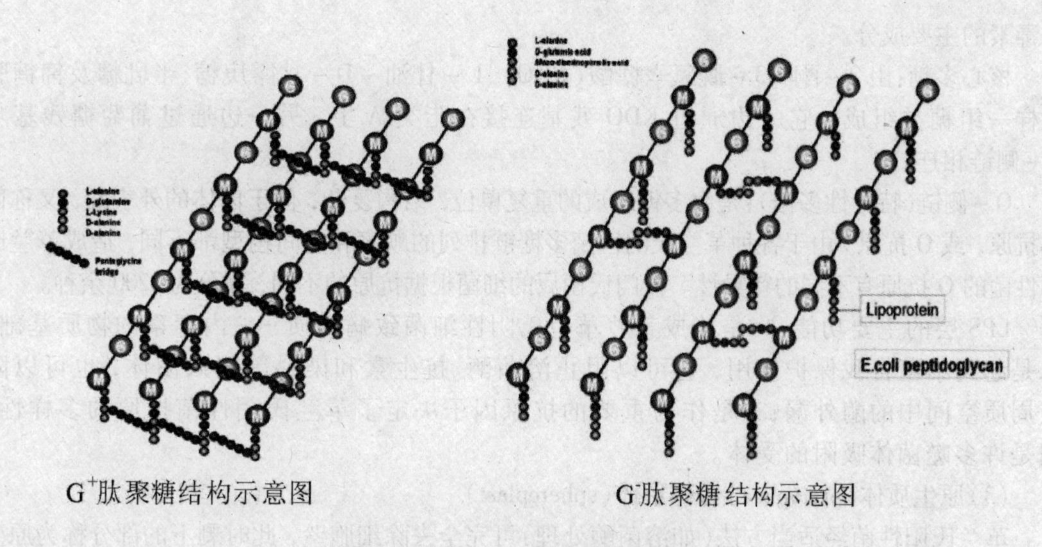

G^+肽聚糖结构示意图　　G^-肽聚糖结构示意图

图 1－29　细菌的细胞壁肽聚糖结构

细胞壁化学组成
- 高等植物　纤维素(cellulose)
- 霉菌　几丁质(chitin)
- 酵母　甘露聚糖(mannan)，葡聚糖(glucan)
- 细菌
  - 肽聚糖(peptidoglycan)
    - N－乙酰葡萄糖胺(N－acetylglucosamine)
    - N－乙酰胞壁酸(N－acetylmuramic acid)
    - 短肽(4～5 氨基酸，常含 D 型氨基酸、二氨基庚二酸)
  - 脂多糖(lipopolysaccharide)，脂蛋白(lipoprotein)

②磷壁酸(teichoic acid)，指结合在 G^+ 菌细胞壁上由多个核糖醇或甘油以磷酸二酯键连接而成的一种酸性多糖，为 G^+ 菌所特有细胞壁组分，占细胞壁干重的 50% 左右，以磷酸二酯键同肽聚糖的 N－乙酰胞壁酸相结合。

磷壁酸的作用：一是磷壁酸含有大量的带负电性的磷酸，故大大加强了细胞膜对二价离子的吸附，尤其是镁离子。而高浓度的镁离子有利于维持细胞膜的完整性、提高细胞壁合成酶的活性。二是保证革兰氏阳性致病菌与宿主的粘连；三是磷壁酸赋予了革兰氏阳性菌特异的表面抗原(C 抗原)；四是提供某些噬菌体以特异的吸附受体。

③外壁层(outer wall layer)，主要由蛋白、脂蛋白和脂多糖(LPS)组成。革兰氏阴性细菌的外壁层中有许多镶嵌蛋白质，外壁蛋白为特异性载体，可将 Vit B_{12} 这类较大分子送入细胞内。基质蛋白埋嵌在外壁层中，三聚体构成的疏水孔道贯穿外壁层，使小于 800－900 道尔顿的分子可通过，起分子筛作用。脂蛋白与肽聚糖层共价结合，并埋置在外壁层，使外壁层牢固的与内壁层连接。

④脂多糖(LPS，lipopolysaccharide)脂多糖是阴性菌细胞壁的特有成分，也是外膜的主要和重要成分。位于革兰氏阴性细菌细胞壁最外层的一层较厚(8～10nm)的类脂多糖类物质。它由类脂 A、核心多糖 O－特异侧链三部分组成。

脂质 A：为一种糖磷脂，由 N－乙酰葡糖胺双糖、磷酸与多种长链脂肪酸组成，它是细菌内毒素的主要成分。

核心多糖：由 2 - 酮 - 3 - 脱氧辛糖酸（KDO）、L - 甘油 - D - 甘露庚糖、半乳糖及葡糖胺这样一组糖类组成。它一边通过 KDO 残基连接在脂类 A 上，另一边通过葡萄糖残基与 O - 侧链相连。

O - 侧链（特异性多糖）：是由多糖组成的重复单位，结构复杂，位于菌体的外表面，又称菌体抗原，或 O 抗原。由于各种革兰氏阴性菌多糖链排列的顺序和空间构型都不同，造成革兰氏阴性菌的 O 抗原有不同的特异性。沙门氏菌属的细菌根据抗原的不同，被分为 2200 余种。

LPS 层的主要功能：一是构成某些革兰氏阴性细菌致病物质——内毒素的物质基础；二是起到细菌自我保护作用，它可以阻止溶菌酶、抗生素和染料等侵入菌体，也可以阻止周质空间中的酶外漏；三是作为重要的抗原因子决定了革兰氏阴性菌抗原的多样性；四是许多噬菌体吸附的受体。

（3）原生质体（protoplast）和球形体（spheroplast）

革兰氏阳性菌经适当方法（如溶菌酶处理）可完全去除细胞壁，此时剩下的部分称为原生质体。原生质体呈球状，对渗透压、振荡和离心作用等较敏感，但原生质结构和生物活性并未改变。有的原生质体还保留鞭毛，但不能运动。所有细胞形态（球状、杆状或螺旋状等）的菌体所制成的原生质体都为球状。如大肠杆菌的原生质体呈球状，见图 1 - 30。在合适的再生培养基中，原生质体可以回复，长出细胞壁。革兰氏阴性菌的细胞壁与细胞质膜结合紧密，用同样方法处理，仍会有部分细胞壁成分遗留在细胞质膜表面，此时剩下部分称为球形体或原生质球。

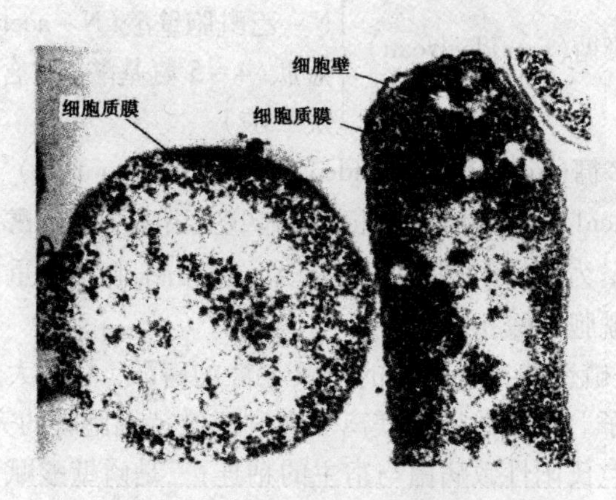

图 1 - 30　大肠杆菌（右）和它的原生质体（左）

2. 细胞膜

细胞膜（cell membrane）是细胞质外的一层薄膜，其厚度约为 5 ~ 8nm。该膜有时亦称为原生质膜或质膜。细胞膜是使细胞的内部同它所处的环境相隔离的最后屏障。细胞膜是选择性膜，在营养的吸收和代谢物的分泌方面具关键作用，如果膜被弄破，细胞膜的完整性就受到破坏，将导致细胞死亡。

（1）细胞膜的结构：细胞膜是一种单位膜，约占细胞干重的 10%。它主要由蛋白质（约占 60%）和类脂（约占 40%）组成，并以磷脂双分子层为其基本结构。磷脂分子本身分散于水中的方式是：非极性疏水基排列在一起，从而自动地形成双层膜。膜里比较大的蛋白质是疏水性的，它同磷脂的基质相连，并且嵌入其中（图 1 - 31）。

(2)细胞膜的功能:细胞膜是一层具有高度选择性的半透明薄膜，膜上磷脂的脂酰基在不断地运动，并使膜上的小孔不断打开和关闭。当小孔打开时，水和溶于水中的很多非带电分子可以通过;当小孔关闭时，水溶性物质就不能通过。而受膜表面电荷的影响，使离子化与非离子化物质的通过就受到了选择，它们通过膜的机制是不同的。除了维持细胞选择性的渗透性外，细菌的细胞膜在细胞呼吸过程中还起到关键的作用。因为膜的内侧和外侧存在呼吸酶系统，其电子传递体系，具有电子传递和氧化磷酸化的功能。

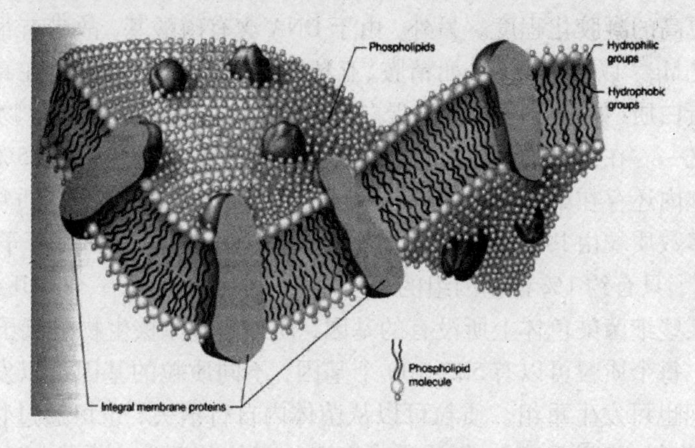

图 1－31　细胞膜结构示意图

3. 间体(mesosome)

由于细胞质膜的面积比包围细胞所需要的面积大许多倍，使大量的细胞质膜内陷，因此形成了细菌细胞的间体。它似乎起着真核细胞中多种细胞器的作用。原核细胞与真核细胞一样，能合成和分泌消化酶。消化酶不能裸露在细胞浆里面，否则就要消化自己。合成的消化酶要排出体外，作为胞外酶在细胞外起消化作用。由于间体是和外界相通的，间体外分泌消化酶时，不用先形成溶酶体再排出，而可直接排出，所以间体实际起着真核生物细胞中内质网的作用。另外，间体上还有细胞色素酶和琥珀酸脱氢酶，因此它又起了真核细胞的线粒体的一些作用。间体还同细菌横隔形成有关系。革兰氏阳性菌中均有发达的间体，但许多阴性菌中却没有。只在一些具有较强呼吸活性的阴性菌中才有发达的间体，这是为了增加呼吸活性中心。间体数目随菌种而异，枯草芽孢杆菌平均 4 个，蜡状芽孢杆菌平均 6 个。

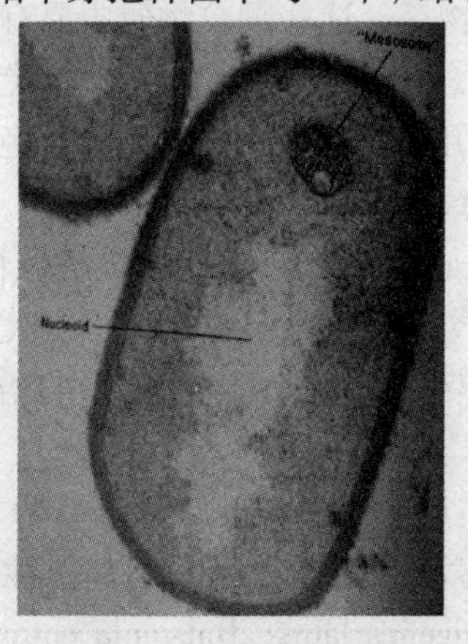

图 1－32　间体电镜图

4. 拟核

在细菌细胞中有一个或几个拟核（nucleoid）或称原核、核质，其功能是存储、传递和调控遗传信息。拟核外面没有核膜，拟核中极大部分空间被卷曲的DNA双螺旋所填满。例如，大肠杆菌的细胞约2μm长，而它的DNA长度是1000～1400μm。每个拟核可能只有一个单位DNA分子，而且呈环状。

由于细菌拟核不具核仁、核膜，所以不是真正的核。但其拟核也不与细胞质相混合，因细菌细胞质具有更高的凝胶化程度。另外，由于DNA含有磷酸基，故带有很高的负电荷。在细胞中，负电荷被Mg^{2+}以及有机碱（如精胺、亚精胺和腐胺等）中和；而在真核生物中，DNA的负电荷被碱性蛋白质（如组蛋白和鱼精蛋白等）所中和。这也是真核生物细胞和原核生物细胞的重大区别之一。在休止的大肠杆菌细胞中，拟核占细胞总体积的15%～25%左右。

很多细菌细胞内还存在染色体外的遗传因子，称为质粒（Plasmid）。质粒是环状分子，能自我复制。绝大多数质粒由共价闭合环状双螺旋DNA分子构成，相对分子质量较细菌染色体小，约10^6～10^8，只有约1%核基因组的长度。每个菌体内可有一个或几个、甚至很多个质粒。质粒携带着某些细菌染色体上所没有的基因，使细菌等原核生物被赋予某些对生存并非必需的特殊功能。每个质粒可以有50～100个基因，不同质粒的基因可以发生重组，质粒基因与染色体基因间也可发生重组。质粒可以从菌体内自行消失，也可通过物理化学手段，如用重金属、吖啶类染料、丝裂霉素C、紫外线或高温处理使其消失或受抑制。没有质粒的细菌可以通过接合、转化或转导等方式，从有质粒的细菌中获得，但不能自发产生。这说明质粒对细菌的生存不是必需的。质粒可从细胞中失去，而不损害细菌的生活。但是，许多次级代谢产物如抗生素、色素等的产生、以至芽孢的形成都与质粒有关。

质粒既能自我复制，稳定遗传，也可插入细菌染色体中或与其携带的外源DNA片段共同复制增殖；它可通过转化、转导或接合作用单独转移，也可携带染色体片段一起转移，这些特性使质粒成为基因工程中重要的外源基因运载工具之一。

5. 内含物颗粒

细菌细胞的细胞质常含有各种颗粒，它们大多为细胞储藏物质，称为内含物颗粒（granule）。这些内含物的共同特点：内含物用来储存各种细胞物质；降低细胞内渗透压或酸度；养料缺少时可被分解利用；种类和数量随细菌的种类而异，也随细胞的环境条件而变。其成分为糖类、脂类、含氮化合物及无机物等。这些颗粒物质主要有以下五种。

（1）糖原（glycogen）和淀粉粒（starch）。细胞内主要的碳源和能源的储存物质，这是葡萄糖的α-1,4或α-1,6多聚体。用碘液染色时，肝糖为红色，淀粉粒为蓝色，这是由于多聚体链的长度和分枝程度的不同所致。

（2）异染颗粒（metachromatic granule），它是一种强嗜碱性颗粒，主要成分为多聚偏磷酸盐，可能还含有RNA、蛋白质、脂类和镁，可用甲苯胺兰或次甲基蓝等蓝色染料染成红。在生长平衡期形成，幼龄细胞中的异染颗粒很小，随着菌龄的增加而变大。当培养基中缺磷时，它可作为磷的补充源。

（3）聚β-羟丁酸（poly-β-hydroxy butyricacid，PHB）颗粒（图1-33）。它易被脂溶性染料（如苏丹黑）着色，并可用显微镜观察，是碳源与能源性储藏物。由于聚β-羟丁酸酯是一种可降解塑料，某些菌如Alcaligenes latus，Ralstonia eutropha，它们的干细胞中含PHB达70%～80%。

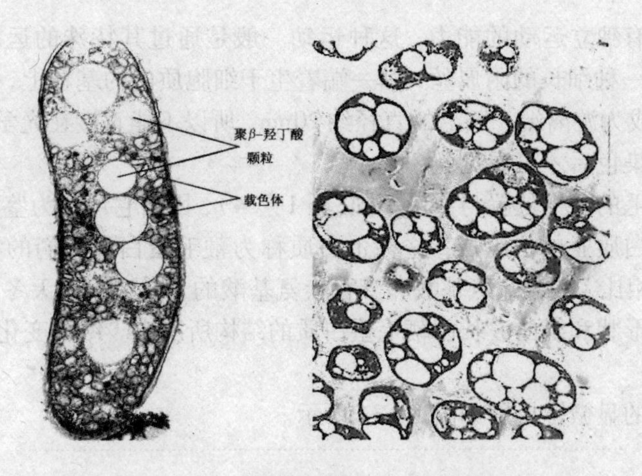

图 1－33　细胞中聚 β－羟丁酸颗粒

(4)脂肪粒(oil granule)。这种颗粒折光性较强，可用苏丹Ⅲ染色。细菌在旺盛生长时脂肪粒的数目和量均随之增加，细胞破坏后脂肪粒可游离出来。

(5)液泡(vacuole)。许多活细菌细胞内有液泡，用中性红染色可观察到。液泡内充满水分和盐分，有时含有异染颗粒、类脂。液泡具有调节渗透压的功能，液泡内物质可与细胞质进行物质交换。

不同微生物的储藏性内含物不尽相同。如芽孢杆菌只含有聚 β－羟丁酸，肠道菌(如大肠杆菌、产气杆菌)只储藏肝糖，接近衰老时含量增多。当培养环境中缺乏营养时，细胞就可利用它们以维持生命活动。一般当环境中缺乏氮源，而碳源、能源丰富时。细胞储存较大量的内含物，有的可达到细胞干重的 50% 以上。

细胞以多聚物形式储存营养物的优点是可以避免内渗透压过高的危害，细胞的大量储存物也可为人们所利用。

6. 核糖体

在用电子显微镜观察细胞的超薄切片时，常可看见细胞质内有一些小的深色的颗粒，这些颗粒是细胞内合成蛋白质机构的一部分。它们含有的核酸体，由大约 60% 的核糖核酸和 40% 的蛋白质组成，直径约为 20nm，其沉降系数为 70S。

在完整细胞中，核糖体(ribosome)常聚结成不同大小的聚合体，称作聚核糖体。但细胞被打碎后，聚核糖体易分开，各个核糖体自由浮动。聚核糖体颗粒间的联键是一个长的 RNA 分子，称为信使 RNA，它在蛋白质合成系统中起着关键的作用。

7.细胞质

除核区以外，包在细胞膜以内的无色、透明、黏稠的胶状物质均为细胞质(cytoplasm)，细胞质的主要成分为水、蛋白质、核酸、脂类、少量糖和无机盐。细胞质是细胞的内在环境，含有各种酶系统，具有生命活动的所有特征，能使细胞与周围环境不断地进行新陈代谢活动。由于细胞质内含有固形物量 15% ～20% 的核糖核酸，所以具有酸性，易为碱性和中性染料着色。但由于老龄细胞中核酸可作为氮源和磷源消耗，所以其着色力不如幼龄细胞强。

(二)特殊构造

细菌细胞的特殊构造有鞭毛(flagellum)、菌毛(fimbria)、荚膜(capsule)和芽孢(spore)。

1. 鞭毛

很多细菌都具有独立运动的能力，这种运动一般是通过其特殊的运动器官鞭毛来进行的。细菌的鞭毛是一种细长的附属丝，其一端着生于细胞质内的基粒上，另一端穿过细胞膜细胞壁伸到外部，成为游离端。鞭毛的直径约20nm，所以不能直接在光学显微镜下看见，只有经过特殊的鞭毛染色后才可看见。

不同的细菌鞭毛的着生位置与数量不同(图 1-34)，因而它可作为鉴定菌种的依据。

细菌鞭毛由蛋白质亚单位组成，这种蛋白质称为鞭毛蛋白。它们的氨基酸组成不很典型，与多数蛋白质相比，其含硫氨基酸和芳香族氨基酸的量较少，而天冬氨酸和谷氨酸的含量则较多。鞭毛的形状和绕曲波长由鞭毛蛋白质的结构所决定。结构变化后可引起鞭毛形态的改变。

几种细菌鞭毛的显微镜摄影如图 1-34 所示。

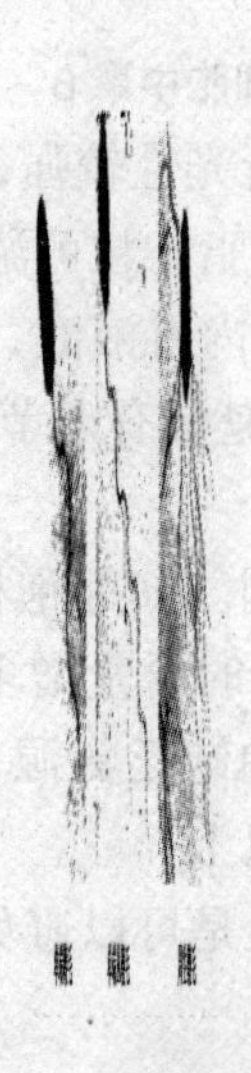

细菌的鞭毛照片

2. 菌毛

菌毛(fimbria)，亦称伞毛(pilus)，纤毛，线毛，散毛或须毛等，是一种长在细菌体表的纤细、中空、短直、且数量较多的蛋白质类附属物。着生于细胞膜上，穿过细胞壁后伸展于菌体的两端或全身;提高菌体的粘附和聚集能力。与鞭毛比较，菌毛是很短的，而且在细胞上的数目很多，见图 1-35。它们的化学成分可能同鞭毛相似。并非所有细菌都有菌毛，它常出现在革兰氏阴性菌上，而且某些细菌还能生长一种以上的菌毛，这是一种遗传特性。有一种同细菌接合有关的菌毛叫做性菌毛(sex-pilus 或 F-pilus)，每个细胞有 1~4 根性菌毛。性菌毛一般见于 G^- 细菌的雄性菌株(供体菌)中，它在接合时能转移 DNA 给雌性菌株(受体菌)。在大肠杆菌中能观察到通过性菌毛的接合(图 1-36)。

其他类型的菌毛的功能在一些细菌中尚不清楚。但在某些情况下，它能使细胞附着于静止的表面，或在液体表面形成菌膜或浮膜。

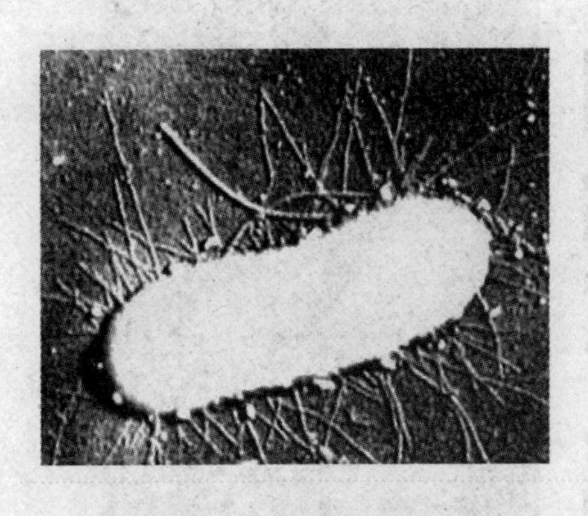

图 1-35 大肠杆菌的菌毛

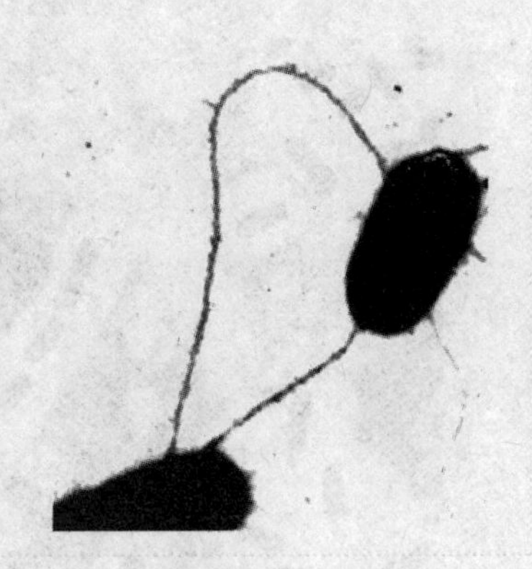

图 1-36 大肠杆菌通过性菌毛的接合

3. 荚膜(capsule)

许多细菌分泌黏性物质在细胞外，高度分散的黏液自然很难看作细菌细胞的构造部分，但是有些细菌分泌的黏性物质并不容易扩散，而是以一层厚膜状态包围在胞壁外，在细胞表面周围形成一个致密层，构成细菌细胞的荚膜。这些物质有时可用负染色法进行观察，其形状如图 1-36 所示。如果稀疏地附着，只形成一扩散层，就称之为黏液层。多个细菌存在于一个共同的荚膜内，就称之为菌胶团。荚膜的厚度因菌种不同或环境不同而异，一般可达 200μm。荚膜折光率小，不易着色。把某些细菌在一定营养条件下，在胞外形成的一层疏松透明的黏液状物质称为荚膜。

荚膜含有大量水分，约占其重量的 90% 以上，其余一般由多糖类、多肽类，或者多糖蛋白质复合体组成。如巨大芽孢杆菌的荚膜是以多糖组成网状结构的骨架，其间隙嵌入谷酰基多肽而成。

产生荚膜的能力是微生物的一种遗传特性，革兰氏阳性和革兰氏阴性两类菌群都能形成荚膜，荚膜亦有一定的生理功能。首先是它可作为细菌本身的养料储藏库，在营养缺乏时，细菌可利用其储藏的碳源，甚至直接利用荚膜多糖来维持生命。其次，它还可用于堆积废物，荚膜有抗吞噬作用，防止噬菌体的吸附和裂解；免受宿主巨噬细胞的吞噬高分子量表面荚膜的"胶体"性质能使细胞抵抗干燥，使细胞与环境中的毒性金属离子隔离，而达到保护细胞的作用，并可增强致病菌本身的毒力。

荚膜的有无及性质可用于菌种鉴定，利用野油菜黄单胞菌(Xanthomonas campestris)的黏液层可提取黄原胶，可用于石油开采(钻井液添加剂)、印染、食品等工业中，产生菌胶团的细菌可在污水处理过程中分解、吸附和沉降有害物质。同时，荚膜也具有有害的方面，如在发酵工业中，若发酵液被产荚膜的细菌所污染，就会阻碍发酵过程的正常进行，并影响产物的提取；某些致病菌的荚膜会严重影响该病的防治；由几种链球菌荚膜引起的龋齿已成为全球范围内危害人类健康的高发病。

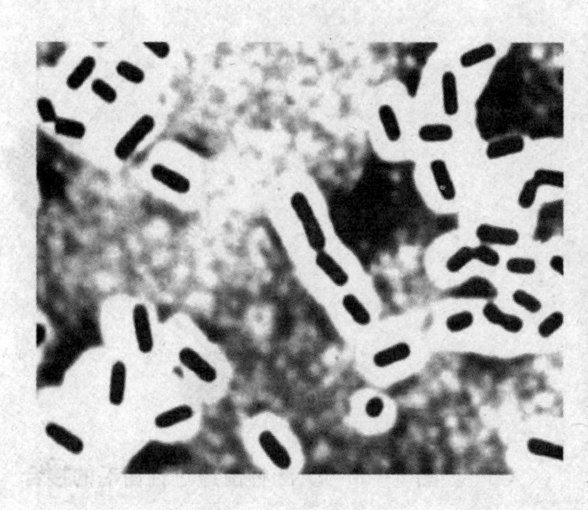
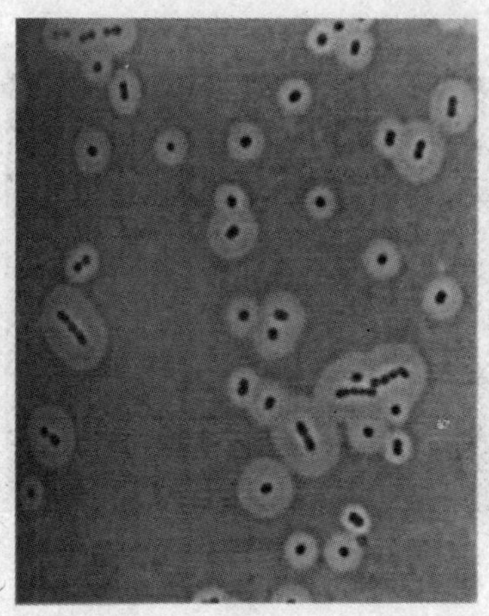

图 1－37　细菌的荚膜

4. 芽孢

通常指某些细菌在生长后期于细胞内形成的一种圆形、椭圆形或圆柱形的、厚壁、折光性高、含水量极低而抗逆性极强的内生休眠体。细菌的芽孢因为都在细胞内形成，所以又称内生孢子(endospore)，以区别于放线菌、霉菌等形成的外生孢子(exospore)。由于它具有高度的折光性，因此在显微镜下容易观察到。但它很难着色，必须用特殊的染色法。

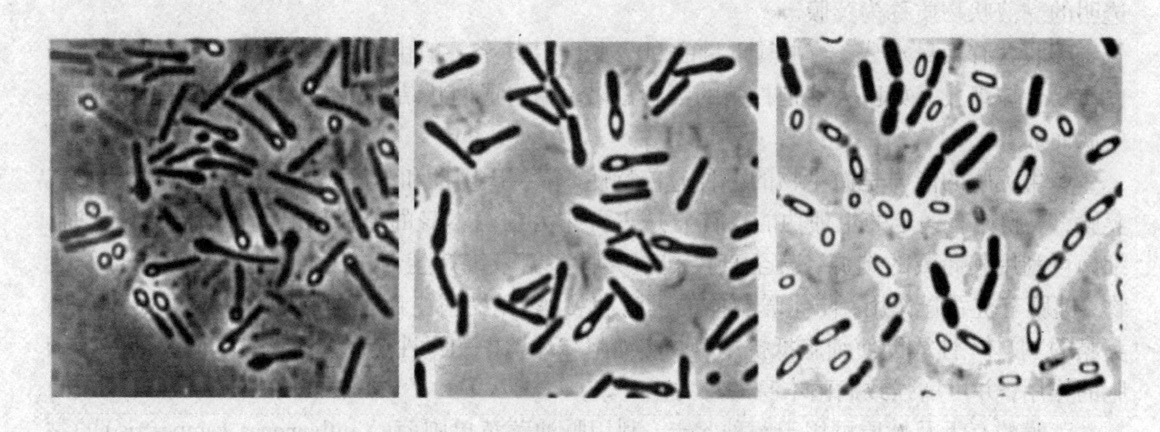

图 1－38　芽孢在细胞中的不同位置

能否形成芽孢是细菌种的重要特性。主要有两个属的杆菌能产生芽孢，即好气的芽孢杆菌属(Bacillus)和厌氧的梭状芽孢杆菌属(Clostridium)。球菌中除八叠球菌外均不产生芽孢。

(1)芽孢的类型

各种细菌芽孢形成的位置、形状和大小是一定的，但也受环境条件的影响(图 1－39)。多数好氧性的芽孢杆菌形成的芽孢位于细胞中央或近中央的部位，其直径小于细胞的宽度，如枯草芽孢杆菌、巨大芽孢杆菌、蜡状芽孢杆菌(B. cereus)等。

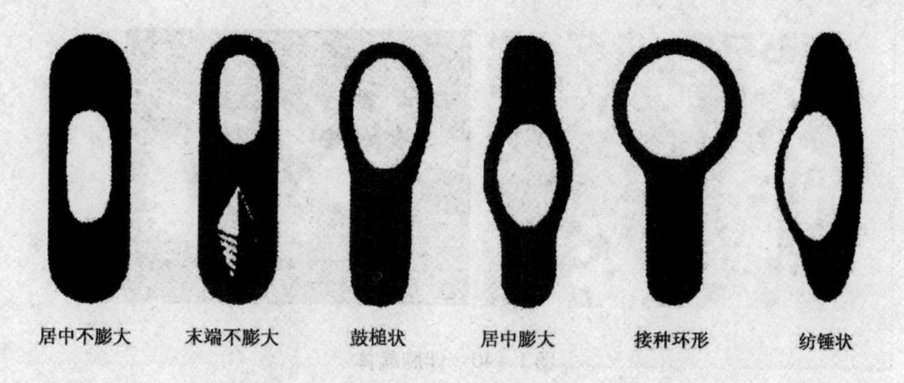

图 1－39　芽孢的类型

菌种举例：居中不膨大（B. megaterium）；　末端不膨大，含伴胞晶体（B. thuringiensis）；
鼓槌状（Clostrdium klyveril）；　居中膨大（B. polymyxa）；
接种环形（B. sphaericus）；　纺锤状（B. laterosporus）。

芽孢具有很强的抗热、抗干燥、抗辐射、抗化学药物和抗静水压能力。解热糖梭菌的营养细胞在50℃下，短时间就死亡，而其芽孢在132℃，处理4.4min，才被杀死90%；芽孢抗辐射能力也比营养细胞强一倍；另外，芽孢具有惊人的休眠能力，在普通保藏条件下，它能存活几年至几十年；在自然界中它能存活几百年至几千年，甚至更长。所以，常利用芽孢这一特性，将菌种以芽孢的形式长期保藏，有的菌种的芽孢可保存30年。

通常以芽孢作为评价杀菌效果的参照物。嗜热脂肪芽孢杆菌的芽孢是目前所知抗热能力最强的，它在121℃下，湿热蒸汽处理12min才能被杀灭。根据对嗜热脂肪芽孢杆菌芽孢的致死效果，人们确立了实验室一般灭菌的操作参数：在121℃下，湿热蒸汽处理15～20min，或在150℃～160℃的干热空气下，处理1～2h，以达到彻底灭菌的目的。

芽孢是一种特殊的休眠体，它本身具有维持生命活动的所有功能，在适宜的环境条件下就会萌发。如芽孢在60℃～70℃加热数分钟就会使芽孢停止休眠而萌发。芽孢萌发的标志是折光性下降，对染料的亲和力增大及抗热性降低。但与其他外生孢子不同，一个营养细胞只能形成一个芽孢，一个芽孢只能产生一个新细胞，所以芽孢不是细菌的繁殖“器官”。

（2）伴胞晶体

有一些芽孢杆菌，如苏云金杆菌（Bacillus thuringiensis，Bt），在伴随芽孢形成的同时，在另一端形成一种菱形的结晶体，称为伴胞晶体（parasporal bodies）（图1－40），晶体形状大的达1.94 nm×0.54 nm（长×宽）。芽孢和伴胞晶体被一层外膜包裹着，称为孢子囊。当囊破裂以后，芽孢和伴胞晶体即游离存在。伴胞晶体是一种蛋白质结晶，对鳞翅目昆虫的幼虫具有很强的毒性作用。虫吃了后可破坏虫体的肠道，使害虫致死，因而它是一种微生物农药。苏云金芽孢杆菌是目前世界上用途最广、产量最大、最为成功的微生物杀虫剂，占微生物杀虫剂总量的95%以上。其制剂有乳剂（2000U/μL、4000U/μL、8000U/μL）、可溶性粉剂（16000U/mg、32000U/mg），或以芽孢数表示的含100亿芽孢/g、150亿芽孢/g的可溶性粉剂及含100亿芽孢/mL的乳剂及悬浮剂等。

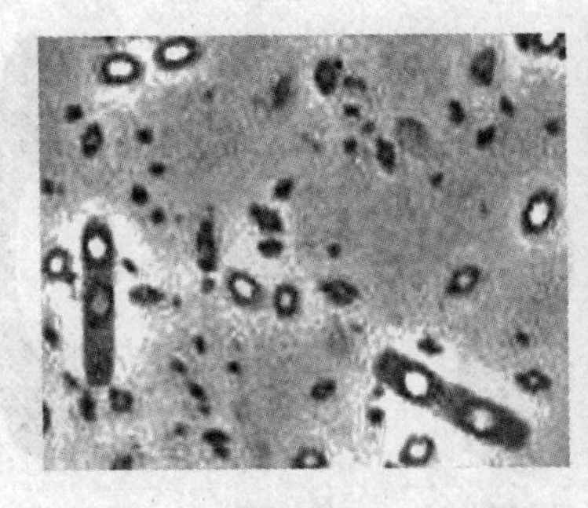

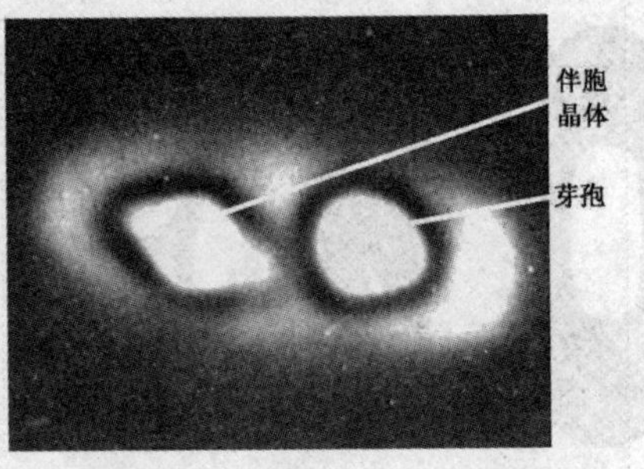

图1－40　伴胞晶体

三、细菌的繁殖方式和培养特征

(一)细菌的繁殖及裂殖后细胞的排列方式

细菌一般以简单的二分裂法进行无性繁殖，即细胞的横分裂，称作裂殖(fission)。通过电子显微镜的观察和遗传学的研究已证明，细菌中亦存在有性接合，不过其频率较低，大量地仍以裂殖为主。细菌还有少数种类是进行芽殖(budding)。

细菌细胞的裂殖过程如图1－41所示。根据分裂的方向及分裂后各子细胞排列的状态不同，可形成各种形状的群体，如图1－42所示。细菌分裂时，菌细胞首先增大，染色体复制。在革兰氏阳性菌中，细菌染色体与中价体相连，当染色体复制时，中价体亦一分为二，各向两端移动，分别拉着复制好的一根染色体移到细胞的一侧。接着细胞中部的细胞膜由外向内陷入，逐渐伸展，形成横隔。同时细胞壁亦向内生长，成为两个子代细胞的胞壁，最后由于肽聚糖水解酶的作用，使细胞壁肽聚糖的共价键断裂，全裂成为两个细胞。革兰氏阴性菌无中介体，染色体直接连接在细胞膜上。复制产生的新染色体则附着在邻近的一点上，在两点之间形成新的细胞膜，将两团染色体分离在两侧。最后细胞壁沿横膈内陷，整个细胞分裂成两个子代细胞。

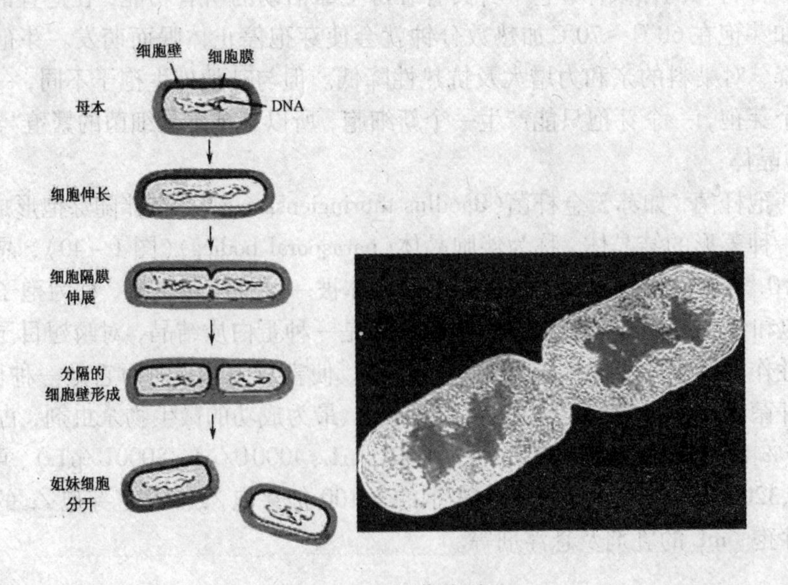

图1－41　细菌的裂殖

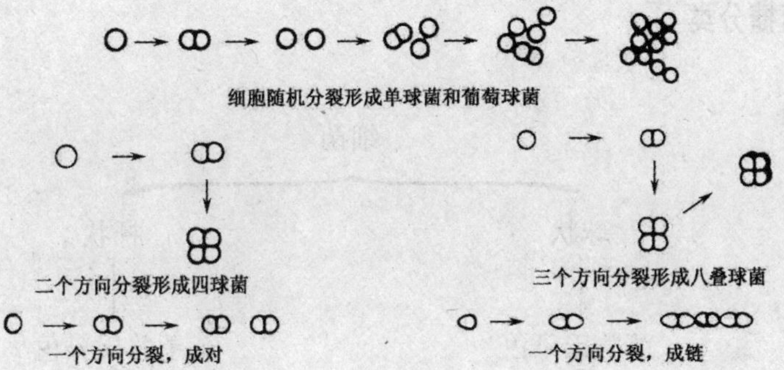

细胞随机分裂形成单球菌和葡萄球菌

二个方向分裂形成四球菌

三个方向分裂形成八叠球菌

一个方向分裂，成对

一个方向分裂，成链

图1－42　裂殖后细胞的排列方式

在适宜条件下，多数细菌繁殖速度极快，分裂一次需时仅20～30分钟。细菌繁殖速度之快是惊人的。大肠杆菌的代时为20分钟，以此计算，在最佳条件下8小时后，1个细胞可繁殖到200万以上，10小时后可超过10亿，24小时后，细菌繁殖的数量可庞大到难以数计的程度。但实际上，由于细菌繁殖中营养物质的消耗，毒性产物的积聚及环境pH的改变，细菌绝不可能始终保持原速度无限增殖，经过一定时间后，细菌活跃增殖的速度逐渐减慢，死亡细菌逐增、活菌率逐减。

(二)细菌的培养特征

1. 菌落特征

单个细菌(或其他微生物)细胞在固体培养基表面(或内部)，以母细胞为中心进行繁殖形成肉眼可见的一系列子细胞的群体称为菌落(colony)。细菌细胞的个体极小，用肉眼无法辨认。但当其接到合适的固体培养基上时，在合适的生长条件下，便会迅速生长繁殖形成菌落。各种细菌在标准培养条件下形成的菌落具有一定的特征。由于细菌属于单细胞生物，细胞间没有分化，细胞较小，所以细菌菌落含水量高，并具有其共同的特征：一般呈现较湿润、较光滑、较透明、较黏稠、易挑取、质地均匀、小而突起或大而平坦、菌落正反面或边缘与中央部位的颜色一致、一般有臭味或酸败味等。

2. 液体培养特征

细菌在液体培养基中生长，因菌种及需氧性等表现出不同的特征。当菌体大量增殖时，有的形成均匀一致的混浊液；有的形成沉淀；有的形成菌膜漂浮在液体表面。有些细菌在生长时还可同时产生气泡、酸、碱和色素等。

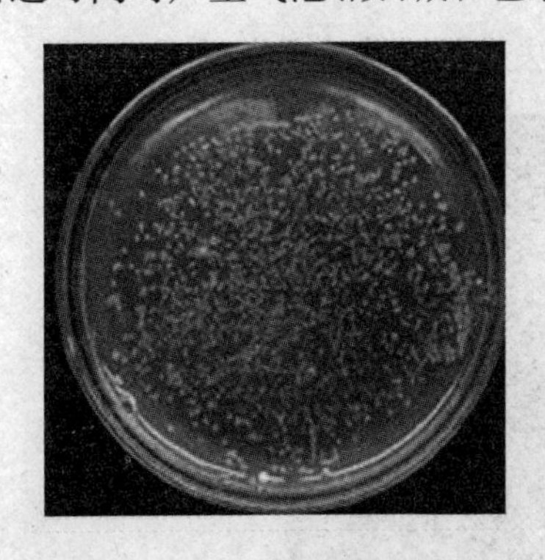

图1－43　细菌的菌落特征

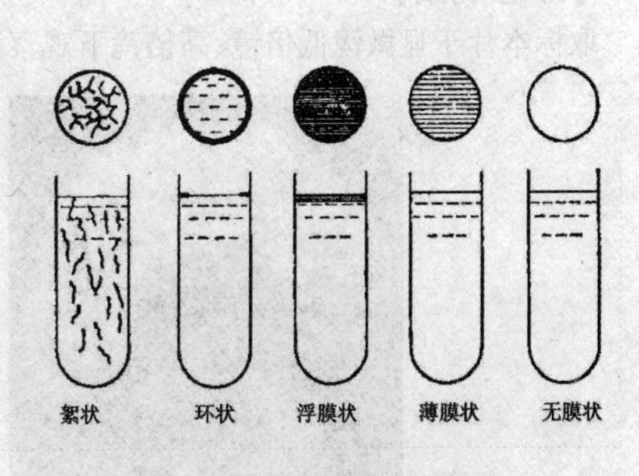

图1－44　细菌的液体培养特征

四、细菌的简捷分类

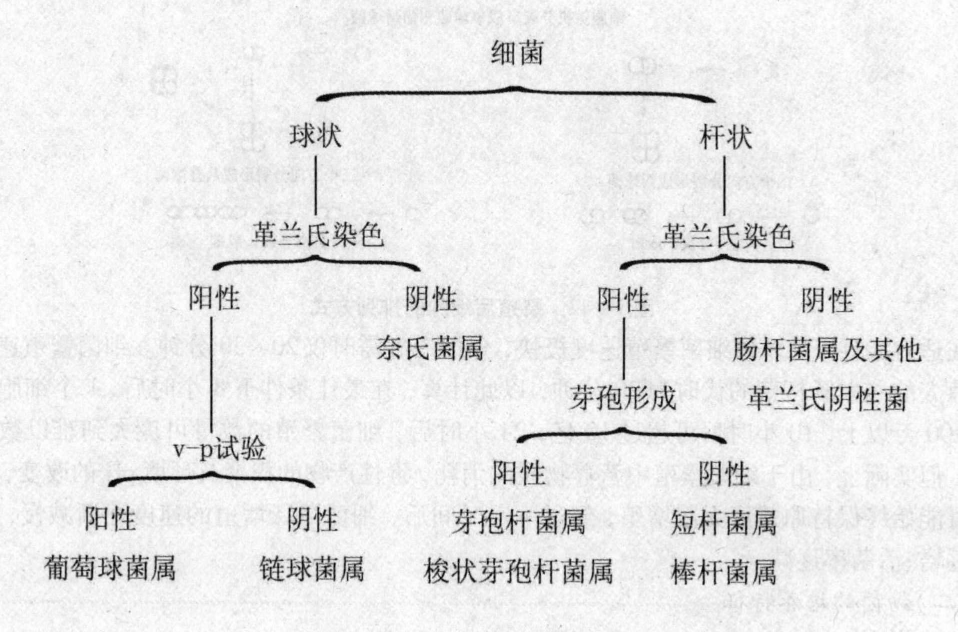

图1-45　细菌的简捷分类

任务三　微生物的认知——放线菌

放线菌是一大类形态极为多样(杆状到丝状)、多数呈丝状生长的原核微生物。它的细胞构造、细胞壁的化学成分和对噬菌体的敏感性与细菌相同，但在菌丝的形成和以外生孢子繁殖等方面则类似于丝状真菌。它以菌落呈放射状而得名，放线菌的菌落中菌丝从一个中心向四周辐射状生长。放线菌是产生抗生素的主要微生物。放线菌在自然界中的分布十分广泛，无论是种类或数量上都以土壤中最多，喜含水量低、有机质丰富、中性至微碱性环境，在土壤中，放线菌产生的代谢产物往往使土壤带有特殊的气味，如链霉菌产生的土腥味素。放线菌可以产生抗生素、防治真菌病害、生产酶或维生素，也可以导致病害。

【形态观察】

取标本片于显微镜低倍镜、高倍镜下观察，或者用插片法进行培养后观察。

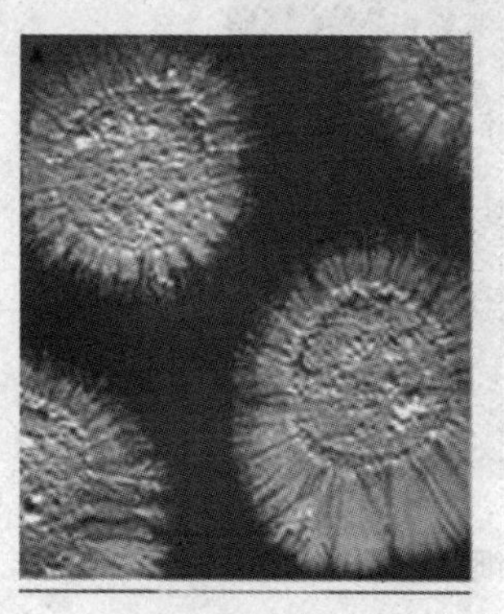

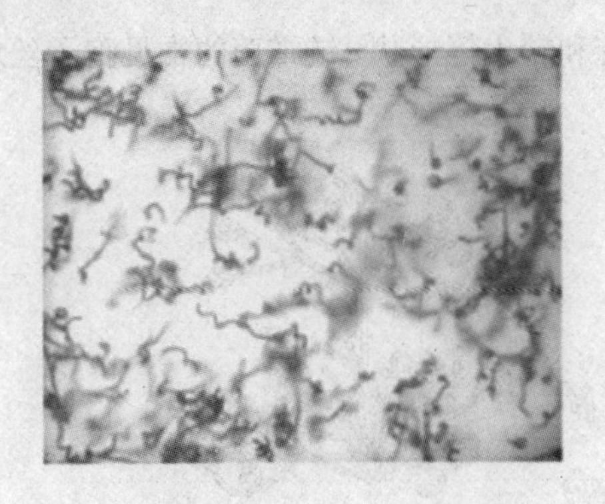
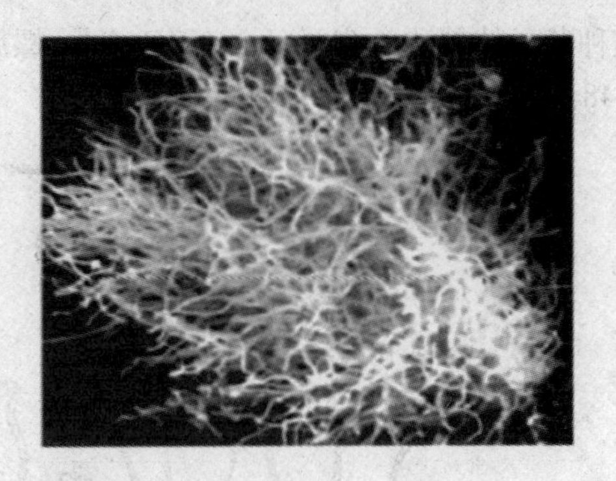

图 1-46 链霉菌的形态

【相关知识】放线菌的形态、大小

一、放线菌的形态、大小

放线菌的形态较细菌复杂，大部分放线菌菌体由菌丝构成，但它仍属单细胞，革兰氏染色阳性。它的细胞构造、细胞壁的化学成分都与细菌相同。细胞形态主要为菌丝。

菌丝体分为基内菌丝（substrate mycelium）和气生菌丝（aerial mycelium），气生菌丝在无性繁殖中分化为孢子丝（reproductive mycelium）、孢囊和孢子等。

（一）菌丝及孢子丝

1. 基内菌丝（substrate mycelium，又称营养菌丝）：是放线菌生长在固体培养基表面或内部的的菌丝（图 1-47），颜色较淡、直径较细，营养菌丝一般没有横隔或很少分隔，直径在0.2～0.8μm，长度差别很大，达 100～600μm，营养菌丝常分泌一些色素，如红、黄、蓝、绿、褐、黑等。

2. 气生菌丝（aerial mycelium）

这是由基内菌丝分枝向培养基上空分化而形成的直径较粗、颜色较深的分枝菌丝。气生菌丝比营养菌丝略宽一些，属二级菌丝，镜检观察其颜色较深且较基内菌丝粗，直径为1～1.4μm，直形或弯曲状，有分枝。

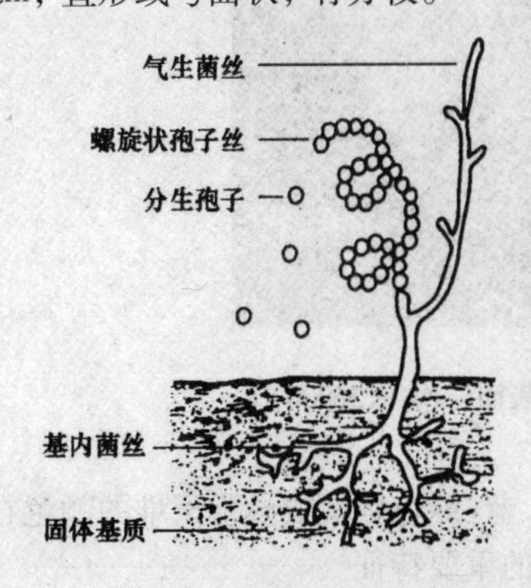

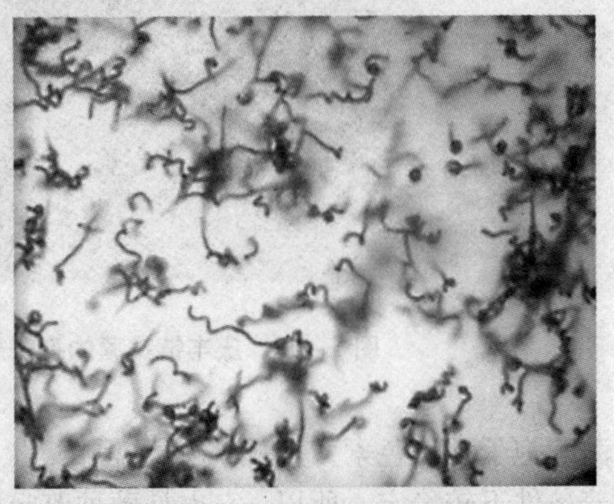

图 1-47 链霉菌的基内菌丝与气生菌丝（孕育菌丝）

3. 孢子丝及孢子

当气生菌丝发育到一定阶段时，其顶部即可分化出能形成 3～50 个分生孢子的繁殖菌丝，这种菌丝体就称为孢子丝。有直、波曲、螺旋和轮生等形状，链霉菌的常见孢子丝形态如图1－48。

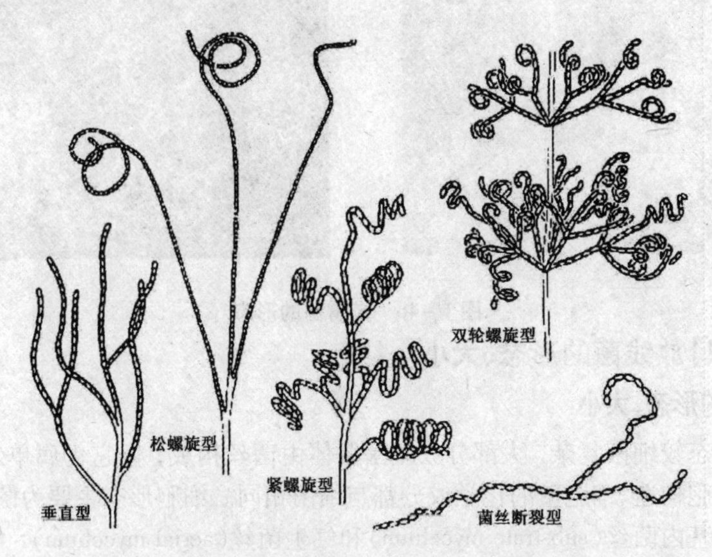

图1－48　链霉菌的常见孢子丝形态

孢子丝生长到一定阶段就形成孢子。放线菌形成的孢子有球形、椭圆形、杆形、柱形、瓜子形等；同一孢子丝上分化出的孢子的形状、大小有时也不一致。所以，不能将其作为区分菌种的唯一依据。电镜下可见孢子表面结构的差异，有的表面光滑，有的带小疣、刺、或毛发状物，见图1－49。孢子表面结构也是鉴定放线菌菌种的依据。

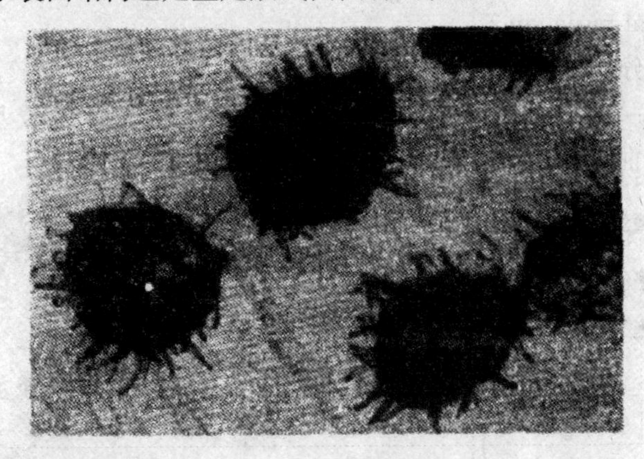

图1－49　庆丰链霉菌的孢子表面结构（×36000）

放线菌的孢子常带色素，呈白、灰、黄、橙黄、红、蓝、绿色等。成熟孢子堆的颜色在一定培养基和培养条件下较稳定。所以，它也是菌种鉴定的重要特征。

放线菌的孢子表面结构与孢子丝的形态有一定关系。一般孢子丝直形或波浪弯曲状，这类孢子丝上的孢子表面光滑；若孢子丝螺旋状，它形成的孢子表面则有的光滑，有的带刺或带毛；孢子的颜色与孢子的结构也有一定的相关性。白色、黄色、淡绿、灰黄、淡紫色孢子的表面一般都是光滑的，粉红色孢子只有极少数带刺，黑色孢子则绝大多数都带刺和毛。

4. 孢囊及孢囊孢子和游动孢子

孢囊链霉菌(Strptosporangium)的孢囊发育于基内菌丝或气生菌丝，通常近似圆形。孢囊内形成的孢子有球形、椭圆形或杆状。具有鞭毛能游动的称为游动孢子；没有鞭毛不能游动的称为孢囊孢子。游动孢子的鞭毛有一个单生，或两个生在一起，或多数丛生，或周生(图1－50)。

放线菌孢子常具有色素，呈白、灰、黄、橙黄、红、蓝、绿等颜色。成熟的孢子堆，其颜色在一定培养基与培养条件下比较稳定。因此，颜色是鉴定此类菌种的重要依据之一。

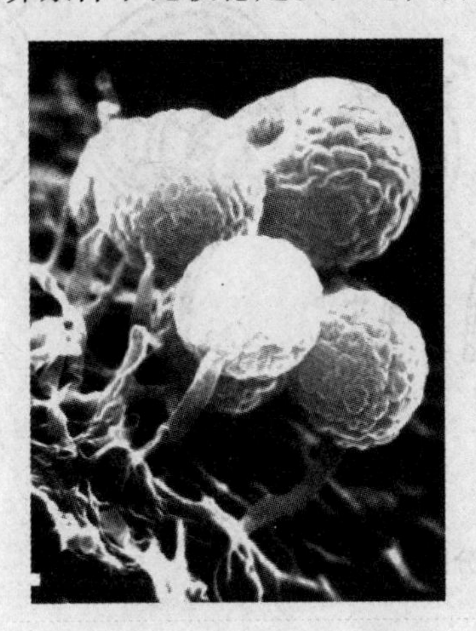
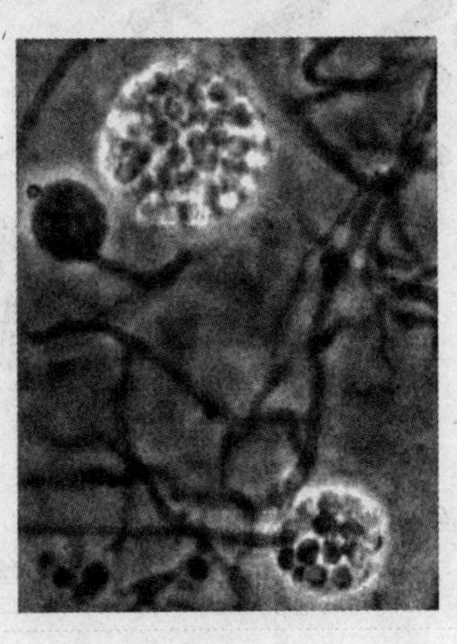

图1－50　孢囊链霉菌的孢囊及孢囊孢子

二、放线菌的繁殖与培养特征

放线菌以无性方式繁殖，主要是形成孢子，也可通过菌丝断片繁殖。链霉菌生长到一定阶段，一部分气生菌丝分化为孢子丝，孢子丝成熟便形成许多孢子。其生活史见图1－51。

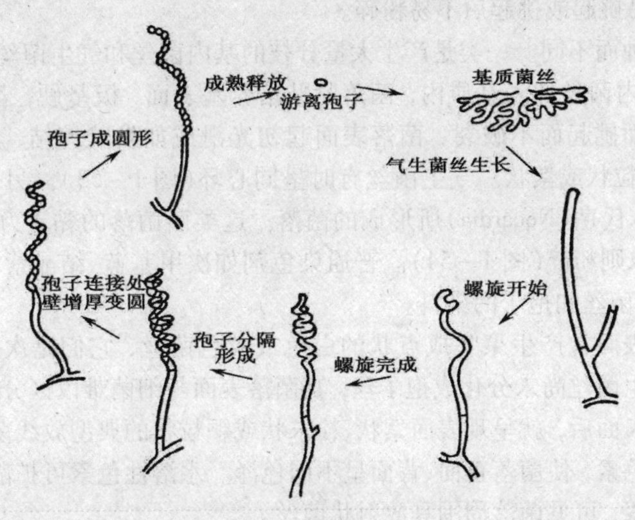

图1－51　链霉菌生活史

以前人们认为，形成孢子的形式有凝聚和横隔分裂两种。但从电子显微镜观察超薄切片的结果表明，孢子丝形成孢子只有横隔分裂而无凝聚过程。横隔分裂有两种方式。

1. 胞质膜内陷，逐渐向内收缩并合成横隔膜，孢子丝分隔成许多孢子。

2. 细胞壁和质膜同时内陷，向内缢缩，孢子丝缢裂成连串的孢子。

图1－52表示横隔分裂形成孢子的过程。另外有些放线菌可在菌丝上形成孢子囊，在孢囊内形成孢囊孢子。孢囊成熟后释放出大量孢囊孢子。在液体培养中，放线菌主要靠菌丝断裂片断进行繁殖。

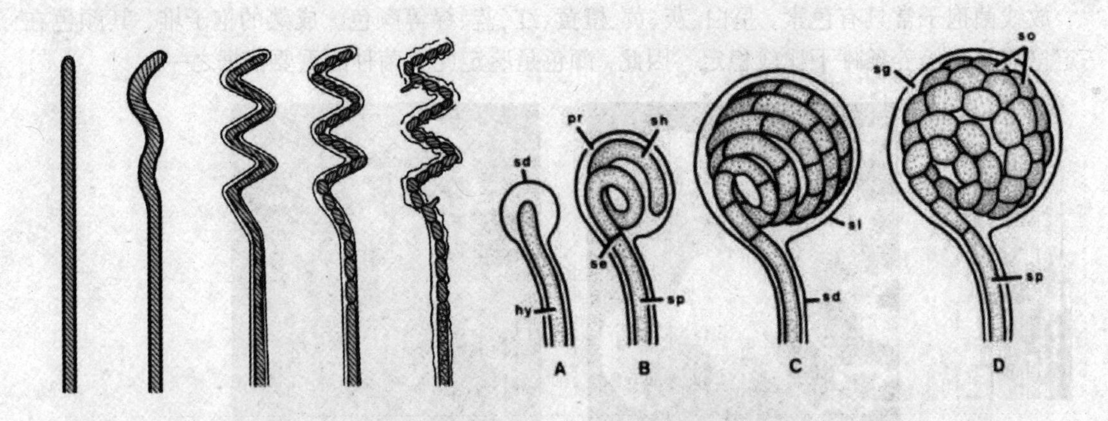

a. 链霉菌的气生菌丝形成分生孢子　　b. 链孢囊菌属孢囊孢子的形成

图1－52　孢子丝分隔成孢子(a. b.)

菌落形态

放线菌的菌落由菌丝体(mycelium)组成。所谓菌丝体就是由菌丝相互缠绕而形成的形态结构，菌落特征介于细菌和霉菌之间，因为其气生菌丝较细，生长缓慢，菌丝分枝并相互交错缠绕，所以形成的菌落质地硬而且致密，菌落较小而不广泛延伸；表面干燥，呈干粉状或颗粒状，呈现出各种特征性颜色。菌落正反面颜色常不同。菌落边缘还常有辐射状皱褶，与培养基结合紧密，不易挑起或挑起后不易粉碎。

菌落形成随菌种而不同。一类是产生大量分枝的基内菌丝和气生菌丝的菌种，如链霉菌(Streptomyces)，基内菌丝伸入基质内，菌落紧贴培养基表面，极坚硬，若用接种铲来挑取，可将整个菌落自表面挑起而不破裂。菌落表面起初光滑或如发状缠结，其后在上面产生孢子，表面呈粉状、颗粒状或絮状。气生菌丝有时呈同心环(图1－53)。另一类是不产生大量菌丝的菌种，如诺卡氏菌(Nocardia)所形成的菌落。这类菌菌落的黏着力不如上述的强，结构成粉质，用针挑取则粉碎(图1－54)。普通染色剂如次甲基蓝、结晶紫和石炭酸品红都可作为气生菌丝、基内菌丝和孢子的染料。

在放线菌菌落表面常产生聚集成点状的白色或黄色菌丝，它们是次生菌丝，不产生孢子。幼龄菌落中气生菌丝尚未分化成孢子丝，其菌落表面与细菌难以区分。当孢子丝形成大量孢子并布满菌落表面后，就呈现表面絮状、粉末状或颗粒状的典型放线菌菌落特征；由于菌丝和孢子常具不同色素，使菌落正面、背面呈不同色泽。水溶性色素可扩散；脂溶性色素则不扩散。用放大镜观察，可见菌落周围具放射状菌丝。

若将放线菌接种于液体培养基内静置培养，能在瓶壁液面处形成斑状或膜状菌落，或沉降于瓶底而不会使培养基浑浊；如采用振荡培养，常形成由短的菌丝体所构成的球形颗粒(菌丝团)。

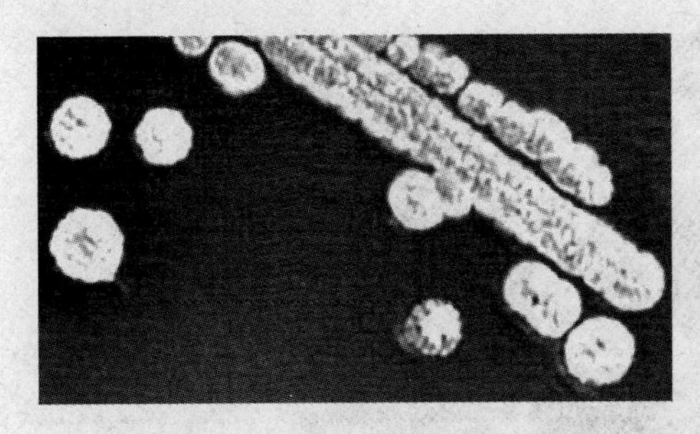
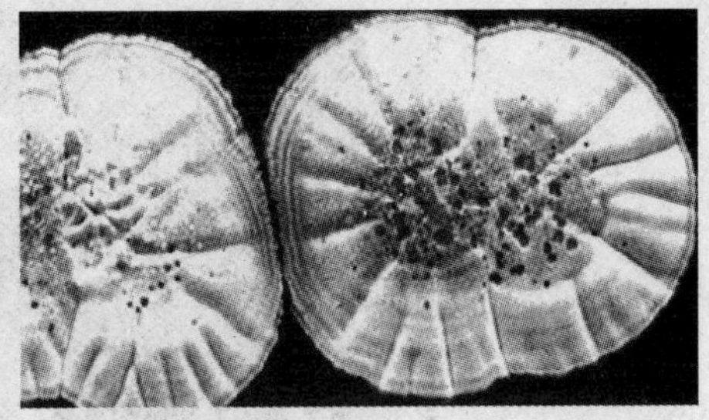

图1－53　链霉菌菌落示例

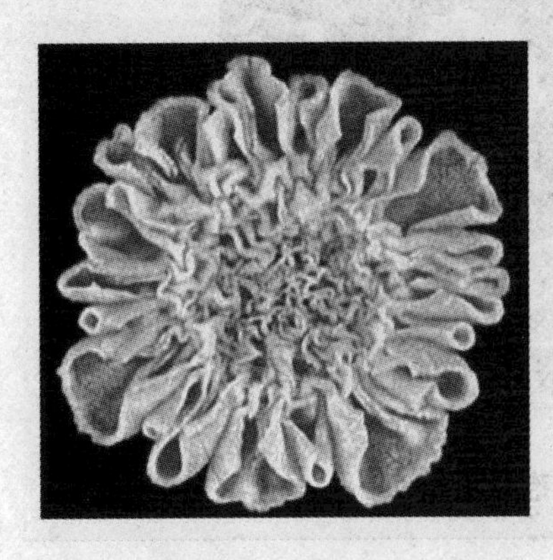
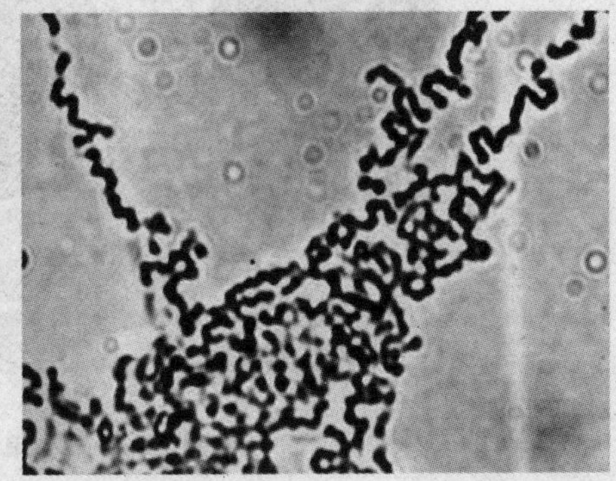

图1－54　某种诺卡氏菌菌落与基内菌丝

三、常见放线菌的种类

1. 链霉菌属(Streptomyces)

菌丝体旺盛，多分枝，无隔多核，有发达的气生菌丝和孢子丝；好氧，化能有机营养型，(这是微生物营养类型中的一种)腐生，土壤中常见；菌落表面干燥，呈毛状，粉状或颗粒状；有1000多个种，是放线菌中最大的属；产生抗生素最多的一类细菌，如链霉素、土霉素、卡那霉素、井冈霉素等。

2. 诺卡氏菌属(Nocardia)

(1)大多不形成气生菌丝，少数形成稀薄的气生菌丝。

(2)基内菌丝不发达，可分支，易断裂成杆状和球形体。

(3)大多数不形成孢子丝和孢子。

(4)好氧菌，主要分布于土壤中。

(5)有些种产生抗生素，如利福霉素。

3. 小单孢菌属(Micromonospora)

(1)一般不形成气生菌丝，不形成孢子丝。

(2)基内菌丝发达多分支。

(3)在基内菌丝上长出短小的孢子梗，梗顶端着生一个分生孢子。

(4)好氧，许多种产生抗生素，如庆大霉素，有些种产生维生素，如维生素 B_{12}。

放线菌菌体外貌虽像真菌而微细，但其细胞结构属于原核细胞型，与细菌同属原核生物界，而以分核的丝状菌体区别于细菌。放线菌与细菌的异同如表1－5所示。

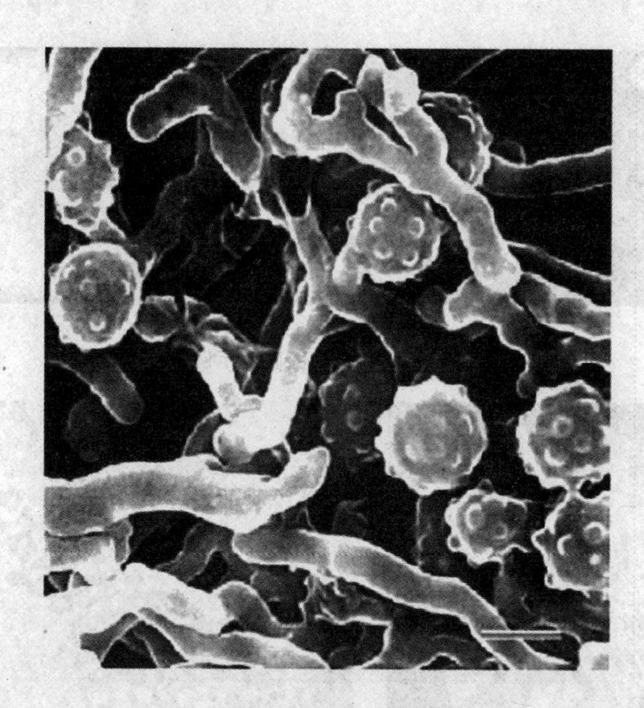

图 1－55　小单孢菌属

表 1－5　　**放线菌和细菌的异同**

特征	细菌	放线菌
细胞形态	单细胞呈球状、杆状或螺旋状，直径或宽度一般小于 1μm	单细胞菌丝体，有气生菌丝和基内菌丝之分，直径与细菌相似，但菌体比细菌大
细胞结构	没有完整的核，无线粒体等细胞器，属原核生物	与细菌同
细胞壁	细胞壁含胞壁酸、二氨基庚二酸，不含纤维素和几丁质	与细菌同
菌落形态	长于培养基表面，有各种形状，易挑起	菌落一般紧密而小，菌丝深入培养基内，有皱褶，难挑起
繁殖方式	主要为裂殖	分生孢子、孢囊孢子和菌丝断裂
生长 pH 值	中性或微碱性	细菌同
对抗生素和噬菌体 革兰氏染色反应	除抗真菌抗生素外，一般敏感阳性或阴性	与细菌同 阳性

在分类上放线菌作为一个目。放线菌目的分类以形态学上的差异为依据。现主要根据基内菌丝的生长状况以及孢子着生方式，将其中主要区分如图 1－56。

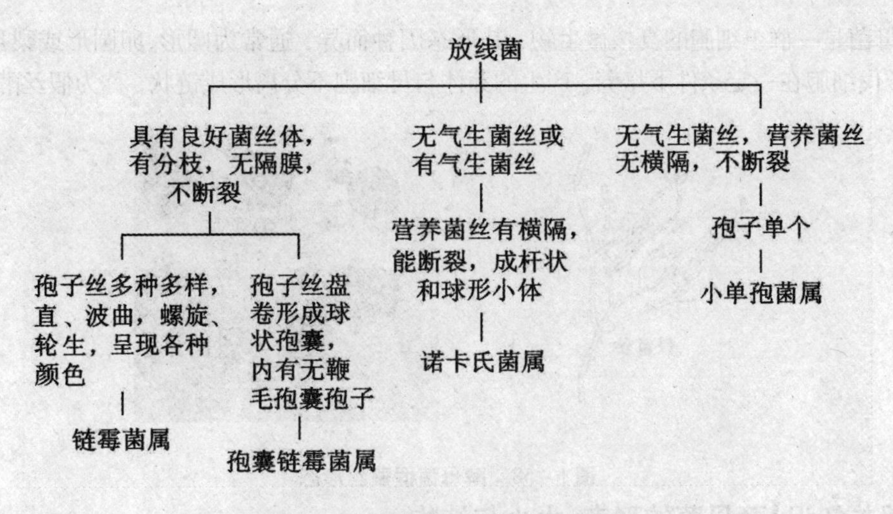

图 1－56　放线菌主要属的简捷分类

任务四　微生物的认知——酵母菌

酵母菌(yeast)是一通俗名称，分布广，在水果、蔬菜、花蜜和植物叶子表面以及果园的土壤里。在牛奶、动物的排泄物以及空气中也有酵母存在。种类较多，目前已知有500多种，与人类关系密切在食品方面，如酿酒、制作面包、生产调味品等。在医药方面，生产酵母片、核糖核酸、核黄素、细胞色素C、B族维生素、乳糖酶、脂肪酶、氨基酸等。在化工方面，使石油脱蜡、以石油为原料生产柠檬酸等。在农业方面，生产饲料(例如SCP)。在生物工程方面，作为基因工程的受体菌。

一般认为酵母菌具有以下五个特点：

1. 个体一般以单细胞状态存在。
2. 多数出芽繁殖，也有的裂殖。
3. 能发酵糖类产能。
4. 细胞壁常含有甘露聚糖。
5. 喜在含糖量较高、酸度较大的环境中生长。

【形态观察】酵母菌标片的形态

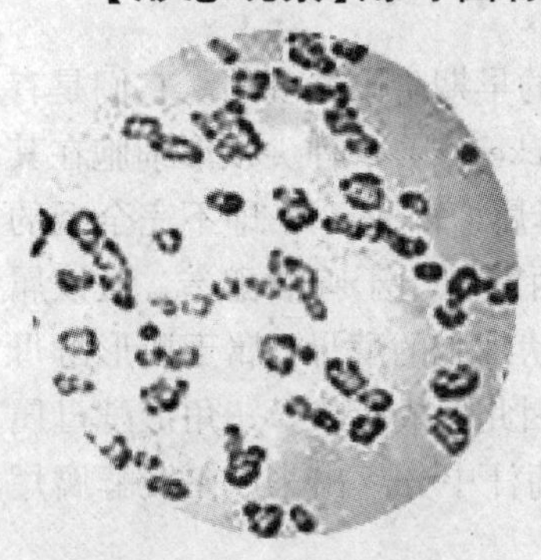

酵母显微镜 40＊10 倍(染色)

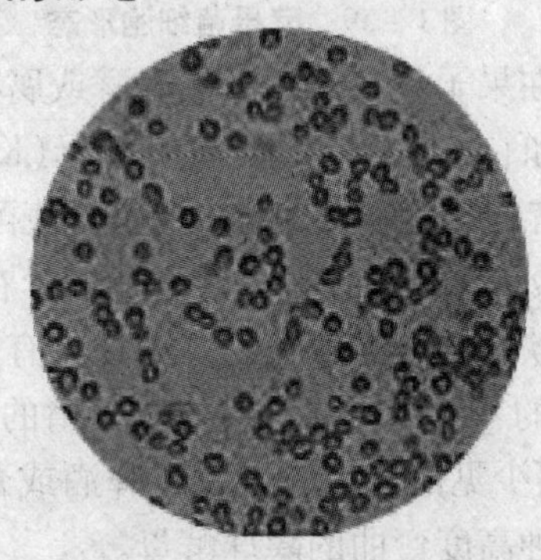

酵母显微镜 40＊10 倍

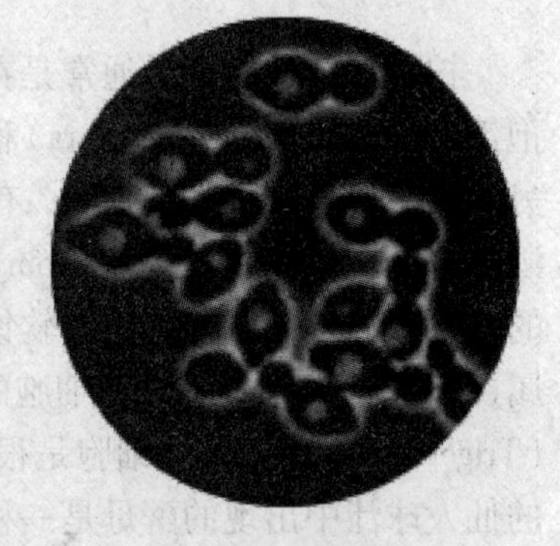

放大图

图 1－57　酵母菌显微镜下观察

酵母菌是一群单细胞的真核微生物，其形态因种而异，通常为圆形、卵圆形或梨形。有的酵母菌子代细胞在一定条件下培养，产生的芽体与母细胞不分离形成链状，称为假丝酵母。

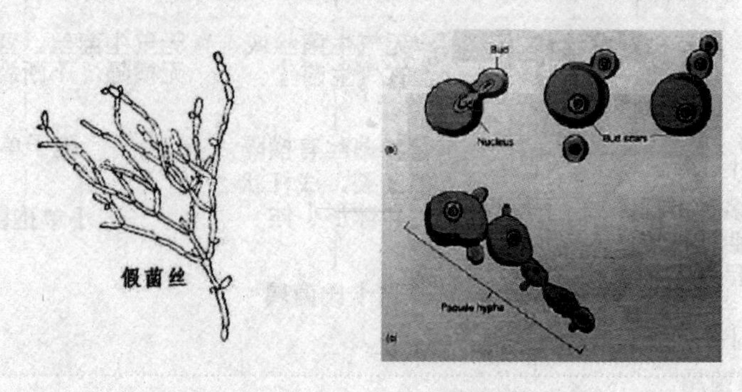

图 1－58　酵母菌假菌丝形态

【相关知识】酵母菌的形态、大小与结构

一、酵母菌的形态

酵母菌是单细胞微生物，它的细胞形态因种而异（图 1－59），除常见的球形、卵形和圆筒形外，某些酵母还具有高度特异性细胞形状，如柠檬形或尖形。

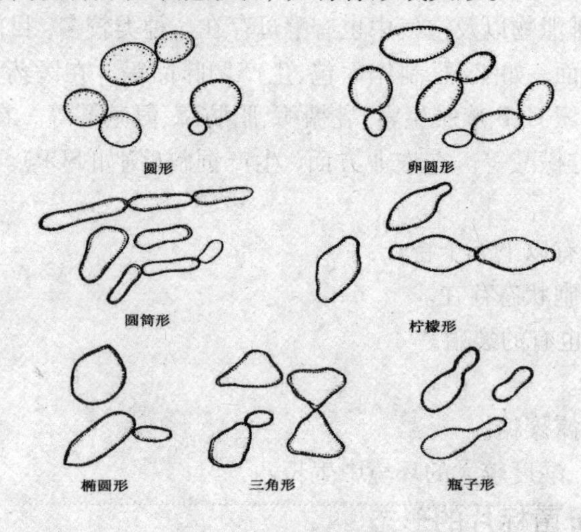

图 1－59　酵母菌细胞形态

柠檬形或尖形酵母通常是在果子和浆汁的天然发酵或腐败的早期阶段发现的。它们是有孢汉逊酵母属（Hanseniaspora）和它的不完全型克勒克酵母（Kloeckere）。一种尖顶形细胞在其另一端使伸长出的细胞变圆，有的另一端会突出，这是德克酵母属（Dekkera），即不完全型的酒香酵母属（Imperfectbrellawomyces）的酵母特征，这种酵母在西欧曾用于啤酒酿造，但该属的某些种亦是瓶装葡萄酒和软饮料的腐败微生物。一种具有瓶状细胞的酵母，属于瓶形酵母属（Pityrosporum），它是在细胞的一极以重复芽裂方式繁殖的，因此形成瓶状。三角形酵母属（Trigonopsis）的三角形细胞是很少见的，它们可以从啤酒或葡萄汁中分离出来，在发酵腐烂的仙人球汁中出现的酵母是一种高度弯曲的隐球酵母。

细胞的特殊形状虽是菌属的特征，但并不意味着个体发育的每个时期都具有这种形态。例如，柠檬形的尖端酵母，通常以球形和卵形的芽与母细胞分离，然后开始芽本身的发育。

因为出芽是两极性的，一个具有幼芽的卵形细胞在它们的一极又伸长发芽，就会变成柠檬形。由于重复的二极出芽，较老的细胞就会有形状的变化。

二、酵母菌的大小

酵母菌比细菌粗约10倍，其直径一般为2－5μm，长度为5－30μm，最长可达100μm。

例如：酿酒酵母（S. cerevisiae）

宽度：2.5－10μm

长度：4.5－21μm

酵母的大小、形态与菌龄、环境有关。一般成熟的细胞大于幼龄的细胞，液体培养的细胞大于固体培养的细胞。有些种的细胞大小、形态极不均匀，而有些种的酵母则较为均匀。

观察细胞大小和形态的培养基常用麦芽汁，但最好用合成培养基，因后者有较好的重复性。对不同的酵母菌的描述，应以在最佳的标准条件下得到的结果为依据。

三、酵母菌的细胞构造

酵母细胞的典型构造如图1－60所示。它一般包括细胞壁（一些种中有黏性荚膜）、细胞膜、细胞核、一个或多个液泡、线粒体、核糖体、内质网、微体、微丝、内含物等，此外还有出芽痕和诞生痕。

（一）细胞壁

细胞壁（cell wall）厚约25nm，重量达细胞干重的25%，主要成分为“酵母纤维素”，它呈三明治状——外层为甘露聚糖（mannan），内层为葡聚糖（glucan），都是分枝状聚合物，中间夹着一层蛋白质（包括多种酶，如葡聚糖酶、甘露聚糖酶等）。葡聚糖是赋予细胞壁以机械强度的主要成分。在出芽痕周围还有少量几丁质成分。酵母菌的细胞壁可用由玛瑙螺（Helix pomatia）胃液制成的蜗牛消化酶水解，从而形成酵母原生质体；此外，这一酶还可用于水解酵母菌的子囊壁，以释放其中的子囊孢子。

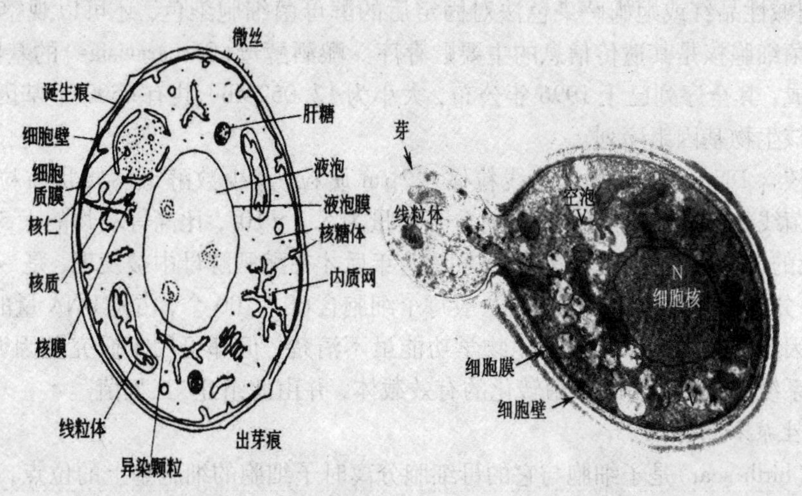

图1－60　酵母菌的细胞结构模式图和电镜切片图

（二）细胞膜

酵母菌的细胞膜（cytoplasmic membrane 或 plasmolemma）也是由3层结构组成的（图1－61），主要成分为蛋白质（约占干重50%），类脂（约40%）和少量糖类。

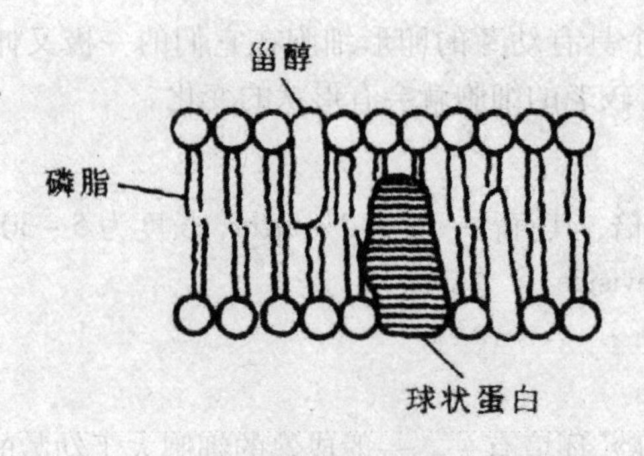

图 1－61 酵母菌细胞膜的 3 层结构

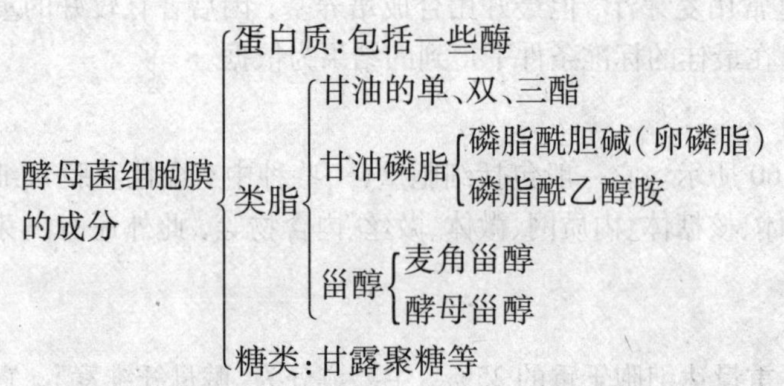

由于酵母菌细胞膜上含有丰富的维生素 D 的前体——麦角甾醇，它经紫外线照射后能转化成维生素 D_2，故可作为维生素 D 的来源，例如发酵性酵母（Saccharomyces fermentati）的麦角甾醇含量可达细胞干重的 9.66%。

（三）细胞核

酵母菌具有由多孔核膜包裹起来的定形细胞核（nucleus）。用相差显微镜可见到活细胞内的核；如用碱性品红或姬姆萨染色法对固定后的酵母菌细胞染色，还可以观察到核内的染色体。酵母菌细胞核是其遗传信息的主要贮存库。酿酒酵母（S. cerevisiae）的基因组共由 17 条染色体组成，其全序列已于 1996 年公布，大小为 12.052Mb，共有 6500 个基因，这是第一个测出的真核生物基因组序列。

除细胞核含 DNA 外，在酵母菌线粒体、“2μm 质粒”及少数酵母菌线状质粒中，也含有 DNA。酵母菌线粒体 DNA 呈环状，相对分子质量为 5.0×10^7，比高等动物的大 5 倍，约占细胞总 DNA 量的 15% ~23%。2μm 质粒是 1967 年后才在酿酒酵母中被发现，是一个闭合环状超螺旋 DNA 分子，长约 2μm（6 kb）。一般每个细胞含 60 ~ 100 个，占总 DNA 量的 3%。它的复制受核基因组控制。2μm 质粒的生物学功能虽不清楚，但却可用于研究基因调控、染色体复制的理想系统，也可作为酵母菌转化的有效载体，并由此组建“工程菌”。

（四）诞生痕和出芽痕

诞生痕（birth scar）是子细胞与它的母细胞分离时子细胞的细胞壁上的位点，它通常在细胞长轴的末端。出芽痕（bud scar）是指母细胞壁上出芽并与子细胞分开的那个位点（图 1－62）。

由于多重出芽，致使酵母细胞出芽痕在细胞表面稍微突起，围绕的中心区约为 $3\mu m^3$。每个细胞的出芽数量是有限的，一个酿酒酵母细胞通常可出 20 个芽，多的可达 40 个。

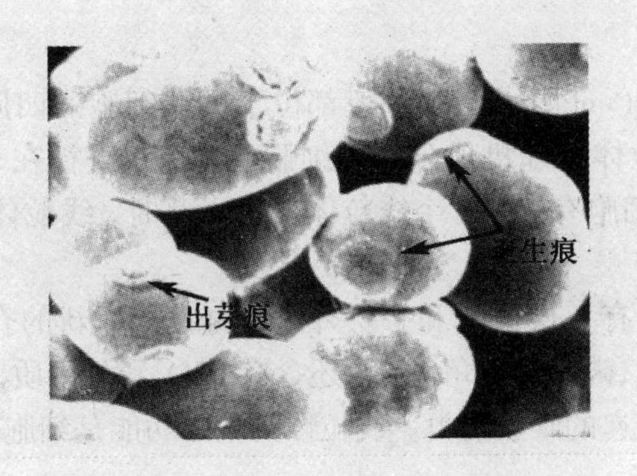

图1－62　诞生痕和出芽痕

（五）微丝

近来，人们在酵母细胞表面观察到一种像头发丝一样的“微丝”（fimbriae）。这些微丝的直径为5～7nm，长度为0.1μm，其主要成分是蛋白质。在酵母属中，这些短的微丝与酵母的凝聚性有关。

（六）液泡

在显微镜下观察酵母细胞时，经常能看到直径约0.3～3μm的一个或多个大小不等的液泡（vacuole），这在酵母的生长平衡期，即处于不繁殖状态时特别明显。液泡一般呈球形，在光束照耀下，液泡较环绕着它们的细胞质更透明（图1－63）。液泡往往在细胞发育的中后期出现。它的多少、大小可作为衡量细胞成熟的标志，较大的液泡常将细胞核挤到细胞的边缘。

当细胞接入新鲜培养基中并开始发芽时，一个大液泡被分隔成几个小液泡；当芽发育时，液泡被分配到母细胞和子细胞中。出芽完成后，小液泡可以接合并再一次形成大液泡。

电子显微镜观察可发现，液泡被一单层膜所包围，膜的内外表面被直径为8～12nm的颗粒所覆盖。这些颗粒的功能还不清楚，但它具有转移液泡中储藏物质的作用。

分子量不同的各种成分都能进入液泡。液泡中有相当浓度的异染色粒，这种偏磷酸盐的聚合度在2～10之间。液泡也能积累低溶解度的某些嘌呤和其衍生物（如尿酸），这使得某些酵母菌如毕赤氏酵母常形成明显的液泡结晶，这些结晶体通常做布朗运动。大部分酵母的游离氨基酸也储藏于液泡中。液泡也可作为若干水解酶类的储藏体，包括蛋白酶、核糖核酸酶和酯酶。若液泡破碎，可使细胞自溶。

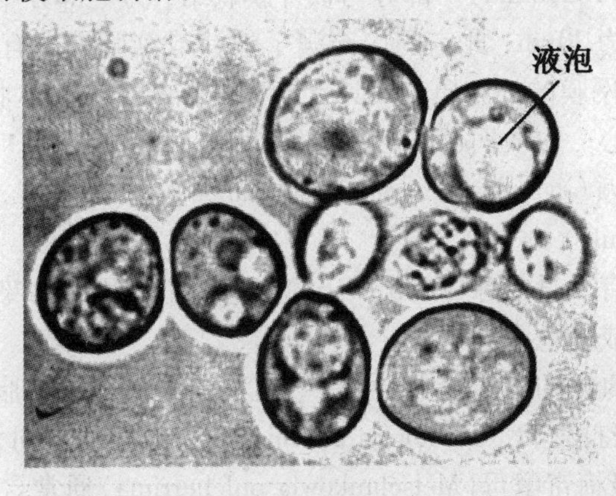

图1－63　酵母细胞液泡

（七）线粒体

在酵母属中，线粒体（mitochondria）一般都位于紧靠细胞的四周。红酵母属是一种专性呼吸型酵母，它们的线粒体则随机地分布在细胞质中，其直径在0.3～1μm之间，长度为0.5～3μm或更长。每个细胞有1～20个线粒体。在出芽时，线粒体变得像丝状，并可分枝，之后分裂并进入子细胞。

线粒体（图1－64）外有一层内膜和一层外膜，内膜形成新的脊并扩展到线粒体的基质内。膜系统中有许多脂类、磷脂和麦角甾醇，还含有DNA和蛋白质，包括RNA聚合酶和若干参与三羧酸循环和电子传递的呼吸酶类。线粒体的主要功能是细胞内氧化能的转换，所以它是酵母细胞的“动力车间”。

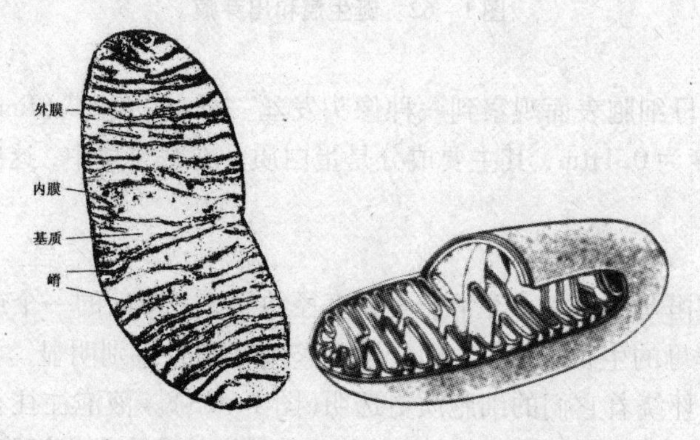

图1－64 线粒体电镜切片图和结构模式图

线粒体的DNA量约占细胞的DNA总量的5%～20%。它虽能编码若干呼吸酶，但线粒体的一些结构蛋白质和细胞色素C是由核DNA编码的。

在厌氧的培养条件下，或在葡萄糖浓度高（5%～10%）的好氧条件下，线粒体会分解成一种嵴很差的前线粒体，这种细胞不再会合成细胞色素aa_3和B，因而缺乏呼吸能力。但这种呼吸能力可在含非发酵性质的培养基中除去葡萄糖和通入空气而得到恢复。酿酒酵母也可能完全丧失呼吸能力。这种失去呼吸能力的细胞可自然变异产生，比例可达1%～10%。这种变株在培养皿上形成小菌落，可以识别。

（八）内质网

内质网（endoplasmic reticulum）一部分与核外膜联结，另一部分则与细胞膜紧密结合。内质网的二膜间的距离约为20nm，此空间内充满了液汁或细胞汁。有膜包围住稠密的直径约为100nm的球体。内质网膜的细胞质表面具有特殊的结构，一些丛状颗粒由聚核糖体组成，它们是合成蛋白质的中心。内质网还与出芽起始有关。

（九）细胞质内含物质（cytoplasmic granule substance）

1. 脂肪粒（lipid globule）

大多数酵母细胞含有少量的球体（图1－65），它们是可用脂肪染料染色的脂肪，如可用苏丹黑或苏丹红将其染成黑色或红色。

当生长在含有限量氮源的培养基中时，一些菌种能大量地积累脂肪物质，有的可为细胞干重的50%～60%。如红酵母（Rhodotorula glutinis）含有颇多的不同大小的脂肪球；油脂酵母（Lipomycesarkeyi）和美极梅奇酵母（Metschnikowia pulcherrima）通常含有一个或两个很大的脂肪球。

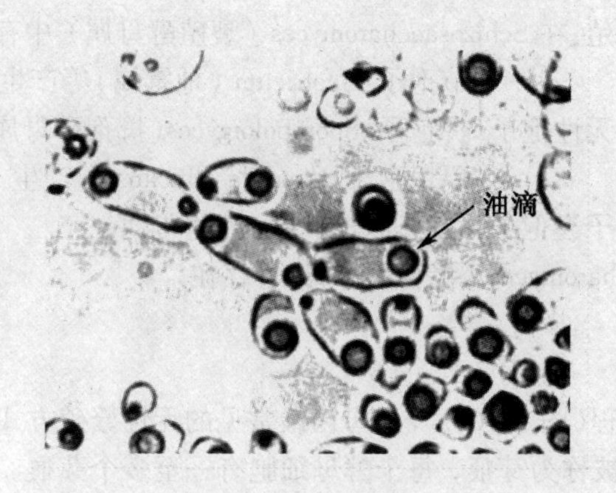

图 1-65　脂肪粒

2. 核糖体(ribosome)

酵母的 RNA 含量很多，比 DNA 多 5~100 倍，达细胞干重的 5%~12%。而核糖体中的 RNA 量占酵母中 RNA 总量的 85% 以上。细胞中的多数核糖体都固定在信息 RNA 分子上和核糖体的多聚体复合物中，这些复合物在多肽合成中起着重要的作用。

3. 聚磷酸盐(polyphosphate)

在紧接细胞膜的细胞质内存在聚合度为 300~500 的聚磷酸盐。它们是作为高能磷酸盐储藏的，可存在于不同的代谢过程(如糖的运转和细胞壁多糖的生物合成)中。

4. 肝糖(polysaccharide glycogen)

肝糖是酵母中储藏的两种主要糖类之一。其分子质量较高，约为 10^7Da。肝糖由一树状的分子组成，主链的葡萄糖残基以 α(1→4)键相结合，分枝由 α(1→6)键构成，分枝点间大约有 12~14 个葡萄糖残基。酵母的肝糖含量因菌种和生长条件的不同而有很大变化。当氮源不足而限制了生长，但仍有糖时，肝糖主要在平衡生长期积累。面包酵母含有干重 12% 的肝糖，若用碘液将其染成暗棕色，则可发现它是直径约为 40nm 的球形颗粒的集合体。

5. 海藻糖(trehalose)

这种非还原性的双糖是酵母中储藏的第二种糖类。它的量既可以少到忽略不计，也可以高到 16%，主要看酵母处于什么样的生长期。这种糖储藏在与膜结合的泡囊中，以避免已成为溶解性的海藻糖被水解。

四、酵母菌的繁殖和培养特征

根据能否进行有性繁殖，可将酵母菌分为假酵母和真酵母。假酵母只有无性繁殖过程。真酵母既有无性繁殖，又有有性繁殖过程。

(一)酵母菌的繁殖方式

酵母菌的繁殖方式有无性繁殖和有性繁殖两类，其中无性繁殖又分为芽殖(budding)、裂殖(fission)和产无性孢子(厚垣孢子、掷孢子等)。各种酵母的繁殖方式不尽相同，酵母以无性繁殖中的芽殖为主。

酵母菌的繁殖方式
- 无性
  - 芽殖:在各属酵母菌都存在
  - 裂殖:在 Schizosaccharomyces（裂殖酵母属）中存在
  - 产无性孢子
    - 节孢子:Geotricum（地霉属）等产生
    - 掷孢子:Sporobolomyces(掷孢酵母属)等产生
    - 厚垣孢子:Candida albicans 等产生
- 有性(产子囊孢子):如 Saccharomyces(酵母属)、Zygosaccharomyces（接合酵母属)等存在

1. 无性繁殖

(1)芽殖

①酵母菌的出芽过程(图 1－66)。酵母菌最常见的无性繁殖方式是芽殖。芽殖发生在细胞壁的预定点上，此点被称为芽痕，每个酵母细胞有一至多个芽痕。成熟的酵母细胞长出芽体，母细胞的细胞核分裂成两个子核，一个随母细胞的细胞质进入芽体内，当芽体接近母细胞大小时，自母细胞脱落成为新个体，如此继续出芽。如果酵母菌生长旺盛，在芽体尚未自母细胞脱落前，即可在芽体上又长出新的芽体，最后形成假菌丝状图 1－67。

酵母菌进行芽殖后，长大的子细胞不与母细胞立即分离，并继续除芽，细胞成串排列，这种菌丝状的细胞串就称为假菌丝。假菌丝的各细胞间仅以狭小的面积相连，呈藕节状。而霉菌的菌丝为真菌丝，即相连细胞间的横隔面积与细胞直径一致，呈竹节状的细胞串，称为真菌丝。

②酵母的出芽数。一个酵母能形成的芽数是受到限制的。在酿酒酵母中，若营养不受到限制，每个细胞可产生 9～43 个芽。也有的研究者认为常见的是以 20 个芽为度。在群体中，最老的部分细胞出芽数小于最大值的原因是营养消耗和(或)细胞数量太大(图 1－68)。

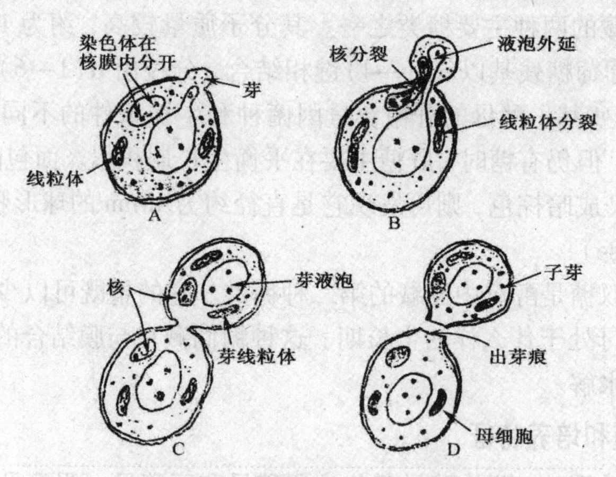

图 1－66 酵母细胞的出芽过程

③酵母细胞的出芽痕和诞生痕。酵母出芽繁殖时，子细胞与母细胞分离，在子、母细胞壁上都会留下痕迹。在母细胞的细胞壁上出芽并与子细胞分开的位点称出芽痕，子细胞细胞壁上的位点称诞生痕。由于多重出芽，致使酵母细胞表面有多个小突起。红酵母属的种株通常在同一位点重复形成芽，由于在原来细胞壁下面连续地出芽，于是形成厚厚的领圈状。

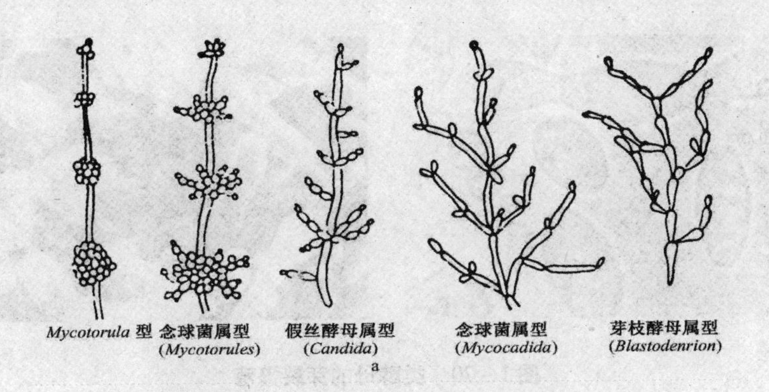

图 1－67　假菌丝的几种类型

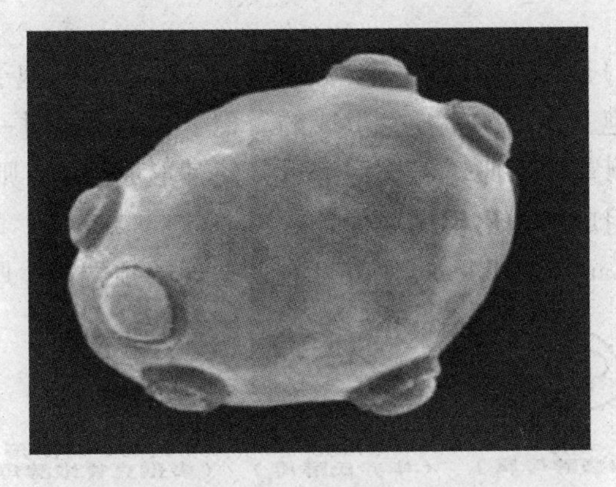

图 1－68　酵母细胞的多个芽痕

(2)裂殖

少数酵母菌，例如在裂殖酵母属(Schizosaccharomyces)中，当酵母细胞的径间出现横隔之后，就会横向裂开形成两个细胞(图 1－69)，类似于细菌的裂殖。其过程是细胞延长，核分裂为二，细胞中央出现隔膜，将细胞横分为两个具有单核的子细胞。

(3)芽裂繁殖

这是一种界于出芽和横隔形成两者之间的一种裂殖法，这种繁殖法很少见。它首先是在芽基很宽的颈处出芽，然后形成一层横隔将芽与母细胞分开(图 1－70)。这种繁殖可在类酵母属(Saccharomycodes)、拿逊酵母属(Nadsonia)和瓶形酵母属中出现。

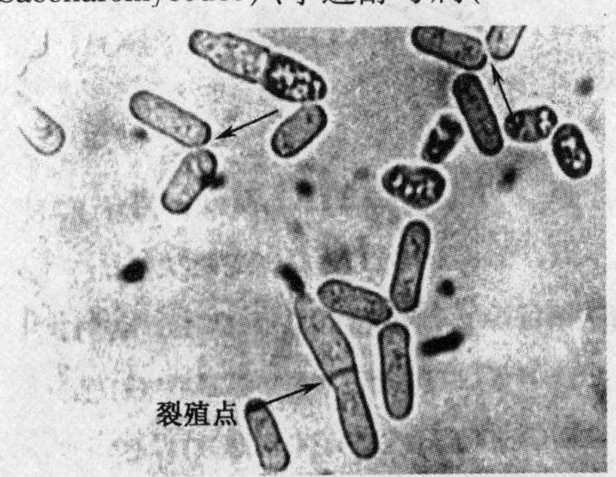

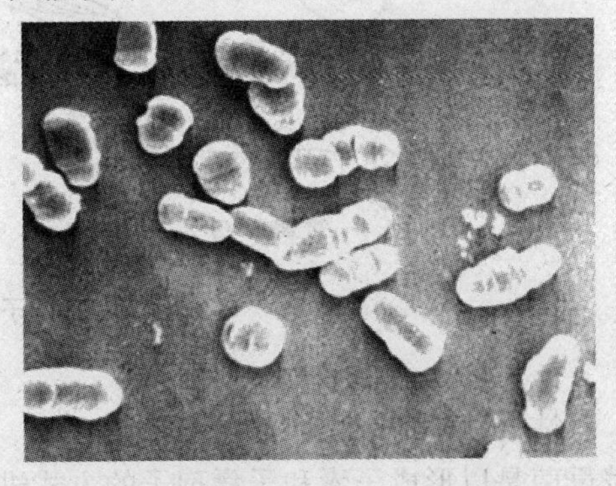

图 1－69　裂殖酵母的裂殖和新痕圈的不断叠加

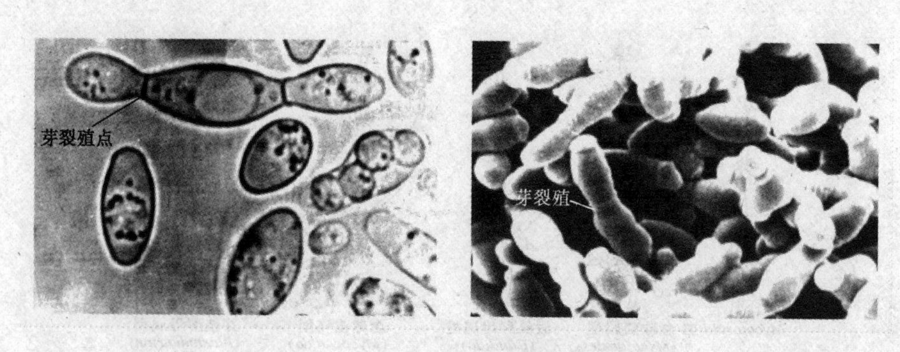

图 1－70　类酵母的芽裂繁殖

(4)无性孢子

掷孢子(ballistospore)是掷孢酵母属等少数酵母菌产生的无性孢子，外形呈肾状。这种孢子是在卵圆形的营养细胞上生出的小梗上形成的。孢子成熟后通过一种特有的喷射机制将孢子射出。因此，如果用倒置培养皿培养掷孢酵母并使其形成菌落，则常因其射出掷孢子而可在皿盖上见到由掷孢子组成的菌落模糊镜像。

此外，有的酵母如 Candida albicans 等还能在假菌丝的顶端产生厚垣孢子。

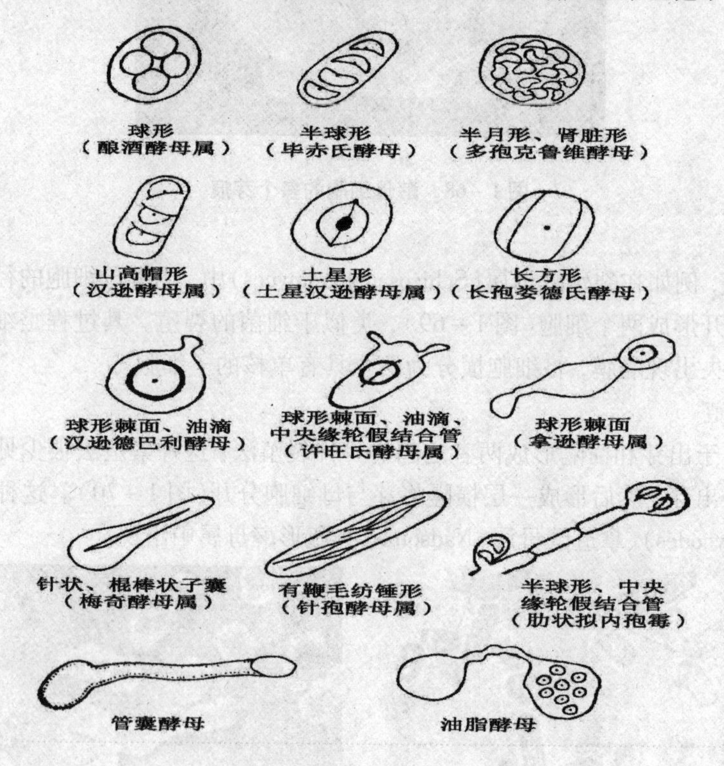

图 1－71　子囊孢子的形状

2. 有性繁殖

酵母菌是以形成子囊和子囊孢子的方式进行有性繁殖的。两个临近的酵母细胞各自伸出一根管状的原生质突起，随即相互接触、融合，并形成一个通道，两个细胞核在此通道内结合，形成双倍体细胞核，然后进行减数分裂，形成4个或8个细胞核。每一子核与其周围的原生质形成孢子，即为子囊孢子(ascospore)，形成子囊孢子的细胞称为子囊(ascus)。减数分裂后产生四个单倍体的核原细胞发育成子囊，里面有四个子囊孢子，将来发育成单倍体营养体细胞 。

不同的酵母形成的子囊孢子形状是不同的(图1－71、图1－72)，这是酵母菌分类上的特征之一。能形成子囊孢子的酵母形成孢子的条件并不相同，有的在常规条件下即可，有的则需要特殊的条件，其中影响较大的是培养基。酿酒酵母的品种不同，产子囊孢子情况差异很大，一些啤酒酿造用酵母产子囊孢子性能则明显退化，但面包酵母产子囊孢子性能极强。

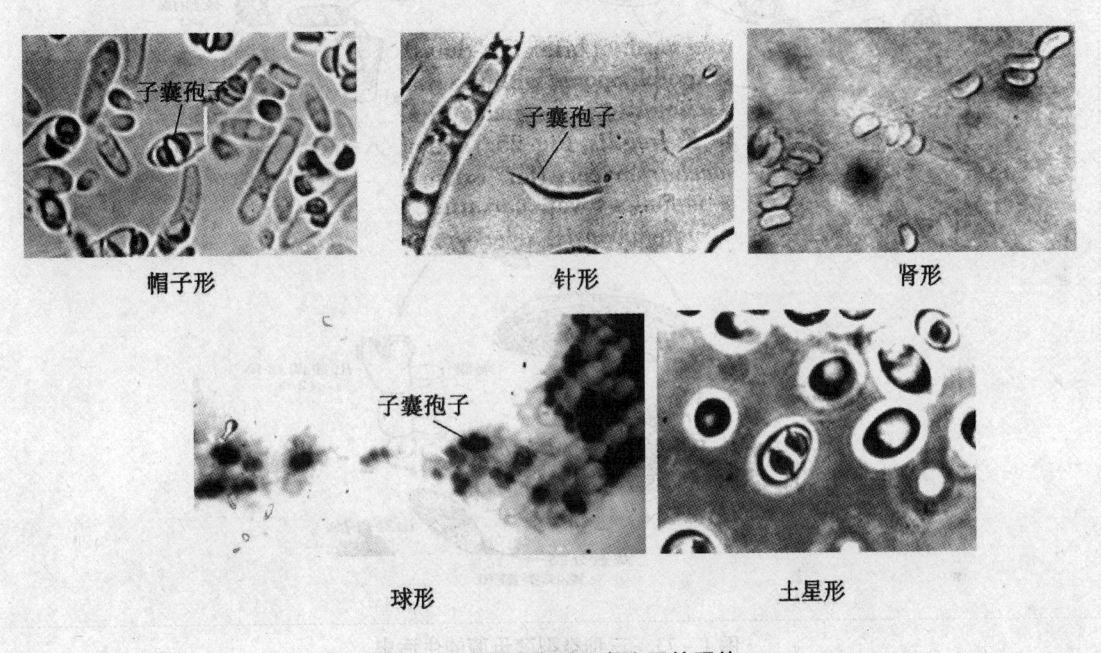

图1－72 几种典型子囊孢子的照片

(二)酵母菌的生活史

在发酵工业中，酵母属酵母菌是目前最常用酵母，其生活史见酿酒酵母。这种酵母在平时一般以双倍体细胞形式存在，以无性的芽殖进行繁殖，它们在产子囊孢子培养基上会形成1～4个子囊孢子，所以会以单倍体细胞的形式存在。在单倍体细胞接触时，它又能经质配和核配重新产生双倍体细胞活动于自然界，这是一种单、双倍体同时存在的酵母。

以八孢裂殖酵母为例，这是一种以单倍体的细胞形式存在的生活史，其双倍体世代存在时间通常很短，仅在两个单倍体细胞和它们的核接合之后，以接合子形式存在。路氏类酵母是以双倍体细胞为主要存在形式，子囊孢子在子囊内就成对结合，单倍体的形式存在时间很短。图1－73是三种类型酵母菌的生活史。

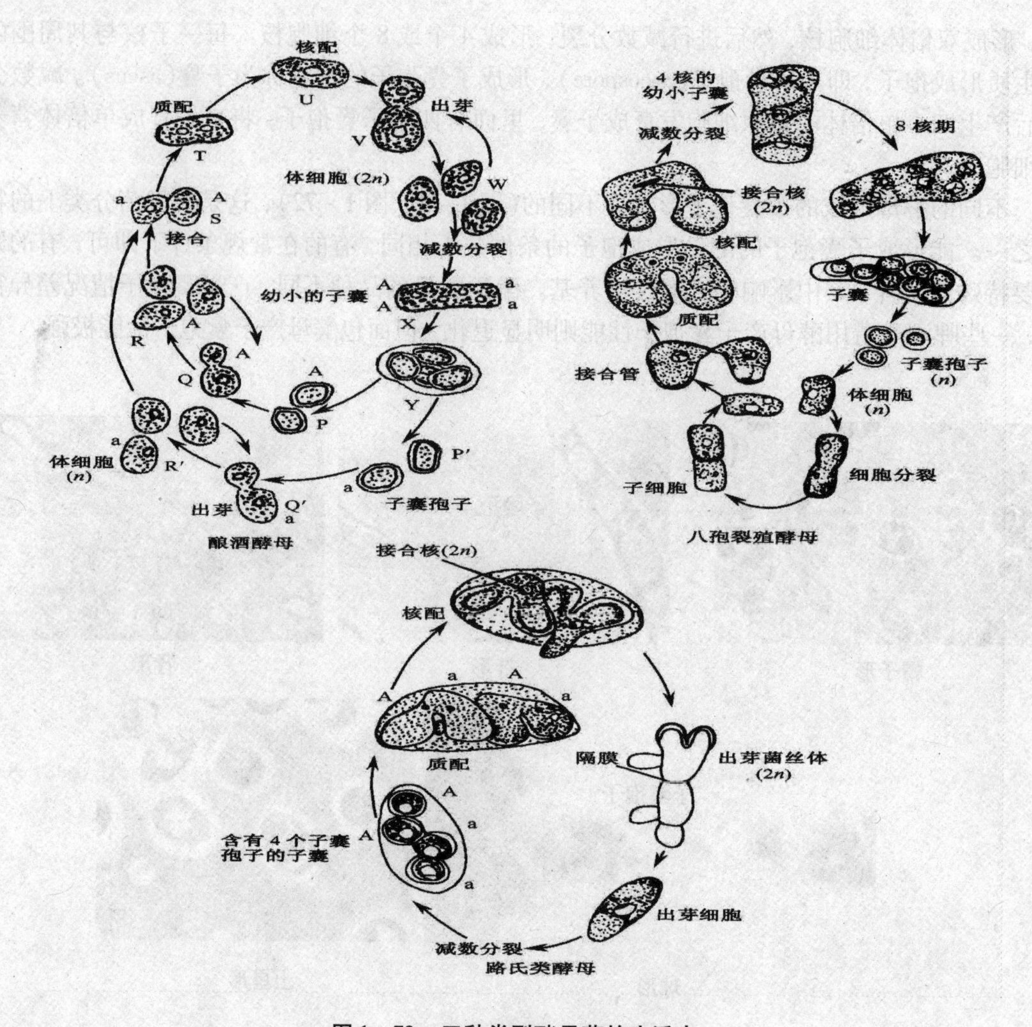

图1-73　三种类型酵母菌的生活史

(三)酵母菌的菌落特征

典型的酵母菌都是单细胞真核微生物，细胞间没有分化。与细菌相比，它们的细胞是属于粗而短的，在固体培养基表面，细胞间也充满着毛细管水，故其菌落与细菌的相仿，一般呈现较湿润、较透明，表面较光滑，容易挑起，菌落质地均匀，正面与反面以及边缘与中央部位的颜色较一致等特点。但由于酵母菌的细胞比细菌的大，细胞内有许多分化的细胞器，细胞间隙含水量相对较少，以及不能运动等特点，故反映在宏观上就产生了较大、较厚、外观较稠和较不透明等有别于细菌的菌落。酵母菌菌落的颜色也有别于细菌，前者颜色比较单调，多以乳白色或矿烛色为主，只有少数为红色，个别为黑色。另外，凡不产假菌丝的酵母菌，其菌落更为隆起，边缘极为圆整；然而，会产生大量假菌丝的酵母菌，则其菌落较扁平，表面和边缘较粗糙。此外，酵母菌的菌落，由于存在酒精发酵，一般还会散发出一股悦人的酒香味。

几种典型酵母菌的菌落形态如图1-74所示。

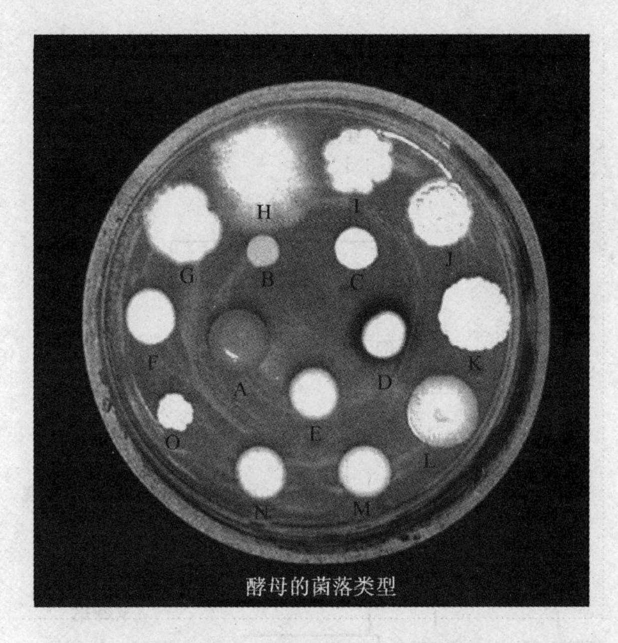

图1－74　几种典型酵母菌的菌落形态

A 深红酵母(Rhodotorula rubra)；
B 玫红法佛酵母(Phaffia rhodozyma)；
C 大型罗伦隐球酵母(Cryptococcus laurentii)；
D 美极梅奇酵母(Metschnikowia pulcherrima)；
E 浅红酵母(Rhodotorula pallida)；
F 酿酒酵母(Saccharomyces cerevisiae)；
G 产朊假丝酵母(Candida utilis)；
H 出芽短梗霉(Aureobasidium pullulans)；
I 多孢丝孢酵母(Trichosporon cutaneum)；
J 荚复膜孢酵母(Saccharomycopsis capsularis)；
K 解脂复膜孢酵母(Saccharomycopsis lipolytica)；
L 季也蒙有孢汉逊酵母(Hanseniaspora guilliermondii)；
M 碎囊汉逊酵母(Hansenula capsulata)；
N 卡氏酵母(Saccharomyces carlsbergensis)；
O 鲁氏酵母(Sarcharomyces rouxii)

四、酵母菌的种类

酵母菌属于真菌门的子囊菌纲和不完全菌纲。酵母菌的分类较复杂，既要根据其形态特征，又要依据其生理生化特征。

(一)常见酵母菌的简捷分类

主要通过观察菌落及用显微镜观察细胞进行分类。常见酵母的简捷分类如图1－75所示。

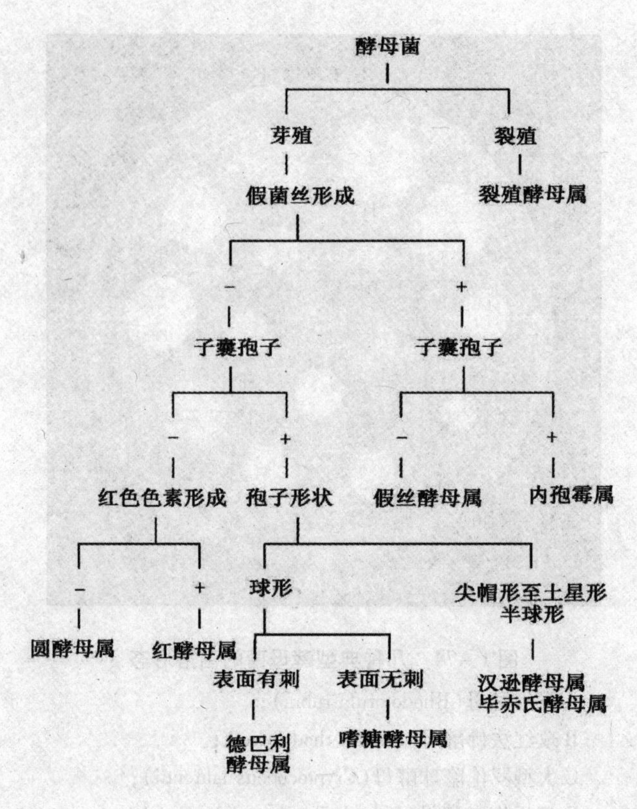

图 1－75　常见酵母的简捷分类

（二）酵母菌与细菌异同

酵母菌与细菌的异同如表 1－6 所示。

表 1－6　酵母菌与细菌的异同

特征	酵母菌	细菌
细胞形态	一般为单细胞，呈球形、卵形、椭圆形也有腊肠形等。有的有假菌丝或真菌丝	单细胞，呈球形或杆状
细胞大小	一般细胞直径或宽度为 3～6μm，长度为几十微米	一般细胞直径或宽度为 0.3～0.6 μm，比酵母小得多
菌落形态	一般有奶油状的单细胞集群、有光泽或光滑、黏稠，易挑起	一般为易挑起的单细胞集群，有各种颜色，表面特征各异
繁殖方式	一般为芽殖，少量为裂殖，有的具有性繁殖	一般为裂殖
细胞结构	具有完整的细胞核和线粒体等，细胞壁组成主要为葡萄糖和甘露聚糖等	只含有核质体，细胞壁组成主要为肽聚糖、脂多糖等
生长 pH 值	偏酸性	中性偏碱

任务五　微生物的认知——霉菌

【形态观察】

霉菌和酵母同属于真菌。

霉菌，为丝状真菌的统称。凡是在营养基质上能形成绒毛状、网状或絮状菌丝体的真菌（除少数外），统称为霉菌。按 Smith 分类系统，霉菌分属于真菌界的藻状菌纲 、子囊菌纲和半知菌类。霉菌在自然界分布相当广泛，无所不在，而且种类和数量惊人。在自然界中，霉菌是各种复杂有机物，尤其是数量最大的纤维素、半纤维素和木质素的主要分解菌。一般情况下，霉菌在潮湿的环境下易于生长，特别是偏酸性的基质当中。霉菌可用于生产各种传统食品：如酿制酱、酱油、干酪等。应用于工业生产有机酸（如柠檬酸、葡萄糖酸）、酶制剂（如淀粉酶、蛋白酶和纤维素酶）、抗生素（如青霉素、头孢霉素）、维生素、生物碱、真菌多糖等。同时，霉菌也可引起食品霉变，植物病害，如水果、蔬菜、粮食等植物的病害。不少致病真菌还可引起人体和动物病变。浅部病变如皮肤癣菌引起的各种癣症；能产生多种毒素，目前已知有 100 种以上。例如：黄曲霉毒素，毒性极强，可引起食物中毒及癌症。

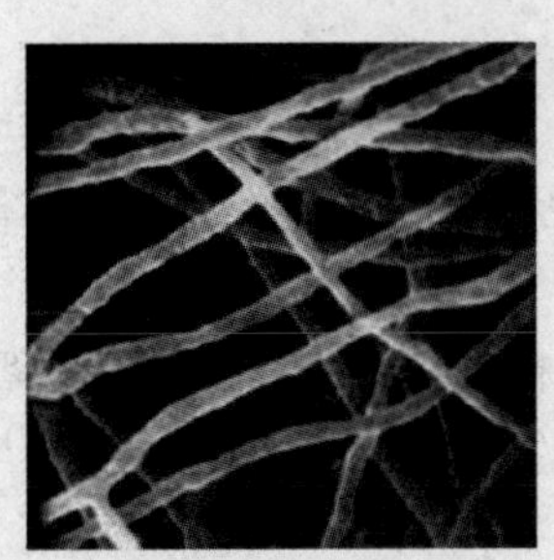

1－76　霉菌菌丝观察，40＊10 倍

无隔菌丝

有隔菌丝

★霉菌代表种属的形态观察

（一）毛霉属（Mucor）

在分类系统中属于接合菌纲、毛霉目。广泛分布于土壤、空气中，也常见于水果、蔬菜、各类淀粉食物、谷物上，引起霉腐变质。特征：低等真菌，菌丝发达、繁密，为白色、无隔多核菌丝，为单细胞真菌。菌落蔓延性强，多呈棉絮状。

代表种：高大毛霉、总状毛霉和梨形毛霉。

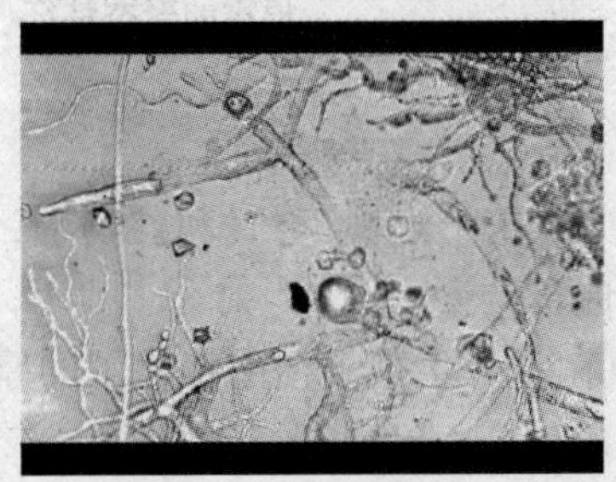

镜下观察

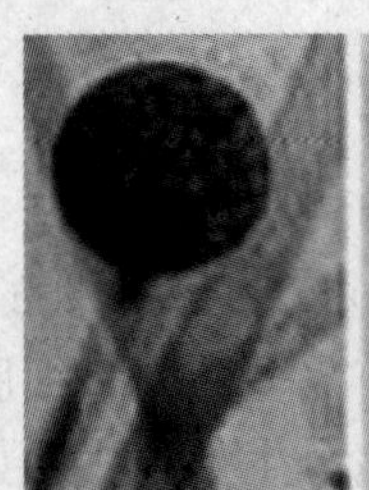

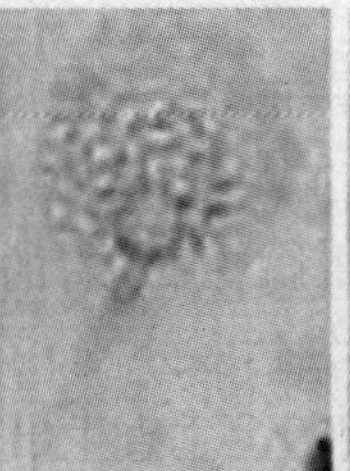

孢子囊

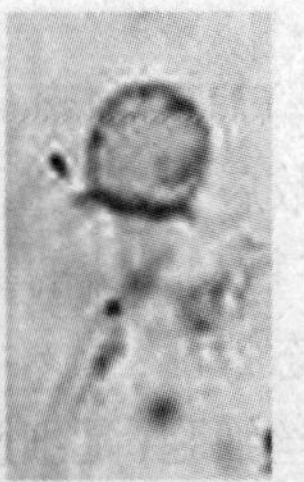

囊轴

图 1－77　毛霉的显微镜下形态

毛霉的形态特征:菌丝发达、繁密，白色无隔多核，单细胞真菌，无假根和匍匐枝，孢囊梗直接由菌丝体生出。

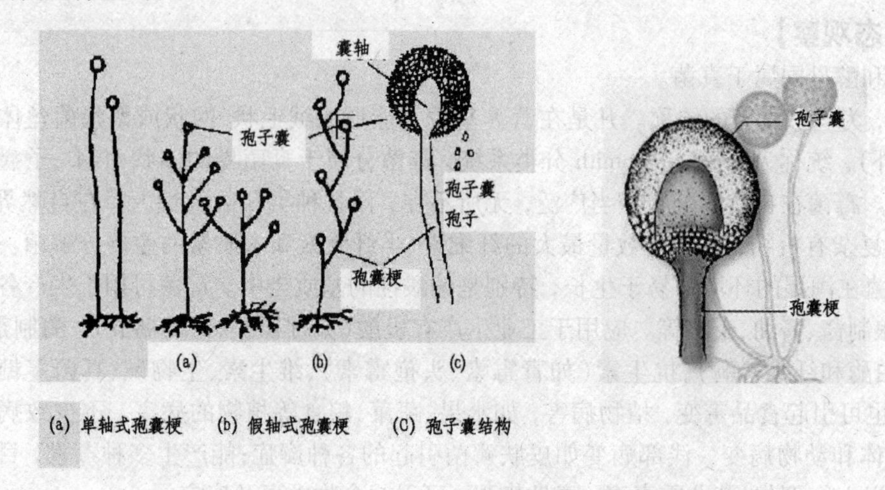

图 1-78 毛霉的形态特征

(二)根霉(Rhizopus)

与毛霉同属接合菌纲毛霉目。分布于土壤、空气中，常见于淀粉食品上，可引起霉腐变质和水果、蔬菜的腐烂。

形态特征:很多特征与毛霉相似，菌丝也为白色、无隔多核的单细胞真菌，多呈絮状。

主要区别在于根霉有假根和匍匐枝，与假根相对处向上生出孢囊梗。孢子囊梗与囊轴相连处有囊托，无囊领。

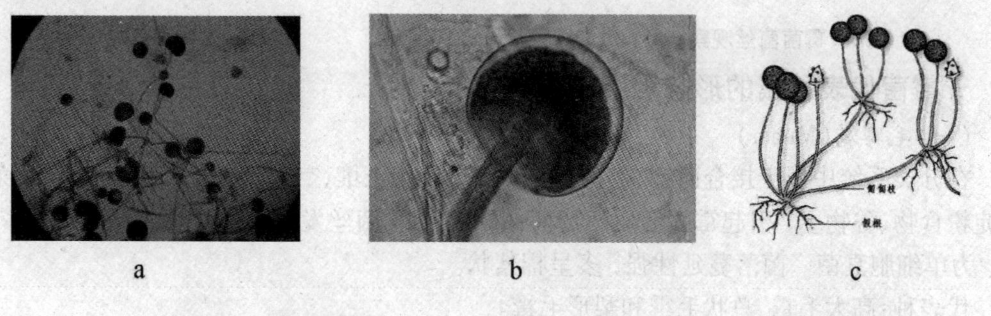

图 1-79 根霉的镜下形态(a、b) 根霉的形态特征(c)

(三)曲霉(Aspergillus)

多数属于子囊菌亚门，少数属于半知菌亚门。广泛分布于土壤、空气和谷物上，可引起食物、谷物和果蔬的霉腐变质，有的可产生致癌性的黄曲霉毒素。

形态特征: 菌丝发达多分枝，有隔多核的多细胞真菌。分生孢子梗由特化了的厚壁而膨大的菌丝细胞(足细胞)上垂直生出;分生孢子头状如“菊花”。

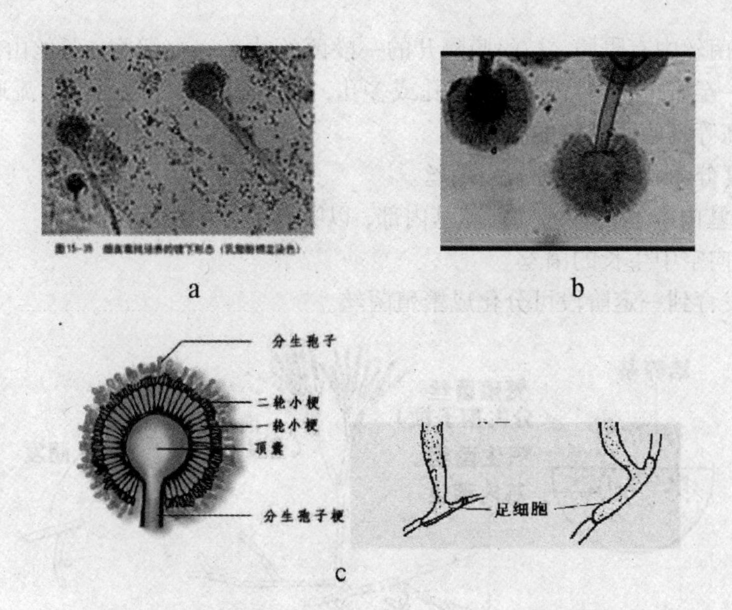

图1－80　曲霉的镜下形态(a、b)，曲霉的形态特征(c)

(四)青霉(Penicillum)

多数属于子囊菌亚门，少数属于半知菌亚门。广泛分布于土壤、空气、粮食和水果上，可引起病害或霉腐变质。

形态特征：与曲霉类似，菌丝也是由有隔多核的多细胞构成。但青霉无足细胞，分生孢子梗从基内菌丝或气生菌丝上生出，有横隔，顶端生有扫帚状的分生孢子头。分生孢子多呈蓝绿色。扫帚枝有单轮、双轮和多轮，对称或不对称。

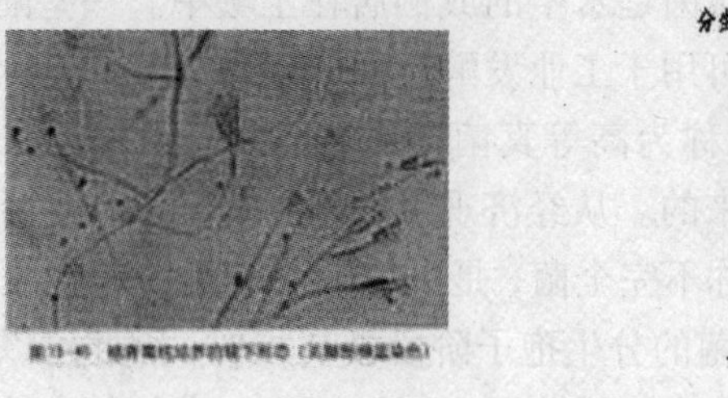

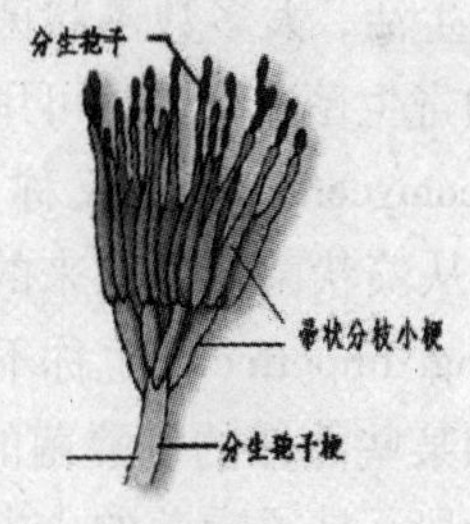

图1－81　曲霉的镜下形态(a)，曲霉的形态特征(b)

【相关知识】霉菌的形态、大小与结构

一、霉菌的形态、大小

霉菌的菌体由分枝或不分枝的菌丝构成。许多分枝菌丝相互交织在一起构成菌丝体。菌丝是中空管状结构，直径约2－10μm。

按形态分为无隔菌丝和有隔菌丝。

无隔菌丝：为长管状单细胞，细胞质内含多个核。其生长表现为菌丝的延长和细胞核的增多。

有隔菌丝:菌丝中有隔膜，被隔膜隔开的一段菌丝就是一个细胞，菌丝由多个细胞组成，每个细胞内有一至多个核。隔膜上有单孔或多孔，细胞质和细胞核可自由流通，每个细胞功能相同。这是高等真菌所具有的类型。

按分化程度分为营养菌丝和气生菌丝。

营养菌丝(基内菌丝):伸入到培养基内部，以吸收养分为主的菌丝。

气生菌丝:向空中生长的菌丝。

气生菌丝发育到一定阶段可分化成繁殖菌丝。

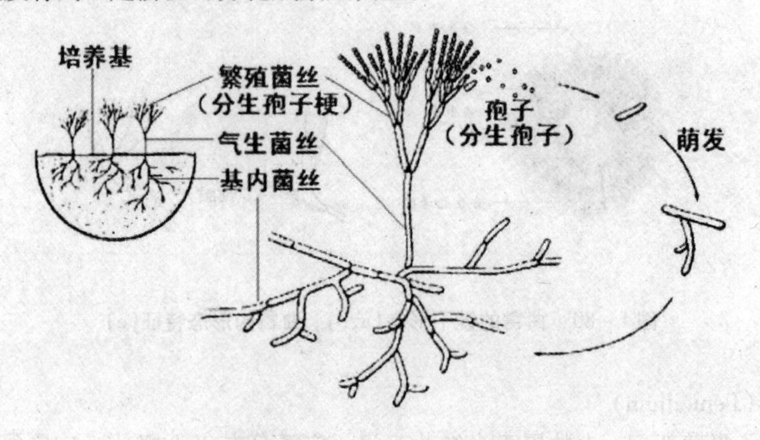

图 1-82 霉菌的基内菌丝、气生菌丝和繁殖菌丝

二、霉菌的分类

在分类上霉菌分属于藻状菌纲、子囊菌纲和半知菌类。

藻状菌纲(Phycomycetes)是最低级的真菌，在结构和繁殖的方式上像绿藻，但不含叶绿素，以寄生或腐生生活，大多数藻状菌是水生的或栖居在土壤中。一些陆生的藻状菌是农作物上危害性极大的寄生菌，有少数可用于工业发酵。

子囊菌纲(Ascomycetae)有时又称为高等真菌。从它们复杂的结构来看，较之藻状菌进化得多，有可能是从藻状菌演变而来的。从经济观点看，子囊菌是一类很重要的真菌。

半知菌类(Fungi Imperfecti)也称不完全菌，是一类缺乏有性阶段的真菌。大多数半知菌的分生孢子阶段和某些熟知的子囊菌的分生孢子阶段极其相似，因此可以大体说半知菌代表着子囊菌的一个阶段，是子囊菌的分生孢子阶段(无性阶段)，它们的有性阶段未曾发现或已消失。很多半知菌具有重要的经济价值。

霉菌是人们早就熟知的一类微生物，它在自然界广为分布，与人类日常生活关系密切。在传统发酵中，霉菌多用于酱与酱油酿造、豆腐乳发酵和酿酒等，在近代发酵工业中，不少霉菌具有较强与较完整的酶系，它们不仅可以直接发酵生产糖化酶和蛋白酶类等，还可以淀粉为直接基质发酵生产柠檬酸等有机酸。此外，青霉素亦是用霉菌来生产的。当然霉菌是一类腐生或寄生的微生物，能引起许多基质，如木材、橡胶和食品等发生“霉变”，这也可能是霉菌这一名称的来由;由霉菌引起的动、植物病害为数也不少。

★藻状菌纲

(一)菌丝的形态与结构

藻状菌的菌丝是典型的无隔多核的菌丝(图 1-83)，但是隔膜并非完全没有。例如，在每个生殖部位的基部都会形成隔膜；有些种类的老菌丝上可以形成隔膜，在少数藻状菌年幼的菌丝上也可以经常地形成隔膜。在培养基中加入少量的有毒化学物质，有时也可以在正常无隔的菌丝体上诱生隔膜，藻状菌的隔膜是整片的平板。菌丝的细胞壁主要由几丁质组成，菌丝是从顶端生长来长大的，没有隔膜的菌丝形成一个含有许多核的大细胞。菌丝都是由孢子发芽形成的(图1－84)。

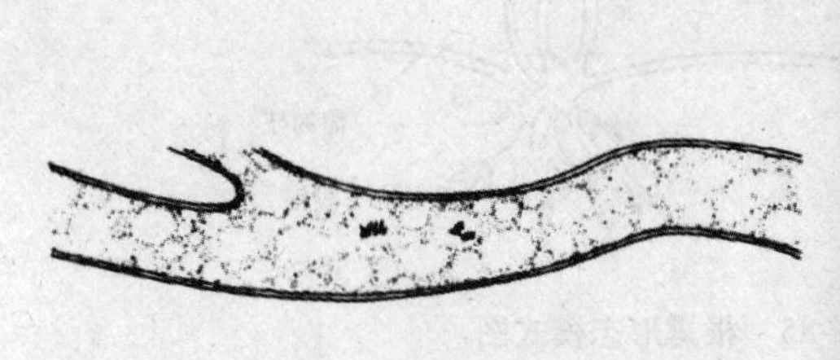
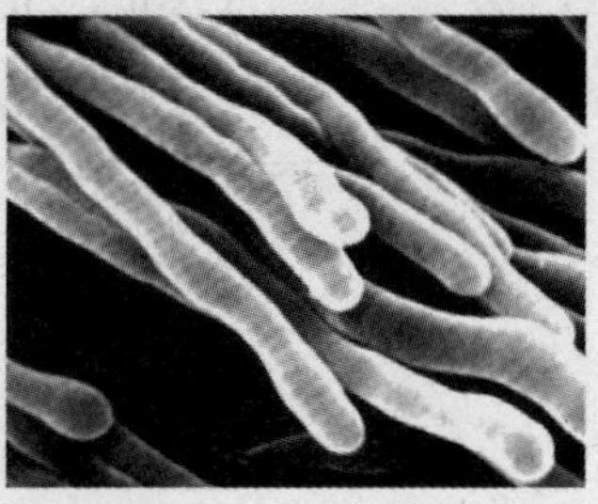

图1－83　藻状菌的无隔多核菌丝

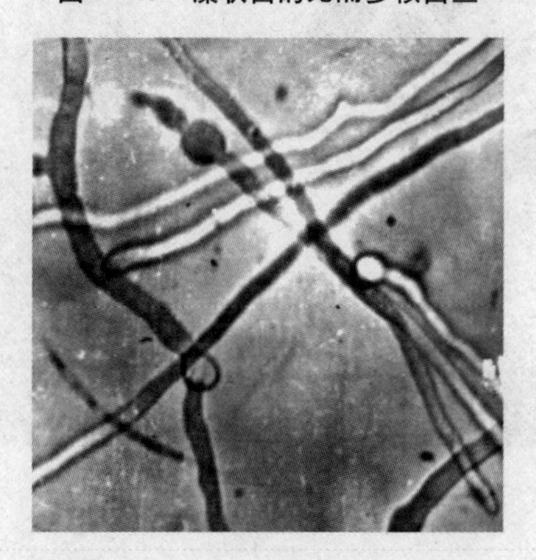

图1－84　孢子发芽形成的菌丝

(二)藻状菌的完整个体形态与结构

藻状菌的完整个体形态有几类，现主要以发酵工业中毛霉目为例进行描述。毛霉目(Mucoraceae)的菌丝体由典型的藻状的菌丝所组成，粗壮，生长良好，有大量分枝。较老的菌丝逐渐具有很多空泡，并有形成褐色色素和分隔的倾向。有时菌丝体会产生假根，尤其是在菌丝体与硬面接触的地方，如长在生长着这种菌类的玻璃皿的边缘上。假根附着在基物上，能起到稳定菌体的作用，连接两丛假根的菌丝叫做匍匐枝或假枝。

1. 根霉属(Rhizopus)

根霉在培养基上或自然基物上生长时，由营养菌丝体产生弧形的匍匐菌丝，向四周蔓延，并由匍匐菌丝生出假根，再接触基物(图1－85)。与假根相对，向上生出孢囊梗，顶端形成孢子囊，内生孢囊孢子。根霉的菌丝体虽然向四面八方蔓延生长，但是其菌丝内部常无隔膜，只有在匍匐菌丝上形成厚垣孢子时，才发生横隔。孢子囊成熟后，孢囊壁消解或成块破裂，囊轴明显，呈球形或近似球形，囊轴基部与柄相连处成囊托(图1－86)。孢囊孢子呈球形、卵形或不规则，或有棱角，或有线状条纹，无色或浅褐色、蓝灰色等。

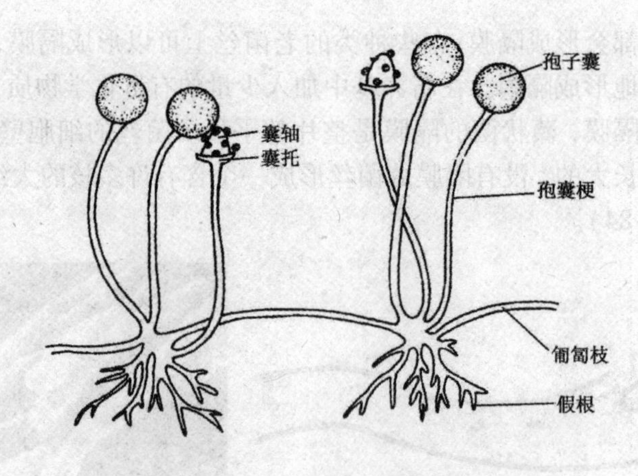

图 1－85　根霉形态模式图

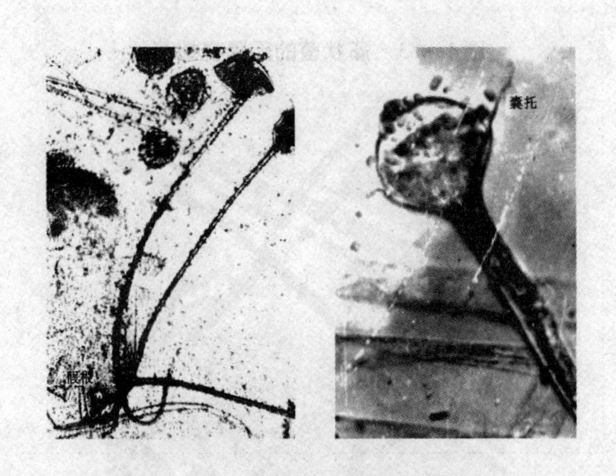

图 1－86　根霉形态和囊托照片

根霉属分类的主要形态依据为：孢囊梗长或短，成簇或单生，不分枝或分枝，直立或弯曲；孢子囊、囊轴、孢囊孢子等的形状、大小，以及孢囊孢子有或没有明显的线状条纹，假根发达或不发达，有无厚垣孢子，菌丝和各部分的色泽；菌落生长情况；生长所适应的温度范围等。

2. 毛霉属（Mucor）

毛霉的菌丝体在基物上或基物内能广泛蔓延，无假根和匍匐菌丝，孢囊梗直接由菌丝体生出（图 1－87）。一般单生、分枝，较少不分枝。分枝大致有两种类型：一为单轴式，即总状分枝，一为假轴状分枝。分枝顶端都生孢子囊，孢子囊呈球形，囊壁上常带有针状的草酸钙结晶。大多数种的孢子囊成熟后，其壁易消失或破裂，而且留有残迹，称为囊领。囊内部有囊轴，形状不一。囊轴与孢囊梗相连接处无囊托。毛霉属是该目中较大的一个属，约 60 多种，其分类依据除假根外近似根霉，但毛霉孢囊梗分枝的类型、成熟的孢囊壁消解或破裂、菌落的颜色、气生菌丝的高度等都是重要的特征。

3. 犁头霉属（Absidia）

犁头霉的菌丝体近似根霉，它们也产生弧形的匍匐菌丝，向四周蔓延，并且在同基物接触点上生出多少带有分枝的假根，但是它与根霉又有差异：它们的孢囊梗散生在匍匐菌丝中间，而假根并不对生；孢囊大都是2～5个成簇生长；很少单生，而且常呈轮状或不规则的分枝，孢子囊顶生，多呈洋犁形（图1－88）。孢子囊壁薄，成熟后易消失，有残留的囊领。在孢子囊基部有明显的囊托，即孢子囊壁与囊轴汇合处有呈漏斗状的基部。囊轴呈锥形、近球形或其他形状，顶端有时可以有乳头状突起，此突起有时很长呈刺状。该属中已描述过的霉菌约有30种，它们广泛分布在土壤、各种粪便和酒曲中。在发酵工业上它们对甾族化合物的转化有广泛的用途。根霉属、毛霉属和犁头霉属的个体形态特征见图1－89。

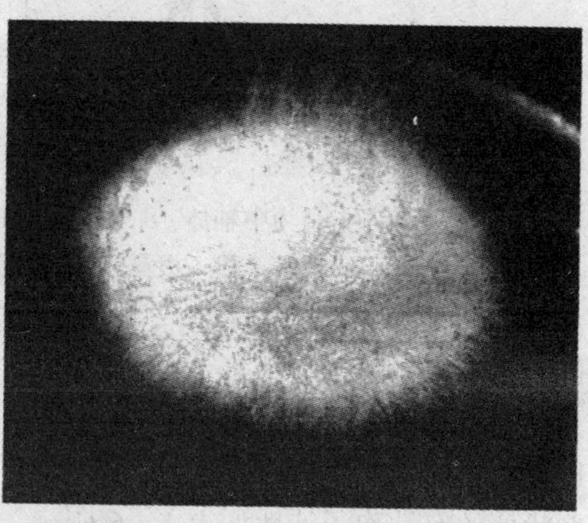

图1－87　毛霉孢子囊柄的着生与菌丛（受限制生长）的照片

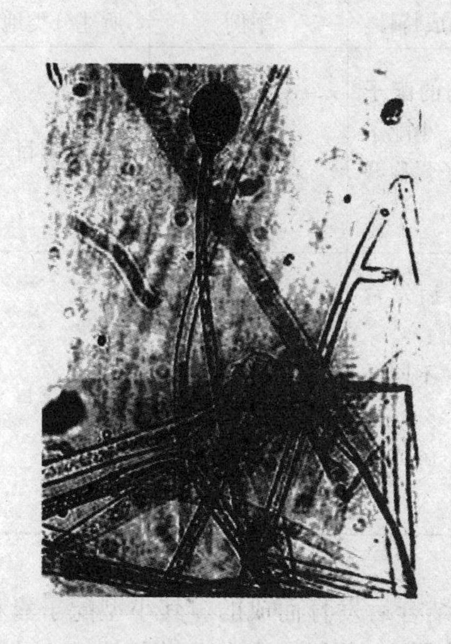
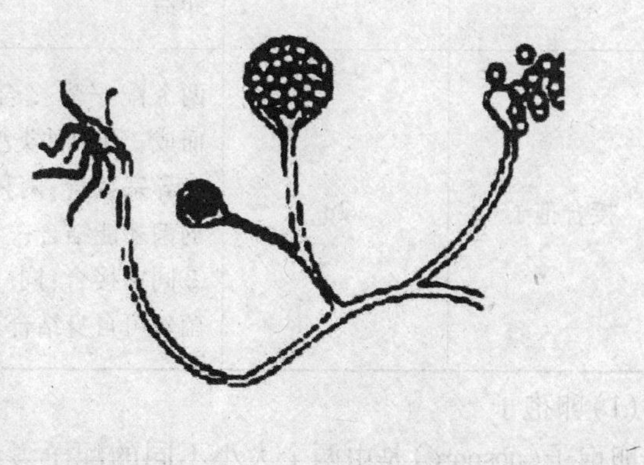

图1－88　犁头霉形态

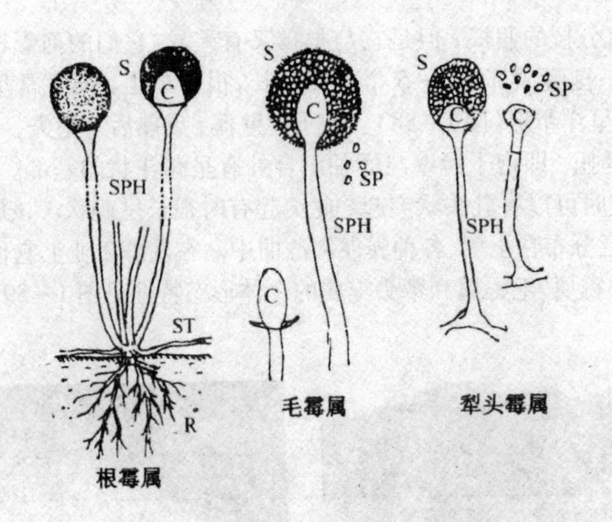

C 为中轴体，S 为孢囊，SP 为孢囊孢子，SPH 为孢囊柄

图 1－89 根霉属、毛霉属和犁头霉属的个体形态特征

(三) 藻状菌的繁殖方式和生活史

藻状菌具有性和无性繁殖。

1. 有性繁殖

藻状菌的有性孢子特性如表 1－6 所示。藻状菌中除毛霉目外，许多菌的有性繁殖方式是产生卵孢子。

表 1－6 **藻状菌的有性孢子特性**

有性孢子的名称	染色体倍数	有性结构及其形成特性	举例	所述分类地位
卵孢子	2n	由两个大小不同的配子接合后发育而成，小配子囊称雄器，大配子囊称藏卵器	同丝水霉	小霉目
接合孢子	2n	两个配子囊接合后发育而成，有两种类型：①异宗接合：两种不同质的菌才能结合；②同宗接合：同一菌体的菌丝可自身结合	高大毛霉 性殖根霉	毛霉目

(1) 卵孢子

卵孢子(oospore)是由两个大小不同的配子囊结合后发育而成的。其小型配子囊称为雄器，大型的称为藏卵器。藏卵器中的原生质在与雄器配合以前，往往又收缩成一个或数个原生质团，名叫卵球。当雄器与藏卵器配合时，雄器中的内含物细胞质与细胞核通过受精管进入藏卵器与卵球配合，此后卵球生出外壁即成卵孢子。图 1－90 为卵孢子产生的过程。

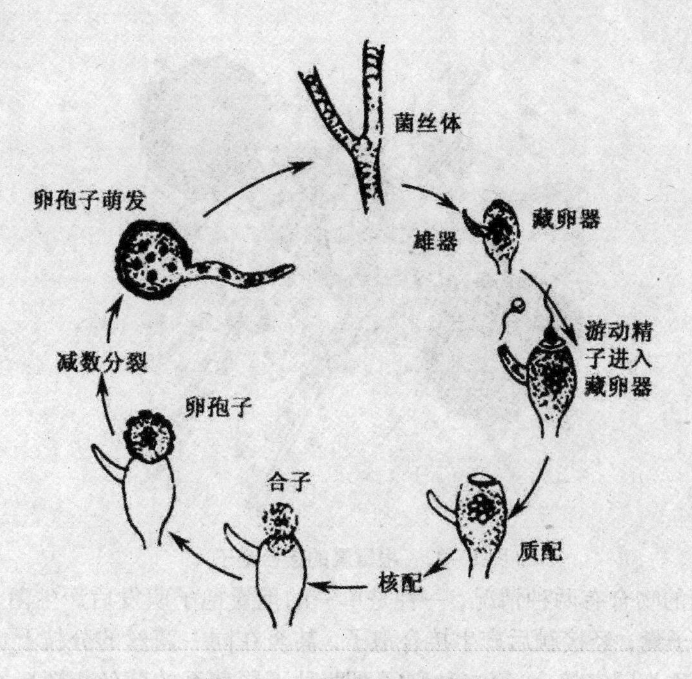

图 1－90　卵孢子产生的过程

(2)接合孢子

接合孢子(zygospore)是由菌丝生出形态相同或略有不同的配子囊接合而成的。两条相邻的菌丝相遇，各自向对方产生出极短的侧枝，称为原配子囊。原配子囊接触后，顶端各自膨大并形成横隔，分隔成一个称为配子囊的细胞。配子囊下面的部分称为子囊柄。相接触的两个配子囊之间的横隔消失，其细胞质与核互相配合，同时外部形成厚壁，此即接合孢子。这是毛霉目中的菌类产生有性孢子的形式。图 1－91 是毛霉属的接合孢子的形成过程。图 1－92为根霉属的接合孢子的照片。

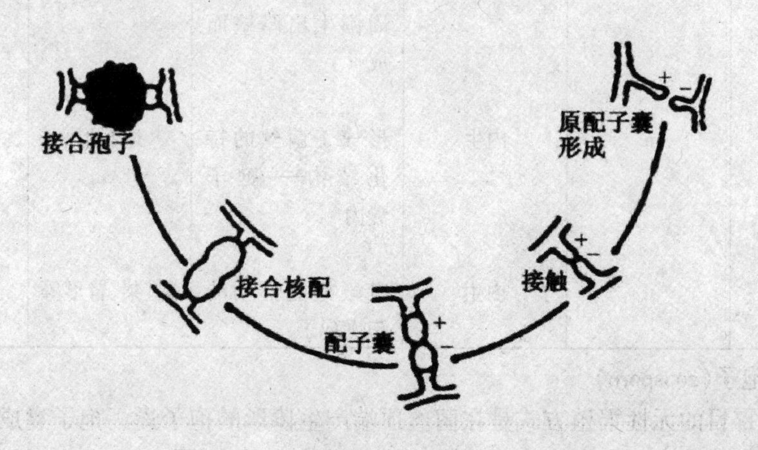

图 1－91　毛霉属接合孢子的形成过程

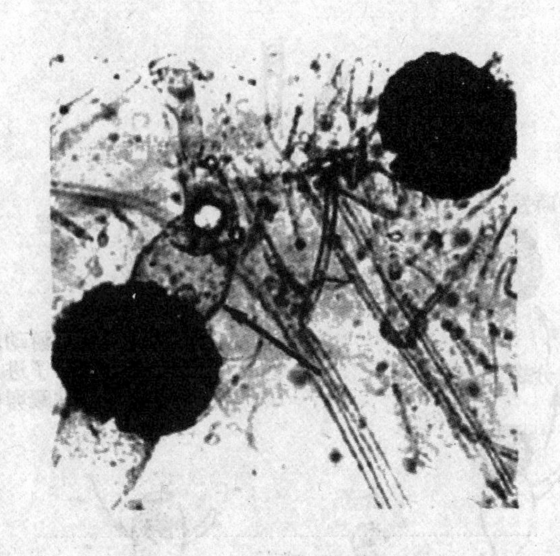

图 1－92　根霉属的接合孢子

菌丝与菌丝间的吻合有两种情况，一种是单一的孢囊孢子萌发后产生菌丝，当两根菌丝靠近时，便长出配子囊，经接触后产生接合孢子，甚至在同一菌丝的分枝上也会接触而成接合孢子，这种方式称为同宗接合；第二种则需要两种不同菌系的菌丝相遇后才能形成接合孢子，而这两种有亲和力的菌系在形态上并无区别，所以常用"＋"和"－"来代表。这种产生接合孢子的方式称为异宗接合。毛霉目中大多数的种都属异宗接合。

2. 无性繁殖

藻状菌的无性孢子特性如表 1－7 所示。

表 1－7　藻状菌的无性孢子特性

孢子名称	染色体倍数	内生或外生	形成特征	孢子形态	举例
厚膜孢子	n	外生	部分菌丝细胞变圆、原生质浓缩，周围生出厚壁而成	圆形、柱形等	总状毛霉
孢囊孢子	n	内生	形成于菌丝的特化结构——孢子囊内	近圆形	根霉、毛霉
游动孢子	n	内生	有鞭毛能游动的孢囊孢子	圆、梨、肾形等	壶霉

（1）游动孢子（zoospore）

藻状菌水霉目的无性繁殖方式是在菌丝顶端产生棒形的孢子囊。孢子囊成熟后，由孢子囊顶端的小孔释放出大量带有顶生两根鞭毛的梨形游动孢子（图 1－93）。

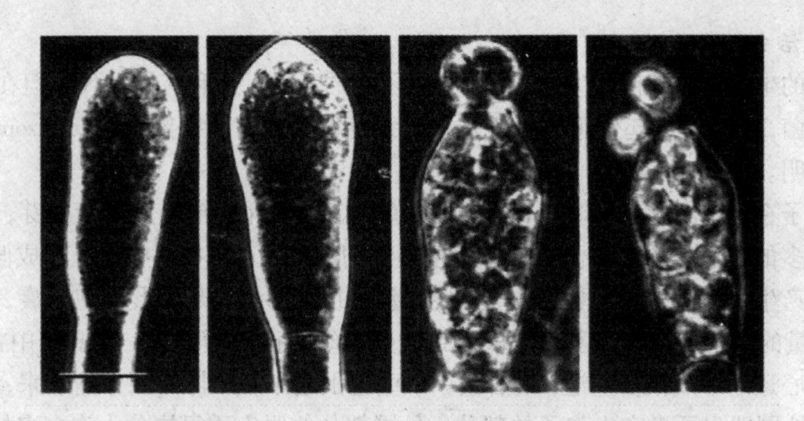

图 1－93　游动孢子的形成

(2)孢囊孢子(sporangiospore)

这是毛霉目有关属的无性繁殖方式。它是由菌丝形成孢囊梗，其顶端发育成孢子囊，孢囊的原生质分裂成小块的单核或多核部分，围绕着这些小块自生成一个壁，于是就产生孢囊孢子。孢子囊成熟后孢囊壁破碎，释放出孢囊孢子(图 1－94)。孢囊孢子的形状、大小、纹饰因种而异。

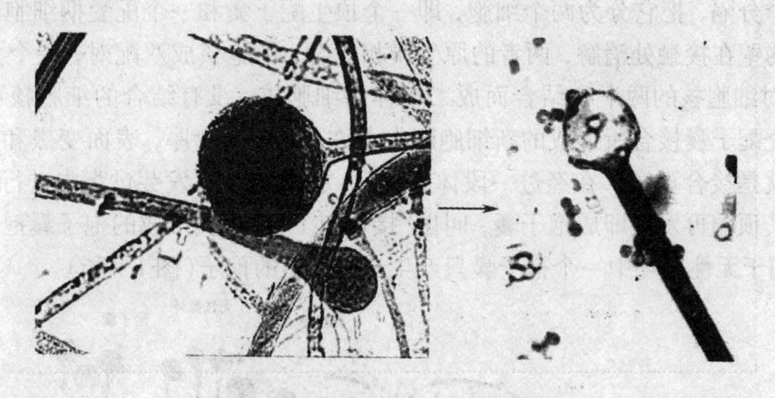

图 1－94　孢子囊及释放出孢囊孢子

其他如厚垣孢子，是毛霉目的一种菌丝孢子，这是一种在菌丝的某一部分形成厚壁的休眠体，它可用芽生法繁殖(图 1－95)。

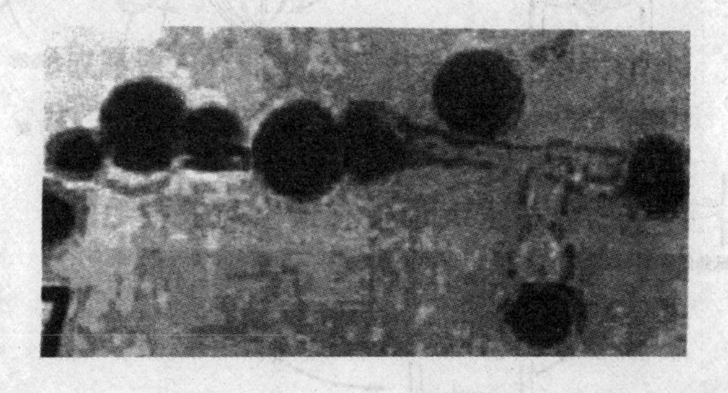

图 1－95　厚垣孢子

(四)生活史

藻状菌的生活史与其他微生物一样，包括了它的无性世代和有性世代。但在发酵工业上常见的藻状菌，在生产上起作用的一般是它的无性世代。下面以黑根霉(Rhizopus nigricans)为例加以说明。

孢囊孢子在孢子囊壁消解时被释放出来，在适宜条件下，孢子用芽管发芽，发展成棉絮状且分枝很多的白色气生菌丝。菌丝产生很多匍匐菌丝，它们在某些点上形成假根，直接在假根的上方产生一根或多根孢囊梗，孢囊梗成熟时顶端膨大，开始形成孢子囊，在它形成的过程中，大量的细胞质带着许多细胞核流到这个年幼的孢子囊里去，主要集中在它的外围。孢子囊的中心逐渐形成很多空泡，最后被一个壁包围起来，并与外围分隔开来，这个中心部分即囊轴，外围即孢子囊产生孢子的部分。外围部分的原生质很快分为许多多核的小块，后来变圆，被一个壁所包围，成熟时即成孢囊孢子。孢囊壁胀裂后把孢子释放出来，其无性世代即结束。

黑根霉的有性繁殖需要有两个生理上不同而有亲和力的“+”及“-”的菌丝体，即异宗接合，当两个相反的宗系彼此接触时，就产生称为原配子囊的接合枝。大量的原生质和很多的细胞核流到正在开始膨大的这些器官互相接触的顶部去，接着在靠近原配子囊顶端的地方各自形成一个分隔，把它分为两个细胞，即一个顶生配子囊和一个配囊柄细胞。两个互相接触的配子囊的壁在接触处消解，两者的原生质相混合，细胞核成双配对，一个为“+”，一个为“-”。每对细胞核的两个核结合而成二倍体的细胞核，没有结合的细胞核可能就消解掉了。此时两个配子囊接合所形成的新细胞膨大了许多，壁渐变厚，表面变黑和成瘤状，这个厚壁的结构就是接合孢子。在经过一段休眠期后，接合孢子在发芽过程中进行减数分裂，长出孢囊梗。其顶端再发展即成孢子囊，叫做“接合孢子囊”。其形成的孢子囊孢子具有两种接合型，这有别于无性循环中一个孢子囊只产生一种类型的孢子(图1-96)。

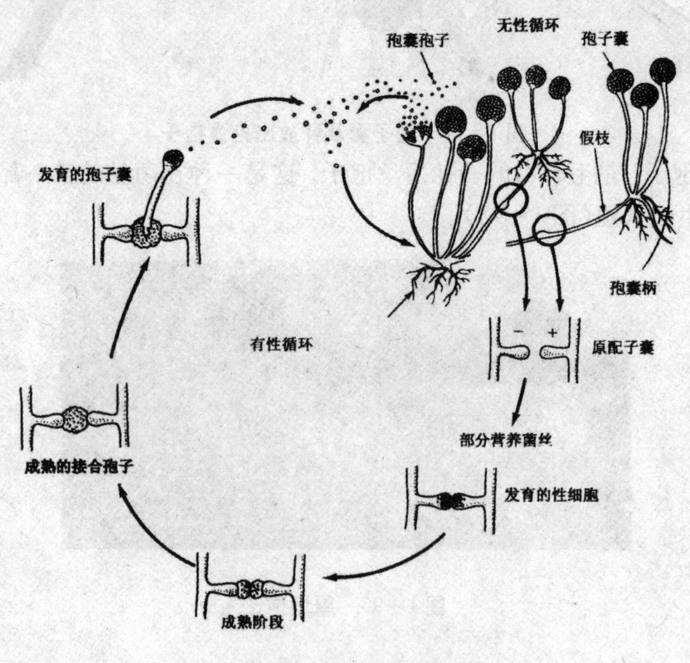

图1-96 黑根霉的生活史

★子囊菌纲和半知菌类

（一）菌丝的形态与结构

子囊菌（ascomycetes）和半知菌（fungi imperfect）的菌丝是典型的有隔菌丝形成多细胞（图1－97）。有隔膜的菌丝的每个细胞内可含一个，两个或多个核。通常一个菌丝细胞只有一个核，但多核的菌丝也十分普遍，但这类菌的隔膜中央常有孔，此孔可以使原生质从一个细胞流入另一个细胞，从而使菌丝的各部分之间有机的联系起来。菌丝细胞壁的一部分是由几丁质组成的，霉菌的菌丝也是由孢子发芽形成的。

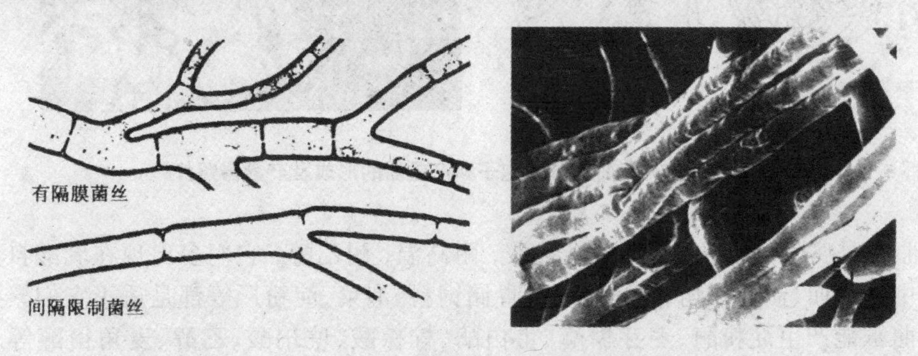

图1－97　子囊菌纲和半知菌类的菌丝

（二）子囊菌和半知菌的完整个体形态与结构

这类菌的完整个体形态名目繁多，现主要以发酵工业中常用的霉菌中的红曲霉属、曲霉属、青霉属等为例进行描述。

1. 红曲霉属（Monascus）

红曲霉是具有有性与无性繁殖的子囊菌。红曲霉在麦芽汁琼脂上生长良好，菌落初为白色，老熟后变为淡粉色、紫红色或灰黑色等，因种而异。通常这类菌都能形成红色色素，甚至分泌到培养基中（图1－98）。

菌丝具有横隔，多核，分枝甚繁，且不规则。细胞幼时含有颗粒，老后含空泡及油滴，曲丝体不产生与营养菌丝有区别的分布孢子梗。分生孢子着生在菌丝及其分枝的顶端，单生或以向基式生出，2～6个成链。闭囊壳呈球形，有柄，柄的长短不一。闭囊壳内散生十多个子囊，子囊呈球形，每个子囊含8个子囊孢子，成熟后子囊壁解体，孢子留在薄壁的闭囊壳内（图1－99）。

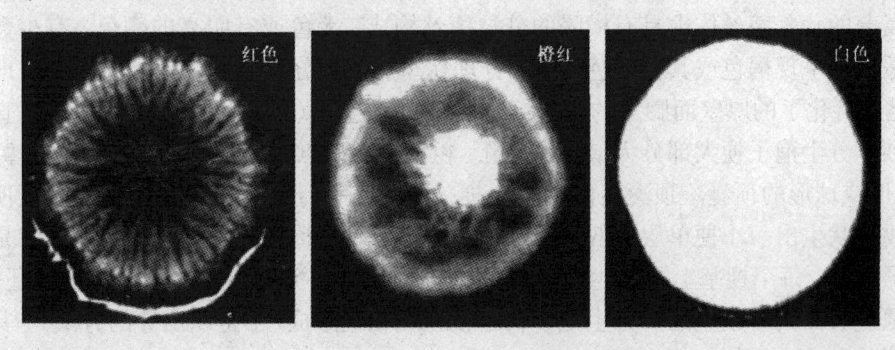

图1－98　红曲霉属中不同种的菌落形态与色素

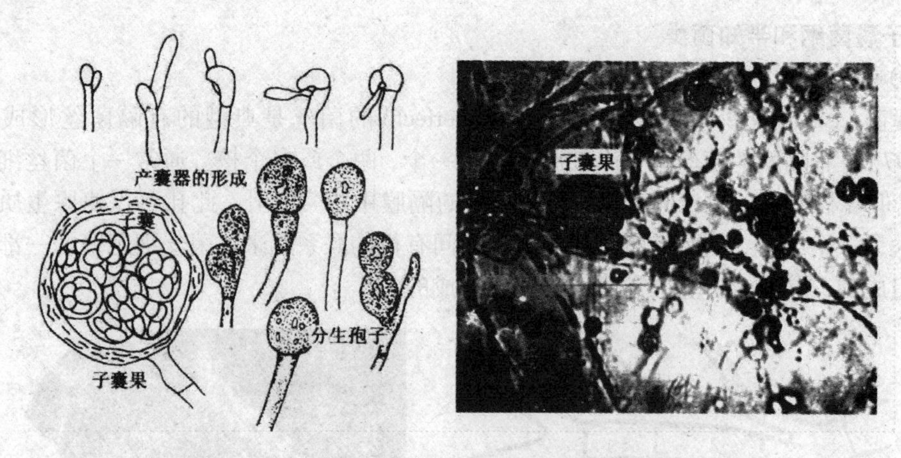

图1-99　红曲霉分生孢子和产囊器的形成及产囊器照片

红曲霉是腐生菌，嗜酸，特别喜乳酸，耐高温，耐乙醇，它们多出现在乳酸自然发酵的基物中。大曲、制曲作坊，酿酒醪液、青储饲料、泡菜、淀粉厂等都是适于它们繁殖的场所。红曲霉能产生淀粉酶、麦芽糖酶、蛋白酶、柠檬酸、琥珀酸、乙醇、麦角甾醇等。有些种产生鲜艳的红曲霉红色素和红曲霉黄色素，所以我国多用它们培制红曲。近年来还发现某些红曲霉菌株能高产具有降血脂功能的洛伐他汀。已描述过的红曲霉有17种，然而其中有些种的界限不明确。

2. 曲霉属(Asperillus)

此属菌在自然界分布极广，从两极到热带都有，几乎在一切类型的基质上都能出现，其多数属半知菌类。某些嗜高渗透压的种在相对湿度70%左右也能发育生长。在湿热的条件下，它常能引起皮革、布匹及其他工业产品严重生霉变质，许多种能引起食物和饲料霉腐变质，有的甚至产生毒素，在试验室中引起污染，造成工作中的麻烦。还有一些能使人及动物致病，称为曲霉病害。由于它们具有很强的酶活性，故又可用于许多工业生产。我国自古以来就利用曲霉做发酵食品。例如，利用米曲霉、黄曲霉群的一些菌系的蛋白质分解能力生产酱和酱油，利用黑曲霉的糖化能力制糖等。现在发酵工业生产中利用曲霉生产柠檬酸、葡萄糖酸及其他有机酸类和化学药品。酶制剂的生产也是极为重要的一项，通过菌种的选育，得到了不少优良菌系。

此属菌的营养菌丝体由具有横隔的分枝菌丝构成，无色或有明亮的颜色，有少数类型可在局部缓慢地呈现褐色或其他颜色，一部分埋伏型，一部分气生型。可孕性分枝，即分生孢子梗，是从特化了的厚壁而膨大的菌丝细胞(足细胞)生出(图1-100右)，并略垂直于足细胞的长轴。分生孢子梗大部分无横隔，光滑，粗糙或有痣点，常在顶部膨大形成棍棒形、椭圆形、半球形或球形的顶囊。顶囊表面产生小梗，小梗或平行簇生于顶囊顶部，或自顶囊全部表面呈放射状生出。小梗单层或双层。双层时，下面一层称为梗基或初生小梗，它是上大下小的柱形细胞，每个梗基上再着生两个或几个小梗，称为次生小梗。无论是梗基还是小梗，都是由顶囊表面同时产生的。分生孢子自小梗顶端相继形成(不是以出芽的方式)，具有各种形状、颜色和纹饰，最后成为不分枝的链(图1-101、图1-102)。

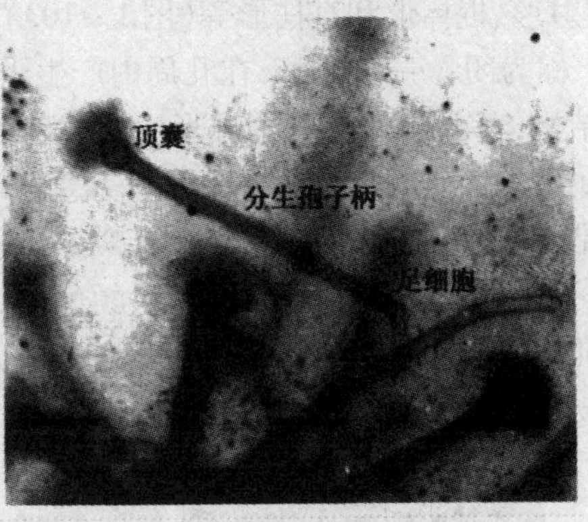

图1－100　曲霉菌洗去分生孢子的分生孢子头和足细胞照片

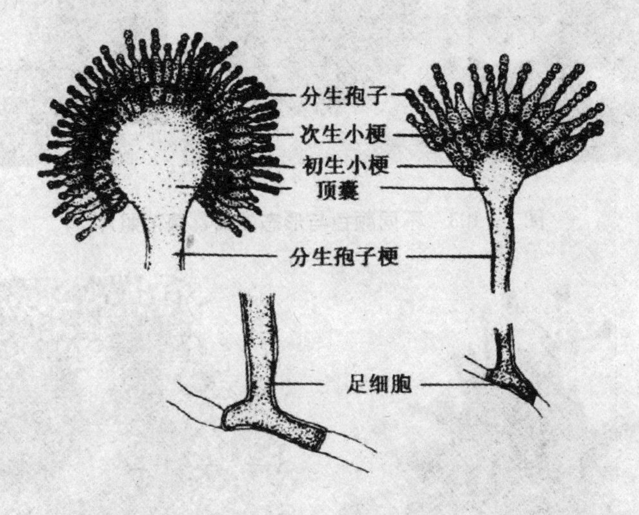

图1－101　曲霉属形态

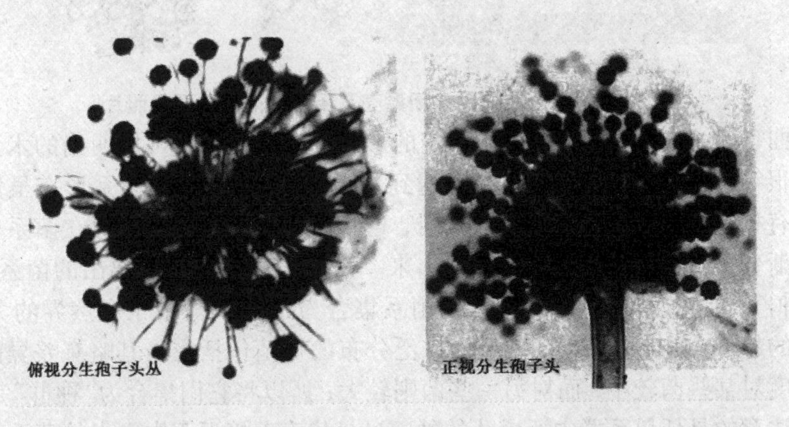

图1－102　曲霉分生孢子头丛俯视及正视照片

由顶囊、小梗以及分生孢子链构成分生孢子头。分生孢子头具有不同的颜色和形状，如球形、放射形、棍棒形和直柱形等(图1－103)。仅少数种能形成有性阶段，产生子囊果，是封闭式的，称为闭囊壳，壁薄，在几周内产生子囊和子囊孢子。某些种产生或偶尔产生菌核及类菌核结构，多为球形或近似球形。少数种可以产生不同形状的壳细胞(图1－104)。

此属菌的菌落颜色多样，而且比较稳定，因而颜色是其分类的主要依据之一。分类的其他依据是:分生孢子头和顶囊的形状、大小，分生孢子梗的长度和表面特征，小梗的着生方式和大小;分生孢子和子囊孢子的形状、颜色、大小和纹饰等。鉴定时应以察氏琼脂培养基培养作为标准。培养温度一般为28℃～30℃，时间为10～14天，少数产生闭囊壳的菌种如灰绿曲霉需要2～3周或更长的时间。

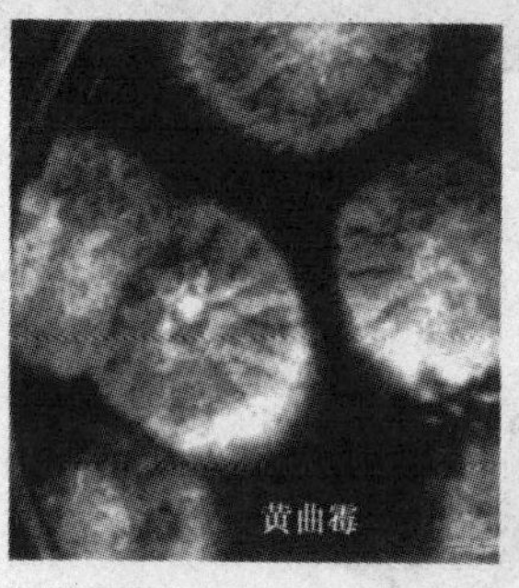

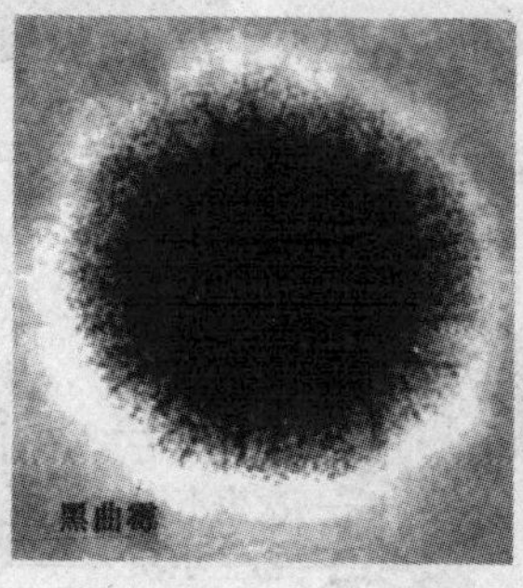

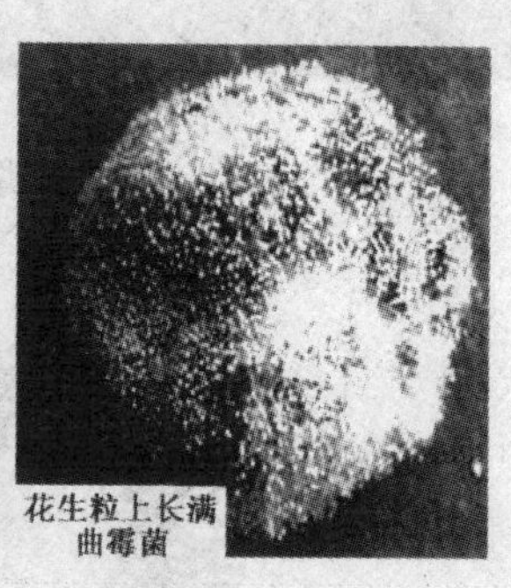

图1－103　不同颜色与形态的曲霉菌落照片

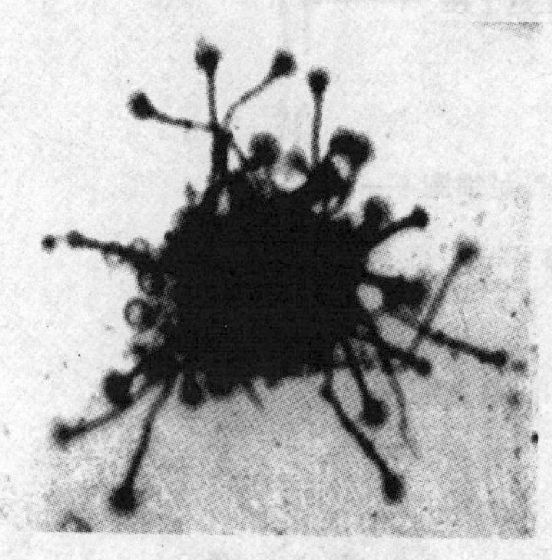
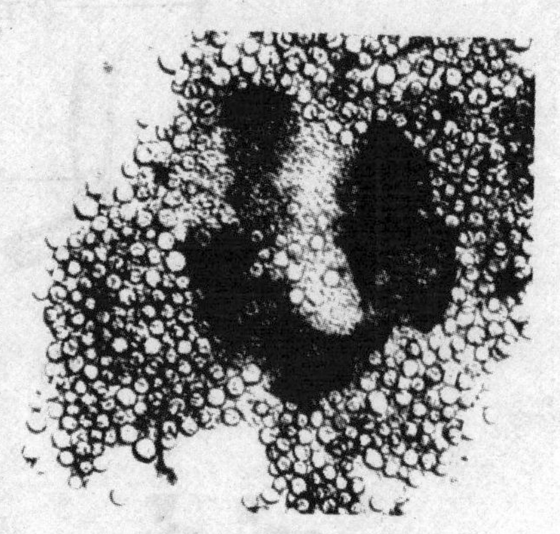

图1－104　灰绿曲霉的闭囊壳及压碎后散出的子囊照片

在鉴定曲霉时，某些种具有明确而稳定的形状，其单一菌系可用明确的术语描述，而另一些菌系则很符合这些描述，但是往往会遇到这样的情况:不同的菌系形态虽然相似，但在细微部分则有相当大的差异。在菌系较少时，这种差别还可看出来，但在菌系较多时，由于形态特征的渐变，致使这种差别不易觉察出来。为了避免对每个分离出的菌系都给以命名，最好应用“种群”的概念，即将密切相关的菌系集合为“种群”。由于自然界的大部分生物都有某些变异的趋势，因此应将某些常见而广泛分布的霉菌包括在与其略有差异的菌系内，这种差异的幅度对某些菌较小，而对另一些菌则较大，所以将它们集合为“种群”是符合客观情况的。值得注意的是任何系群中所承认的种不过是代表着接近于中心点的菌系，环绕着它集合了许多不同的菌系，理解了“种群”的含义就不会因遇到的菌种与发表种的描述有些不符而无所适从了。目前有学者将曲霉属分为18个群，承认了132个种和18个变种。

3. 青霉属(Penicillium)

青霉十分接近于曲霉，同样分布极为广泛，其中许多是常见的有害菌，很多青霉会危害水果。在破坏工业产品、食品和饲料方面，其危害也不亚于曲霉。有些则与动物及人类的疾病有关。在微生物试验室中，它也是常见的污染菌。青霉属也属半知菌类，但在工业上却有很高的经济价值。例如，有些青霉能产生柠檬酸、延胡索酸、草酸、葡萄糖酸等有机酸，也可用于食品加工，如制造干酪。它们产生的酶类也可利用。最著名的是可用它们来生产抗生素，如利用产黄青霉系选育出来的某些菌系制造青霉素等。

青霉有极不相同的代谢活动，不同的种能由葡萄糖合成极为不同的物质。这在生产和利用方面有不可忽视的重要性。有学者把青霉分为 4 大组，41 系，承认了 137 个种和 4 个变种。到目前为止，已发现并可确定的新种已远不止此数。此属的营养菌丝体为无色、淡色，或具有鲜明的颜色，有横隔，为埋伏型，或部分埋伏型、部分气生型。气生菌丝为密毡状、松絮状，或部分结成菌丝索。大多数菌系渗出液很多，产黄青霉大多数菌系渗出液很多，聚成醒目的淡黄色至柠檬黄色的大滴，很具特色(图 1－105)。

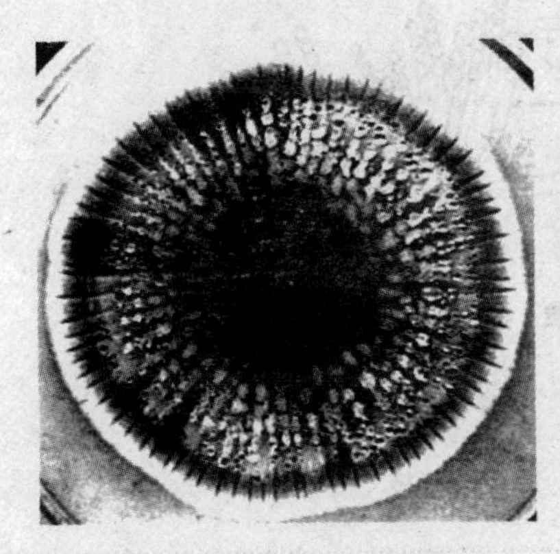

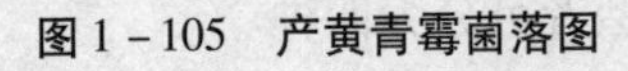

图 1－105　产黄青霉菌落图

图 1－106　青霉“帚”

可孕性分枝(分生孢子梗)由埋伏型或气生型菌丝生出，稍垂直于该菌丝(只有个别种像曲霉那样生有足细胞)，单独直立或作某种程度的集合乃至密集为一定的菌丝束，具有横隔，光滑或粗糙。其首端生有扫帚状的分枝轮，称为帚状枝(图 1－106)。帚状枝是由单轮或两次到多次分枝系统构成，对称或不对称，最后一级分枝即为产生孢子的细胞，称为小梗。着生小梗的细胞叫梗基，支持梗基的细胞称为副枝。小梗用断离法产生分生孢子，形成不分枝的链。分生孢子呈球形、椭圆形或短柱形，光滑或粗糙，大部分在生长时呈蓝绿色，有时无色或呈别种淡色，但决不呈乌黑色(图 1－107)。少数种产生闭囊壳，其结构或疏松柔软，较快地形成子囊和子囊孢子；或质地坚硬如菌核状，由中央向外缓慢地成熟。还有少数菌种产生菌核。

青霉帚状枝的形状和复杂程度是分类的首要基础，依此可将青霉属自然地分为四个组。

(1)单纯青霉组。帚状枝由单轮小梗构成。

(2)对称二轮青霉组。有紧密轮生的梗基，每个梗基着生细长尖锐的小梗全部帚状枝大体对称于主轴(分生孢子梗)，紧密，像漏斗状。分生孢子多为椭圆形。

(3)不对称青霉组。包括一切帚状枝行两次或多次分枝，且不对称于主轴的种，即使接近对称，也没有二轮对称青霉那样的紧密结构及细长渐变尖锐的小梗。

(4)多轮青霉组。帚状枝极为复杂，多次分枝，而且常是对称的。此组菌种为数较少，可能是代表青霉与其他一些近似属的过渡类型。

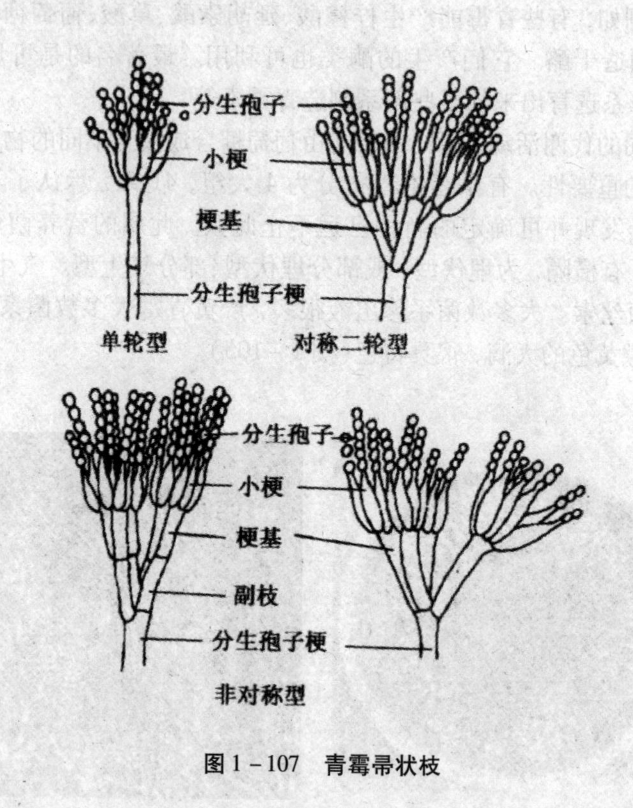

图 1－107　青霉帚状枝

其次按照菌落质地等进行区分，菌落质地典型者可分为四种。

(1)绒状：很少有气生菌丝，分生孢子梗几乎全部由埋伏型菌丝或由紧贴于基质的一层致密的菌丝层上生出。

(2)絮状：有较多的疏松而纠缠在一起的气生菌丝团，分生孢子梗主要由气生菌丝上分枝而出，其着生点远离基质。

(3)绳状：大部分气生菌丝集合为长曳的绳索状，在低倍显微镜下不难辨认。

(4)束状：分生孢子梗大部分由基质生出，它与绒状菌落的区别在于非均匀分布而或多或少成簇，使菌落呈现粒状或粉状，甚至可能使大部分分生孢子梗集合成一个一个的菌丝束。

4. 其他

除上述各属外，还有许多霉菌具有各自特殊的形态，现将其列于图 1－108 中，以供辨认。

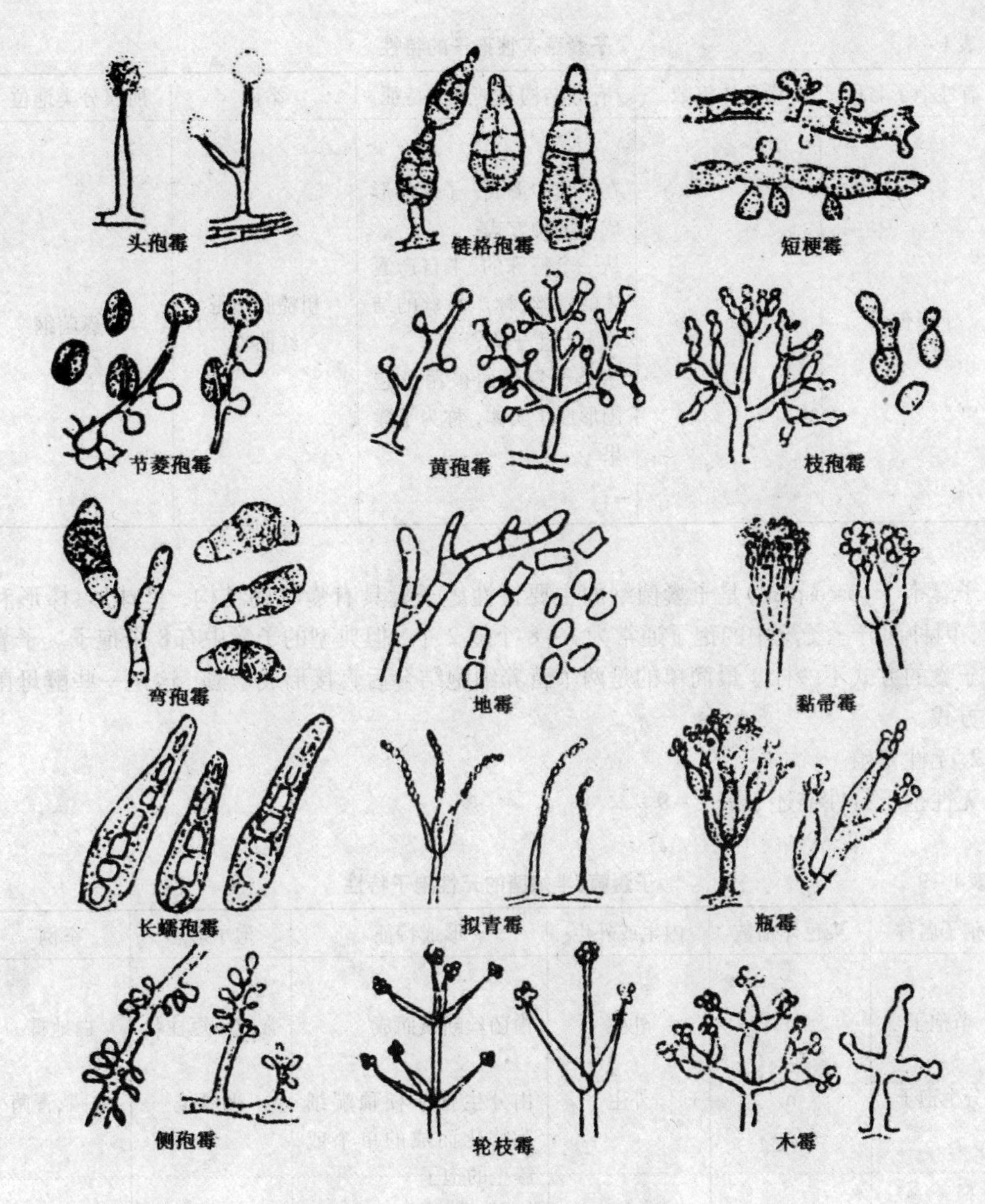

图1－108　不完全菌类的代表菌

(三)子囊菌和不完全菌类的繁殖方式和生活史

子囊菌和不完全菌类是一大类丝状菌的俗称，由于包含了不同纲属的微生物，所以其繁殖方式是有差异的，有的具有性和无性繁殖，但有很大一部分仅具有无性繁殖，由此使它们的生活史也有差异。

1. 有性繁殖

子囊菌有性孢子的特性如表1－8所示。

表 1－8　子囊菌有性孢子的特性

有性孢子名称	染色体倍数	有性结构及其形成特征	举例	所属分类地位
子囊孢子	n	在子囊中形成，子囊的形成有两种方式： 从一个特殊的、来自产囊体的菌丝、称产囊丝的结构上产生子囊； 多个子囊外面被菌丝包围形成子实体，称为子囊果	粗糙脉孢霉 红曲霉	子囊菌纲

子囊孢子(ascospore)是子囊菌纲的主要特性。子囊具有囊状的结构，呈球形、棒形和圆筒形，因种而异。子囊中的孢子通常为 1～8 个或 2 个，但典型的子囊中有 8 个孢子。子囊菌形成子囊的方式不一样。最简单的是两个营养细胞结合后直接形成子囊，这是一些酵母菌的形成方式。

2. 无性繁殖

无性孢子特性描述于表 1－9。

表 1－9　子囊菌、半知菌的无性孢子特性

孢子名称	染色体倍数	内生或外生	形成特征	孢子形态	举例
节孢子	n	外生	由菌丝断裂而成	常成串短柱状	白地霉
分生孢子	n	外生	由分生孢子梗顶端细胞特化而成的单个或簇生的孢子	极多样	曲菌、青菌

分生孢子(conidium)是大多数子囊菌和全部半知菌的无性繁殖方式。一些学者将芽孢子和节孢子等也作为分生孢子来论述。分生孢子通常产生在分生孢子梗上，分生孢子梗的形态不一，既有形体非常短小的，也有很长且分枝很大的。分生孢子梗有的是从普通的营养菌丝上产生的，如青霉菌；有的是单个地由营养菌丝上的足细胞上长出来的，如曲霉菌。着生分生孢子的分生孢子梗的顶头形状各不相同，如曲霉是着生在顶端膨大的球形顶囊上；青霉是着生在帚状的多分枝小梗上，还有许多则着生在普通的分生孢子梗上。曲霉菌分生孢子形成的过程如图 1－109、图 1－110。

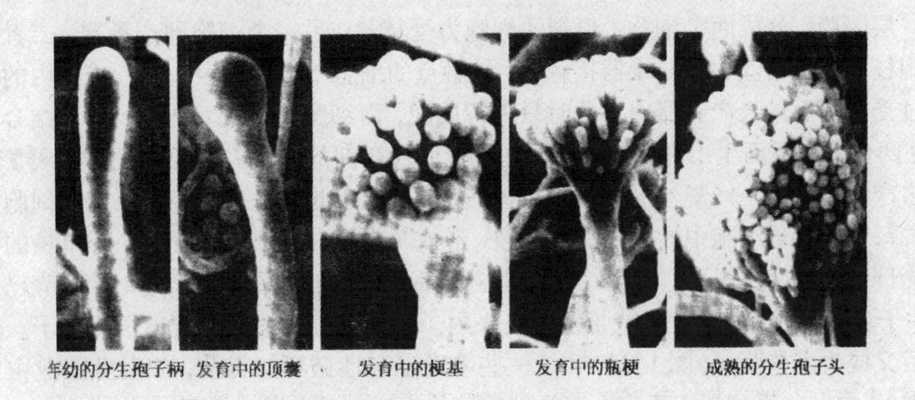

图1－109　曲霉菌分生孢子形成的过程

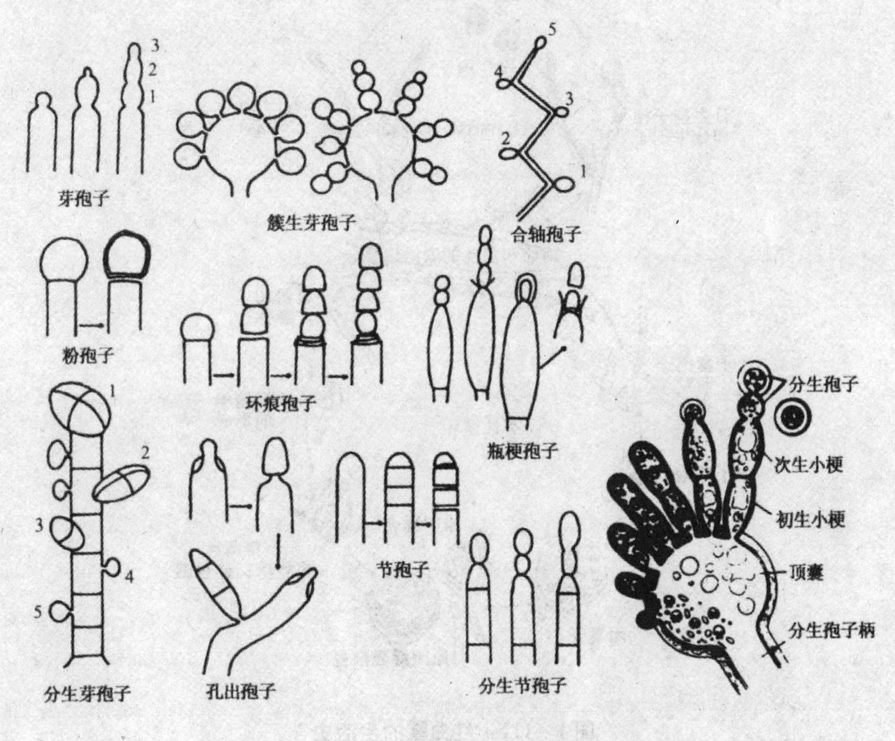

图1－110　一些曲霉菌分生孢子形成的模式

(四)生活史

子囊菌的生活史包括了它的无性世代和有性世代，但在发酵工业生产上起作用的一般是它的无性世代。下面以烟色红曲霉为例加以说明。

烟色红曲霉(Monascus purpureus)菌丝的每个细胞都含有多核。菌丝体常有联结现象。它们在进行无性繁殖时，在菌丝或其分枝的顶端直接产生分生孢子，分生孢子单生或二至数个成链，一般为梨形，内含多核。分生孢子萌发后即形成菌丝，这是无性循环。

有性繁殖是在菌丝顶端或侧枝顶端首先形成一个多核的单细胞雄器，随后在雄器下面的细胞又以单轴方式生出一个细胞，这个细胞就是原始的雌性器官，也即产囊器的前身。由于雌性器官的生长和发育将雄器向下推压，而使雄器与柄托呈一定角度。这时雌性器官在顶部又产生一层隔膜，分成两个细胞，顶端的细胞为受精丝，另一个细胞即产囊器，二者都含有几个细胞核。当受精丝尖端与雄器接触后，接触点的细胞壁解体产生一孔。雄器内的细胞质和核通过受精丝而进入产囊器内。此时只进行质配，而细胞核则成对排列，并不结合。与此同时，在两性器官下面生出许多菌丝将其包围，形成初期的闭囊壳。壳内的产囊器膨大，并长出许多产囊丝。每个产囊丝形成许多双核细胞，核配于此时发生。经过核配的细胞即子囊母细胞。每个子囊母细胞中的核经三次分裂，形成 8 个核，每个核发育成一个单核的子囊孢子。子囊母细胞即变成子囊。故每个子囊都含有 8 个卵形的子囊孢子。这时闭囊壳已发育成熟，其中子囊壁消解，子囊孢子成堆的留在壳内。当闭囊壳破裂后，散出子囊孢子。子囊孢子萌发后又成为多核菌丝(图 1 - 111)。一些未发现有性循环的霉菌，如发酵工业中常用的一些曲霉、青霉及一系列属于不完全菌类的霉菌的生活史只有无性循环。

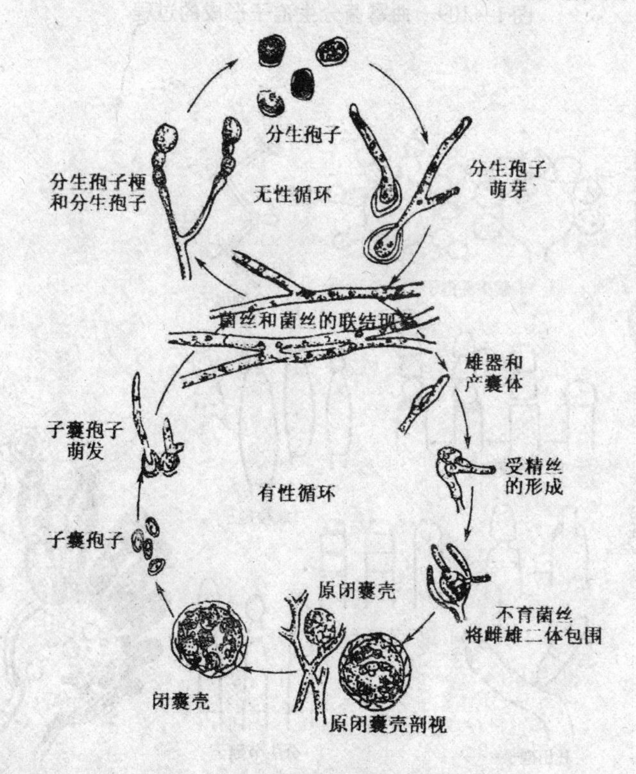

图 1 - 111　红曲霉的生活史

三、霉菌的菌落特征

霉菌在液体培养基中进行通气搅拌或振荡培养时，往往会产生菌丝团(mycelial bead)，均匀地悬浮于培养液中。霉菌在固体培养基上形成的菌落有明显的特征，外观上很易辨认。它们的菌落形态较大，质地疏松，外观干燥，不透明，呈现或松或紧的蛛网状、绒毛状、棉絮状或毡状；菌落与培养基间的连接紧密，不易挑取，菌落正面与反面的颜色、构造，以及边缘与中心的颜色、构造常不一致等。菌落的这些特征都是细胞(菌丝)特征在宏观上的反映。由于霉菌的细胞呈丝状，在固体培养基上生长时又有营养菌丝和气生菌丝的分化，而气生菌丝间没有毛细管水，故它们的菌落必然与细菌或酵母菌的不同，较接近放线菌。

菌落正反面颜色呈现明显差别，其原因是由气生菌丝分化出来的子实体和孢子的颜色往往比深入在固体基质内的营养菌丝的颜色深；而菌落中心与边缘的颜色、结构不同的原因，则是因为越接近菌落中心的气生菌丝其生理年龄越大，发育分化和成熟也越早，故颜色比菌落边缘尚未分化的气生菌丝要深，结构也更为复杂了。

四、霉菌的简捷分类

霉菌的简捷分类如图 1－112 所示。

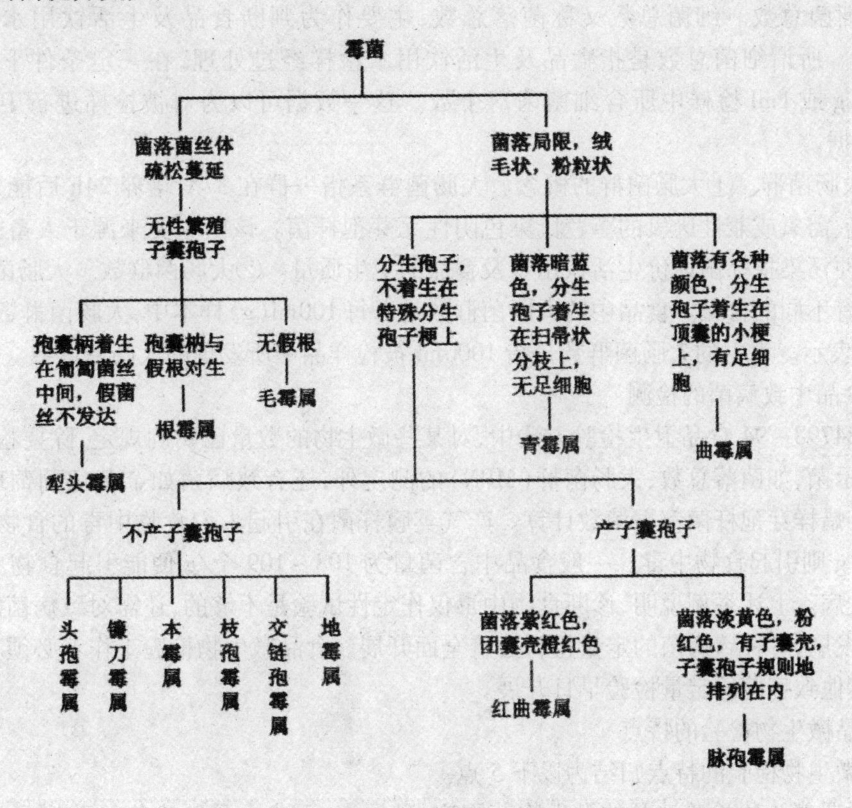

图 1－112　霉菌的简捷分类

项目二　食品微生物检验工作的流程

任务一　食品微生物检验工作的认知

随着人们生活水平的不断提高，食品安全问题逐渐成为各国政府、公众关注的焦点问题。在众多食品安全相关项目中，微生物及其产生的各类毒素引发的污染备受重视，微生物污染造成的食源性疾病仍是世界食品安全中最突出的问题。加工食品所含菌的种类、数量，常随原料的生产环境及细菌学质量、工厂环境与包装工程的卫生及处理状况、制品贮运状况等而异。食品达到细菌学的卫生条件是最终制品中不允许存在致病菌，如果存在食物中毒菌，必须达到不损害人体健康的安全水平。由于食品微生物污染的广泛发生，严重影响人民的健康，因此食品微生物检验工作对评价食品卫生质量，保证消费者饮食卫生有着极为重要的作用。研究灵敏度更高、特异性更强、简便快捷的食品安全检测技术和方法，建立和完善食品安全微生物检测技术和体系迫在眉睫。在各种食品生产加工单位均设有化验室,开展食品微生物检验工作。在食品质量监测部门,为了监督监测食品生产销售单位的食品卫生质量,也都设有专门的微生物检验室,开展食品微生物检验工作,以及对食品微生物污染的检测和调查研究工作。

1. 食品微生物检验的内容

食品微生物检验的内容主要有以下几类。

(1)细菌总数。细菌总数又称菌落总数,主要作为判断食品及生活饮用水被污染程度的指标。所谓细菌总数是指食品及生活饮用水检样经过处理,在一定条件下经过培养后,所得1g或1ml检样中所含细菌菌落个数。这一数据可以为对被检样进行卫生学评价时提供依据。

(2)大肠菌群。①大肠菌群的概念。大肠菌群系指一群在37℃培养24h后能发酵乳糖、产酐、产气、需氧或兼性厌氧的革兰氏染色阴性无芽孢杆菌。该菌主要来源于人畜粪便,故以此作为粪便污染指标菌评价生活饮用水及食品的卫生质量。②大肠菌群数。大肠菌群数在食品及水中有不同的含义。食品中的大肠菌群数是以每100ml(g)样本中,大肠菌群数的最近似数(MPN)表示。水中的大肠菌群数是指1000ml被检样品中所发现的大肠菌群数。

(3)食品中致病菌的检测

在GB4798-94食品卫生检验方法中,对某些微生物的数量已明确规定,除要检测食品污染程度指示菌,如菌落总数、大肠菌群(MPN)的测定外,还有致病菌如金黄色葡萄球菌、产气荚膜梭菌、蜡样芽孢杆菌都需菌数计算。产气荚膜杆菌在引起人们食物中毒的食物中含量超过106个/g则引起食物中毒。一般食品中含菌量为108~109个/g便能引起食物中毒,少于此量,不发病。上述举例说明,诊断食物中毒仅作定性试验是不够的,还需对致病菌定量检验。随着科技发展,各种致病菌的定量检验必将全面开展。食品微生物检验工作者必须不断摸索、积累,使其他致病菌的定量检验早日开展。

2. 食品微生物检验的特点

食品微生物检验的特点归结为以下5点。

(1)食品微生物检验涉及的微生物范围广,种属多,采集食品微生物检验样品比较复杂,要求高。

(2)食品微生物检验需要一定的准确性与快速性。

(3)食品中待分离细菌数量少、杂菌量多,对检验工作干扰严重。

(4)食品中微生物检验具有数量观念。

(5)食品微生物检验具有一定法律性质。

食品微生物检验方法为食品监测必不可少的重要组成部分。食品微生物检验是衡量食品卫生质量的重要指标之一,也是判定被检食品能否食用的科学依据之一。通过食品微生物检验,可以判断食品加工环境及食品卫生环境,能够对食品被细菌污染的程度作出正确的评价,为各项卫生管理工作提供科学依据,提供传染病和人类,动物和食物中毒的防治措施。食品微生物检验是以贯彻“预防为主”的卫生方针,可以有效地防止或者减少食物中毒人畜共患病的发生,保障人民的身体健康;同时,它对提高产品质量,避免经济损失,保证出口等方面具有政治上和经济上的重要意义。

学习情境二　微生物基础技术训练

◆基础理论和知识

1. 普通光学显微镜的构造及各部分功能；
2. 普通光学显微镜的成像原理；
3. 革兰氏染色法的原理；
4. 灭菌的原理和方法；
5. 微生物的营养物质及营养类型；
6. 微生物个体的测量技术及计数方法。

◆基本技能及要求

1. 熟练掌握普通光学显微镜的操作方法及保养方法；
2. 熟练掌握革兰氏染色法操作方法及步骤；
3. 熟悉灭菌的原理，掌握灭菌的方法；
4. 掌握配制培养基的一般方法；
5. 熟练掌握无菌接种技术；
6. 熟悉微生物的测微技术，掌握血球计数板的计数方法和平板菌落计数法。

◆学习重点

1. 普通光学显微镜的操作流程；
2. 革兰氏染色法的原理、步骤及关键步骤；
3. 微生物的六类营养物质；
4. 无菌接种技术。

◆学习难点

1. 油镜的使用；
2. 革兰氏染色法的原理；
3. 无菌接种技术。

◆导入案例

通过前面的学习，我们掌握了细菌、酵母菌、放线菌和霉菌等微生物的形态、大小和结构等知识，同时也了解到微生物在食品工业中已被广泛应用。其实微生物在食品加工业中的应用已经有几千年的历史，从酿酒、制醋、制酱到生产酸奶、面包发酵，微生物都参与其中。还有大众餐桌上经常出现的香菇、平菇、杏鲍菇等食品，不仅口感好，富有蛋白质，还具有很高的营养价值，它们本身就是微生物，即食用菌。当然，微生物在食品工业中的应用并不仅仅局限在食品的制造加工和食用上，微生物在食品贮藏、食品添加剂、食品质量和食品安全检测方面也都发挥着重要的作用。因此，微生物的基础技术是食品工业领域中必需的一项技术。

微生物的基础技术主要包括显微镜检技术、制片技术、消毒灭菌技术、培养基的制备技术、接种技术、测微技术和计数技术等。

项目一　显微镜检技术

微生物(microorganism，microbe)具有个体微小，肉眼难以看见的特点，比如一些球菌的直径仅有1.0μm，比我们肉眼所能看到的最小颗粒还要小很多倍，因此我们需要借助某种工具来观察微生物，这种工具就是显微镜。显微镜是人类历史上最伟大的发明之一。它的发明使人们初次看到了数以百计的“新的”微小动物和植物，甚至是人体、动植物等东西的内部构造。

显微镜是微生物学研究工作中不可缺少的基本工具之一。显微镜的发明和使用已经有400多年的历史。

16世纪末期，荷兰的眼镜制造商詹森父子制造出了世界上第一台显微镜。

17世纪中叶，英国的罗伯特·虎克和荷兰的列文·虎克，对显微镜的发展作出了卓越的贡献。罗伯特·虎克在显微镜中加入粗动调焦机构、微动调焦机构、照明系统和承载标本片的工作台(图2-1)。这些部件经过不断改进，成为现代显微镜的基本组成部分。列文·虎克通过自制的单组元放大镜式高倍显微镜观察到细菌，成为首位发现细菌存在的人。

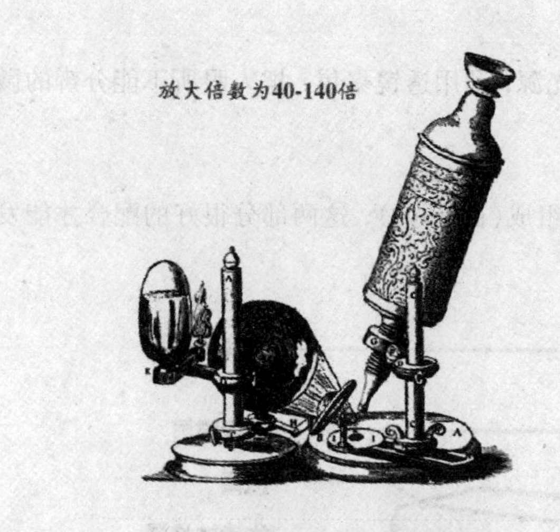

图 2－1　虎克制做的复式显微镜

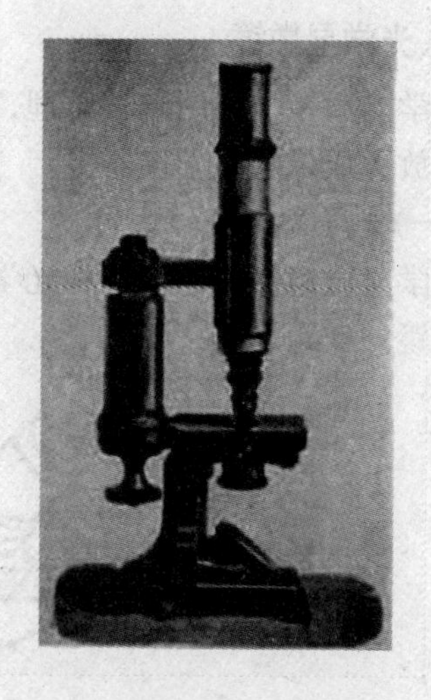

图 2－2　19 世纪中期的显微镜

19 世纪，高质量消色差浸液物镜的出现，使显微镜观察微细结构的能力大为提高(图 2－2)。

20 世纪初，恩斯特·鲁斯卡研制出电子显微镜(图 2－3)，使生物学发生了一场革命。这使得科学家能观察到像百万分之一毫米那样小的物体。

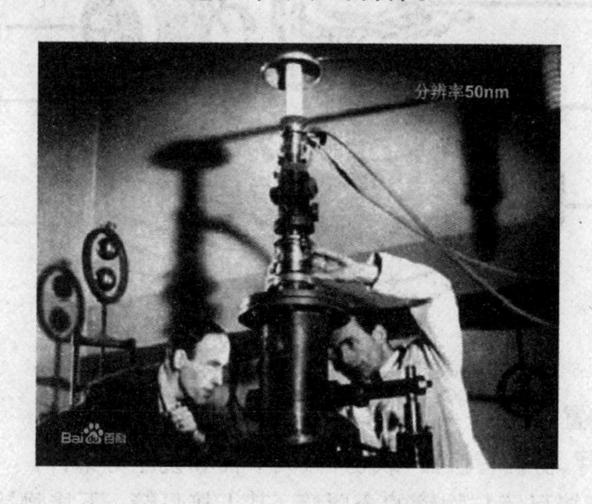

图 2－3　世界上第一台电子显微镜

显微镜的制造和显微观察技术不断的发展，迄今为止已发展出多种类型的显微镜，如光学显微镜、电子显微镜和扫描探针显微镜等。

任务一　显微镜的种类

显微镜按显微原理进行分类可分为光学显微镜与电子显微镜两大类。光学显微镜主要有普通光学显微镜(明视野显微镜)、暗视野显微镜、荧光显微镜、相差显微镜、激光扫描共聚焦显微镜、偏光显微镜、微分干涉差显微镜和倒置显微镜。电子显微镜主要有透射电子显微镜、扫描隧道显微镜、分析电子显微镜和超高压电子显微镜等。

一、光学显微镜

光学显微镜是利用光学原理，以可见光为光源，利用透镜聚焦，把人眼所不能分辨的微小物体放大成像的光学仪器。

(一)光学显微镜的结构

光学显微镜由机械装置和光学系统两部分组成(图2-4)，这两部分很好的配合才能发挥显微镜的作用。

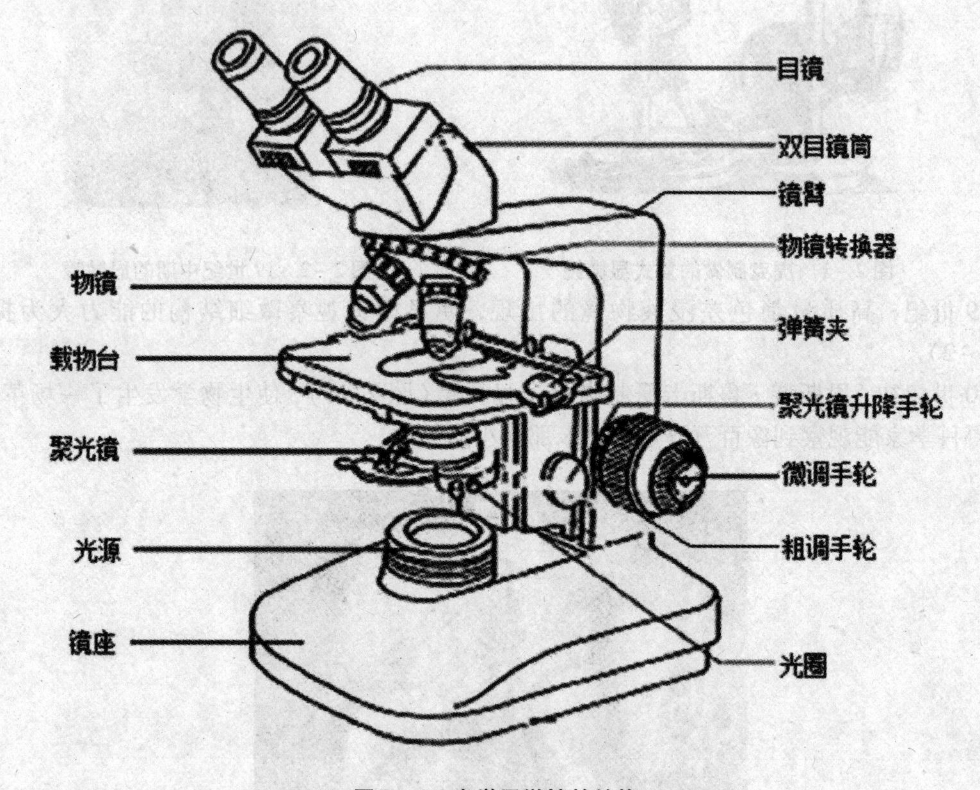

图2-4 光学显微镜的结构

1. 显微镜的机械装置

主要包括镜筒、镜臂、物镜转换器、载物台、调节器和镜座等部件。

(1)镜筒:镜筒是连接目镜与物镜的金属筒，其上接目镜，下接物镜转换器。从物镜的后缘到镜筒尾端的距离称为机械筒长。因为物镜的放大率是对一定的镜筒长度而言的。镜筒长度的变化，不仅放大倍率随之变化，而且成像质量也受到影响。因此，使用显微镜时，不能任意改变镜筒长度。国际上将显微镜的标准筒长定为160mm，此数字标在物镜的外壳上。

(2)镜臂:用于连接镜筒、载物台和镜座，也是移动显微镜时手握的部位。

(3)物镜转换器:是安装在镜筒下方的一圆盘状构造，用来装载不同放大倍数的物镜，一般是三个物镜(低倍、高倍和油镜)。转动转换器，可以按需要将其中的任何一个物镜和镜筒接通，与镜筒上面的目镜构成一个放大系统。

(4)载物台:载物台中央有一孔，为光线通路。在台上装有弹簧夹和推动器，其作用为固定或移动标本的位置，使得镜检对象恰好位于视野中心。

(5)调节器:也称为调焦器。位于镜臂基部，是调节物镜与被检标本距离的装置。调节器由粗调手轮和细调手轮组成，粗调手轮是移动镜筒调节物镜和标本间距离的机件，用粗调手轮只可以粗略的调节焦距，要得到最清晰的物像，还需要用微调手轮做进一步调节。

(6)镜座:也称为底座。位于最底部的构造，使显微镜能平稳地放置在桌子上。

2. 显微镜的光学系统

主要包括目镜、物镜、聚光器和光源等组成，光学系统使物体放大，形成物体放大像。

(1)目镜:目镜也称为接目镜。安装在镜筒的上端，作用是把物镜放大了的实像再放大一次，并把物像映入观察者的眼中。目镜的结构较物镜简单，一般是由两块透镜组成。上端的一块透镜称接目镜，它决定放大倍数和成像的优劣;下端的透镜称场镜或会聚透镜，它使视野边缘的成像光线向内折射，进入接目透镜中，使物体的影像均匀明亮。两块透镜(即接目透镜和会聚透镜)之间安装有由金属制的环状光阑或叫视场光阑，物镜放大后的中间像就落在视场光阑平面处，所以其上可安置目镜测微尺，用于显微测量。

(2)物镜:物镜也称为接物镜，安装在物镜转换器上，一般有3~4个不同倍率的物镜。物镜是利用光线使被检物体第一次造像，物镜成像的质量，对分辨力有着决定性的影响。物镜的性能取决于物镜的数值孔径(numerical apeature，简写为NA)，每个物镜的数值孔径都标在物镜的外壳上，数值孔径越大，物镜的性能越好。

物镜的种类很多，根据物镜前透镜与被检物体之间的介质不同，可分为:①干燥系物镜:以空气为介质，如常用的40×以下的物镜，数值孔径均小于1;②油浸系物镜:常以香柏油为介质，此物镜又叫油镜头，其放大率为90~100倍，数值孔值大于1。根据物镜放大率的高低，可分为:①低倍物镜:常用的有10倍;②高倍物镜:常用的有40倍;③油浸物镜:常用的有100倍。

(3)聚光器:位于载物台的通光孔的下方，由聚光透镜、虹彩光圈和升降螺旋组成。其作用是把平行的光线聚焦于标本上，增强照明度，使物像获得明亮清晰的效果。一般聚光器的焦点在其上方1.25mm处，高低可以调节，其调节限度为载物台平面下方0.1mm。因此，使用的载玻片厚度应在0.8~1.2mm之间，否则被检样品不在焦点上，影响镜检效果。此外，聚光器的下端附有虹彩光圈(俗称光圈)，是一种能控制进入聚光器的光束大小的可变光阑，通过调整光阑的孔径的大小，可以调节进入物镜光线的强弱。

(4)光源:位于聚光镜的下方，作用是照明标本。较早的普通光学显微镜是用自然光检视物体，在镜座上装有反光镜。反光镜有两个面，一面为平面镜，另一面为凹面镜，凹面镜有聚光作用，适于较弱光和散射光下使用，光线较强时则选用平面镜。现在的光学显微镜镜座上装有光源，并有电流调节螺旋，可通过调节电流大小调节光照强度。

(二)光学显微镜的成像原理

显微镜是利用透镜的放大成像原理，光源的光线经聚光镜会聚在被检标本AB上，使标本AB得到足够的照明，由标本AB反射或折射出的光线经物镜，在目镜的焦点平面(光阑部位或附近)形成一个放大倒立的实像A′B′，该实像再经目镜的接目透镜放大成虚像A″B″，所以人们看到的是虚像(图2-5)。

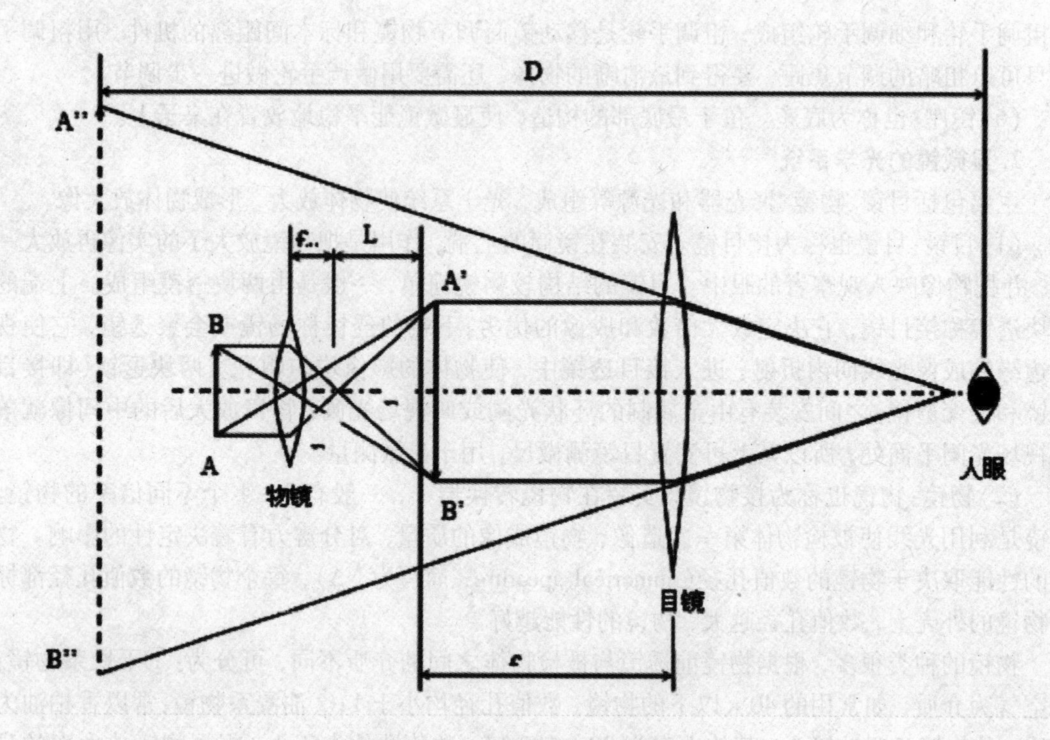

图 2-5　光学显微镜的成像原理

(三)显微镜的放大倍数

显微镜主要利用光学系统中的目镜和物镜两组透镜系统来放大成像，放大后的总放大倍数是物镜放大倍数和目镜放大倍数的乘积。如用放大 40 倍的物镜和放大 10 倍的目镜，其总放大倍数是 400 倍；用放大 100 倍的物镜和放大 10 倍的目镜，其总放大倍数是 1000 倍。

(四)分辨率

显微镜分辨能力的高低取决于光学系统的各种条件，其中物镜的性能最为关键，其次为目镜和聚光镜的性能。显微镜性能的优劣不单看它的总放大倍数，更在于它的分辨率。显微镜的分辨率或分辨力(resolution or resolving power)是指显微镜能辨别物体两点间最小距离(D)的能力。D 值越小，分辨率越高。

$$D=\frac{\lambda}{2NA}$$

式中：D = 分辨率(最大可分辨距离)；λ = 光波波长，NA = 物镜的数值孔径。

从式中可以看出，显微镜的分辨率是由物镜的数值孔径与照明光源的波长两个因素决定。物镜的 NA 值越大，照明光线波长越短，则分辨率越高。由此可知，如想要提高显微镜的分辨率可以通过：①缩短光波波长；②增大折射率；③增大数值孔径来提高分辨力。

光学显微镜的光源不可能超出可见光的波长范围(0.4～0.7μm)，而数值孔径则取决于物镜的镜口角和玻片与镜头间介质的折射率，可表示为：

$$NA = n \cdot \sin\theta$$

式中 n 为介质折射率，θ 为光线镜口角(图 2-6 中的 α 的半数)。它取决于物镜的直径和焦距，一般来说 θ 在实际应用中最大只能达到 90°。

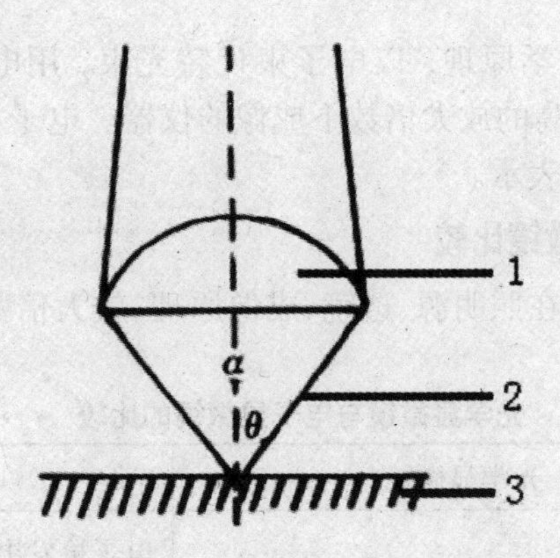

1. 物镜；　2. 镜口角；　3. 标本面

图 2－6　物镜的镜口角

当物镜与载玻片之间的介质为空气时，由于空气（n＝1.0）与玻璃（n＝1.52）的折射率不同，光线会发生折射，不仅使进入物镜的光线减少，降低了视野的照明度，而且会减少镜口角（图 2－7A）。当以香柏油（n＝1.515）为介质时，由于它的折射率与玻璃相近，光线经过载玻片后可直接通过香柏油进入物镜而不发生折射（图 2－7B），不仅增加了视野的照明度，而且可达到通过增加数值孔径提高分辨率的目的。

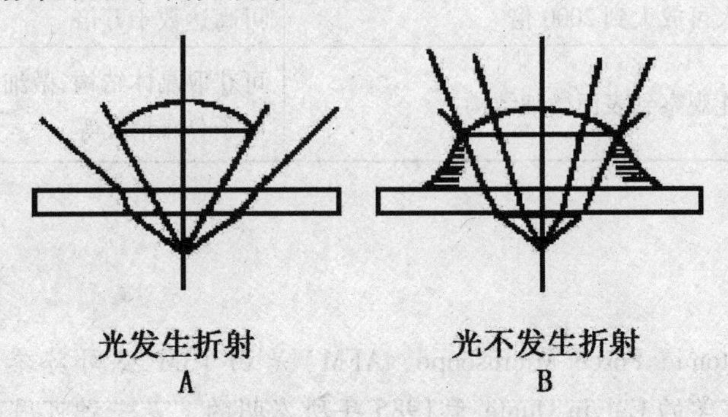

图 2－7　干燥系物镜（A）与油浸系物镜（B）光线通路

若以可见光的平均波长 0.55μm 来计算，数值孔径通常在 0.65 左右的高倍镜只能分辨距离不小于 0.42μm 的物体，而油镜的分辨率却可达到 0.2μm 左右。

二、电子显微镜

电子显微镜是利用电子与物质作用所产生之讯号来监定微区域晶体结构、微细组织、化学成份、化学键结和电子分布情况的电子光学装置。

1. 电子显微镜的结构

电子显微镜由镜筒、真空装置和电源柜三部分组成。镜筒主要有电子源、电子透镜、样品架、荧光屏和探测器等部件，这些部件通常是自上而下地装配成一个柱体；其中电子透镜用来聚焦电子，是电子显微镜镜筒中最重要的部件。真空装置由机械真空泵、扩散泵和真空阀门等构成，并通过抽气管道与镜筒相联接。电源柜由高压发生器、励磁电流稳流器和各种调节控制单元组成。

2. 电子显微镜的成像原理

电子显微镜是根据电子光学原理，以电子束代替光束，用电子透镜代替光学透镜来聚焦，使物质的细微结构在非常高的放大倍数下成像的仪器。电子显微镜的分辨能力以它所能分辨的相邻两点的最小间距来表示。

三、光学显微镜与电子显微镜比较

光学显微镜与电子显微镜在照明源、透镜、成像原理、放大倍数以及观察范围几个方面有所不同，见表2－1。

表2－1　光学显微镜与电子显微镜的比较

比较项	光学显微镜	电子显微镜
照明源	可见光	电子枪发出的电子流，其波长远短于光波波长
透镜	玻璃磨制而成的光学透镜	物镜是电磁透镜（能在中央部位产生磁场的环形电磁线圈）
成像原理	由被检样品的不同结构吸收光线多少的不同所造成的亮度差来成像	作用于被检样品的电子束经电磁透镜放大后打到荧光屏上成像或作用于感光胶片成像
放大倍数	最大可放大到2000倍	可高达数十万倍
观察范围	仅能观察到表面微细结构	可获取晶体结构、微细组织、化学组成、电子分布情况等

知识拓展

原子力显微镜（Atomic Force Microscope，AFM）是由IBM公司苏黎世研究中心的格尔德·宾宁与斯坦福大学的Calvin Quate于1985年所发明的。是一种可用来研究包括绝缘体在内的固体材料表面结构的分析仪器。

原子力显微镜是通过检测待测样品表面和一个微型力敏感元件之间的极微弱的原子间相互作用力来研究物质的表面结构及性质。将一对微弱力极端敏感的微悬臂一端固定，另一端的微小针尖接近样品，这时它将与其相互作用，作用力将使得微悬臂发生形变或运动状态发生变化。扫描样品时，利用传感器检测这些变化，就可获得作用力分布信息，从而以纳米级分辨率获得表面结构信息。

原子力显微镜的探针能够将对样品的损坏程度降到最低，具有高清晰度、高分辨率，能够探测细微结构特征等特点，而且不受样品导电性的影响，其研究对象几乎不受局限，因此在食品研究领域中发挥了重要的作用。原子力显微镜使食品物质的组织结构、表面形貌以及界面现象等方面的分析可以达到分子级水平甚至院子级水平，且对样品不造成损害。其技术上支持了实时动态地观测分析食品物质的结构变化情况，并且保持良好的分辨效果，远远超越了以往的食品显微分析方法。

任务二　显微镜的使用

一、操作流程

准备工作 → 放置显微镜 → 调节光源 → 低倍镜观察 → 高倍镜观察 → 油镜观察 → 清理。

二、具体步骤

1. 准备工作：显微镜使用前应先检查各部零件是否齐全、正常，镜头是否清洁。

2. 放置显微镜：

(1) 显微镜的拿放：拿取显微镜时，应一手握住镜臂，一手托住镜座，使镜身保持直立，轻拿轻放。

(2) 显微镜的放置：显微镜应放在身体的正前方，镜臂靠近身体一侧，镜身向前，镜座后端与桌边相距 10cm 左右。

3. 低倍镜观察：

(1) 将低倍镜转到工作位置，调节光源至合适的亮度。一般在低倍镜下光源亮度不要调太亮，以视野亮度不刺眼为宜。

(2) 下降载物台，将待镜检标本置于载物台上，用标本夹夹住，移动推进器使观察对象处在物镜的正下方。

(3) 升高载物台至最高点，使物镜接近标本。用粗调手轮慢慢下降载物台，使标本在视野中初步聚焦，再使用细调手轮调节图像至清晰。

(4) 通过玻片夹推进器慢慢移动玻片，认真观察标本各部位，找到合适的目的物，仔细观察并记录观察到的结果。

4. 高倍镜观察：

(1) 在低倍镜下找到合适的观察目标并将其移至视野中心后，轻轻转动物镜转换器将高倍镜移至工作位置。

(2) 对聚光器光圈及视野亮度进行适当调节后微调细调手轮使物像清晰。

(3) 利用推进器移动标本仔细观察并记录所观察到的结果。

5. 油镜观察：

(1) 在高倍镜下找到要观察的标本区域后，轻轻转动物镜转换器，使高倍镜与油镜呈八字形，标本位置暴露在高倍镜与油镜之间的空间下。

(2) 在待观察的标本区域滴加香柏油，从侧面注视，轻轻转动物镜转换器，使油镜转至工作状态，此时油镜一般应正好浸在香柏油中。

(3) 将聚光器升至最高位置并开足光圈，若所用聚光器的数值孔径超过 1.0，还应在聚光镜与载玻片之间加滴香柏油，保证其达到最大的效能。

(4) 调节照明使视野的亮度合适，用细调手轮使其清晰准焦为止。

6. 观察待测标本并记录结果。

7. 显微镜用毕后的处理：

(1) 下降载物台取下标本片。

(2) 清洁显微镜：先用擦镜纸擦去油镜头上的香柏油，再用沾有洗液的擦镜纸，朝一个方向擦掉残留的香柏油，最后再用干净的擦镜纸擦掉残留的洗液。如果其他镜头也沾上了香柏油，重复上述步骤清洁镜头。

(3)清洁后，将物镜转成“八”字形，缓慢降低载物台至最低处。将光源调至最暗后关闭电源，整理好电源线，套上防尘罩。轻轻将显微镜收入收纳柜中。

三、注意事项

1. 显微镜应防止震动和暴力，否则会造成光学系统光轴的偏差而影响精度，搬动显微镜时，应轻拿轻放，切忌单手拎提。

2. 镜检时，应首先提升载物台或降低物镜，使标本片和物镜接近，之后将眼睛移至目镜观察，此时只允许降低载物台或提升物镜，以免物镜与标本片相撞。

3. 镜检的顺序是先用低倍镜找到观察目标，再转换为高倍镜观察，最后转换成油镜观察。因高倍镜和油镜的工作距离很短，所以操作时要特别谨慎，切忌边观察边调动粗调手轮，仅能使用微调手轮调节成像的清晰度。

4. 显微镜用毕，需将物镜转成“八”字形，勿使物镜镜头与集光器相对放置，同时将物镜降至载物台或将载物台提升以缩短物镜和载物台之间的距离，避免因镜筒脱落或操作不小心，损坏物镜和集光器。

5. 严禁随便取出显微镜的目镜，以防灰尘落入物镜上。也不要任意拆卸显微镜的任何零件，以防损坏，造成功能失调或性能下降。

任务三　显微镜的维护与保养

显微镜是一种贵重精密的光学仪器，因此在正确使用显微镜的同时，还应做好日常维护和保养。这样不仅可以确保显微镜始终处于良好的工作状态，还能延长显微镜的使用寿命。

1. 使用

拿放显微镜时要小心，避免剧烈的震动。镜检时双手和样品要干净，绝对不允许将浸蚀剂未干的试样在显微镜下观察，以免腐蚀物镜等光学元件。操作时应精力集中，装卸或更换镜头时必须轻、稳、细心。不要强迫各种调节装置越过限位，这些位置表示操作的极限，所以不能用力过大。

2. 存放

为了保证显微镜处于良好的机械和物理状态，显微镜应放置在通风干燥，少尘埃及不发生腐蚀气氛的室内，要避免阳光直射或曝晒，避免与酸、碱和易挥发的、具腐蚀性的化学试剂等放在一起。显微镜在存放时应套上防尘罩，为避免受潮，室内的相对湿度应小于70%，可放置干燥剂，以便吸收水分，干燥剂应经常更换。

3. 清洁

显微镜应保持清洁，特别是目镜和物镜。清洁显微镜的目镜和物镜等光学部件时，严禁用手、布或其他物品擦拭，应该先用专用的橡皮球吹去表面尘埃，再用专用擦镜纸轻轻擦拭。如镜头上不慎沾上指纹或油渍时，可用擦镜纸蘸取用少量的乙醚和酒精混合溶液(7∶3)来擦拭。清洁显微镜的外壳时，可用一块无毛软布蘸少量中性清洁剂(乙醇或肥皂水)来擦拭，但切勿让这些清洗液渗入显微镜内部，造成显微镜内部电子部件的短路或烧毁。

4. 定期检查

为了保持显微镜性能的稳定，应对显微镜定期检查，进行专业的维护保养。

项目二　制片技术

任务一　细菌制片技术

微生物在使用光学显微镜观察的时候，都需要先对样品进行预处理，即所有需观察的微生物都应先制备成样品标本片后再在光学显微镜下观察。制片技术是食品微生物技术中的一项基本技能。制片的具体做法是将被观察的微生物通过无菌操作的方式，放置到无色透明的载玻片上制备成临时或永久标本片。

一、操作流程

准备 → 涂片 → 干燥 → 固定 → 染色 → 水洗 → 干燥。

二、具体步骤

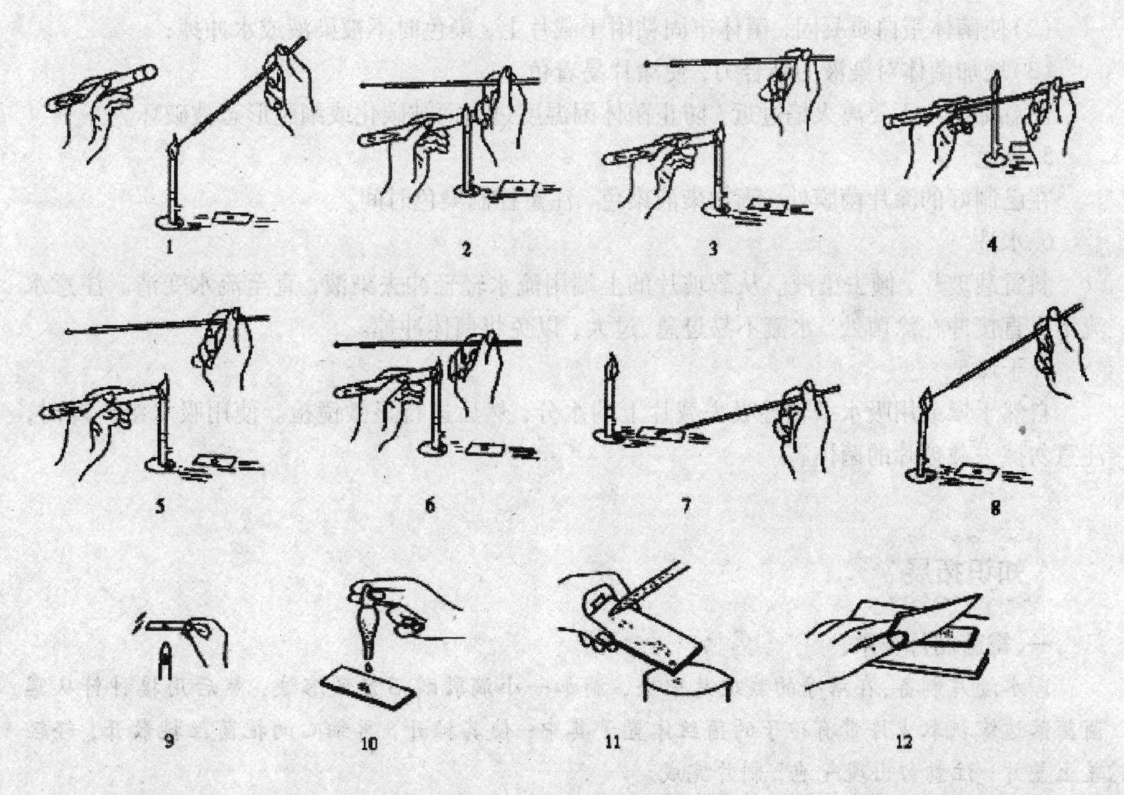

1. 接种环火焰灼烧灭菌；2. 在火焰3cm处拔出硅胶塞(或棉塞)；3. 斜面管口火焰灼烧灭菌；4. 挑取菌苔；5. 从斜面试管中取出接种环，管口火焰灼烧再次灭菌；6. 在火焰3cm处塞上硅胶塞(或棉塞)；7. 涂片；8. 再次火焰灼烧接种环灭菌；9. 固定；10. 染色；11. 水洗；12. 吸干

图2－8　细菌的制片步骤

1. 制片准备

在制备细菌标本片前应先清洁载玻片和盖玻片。载玻片用洗衣粉水清洗后清水冲洗干净，再经洗液浸泡24h以上后用流水充分冲洗，烘干后放入酒精中浸泡备用。

2. 涂片

取保存于酒精溶液中的洁净载玻片，将其在酒精灯火焰上微微加热，烧去残留酒精，目的是除去上面的油脂。冷却后，在载玻片中央处加一小滴无菌水，用接种环以无菌操作的方式，在火焰旁从斜面上挑取少量菌体与水混合。烧去环上多余的菌体后，再用接种环将菌体涂成直径为1cm的均匀薄层。最后灼烧接种环，目的是烧死接种环上残留的菌体。

制片的关键是载玻片要洁净，不得沾污油脂，菌体才能涂布得薄而均匀。

3. 干燥

涂布后，待其自然干燥。也可将涂布面朝上在酒精灯上距离较远处进行轻微加热使涂片干燥。涂片干燥后，涂布的部位呈淡乳白色、半透明状。

4. 固定

将已干燥的涂布标本面向上，在微火上通过3～4次进行固定。固定的作用为：

(1)杀死细菌；

(2)使菌体蛋白质凝固，菌体牢固粘附于载片上，染色时不被染液或水冲掉；

(3)增加菌体对染液的结合力，使涂片易着色。

注意标本片不要离火焰过近，防止菌体因温度过高而被碳化或细胞形态被破坏。

5. 染色

在已制好的涂片菌膜处，滴加染液染色，注意控制染色时间。

6. 水洗

斜置载玻片，倾去染液。从载玻片的上端用流水轻轻冲去染液，直至流水变清。注意水流不得直接冲在涂菌处，水流不易过急、过大，以免将菌体冲掉。

7. 干燥

自然干燥或用吸水纸轻轻吸去载片上的水分，然后进行显微镜检。使用吸水纸干燥时，注意勿擦去载玻片的菌体。

知识拓展

一、霉菌制片技术

1. 水浸片制备：在洁净的载玻片中央，滴加一小滴乳酸石炭酸溶液，然后用接种针从霉菌菌落边缘挑取少许带有孢子的菌丝体置于其中，使其摊开，再细心的把菌丝挑散开，轻轻盖上盖片，注意勿出现气泡，制片完成。

2. 粘片制备：取一滴乳酸石炭酸溶液置于载玻片中央，取一段透明胶带，打开霉菌平板培养物，粘取菌体，粘面朝下，放在染液上，制片完成。

二、放线菌制片技术

1. 印片制备：取一块洁净盖玻片，在放线菌划线培养的平板菌落表面按压一下，使部分菌丝及孢子贴附于盖片上，注意将载玻片垂直放下和取出，以防载玻片水平移动而破坏放线菌的自然形态。在载片上加一滴0.1%美蓝染色，将盖片带有孢子的面向下，盖在染液上，吸水纸吸去多余的染液，制片完成。

2. 插片制备：首先将放线菌以平板划线的方法接种在平板上，然后用镊子将灭菌的盖玻片以大约45°插入琼脂内(插在接种线上)，每个琼脂平板插两到三片。将插片平板倒置，于28℃培养3~5天。用镊子小心拔出盖玻片，擦去背面培养物，然后将有菌的一面朝上放在载玻片上，制片完成。

任务二　细菌染色法

显微镜检方法简便、快速，细菌群体形态(菌落形态)和个体形态特征是进行菌种鉴别、及时发现杂菌污染的重要手段。细菌的细胞含水量大(一般可达80%~90%或更高)，菌体薄而透明、折光性强，所以为了易于识别和观察，绝大多数情况下，制片时还需要经过染色，借助染色后菌体颜色的反衬作用才能在显微镜下观察。因为染色后的菌体与背景可以形成明显的色差，从而能够更清楚地观察到菌体的形态和基本结构，如细胞壁、细胞膜、细胞质、细胞核及内含物等。对于细菌的特殊结构，如鞭毛、芽孢和荚膜，以及真菌的有性或无性孢子等，还需经过特殊的方法染色，才能进行显微镜检观察。根据细菌个体形态观察的不同要求，可将染色分为三种类型即简单染色、鉴别染色和特殊染色。

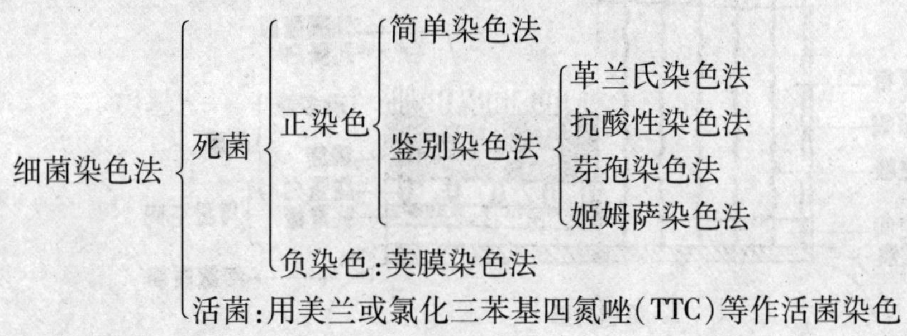

一、简单染色法

(一)染色原理

简单染色法是利用单一种染料对菌体进行染色的方法，是最基本的染色方法。此法一般只能显示菌体形态，难以辨别其构造。常用于生物染色的染料主要有碱性染料、酸性染料和中性染料三大类。碱性染料的离子带正电荷，能和带负电荷的物质结合，因细菌蛋白质等电点较低，当它生长于中性、碱性或弱酸性的溶液中时常带负电荷，所以细菌易被美蓝、碱性复红、结晶紫、孔雀绿、番红等碱性染料着色。酸性染料的离子带负电荷，能与带正电荷的物质结合。当细菌分解糖类产酸使培养基pH下降时，细菌所带正电荷增加，因此易被伊红、酸性复红或刚果红等酸性染料着色。中性染料则是前两者的结合物又称复合染料，如伊红美蓝、伊红天青等。

(二)染色步骤

1. 制片：取细菌制成涂片，干燥、固定。

2. 染色：在涂片上滴加染色液，使其布满整个涂菌部位，染色1分钟，倾去染色液，用水沿载玻一侧轻轻冲去多余染色液，直到冲洗的水不再有颜色。

3. 干燥。

二、革兰氏染色法

1884 年，丹麦病理学家 Christain Gram 创立的革兰染色法是细菌学中最常使用的重要鉴别染色法。通过此法染色，可将细菌鉴别为革兰阳性菌(G^+)和革兰阴性菌(G^-)两大类。

该种染色法主要步骤是先用结晶紫初染，再用碘液酶染，目的是增加染液与细胞间的结合力，使结晶紫和碘在细胞膜上形成分子量较大的复合物，然后用脱色剂脱色，最后用番红复染。凡是呈现紫色的细菌为革兰阳性菌(G^+)，呈现红色的细菌为革兰阴性菌(G^-)。

(一)染色原理

革兰氏染色法的染色原理是利用细菌的细胞壁成分和结构的不同(图 2 -9)。革兰氏阳性菌的细胞壁厚、肽聚糖网层次多，交联致密，经脱色剂处理发生脱水作用，使网孔缩小，通透性降低，结晶紫与碘形成的大分子复合物保留在细胞壁内而不被脱色，结果使细胞呈现紫色。而革兰氏阴性菌细胞壁薄、肽聚糖层次少，网状结构交联度小，且外膜层中类脂含量较高，经脱色剂处理后，类脂被溶解，细胞壁孔径变大，通透性增加，结晶紫与碘的复合物被溶出细胞壁，因而细胞壁被脱色，经番红复染后细胞呈红色。

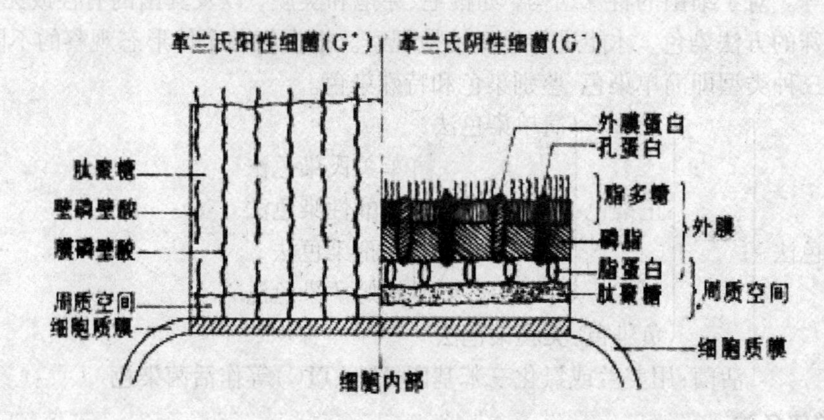

图 2 -9　革兰氏阳性菌与革兰氏阴性菌细胞壁构造的比较

(二)染色步骤

1. 制片:取细菌制成涂片，干燥、固定。

2. 初染:用草酸铵结晶紫染液染色 1min，水洗。

3. 媒染:滴加革兰氏碘液冲去残水，并用碘液覆盖 1min，水洗。

4. 脱色:斜置载片于一烧杯上，滴加95%乙醇进行脱色，并轻轻摇动载片，至载片下流出乙醇液不呈现紫色时停止(约 0.5 ~1min)，并立即用水冲净乙醇并用滤纸轻轻吸干。

5. 复染:番红染液复染 2 ~3min，水洗并用吸水纸吸干。

(三)染液的作用

1. 初染液:草酸铵结晶紫溶液是碱性染料。

2. 媒染液:碘液的作用是增强染料与菌体的亲和力，加强染料与细胞的结合。

3. 脱色剂:乙醇用于将染料溶解，使被染色的细胞脱色，不同细菌对染料脱色的难易程度不同。

4. 复染液:番红溶液是使经脱色的细菌重新染上另一种颜色，以便与未脱色菌进行比较。

(四)关键步骤

革兰氏染色的关键步骤是脱色，必须严格掌握乙醇的脱色程度。若脱色过度则阳性菌被误染为阴性菌;而脱色不够时阴性菌被误染为阳性菌。此外，菌龄也影响染色结果，如阳性菌培养时间过长，或已死亡及部分菌自行溶解了，都常呈阴性反应。若研究工作中要验证未知菌的革兰氏反应时，则需同时用已知菌进行染色作为对照。

项目三　灭菌技术

食品的贮藏、运输、加工和制造过程都与微生物有着密切的关系，这种关系有正反两面。一面是利用有益微生物的作用加工和制造食品;另一面是要在上述过程中防止有害微生物污染食品，保证食品安全。据世界卫生组织估计，在全世界每年数以亿计的食源性疾病患者中，70%是由于食用了各种致病性微生物污染的食品和饮水造成的。因此，对这些有害微生物，我们必须采取有效的措施来杀灭或抑制它们。

任务一　控制微生物的方法

控制微生物的方法有很多，自古以来，人们就利用煮沸、火烧、日晒、盐腌和酒精擦拭等方法来灭杀有害微生物。现在控制微生物的方法随着微生物学的发展也得到了快速发展，例如过滤、辐射、超声波等和强酸强碱等抗微生物剂、抗代谢药物、抗生素等。控制有害菌的措施可概括如下:

- 控制有害菌的措施
  - 杀灭法
    - 灭菌——彻底杀灭(一切微生物)
      - 杀菌
      - 溶菌
    - 消毒——部分杀灭(仅杀灭病原菌)
  - 抑制法
    - 防腐——抑制霉腐微生物
    - 化疗——抑制宿原体内病原菌

1. 灭菌:指的是采用强烈的理化方法杀灭或者去除传播媒介上的一切微生物，包括致病微生物和非致病微生物的营养细胞及其芽孢(或孢子)，换句话说，就是使一切微生物永远丧失其生长繁殖能力的方法。灭菌实质上有杀菌和溶菌两种情况:杀菌指的是将菌体灭活，但不破坏细胞结构;溶菌指的是通过分解细胞结构(主要是细胞壁)，使细胞失去活性。

2. 消毒:指的是消除、灭活病原微生物，但不一定能杀死细菌芽孢的方法。消毒是一种采取较为温和的理化因素，仅杀死物体表面或内部一部分对人体或动、植物有害的病原菌，而对被消毒的对象基本无害的措施。例如食品生产领域中常常用巴氏消毒法来消毒处理乳制品、啤酒和酱油等。

3. 防腐:又称抑菌，是指利用某种理化因素完全抑制霉腐微生物的生长繁殖，从而防止食品、生物制品等对象发生霉腐的措施。

4. 化疗:一般指化学疗法，是指利用具有高度选择毒力即对病原菌具有高度毒力而对其宿主基本无毒的化学物质来抑制宿主体内病院微生物的生长繁殖，借以达到治疗该宿主传染病的一种方法。

灭菌、消毒、防腐和化疗的特点和比较见表2－2。

表2－2　　灭菌、消毒、防腐和化疗的比较

比较项目	灭菌	消毒	防腐	化疗
处理因素	强理、化因素	理、化因素	理、化因素	化学治疗剂
处理对象	任何物体内外	生物体表，酒、乳等	有机质物体内外	宿主体内
微生物类型	一切微生物	有关病原菌	一切微生物	有关病原菌
对微生物作用	彻底灭杀	抑制或杀死	抑制或杀死	抑制或杀死
实例	加压蒸汽灭菌、辐射灭菌、化学杀菌剂	70%酒精消毒、巴氏消毒法	冷藏、干燥、糖渍、盐腌、缺氧、化学防腐剂	抗生素、磺胺药、生物药物素

任务二　灭菌方法

在众多控制有害菌的措施中，灭菌是食品加工中的一个重要环节，也是食品工业领域中必需的技术。灭菌技术是通过某种有效的手段达到消灭有害微生物的目的。灭菌是否彻底受灭菌时间与灭菌剂强度的制约，微生物对灭菌剂的抵抗力取决于原始存在的群体密度、菌种或环境赋予菌种的抵抗力。灭菌的方法有很多，可根据不同的需求选择最有效、简捷和经济的方法来灭菌。灭菌的方法从理化性质可分为物理灭菌法和化学灭菌法两大类。

一、物理灭菌法

(一)热力灭菌法

影响微生物生长繁殖的最重要因素之一是适宜的温度。超过最高生长温度时，微生物细胞内的有机分子就会发生生物化学变化，包括蛋白质变性、核酸和脂类等重要生物高分子结构发生变化或被破坏，从而导致细胞死亡。

其原理可归纳为：

(1)使微生物细胞内蛋白质、酶变性凝固；

(2)使微生物细胞内的核酸断裂，核蛋白解体；

(3)使微生物细胞内膜结构破坏。

热力灭菌法又称高温灭菌法，其方法主要有：

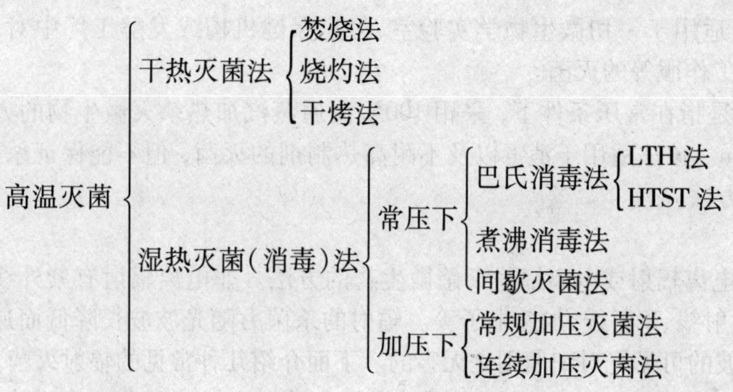

1. 干热灭菌法

指在干燥高温的环境中(如火焰或干热空气)维持一段时间而进行的一种灭菌技术。主要有焚烧法、烧灼法和干烤法三种。

(1)焚烧法:是一种较彻底的灭菌方法，在焚烧炉内焚烧尸体及废弃物，可杀灭细菌芽孢。

(2)烧灼法:为直接用火焰灭菌，例如在微生物实验室内，利用火焰对接种环，试管口等灭菌。

(3)干烤法:为利用烘箱加热至150℃～170℃，1～2小时，适用于耐高温的玻璃、陶瓷或金属器皿的灭菌。

2. 湿热灭菌(消毒)法

湿热灭菌法是指利用饱和水蒸汽、沸水或流通蒸汽进行灭菌的技术。与干热灭菌法相比较，湿热灭菌法的灭菌效率更高，因为以高温高压的水蒸汽透射力强，容易使蛋白质变性或凝固，最终导致微生物的死亡。湿热灭菌法可分为巴氏消毒法、煮沸消毒法、间歇灭菌法、高压蒸汽灭菌法和流通蒸汽灭菌法等。

(1)巴氏消毒法(pasteurization):又称低温消毒法，冷杀菌法，由法国微生物学家巴斯德发明。这是一种在常压下利用低温杀死常见致病菌，同时又不使蛋白质变性，即能保持被消毒物品的营养物质风味不变的消毒法。该法专门用于啤酒、牛奶和酱油等不适宜用于高温灭菌的液态风味食品或调料的低温消毒法。具体方法有两种:一种是低温维持法(low temperature holding method，LTH)，即62℃下维持30min;另一种是高温瞬时法(high temperature short time，HTST)，即72℃下维持15～30s。

(2)煮沸消毒法:在常压下，将水煮沸(100℃)5分钟，可杀灭细菌繁殖体，如加入2%碳酸钠，可提高沸点至105℃并可防锈，常用于饮用水、餐具及一些医疗器皿的消毒。

(3)间歇灭菌法(fractional sterilization 或 tyndallization):又称丁达尔灭菌法，分段灭菌法。该法是一种利用流通蒸汽反复灭菌的方法，具体方法是:将待灭菌物品放置在温度为100℃下蒸煮15～30min，杀死微生物的营养细胞，然后放置在28℃～37℃过夜培养，促使芽孢发育成为繁殖体，再灭菌，连续重复三天。该法适用于不耐热的物品、营养成分特殊的培养基或缺乏高压灭菌锅等设备时的灭菌。它的优点是对设备的要求低，缺点是费时长。

(4)高压蒸汽灭菌法(normal autoclaving):这是一种迅速而有效的灭菌方法。其原理是:使用高压蒸汽灭菌器，利用加热产生蒸汽，随着蒸汽压力不断增加，温度随之升高，通常压力在103.4kPa时，器内温度可达121.3℃，维持15～30min，可杀灭包括芽孢在内的所有微生物。如灭菌的培养基中含有葡萄糖，则灭菌条件为75kPa，115℃，灭菌30min。该法的优点是操作简便、效果可靠，适用于一切微生物学实验室、医疗保健机构或发酵工厂中对培养基、玻璃器皿、耐热药品及工作服等的灭菌。

(5)流通蒸汽灭菌法：是指在常压条件下，采用100℃流通蒸汽加热杀灭微生物的方法，灭菌时间通常为30～60min。该法适用于消毒以及不耐高热制剂的灭菌，但不能保证杀灭所有芽孢，是非可靠的灭菌方法。

(二)辐射灭菌法

辐射灭菌法是利用非电离辐射或电离辐射灭杀微生物的方法。非电离辐射有紫外线、微波等，电离辐射β射线、γ射线、X射线、加速电子等。辐射的杀菌力随光波波长降低而递增，短波的杀菌作用大，而长波的可见光对细菌则是无害的。下面介绍几种常见的辐射灭菌。

1. 紫外线：可以使被照射物分子或原子的内层电子提高能级，但不引起电离，波长在200～300nm的紫外线具有杀菌作用，其中以波长265～266nm的紫外线杀菌力最强，这与核酸的最大吸收波长一致。但紫外线的穿透力差，普通玻璃、纸张、尘埃、水蒸汽等均能阻挡紫外线，因此紫外线一般只用于空气和物品表面的消毒。

2. 微波：微波杀菌是利用电磁场效应和生物效应起到对微生物的杀灭作用，该法是微波热效应和生物效应共同作用的结果。因为微波对细菌膜断面的电位分布影响细胞膜周围电子和离子浓度，从而改变细胞膜的通透性能，细菌因此营养不良，不能正常新陈代谢，生长发育受阻碍死亡。该法具有时间短、速度快，节约能源，便于控制，设备简单，杀菌均匀彻底等特点。

3. γ射线：采用放射性同位素放射的γ射线具有较高的能量和穿透力，可以直接或间接破坏微生物的核酸、蛋白质和酶系统，从而杀灭微生物和芽孢。

(三)过滤除菌法(filtration)

过滤除菌法是用物理阻留的方法将液体或空气的细菌除去，以达到无菌目的。所用的器具是含有微小孔径的滤菌器。该法主要用于一些不耐热的血清、毒素、抗生素、酶、细胞培养液及空气等除菌。其除菌效果取决于过滤材料的结构、特性、滤孔大小等因素。过滤除菌应选择孔径小于1微米的滤器。一般不能除去病毒、支原体和细菌的L型。

二、化学灭菌法

化学灭菌法是指用化学药品直接作用于微生物而将其杀死的方法。用于灭菌的化学因素有很多，其主要方法有：

- 化学因素
  - 表面消毒剂法
    - 气体灭菌法
    - 液体灭菌法
  - 化学药剂法
    - 抗代谢药物
    - 抗生素
    - 生物药物素

(一)表面消毒剂法

表面消毒剂是一种对所有活细胞都有毒性的化学药剂。表面消毒剂法是利用这种化学药剂以达到减少微生物的数目，控制一定的无菌状态的方法，但是这种方法不能杀死芽孢。表面消毒剂法可分为气体灭菌法和液体灭菌法。常见的气体消毒剂有臭氧、环氧乙烷、甲醛、丙二醇、甘油和过氧乙酸蒸汽等；常见的液体消毒剂有75%乙醇、0.1%～0.2%苯扎溴铵（新洁尔灭）、1%聚维酮碘溶液、2%左右的酚或煤酚皂溶液等。

(二)化学药剂法

化学药剂可以抑制微生物的生长繁殖，甚至是杀死微生物。化学药剂主要有抗代谢药物、抗生素和生物药物素等。

1. 抗代谢药物(antimetabolite)

抗代谢药物又称代谢拮抗物或代谢类似物，是一种通过抑制DNA合成中所需的叶酸、嘌呤、嘧啶及嘧啶核苷的合成途径，从而抑制细胞的生存所必须的代谢活动的化学物质。

抗代谢药物主要有3种作用:(1)与正常代谢物一起共同竞争酶的活性中心，从而使微生物正常代谢所需的重要物质无法合成，例如磺胺类；

(2)“假冒”正常代谢物，使微生物合成出无正常生理活性的假产物，如8－重氮鸟嘌呤取代鸟嘌呤而合成的核苷酸就会产生无正常功能的RNA；

(3)某些抗代谢药物与某一生化合成途径的终产物的结构类似，可通过反馈调节破坏正常代谢调节机制，例如6－巯基腺嘌呤可抑制腺嘌呤核苷酸的合成。

2. 抗生素

抗生素原称抗菌素，是一种由微生物或高等动植物在生活过程中所所产生的特殊的次生代谢有机物，在低浓度下具有抑制或杀死其生活细胞发育功能。第一种被广泛应用于医疗上的抗生素是Fleming于1929年发现的青霉素，链霉素是Waksman于1944年发现的。抗生素是目前治疗微生物感染和肿瘤等疾病的常用药物；抗生素也可以在工业发酵中用于控制杂菌污染；还可以在微生物育种中用作高效的筛选标记。

现已报道的几千种抗生素，按结构可分为6个类型:

(1)糖的衍生物:主要由氨基己糖的衍生物组成，如链霉素。

(2)多肽类抗生素:主要或全部由氨基酸组成，有多肽或蛋白质的某些特性，如多黏菌素、青霉素。

(3)多烯类抗生素:分子结构中有多个双键，如制霉菌素、两性霉素。

(4)大环内酯抗生素:是由一个或多个单糖组成并与碳链一起形成一个巨大的芳香内酯不化合物，如红霉素。

(5)四环类抗生素:都具有四个缩合苯环，如四环素。

(6)嘌呤类抗生素:都含有嘌呤环，如嘌呤霉素。

3. 生物药物素(Biopharmaceutin)

自从青霉素等抗生素被发现并大规模使用以来，微生物对抗生素产生了抗药性，而抗药性通过遗传途径(如基因突变、遗传重组或质粒转移等)使抗生素失去了疗效。微生物产生抗药性的原因有:

(1)产生一种能使药物失去活性的酶；

(2)把药物作用的靶位加以修饰和改变；

(3)形成“救护途径”；

(4)使药物不能透过细胞膜；

(5)通过主动外排系统把进入细胞内的药物泵出细胞外等。

为解决抗药性的问题，在筛选更新的抗生素外，生物药物素被人们提了出来，由此打开了后抗生素时代的大门。生物药物素是一类具有多种生理活性的微生物次生代谢物。生物药物素具有比抗生素疗效更为广泛的特点，包括酶抑制剂、免疫调节剂、受体拮抗剂和抗氧化剂等微生物的其他次生代谢产物。

知识拓展

随着技术的进步，超高温瞬时灭菌法代替了巴氏消毒法，被广泛应用于各种果汁、牛乳、花生乳、酱油等液态食品的杀菌。经过这样处理的液态食品的保质期更长，比如我们在市面上看到的那种纸盒包装的牛奶大多是采用这种方法。超高温瞬时灭菌法不仅能保持食品风味，还能将病原菌和具有耐热芽孢的形成菌等有害微生物杀死。

超高温瞬时灭菌法具体方法是：将物料在连续流动的状态下，经热交换器加热至135℃～150℃保持几秒钟，以达到完全破坏其中可以生长的微生物和芽孢，然后迅速冷却到一定温度后再进行无菌灌装，以最大限度地减少产品在物理、化学及感观上的变化。

超高温瞬时灭菌法的特点有：①温度控制准确，设备精密；②温度高，杀菌时间极短，杀菌效果显著，引起的化学变化少；③适于连续自动化生产；④蒸汽和冷源的消耗比高温短时杀菌法 HTST 高。

任务三　高压蒸汽灭菌法

在生产实践中，最常用的灭菌方法是高压蒸汽灭菌法，这种方法不仅在食品工业中被广泛应用，在医疗卫生行业也经常被采用，下面我们就详细介绍一下这种方法的操作步骤。

一、操作流程

检查 → 加水 → 置物 → 闭盖 → 加热排气 → 灭菌 → 降压 → 取物。

二、具体步骤

1. 检查

检查高压蒸汽灭菌锅是否处于正常状况，如电源是否连接，放气阀、安全阀和密封胶条等是否正常。

2. 加水

向锅体内加入适量的水，以锅体中的加热元件浸入水中为宜，防止元件烧毁。

3. 置物

将需灭菌的物品用防潮纸包好，放入灭菌锅的内桶。物品摆放时要应疏松、留有空隙，不宜太过拥挤，否则影响蒸汽流通和灭菌效果。

4. 闭盖

将内桶正确地置于灭菌锅内，灭菌锅盖的蒸汽管应插入套筒侧壁的凹槽内，关闭灭菌锅盖，以对角方式旋紧螺栓，切勿漏气。

5. 加热排气

接通电源，开始加热。打开放气阀，当热蒸汽上升时，开始通过放气阀排除锅内冷空气，排气约 5～10min，关闭放气阀。

灭菌锅内冷空气的是否排尽直接影响到灭菌效果的好坏。因为冷空气的膨胀压大于水蒸汽的膨胀压，所以，当水蒸汽中含有冷空气时，在同一压力下，含冷空气蒸汽的温度低于饱和蒸汽的温度。

6. 灭菌

关闭放气阀，使整个灭菌锅成为密闭状态，当蒸汽不断增多时，国内的压力和温度都在上升，当温度升至121℃，保持20～30min。

7. 降压

灭菌完毕，待压力自然降至"0"时，打开放气阀，排尽锅内余气。注意不能过早打开放气阀，否则突然降压会使培养基冲腾，沾污棉塞或硅胶泡沫塞，甚至冲出容器以外。

8. 取物

打开灭菌锅盖，取出已灭菌的器皿及培养基，排尽锅内剩余的水。

项目四　培养基的制备

利用微生物进行食品加工生产时，需要对这些微生物进行培养与繁殖，这就需要用到培养基了。培养基里含有供给微生物生长所需要的各种营养物质。因为不同的微生物利用营养物质的能力不同，对营养物质的需求与含量也不同，所以要根据微生物的特点及实验目的来选用合适的培养基。

任务一　微生物的营养

微生物的生长与繁殖离不开营养物质，换言之，微生物需要从外界吸收各种营养物质来合成自身的细胞物质，完成各种生理活动，繁殖后代。这些营养物质就是微生物的食物，是供给微生物分解和合成代谢所需的环境物质。

一、微生物细胞的化学组成

微生物需要哪些营养物质呢？分析微生物细胞的化学成分，我们可以发现微生物细胞与其他生物细胞的化学组成没有本质上的差异。微生物细胞平均水分含量为80%左右，其余20%左右为干物质，包含蛋白质、核酸、碳水化合物、脂类和矿物质等。这些干物质是由碳、氮、氢、氧、磷、硫、钾、钙、镁、铁等主要化学元素组成（表2－3），其中碳、氮、氢、氧是组成有机物质的四大元素，大约占干物质的90%～97%，其余的3%～10%是矿物质元素，这些矿质元素对微生物的生长也起着重要的作用。

表2－3　微生物细胞中几种主要元素的含量（干重%）

元素	碳	氮	氢	氧	磷	硫
细菌	50	15	8	20	3	1
酵母菌	50	12	7	31	-	-
真菌	48	5	7	40	-	-

二、营养要素

组成微生物的化学元素分别来自微生物生长所需的营养物质，这些营养物质按照它们在机体中的生理作用，可分为碳源、氮源、水、无机盐、生长因子和能源六大类，即微生物所需的六大营养要素。

1. 碳源

凡是能被微生物利用，构成细胞中有机分子的骨架和产物碳素来源的营养物质统称为碳源。糖类是较好的碳源，尤其是单糖(葡萄糖、果糖)、双糖(蔗糖、麦芽糖、乳糖)等能被绝大多数微生物利用。此外，简单的有机酸、氨基酸、醇、醛、酚等含碳化合物也能被许多微生物利用。微生物可利用的碳源范围称为碳源谱，见表2-4。

表2-4　微生物的碳源谱

类型	元素水平	化合物水平	培养基原料水平
有机碳	C·H·O·N·X*	复杂蛋白质、核酸等	牛肉膏、蛋白胨、花生饼粉等
	C·H·O·N	多数氨基酸、简单蛋白质等	一般氨基酸、明胶等
	C·H·O	糖、有机酸、醇、脂类等	葡萄糖、蔗糖、各种淀粉、糖蜜等
	C·H	烃类	天然气、石油及其不同馏份、石蜡油等
无机碳	C(?)	—	—
	C·O	CO_2	CO_2
	C·O·X	$NaHCO_3$、$CaCO_3$ 等	$NaHCO_3$、$CaCO_3$、白垩等

X* 指除C、H、O、N外的任何其他一种或几种元素。

根据碳素的来源不同，可将碳源物质分为无机碳源物质和有机碳源物质两大类。根据碳素来源的不同，可将微生物分为异养微生物和自养微生物。异养微生物指必须利用有机碳源的微生物，这种微生物数量众多;反之，凡以无机碳作为主要碳源的微生物成为自养微生物，这类微生物数量较少。糖类是最被广泛利用的碳源，我们在制作培养基时常加入葡萄糖、蔗糖作为碳源，也就是表2-4中列出的“C·H·O“型。对一些异养微生物来说，某些有机物质除在细胞内分解代谢提供小分子碳架外，还产生能量供合成代谢需要的能量，即部分碳源物质既是碳源物质，同时又是能源物质，这种碳源被称为双功能营养物。

2. 氮源

氮是构成重要生命物质蛋白质和核酸等的主要元素，占细菌细胞干重的15%左右，含量仅次于碳和氧。氮源指的是能提供微生物生长繁殖所需氮素的营养物质。微生物可利用的氮源范围称为氮源谱，见表2-5。

表2-5 微生物的氮源谱

类型	元素水平	化合物水平	培养基原料水平
有机氮	N·C·H·O·X	复杂蛋白质、核酸等	牛肉膏、酵母膏、饼粕粉、蚕蛹粉等
	N·C·H·O	尿素、一般氨基酸、简单蛋白质等	尿素、蛋白胨、明胶等
无机氮	N·H	NH_3、铵盐等	$(NH_4)_2SO_4$ 等
	N·O	硝酸盐等	KNO_3 等
	N	N_2	空气

氮素对微生物的生长发育有着重要的意义，微生物利用它在细胞内合成氨基酸和碱基，进而合成蛋白质、核酸等细胞成分，以及含氮的代谢产物。氮源与碳源相似，微生物能利用的氮源种类十分广泛。某些微生物(如固氮菌)能利用空气中分子态的氮或利用无机氮化物如铵盐、硝酸盐合成有机氮化物。多数致病菌则必须供给蛋白胨、氨基酸等有机氮化物才能生长。无机的氮源物质一般不提供能量，只有极少数的化能自养型细菌如硝化细菌可利用铵态氮和硝态氮在提供氮源的同时，通过氧化产生代谢能。

3. 水

水是微生物的重要组成部分，在代谢中占有重要地位。水在生物体内的含量很高，在低等生物尤其是微生物体内含量更高，如细菌含80%，酵母菌含75%，霉菌含85%。微生物新陈代谢过程中的一切生化反应都离不开水的作用，水不仅是最优良的溶剂，而且可维持生物大分子结构的稳定。水在细胞中有两种存在形式:结合水和游离水。结合水与溶质或其他分子结合在一起，很难加以利用。游离水(或称为非结合水)则可以被微生物利用。

4. 无机盐

无机盐是微生物生长必不可少的一类营养要素。无机盐又称矿质元素，在微生物细胞中约占干重的3% ~10%左右，它是微生物细胞结构物质不可缺少的组成成分和微生物生长不可缺少的金属或非金属元素。

无机盐可以分为大量元素和微量元素两大类。大量元素指的是微生物生长所需浓度在 $10^{-3} \sim 10^{-4}$ mol/L 范围内的元素，如 P、S、L、Mg、Ca、Na 和 Fe 等;微量元素指的是微生物生长所需浓度在 $10^{-3} \sim 10^{-4}$ mol/L 范围内的元素，如 Cu、Zn、Mn、Mo 和 Co 等。大量元素的主要功能为:①构成微生物细胞内一般分子成分(P、S、Ca、Mg、Fe 等);②作为细胞的生理调节物质，如维持渗透压、稳定 pH 和调节氧化还原电位;③为化能自养菌提供能源;④作为无氧呼吸时的氢受体等。微量元素的主要功能是作为某些酶的激活剂，或是作为特殊分子的结构成分。

在配制微生物培养基时应注意各种离子间的适当比例，避免单盐离子过多而产生毒害作用。

5. 生长因子

生长因子是微生物维持正常生命活动所不可缺少的、微量的特殊有机营养物质。它不能用简单的碳氮源来自行合成，而必须在培养基中加入，缺少这些生长因子就会影响各种酶的活性，微生物的新陈代谢就不能正常进行。生长因子的本质是维生素、氨基酸或碱基，在微生物培养基中含量较小。作用是酶和核酸的组成成分，与微生物的生长和代谢活动密切相关。

配置培养基时，可以用生长因子含量丰富的天然物质作原料以保证微生物对它们的需要，如酵母膏、蛋白胨、动植物组织提取液等可以为微生物提供生长因子。

生长因子虽是一种重要的营养要素，但它与碳源、氮源和能源不同，并非任何一种微生物都需从外界吸收。生长因子自养型微生物，不需外界提供生长因子，如大多数真菌、放线菌和不少细菌(大肠杆菌)等；生长因子异养型微生物则需从外界补充多种生长因子才能正常生长，如乳酸菌、各种动物致病菌。

6. 能源

为微生物提供生命活动最初能量来源的营养物或辐射能称为能源。前面介绍碳源时，提到过有一种碳源被称为双功能营养物，它能够产生能量供微生物合成代谢所用。因此，微生物的能源谱相较于碳源谱和氮源谱就显得较为简单。

能源谱
- 化学物质(化能营养型)
  - 有机物：化能异样微生物的能源(同碳源)
  - 无机物：化能自养微生物的能源(不同于碳源)
- 辐射能(光能营养型)：光能自养和光能异养微生物的能源

在能源中，某一营养物可同时兼有几种营养要素功能，如单功能营养物有光能，双功能营养物除了前面提到的碳源外还有还原态的无机物铵盐，而氨基酸则是多功能营养物。

三、微生物的营养类型

根据微生物生长所需要的碳源可将微生物分为自养型与异养型两大类，而根据微生物生长所需能量来源的不同又可将微生物分成化能营养型与光能营养型。如综合起来，根据微生物获取能源、碳源、氢或电子供体方式的不同可将微生物划分为不同的营养类型，即光能无机营养型、光能有机营养型、化能无机营养型和化能有机营养型这四种营养类型，具体内容可见表2-6。

表2-6　**微生物的营养类型**

营养类型	能源	氢供体	基本碳源	实例
光能无机营养型(光能自养型)	光	无机物	CO_2	蓝细菌、紫硫细菌、绿硫细菌、藻类
光能有机营养型(光能异养型)	光	有机物	CO_2 及简单有机物	红螺菌科的细菌(紫色无硫细菌)
化能无机营养型(化能自养型)	无机物*	有机物	CO_2	硝化细菌、硫化细菌、铁细菌、氢细菌、硫磺细菌等
化能有机营养型(化能异养型)	有机物	有机物	有机物	绝大多数细菌和全部真核微生物

* NH_4^+、NO_2^-、S^0、H_2S、H_2、Fe^{2+}

这四种营养类型的划分不是绝对的，实际上存在着许多中间过渡的和碱性的类型。

四、微生物营养物质的运输方式

外界环境或培养基中的营养物质只有被微生物细胞吸收才能被分解与利用。微生物对营养物质的吸收都是通过细胞膜的渗透和选择吸收作用，以不同的方式来吸收营养物质和水分的。但不同的物质对细胞膜的渗透性不一样，根据对细胞膜结构以及物质传递的研究，目前微生物营养物质的运输方式主要有单纯扩散、促进扩散、主动运输和基团移位四种方式（表2－7）。

表2－7 四种营养物质运输方式的比较

比较项目	单纯扩散	促进扩散	主动运输	基团移位
特异载体蛋白	无	有	有	有
运送速度	慢	快	快	快
溶质运送方向	浓→稀	浓→稀	稀→浓	稀→浓
平衡时内外浓度	内外相等	内外相等	内高于外	内高于外
运送分子	无特异性	特异性	特异性	特异性
能量消耗	不需要	不需要	需要	需要
运送前后溶质分子	不变	不变	不变	改变
载体饱和效应	无	有	有	有
与溶质类似物	无竞争性	有竞争性	有竞争性	有竞争性
运送抑制剂	无	有	有	有
运送对象举例	O_2、CO_2、乙醇、某些氨基酸等	各种糖、维生素等	无机离子、有机离子和乳糖等糖类	葡萄糖、果糖、核苷酸、丁酸和腺嘌呤等

其中主动运输最为广泛，基团移位是一种特殊的主动运输，因为主动运输和基团移位可从外界稀溶液中不断吸取自身所需要的重要营养物，因此对微生物的生命活动更为重要。

任务二 培养基

培养基(medium)是一种由人工配制的适合微生物生长繁殖和积累代谢产物的混合营养基质。任何培养基都必须具备微生物生长所需要的六大营养要素，且这些营养物质的比例应是合适的。根据不完全统计，目前已有一万多种培养基投入使用。人们可以根据不同的研究目的、培养要求来设计或选择使用不同的培养基。

一、培养基的分类

1. 按培养基的物理状态分

(1)液体培养基:液体培养基中不加任何凝固剂。这种培养基的成分均匀，微生物能充分接触和利用培养基中的养料，适于作生理等方面的研究。由于液体培养基的发酵率高，操作方便，所以也常在发酵工业中用于大规模的培养微生物。

(2)固体培养基:即在培养基中加入凝固剂，如琼脂、明胶、硅胶等。固体培养基常用于微生物的分离与纯化、鉴定、计数和菌种保存等方面。根据固态的性质又可分为固化培养基、非可逆性固化培养基、天然固态培养基和滤膜4种。①固化培养基，是将琼脂、明胶等凝固剂加入到液体培养基中，可以制成遇热可融化、冷却后则成凝固状态的固体培养基。②非可逆性固化培养基，是指一类一旦凝固就不能再重新融化的固化培养基。③天然固态培养基，由天然的固态基质直接混合配制而成的培养基，如培养菌菇类的麸皮、稻草或玉米芯等配制的培养基。④滤膜，一种坚韧且带有无数微孔的醋酸纤维薄膜。

(3)半固体培养基:即在液体培养基中加入少量凝固剂而呈半固体状态。可用于观察细菌的运动、鉴定菌种和测定噬菌体的效价等方面。

(4)脱水培养基:这是一类成分精确、使用方便的商品培养基。这种培养基含有除水以外的一切成分，使用时仅需加入适量水分并灭菌即可。

2. 按照微生物的种类分

(1)细菌培养基:常用的有牛肉膏蛋白胨培养基和营养琼脂培养基等。

(2)霉菌培养基:常用的有马铃薯蔗糖培养基、豆芽汁葡萄糖(或蔗糖)琼脂培养基和察氏培养基等。

(3)酵母菌培养基:常用的有马铃薯蔗糖培养基和麦芽汁培养基。

(4)放线菌培养基:常用的有高氏1号培养基。

3. 按照培养基的成分来分

(1)天然培养基:指一类利用动、植物或微生物体包括其提取物等天然物质制成的培养基。如蒸熟的马铃薯和普通牛肉汤，前者用于培养霉菌，后者用于培养细菌。这类培养基的营养成分既丰富又复杂，其化学组成很不恒定，也难以确定，但配制方便，所以常被采用。

(2)合成培养基:合成培养基的各种成分完全是已知的各种化学物质。这种培养基的化学成分清楚，组成成分精确，重复性强，但价格较贵，而且微生物在这类培养基中生长较慢，仅适用于营养、代谢、生理、生化、遗传、育种、菌种鉴定或生物测定等对定量要求较高的研究工作。如高氏一号合成培养基、察氏(Czapek)培养基等。

(3)半合成培养基:在天然有机物的基础上适当加入已知成分的无机盐类，或在合成培养基的基础上添加某些天然成分，如培养霉菌用的马铃薯葡萄糖琼脂培养基。这类培养基能更有效地满足微生物对营养物质的需要。

4. 按照培养基用途分

(1)选择性培养基:是根据某一种或某一类微生物的特殊营养要求或对一些物理、化学抗性而设计的培养基。利用这种培养基可以将所需要的微生物从混杂的微生物中分离出来。如富集性选择培养基，又称增殖培养基、加富培养基，是根据待分离微生物的特殊营养要求配制的营养基质，它适合该类微生物快速生长，所以常用来培养要求比较苛刻的异养型微生物，还能从混杂有多种微生物的材料中分离出所需微生物。

(2)鉴别培养基:是在培养基中加入某种试剂或化学药品，使培养后发生某种变化，从而区别不同类型的微生物。如伊红美蓝乳糖培养(EMB培养基)常用于大肠菌群的鉴别实验，该培养基中含有伊红和美蓝两种苯胺染料，可抑制G^+细菌和一些难培养的G^-细菌。在低酸度下，这两种染料会结合并形成沉淀，起着产酸指示剂的作用。因大肠菌群能强烈地分解乳糖而产生大量的有机酸，与两种染料结合成深紫色，且菌落的表面呈现金属光泽。

二、培养基的配制原则

1. 明确培养目的

配制培养基前首先要明确培养目的，例如培养什么微生物、培养的目的是要获得哪种产物、培养的用途是什么等等。只有明确了培养目的，才能根据需要确定培养基，或是运用生物化学和微生物学知识，设计出培养基配方。

2. 选择适宜的营养物质

所有微生物的生长都离不开六大营养要素，即碳源、氮源、能源、无机盐、生长因子和水。但由于不同微生物对营养物质的需求不一样，而且微生物营养类型复杂，因此要先根据不同微生物的营养需求配制针对性强的培养基。例如自养型微生物具有较强的合成能力，能从简单的无机物合成自身需要的糖类、脂类、蛋白质、核酸、维生素等复杂的有机物，因此培养自养型微生物的培养基完全由简单的无机物组成。而异养型微生物的合成能力较弱，所以培养基中至少要有一种有机物，通常为葡萄糖；而需要的生长因子常通过天然有机物来提供。

3. 营养物质协调

培养基中营养物质浓度合适时微生物才能生长良好，营养物质浓度过低时不能满足微生物正常生长需要，浓度过高时则可能抑制微生物的生长，例如高浓度糖类物质、无机盐、重金属离子等不仅不能维持和促进微生物的生长，反而起到抑菌或杀菌作用。

另外，培养基中各营养物质之间的浓度配比也直接影响微生物的生长繁殖和代谢产物的形成与积累。对于大多数异养微生物来说，它们所需各种营养要素的比例大体为：水 > 碳源 > 氮源 > P、S > K、Mg > 生长因子。其中碳氮比（C/N）尤为重要，严格地讲，碳氮比指培养基中碳元素与氮元素的物质的量比值，有时也指培养基中还原糖与粗蛋白之比。例如，在利用微生物发酵生产谷氨酸的过程中，培养基碳氮比为 4∶1 时，菌体大量繁殖，谷氨酸积累少；当培养基碳氮比为 3∶11 时，菌体繁殖受到抑制，谷氨酸产量则大量增加。再如，在抗生素发酵生产过程中，可以通过控制培养基中速效氮（或碳）源与迟效氮（或碳）源之间的比例来控制菌体生长与抗生素的合成协调。

4. 理化条件适宜

培养基的理化条件主要指的是 pH 值、氧化还原电位、渗透压和水活度等，这些条件都适宜时，微生物才能在培养基上正常生长。

（1）pH 值

培养基的 pH 必须控制在一定的范围内才能满足不同类型微生物的生长繁殖或产生代谢产物。不同的微生物生长繁殖或产生代谢产物的最适 pH 条件也各不相同，例如细菌为7.2～7.4，放线菌为7.0～8.0，酵母菌为3.8～6.0，霉菌为4.0～5.8，真菌一般为5.0～6.0，藻类为6.0～7.0等。但是某些特定的嗜极菌，其最适 pH 范围可以突破上述界限达到极端，例如一些嗜酸菌、嗜碱菌等。

微生物在生长繁殖和代谢过程中，因为营养物质被分解利用和代谢产物的形成与积累，会致使培养基的 pH 发生变化，从而导致微生物生长速度下降或代谢产物产量下降。因此，为了维持培养基 pH 的相对恒定，可以在培养基中加入 pH 缓冲剂，常用的缓冲剂是一氢和二氢磷酸盐组成的混合物。如 K_2HPO_4 和 KH_2PO_4，K_2HPO_4 溶液呈碱性，KH_2PO_4 溶液呈酸性，两种物质等量混合后的 pH 为 6.8。当培养基中酸性物质积累导致 H^+ 浓度增加时，H^+ 与弱碱性盐结合形成弱酸性化合物，培养基 pH 不会过度降低；如果培养基中 OH^- 浓度增加，OH^- 则与弱酸性盐结合形成弱碱性化合物，培养基 pH 也不会过度升高。其反应原理为：

$$K_2HPO_4 + HCl \rightarrow KH_2PO_4 + KCl$$

$$KH_2PO_4 + KOH \rightarrow K_2HPO_4 + H_2O$$

但是 KH_2PO_4 和 K_2HPO_4 缓冲系统只能在 pH6.4～7.2 范围内起调节作用，对于那些大量产酸的微生物，其培养基中可添加难溶的碳酸盐来进行调节，如 $CaCO_3$ 不会使培养基 pH 过度升高，但它可以中和微生物产生的酸并释放出 CO_2，将培养基的 pH 值控制在一定范围内。

(2)氧化还原电位

又称氧化还原势，是量度某氧化还原系统中还原剂释放电子或氧化剂接受电子趋势的一种指标。不同类型微生物生长对氧化还原电位的要求不一样，一般好氧性微生物在 +0.3 ~ +0.4V 为宜，厌氧性微生物只能在 +0.1V 以下的环境中生长，兼性厌氧微生物在 +0.1V 以上时进行好氧呼吸，在 +0.1V 以下时进行发酵产能。

(3)渗透压和水活度

与微生物细胞渗透压相等的等渗溶液最适宜微生物的生长，高渗透压则会使细胞发生质壁分离，抑制细胞生长;而低渗透压则会使细胞吸水膨胀，从而导致细胞破裂死亡。而水活度表示微生物可实际利用的自由水或游离水的含量，各种为微生物生长繁殖范围的水活度在 0.998 ~0.600 之间。

5. 无菌条件

制作培养基时应尽快配制并立即灭菌，避免杂菌污染，破坏培养基的固有成分和性质。对培养基的灭菌方法一般采用高压蒸汽灭菌，一般情况下的灭菌条件为 121℃，0.1Mpa持续灭菌 20min。在高压蒸汽灭菌过程中，长时间高温会使某些不耐热物质遭到破坏，例如糖类物质易形成氨基糖、焦糖，因此含糖培养基灭菌条件为 115℃，0.075Mpa持续灭菌 30min。某些对糖类要求较高的培养基，可先将糖进行过滤除菌或间歇灭菌，再与其他已灭菌的成分混合。

6. 选择原料要经济节约

在配制培养基时应尽量利用廉价且易于获得的原料作为培养基成分，特别是在发酵工业中，培养基用量很大，利用低成本的原料更体现出其经济价值。为实现这一原则可以从以粗代精、以野代家、以废代好、以简代繁、以氮代朊、以纤代糖、以烃代粮、以国代进等方面去实施。

任务三　培养基的制备方法

一、操作流程

确定配方 → 称量 → 溶化 → 调节 pH 值 → 加琼脂 → 分装 → 灭菌 → 制作斜面和平板 → 无菌检查。

二、具体步骤

1. 确定配方:根据所要培养的微生物对营养物质的需求与含量，设计或确定培养基的配方。常用的培养基配方见表 2 - 8。

表2-8　　几种常用培养基的配方

序号	名称	配方	pH值	用途
1	牛肉膏蛋白胨培养基	牛肉膏0.5g、蛋白胨1g、NaCl 0.5g、琼脂1.5~2g，水100ml	7.4~7.6	用于细菌培养
2	虎红培养基	蛋白胨5g、葡萄糖10g、磷酸二氢钾1g、硫酸镁0.5g、琼脂20g、1/3000孟加拉红溶液100ml、水900ml、链霉素	自然pH	用于真菌分离及培养
3	豆芽汁葡萄糖培养基	黄豆芽10g、葡萄糖5g、琼脂1.5~2g、水100ml	自然pH	用于酵母菌及霉菌培养
4	高氏一号培养基	可溶性淀粉20g、NaCl 0.5g、KNO_3 1g、$K_2HPO_4 \cdot 3H_2O$ 0.5g、$MgSO_4 \cdot 7H_2O$ 0.5g、$FeSO_4 \cdot 7H_2O$ 0.01g、琼脂15~20g、水1000ml	7.4~7.6	用于放线菌培养
5	胆盐乳糖培养基	胨20.0g、乳糖5.0g、牛胆盐（或去氧胆酸钠0.5g）2.0g、磷酸二氢钾1.3g、磷酸氢二钾4.0g、氯化钠5.0g、水1000ml	7.4	用于大肠菌群、粪大肠菌群、大肠杆菌的培养
6	麦康凯琼脂培养基（MacC）	蛋白胨20.0g、乳糖10.0g、牛胆盐5.0g、氯化钠5.0g、中性红0.03g、琼脂14.0g、水1000ml	7.2	用于肠道致病菌的选择性分离培养

2. 称量：按照培养基的配方，根据所要配制培养基的量计算各成分用量并准确称取。

3. 溶化：在容器中加入适量的水（按需要可为蒸馏水或自来水），水量略少于要配制的培养基的量，然后依次加入各组分并加热，用玻璃棒不断搅拌使其溶解，同时免糊底。待完全融解后补足水量。

如果配方中含有淀粉，则需先将淀粉加热煮融，再加入其他药品并补足水量。如用马铃薯、豆芽等配制培养基，须先将马铃薯或豆芽按其配方的浓度加热煮沸0.5h（马铃薯须先削皮）并用纱布过滤，然后加入其他成分继续加热使其溶化，补足水量。

4. 调节pH值：初制备好的培养基应先用pH试纸测量培养基的原始pH值，如果培养基偏酸或偏碱，是不能符合微生物生长所要求的pH值，这时可向培养基中加入1mol/LNaOH或1mol/LHCl。调节pH时，应逐滴加入并搅拌，防止局部过酸或过碱，破坏培养基中成分。还应随时用pH试纸测其pH值，直至pH达到要求。注意pH值不要调过头，以免回调，否则会影响培养基内各离子的浓度。对于有些要求pH值较精确的微生物，其pH的调节可用酸度计进行。

5. 加琼脂：将已配好的液体培养基加热煮沸，将称好的琼脂（1.5%~2.0%）加入，并用玻璃棒不断搅拌，以免糊底烧焦。继续加热至琼脂全部融化，最后补足因蒸发而失去的水分。

6. 分装:按实验要求,可将配制的培养基分装入试管内或三角瓶内,瓶口塞上棉塞(或硅胶泡沫塞),用牛皮纸包扎管(瓶)口。分装过程中注意不要使培养基沾在管口或瓶口上,以免沾污塞子而引起污染。如操作中不小心将培养基玷污管口或瓶口时,可用镊子夹一小块脱脂棉,擦去管口或瓶口的培养基,并将脱脂棉弃去。

分装试管的培养基量,如制作斜面,其分装量以试管高度的1/4~1/5为宜;半固体培养基分装试管一般以管高度1/3为宜。如用于制作平板则装12~15ml左右。分装入三角瓶内以不超过其容积的一半为宜。

7. 灭菌:培养基经分装包扎后,应立即进行高压蒸汽灭菌,一般灭菌的条件为121℃,0.1Mpa,灭菌20min。如培养基中含葡萄糖,则灭菌条件为115℃,0.075Mpa,灭菌30min。如因特殊情况不能及时灭菌,则应暂存于冰箱中。

8. 制作斜面和平板:制作斜面时,灭菌后的试管培养基待冷却至50℃~60℃左右,目的是防止斜面上冷凝水过多,将试管口端置于在高度适中的木棒或物体上,趁热使成适当斜度,凝固后即成斜面(图2-10)。斜面长度不超过试管长度1/2为宜。如制作半固体或固体深层培养基时,灭菌后则应垂直放置至冷凝。

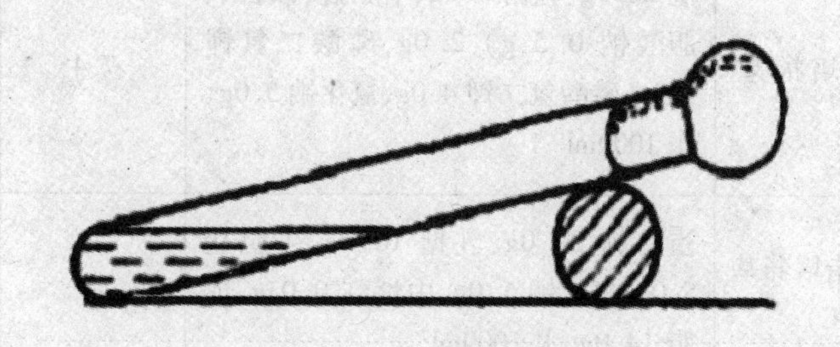

图2-10　斜面的放置

制作平板时,将装在锥形瓶或试管中已灭菌的琼脂培养基待冷却至50℃~60℃左右时,倾入无菌培养皿中。温度过高时,皿盖上的冷凝水太多;温度低于50℃,培养基易于凝固而无法制作平板。

倒平板有手持法(图2-11-A)和皿架法(图2-11-B)两种,倾倒时应在火焰旁进行。手持法,左手拿培养皿,右手拿锥形瓶的底部或试管,左手同时用小指和手掌将棉塞打开,灼烧瓶口,用左手大拇指将培养皿打开一缝至瓶口正好伸入,倾入12~15 ml的培养基,迅速盖好皿盖,置于桌上,轻轻旋转平皿,使培养基均匀分布于整个平皿中,冷凝后即成平板。皿架法,将平皿叠放在火焰附近的桌面上,用左手的食指和中指夹住管塞并打开培养皿,再注入培养基,摇均后冷凝制成平板。

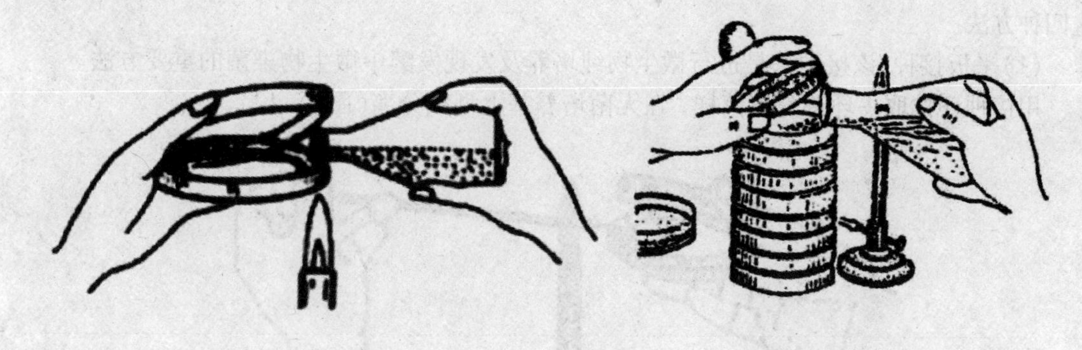

A. 手持法　　　　B. 皿架法

图 2－11　将培养基倒入培养皿

9. 无菌检查:灭菌后的培养基，一般需进行无菌检查。一般置于 37℃ 恒温箱中培养 1～2d，确定无菌后方可使用。

项目五　微生物的接种技术

在本情境的开头，我们就提过人类早在几千年前就利用微生物来酿酒、制酱和制造酸奶等食品，但是人类真正有意识、有控制地利用微生物是从 19 世纪纯培养技术的建立开始的。微生物的纯培养离不开接种技术，接种技术是微生物实验的基本操作，指将有菌的材料或纯粹的菌种转移到适于它生长繁殖的人工无菌培养基上或活的生物体内的过程。

接种时用到的主要工具是接种环或接种针，用以挑取和转接菌种。接种环(针)由手柄(黑色塑料)、接种杆(中间金属部分)和接种丝构成。接种丝采用的材料是一种易于迅速加热和冷却的镍镉合金等金属，使用时用火焰灼烧灭菌。

任务一　接种的操作方法

一、操作流程

超净工作台灭菌 → 消毒、置物 → 点酒精灯、再消毒 → 调节接种环(针) → 灼烧接种环(针) → 挑取菌落 → 接种 → 灼烧接种环(针) → 培养。

二、具体步骤

1. 超净工作台紫外灯灭菌 30min。

2. 接种前用酒精棉擦拭双手及操作台面，将有关物品摆放在便于操作的位置。

3. 在平板上进行标注(如接种日期、菌落编号、操作者姓名或组别)，点燃酒精灯，无菌操作前再次擦手。

4. 用镊子调节接种环(针)的长度及弯曲度，使接种环(针)便于挑取菌落和进行接种。

5. 完全灼烧接种环(针)，目的是灭杀接种环(针)沾染的染菌，避免污染菌种。

6. 待接种环(针)冷却后挑取待接种的菌落。

7. 接种:常用的接种方法有平板接种、斜面接种、液体接种和穿刺接种，下面将分别介绍这四种方法。

(1)平板接种:该接种法是进行微生物纯培养及发现发酵中微生物染菌的重要方法。

用接种环挑取一环待分离菌样，在无菌培养基上划线分离(图2－12)。

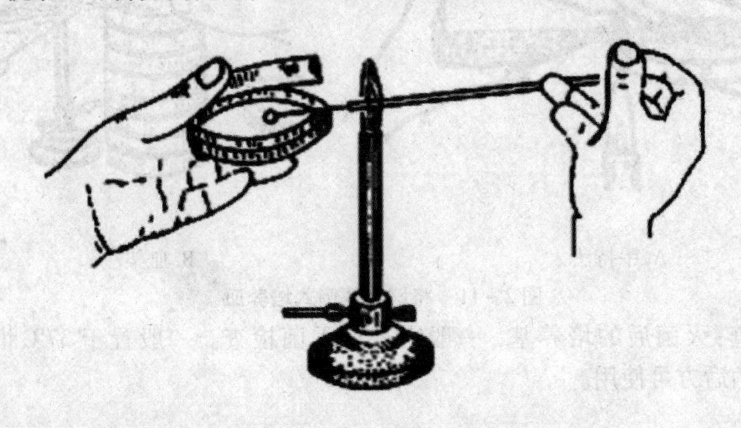

图2－12　划线分离示意图

常用的划线方法有连续划线法(图2－13A)和分区划线法(图2－13B)两种。

连续划线:将挑取有菌样的接种环从平板边缘一点开始，连续作波浪式划线直到平板的另一端为止，当中不需灼烧接种环上的菌。培养后在划线平板上会长出划线形状的菌落分布形态。

分区划线:分区划线时平板分3个区，故又称三区划线。其中第3区划线面积最大。先将接种环沾取少量菌在平板1区连续划线，取出接种环，左手关上盖，将平板转动60°~70°，右手把接种环上多出的菌体烧死，将烧红的接种环在平板边缘冷却，再按以上方法以1区划线的菌体为菌源，由1区向2区作第2次连续划线。第2次划线完毕，同时再把平转动约60°~70°，同样依次在3区划线。划线完毕，灼烧接种环，盖上盖。培养后1区菌密度最大，其次是2区，单菌落主要分布在第3区，故其在分区划线时，第3区划线面积应最大。

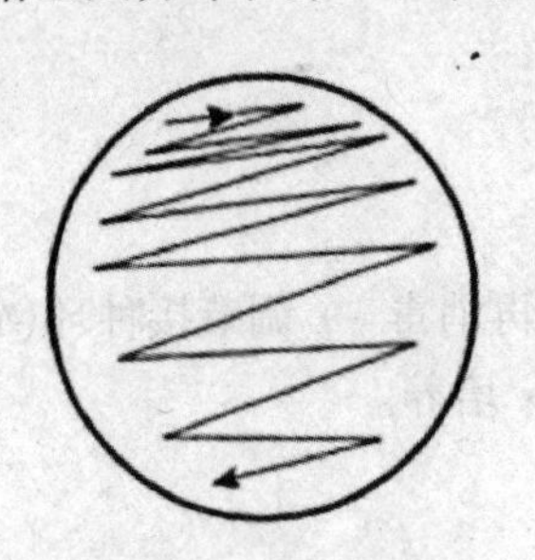

A. 连续划线

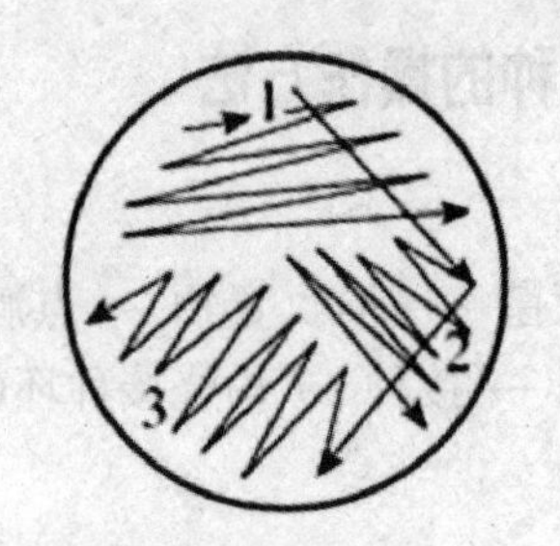

B. 三区划线

图2－13　划线分离方式

备注:并可用笔划分三区或四区，方便划线。

(2)斜面接种

平板转接斜面:打开平皿盖，灭菌后的接种环稍冷却后在平板上挑取单菌落一环，立即盖上皿盖，将平皿放置一边。另拿取无菌斜面试管，在火焰旁将试管棉塞轻轻拔出，注意火焰封口，以防空气中微生物窜入。将接种环深入斜面底部，由底向上做“之”字型划线

(图2－14)，灼烧管口，塞好塞子。

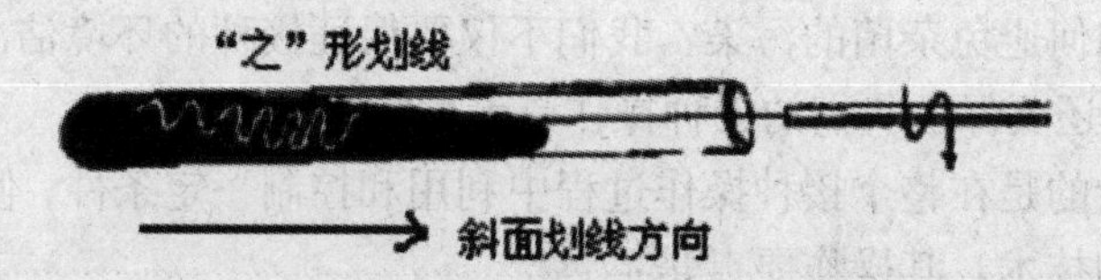

图2－14 斜面的划线分离方式

斜面转接斜面:两支试管同时放手掌中(图2－15)，在火焰旁拔出试管棉塞，灭菌后的接种环稍冷却后挑取长有菌种斜面上的少量菌种转入待接斜面上，由底向上做“之”字型划线，接种完毕在火焰旁塞好棉塞。

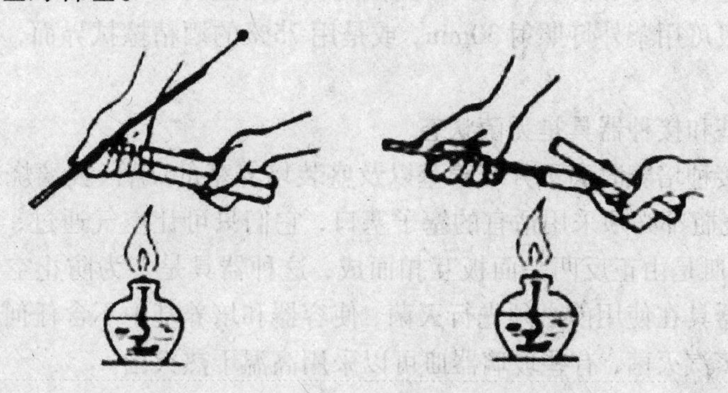

图2－15 斜面转接斜面拿法示意图

(3)液体接种

灭菌后的接种环冷却后于火焰旁挑取或蘸取一环菌种转接至液体培养基中，接种环在瓶壁上轻研并轻摇培养基使菌分散开，避免成团，塞好塞子。液体培养基进行培养，可作为种子进行后继的发酵培养。

(4)穿刺接种

用灭菌并冷却后的接种针挑取少量菌种，将沾有菌种的接种针穿刺到固体或半固体的深层培养基中，再沿原路拔出。该方法用于厌气性细菌的培养、检查细菌的运动能力和保藏菌种等。

8. 完全灼烧接种环(针)，目的是灭杀接种环(针)上残留的菌种，避免污染环境。

9. 接种完，将平板、斜面或液体培养基放置在适宜的环境条件下培养，其中平板应倒置培养。一般细菌的培养条件为37℃，培养48h;真菌为30℃，培养72～120h。

三、注意事项

1. 接种环我们使用时要先调整接种针的弯曲度及环形，尽量圆一点，防止划破培养基。

2. 接种环灼烧灭菌方法为:先均匀灼烧，包括杆子，再重点灼烧接种环，接种环是否灭菌完全以烧红为准。

3. 接种环(针)灼烧后一定要经过冷却才能接种，因为刚灼烧过的接种环(针)温度非常高，如果此时挑取菌种会将菌种烫死，导致培养基上不长菌。

任务二 无菌操作

从上面介绍的接种步骤中可以看出接种时最重要的一个条件是无菌，因为当我们进行纯培养时，要避免杂菌的污染。如果待接种微生物被杂菌污染，会使待培养的微生物死亡或产生其他代谢产物。如何避免杂菌的污染？我们不仅要保证接种的环境洁净，培养基和接种器具等是无菌状态外，还要保证我们的接种操作是无菌操作。

无菌操作技术指的是在整个接种操作过程中利用和控制一定条件，使产品避免被杂菌污染的一种操作方法和技术。其操作要点是：

1. 保证接种环境的洁净，甚至是无菌状态

空气是外界杂菌的基本来源，所以在进行接种时应对外界空气环境进行控制。例如小规模的接种操作一般是在超净操作台或空气流动较小的清洁环境中进行，大规模的接种操作一般是在无菌室内进行，对于要求严格的，往往是在无菌室内再结合使用超净工作台。接种环境的无菌状态一般可用紫外灯照射30min，或是用75%的酒精擦拭界面，再或者是用甲醛溶液加热熏蒸室内。

2. 保证培养基和接种器具是无菌状态

进行微生物接种培养时离不开培养基以及盛装培养基的试管、玻璃烧瓶和平皿等常用器具，试管及玻璃烧瓶都必须采用适宜的塞子塞口，它们只可让空气通过，而空气中的其他微生物不能通过；平皿是由正反两平面板互扣而成，这种器具是专为防止空气中微生物的污染而设计的。这些器具在使用前必须先行灭菌，使容器和培养基中不含任何微生物。最常用的灭菌方法是高压蒸汽灭菌，有些玻璃器皿可以采用高温干热灭菌。

3. 确保接种操作过程是无菌状态

在进行接种操作时，要隔绝一切微生物进入培养基及常用器皿，主要方法是利用火焰封闭三角瓶、试管和平皿等器具的开口，接种操作也要在火焰附近进行，同时操作还要达到以下要求：①操作中不应有大幅度或快速的动作；②使用玻璃器皿应轻取轻放；③在火焰外焰5cm以内操作；④接种工具如接种针、涂布棒等在使用前、后都必须灼烧灭菌；⑤在接种时，操作应轻、准。

知识拓展

一、超净工作台的构造与原理

超净工作台一般需要紫外线杀菌灯、除静电设备、不锈钢孔板桌面、ULPA超高效过滤器四大配件。其原理为在特定的空间内，超净工作台通过风机将室内空气吸入预过滤器，由小型离心风机压入静压箱，再由静压箱进入高效过滤器过滤进行二级过滤。过滤后的空气以垂直或水平气流的状态送出，过滤器出风面吹出的洁净气流具有一定的和均匀的断面风速，将尘埃颗粒和生物颗粒带走，使操作区域达到百级洁净度，形成无菌的高洁净的工作环境，从而满足对洁净度的需求。

二、操作前的注意事项

1. 超净工作区内严禁存放不必要的物品，以保持洁净气流流型不变。

2. 对新安装的或长期未使用的工作台，使用前必需对工作台和周围环镜先用超静真空吸尘器或用不产生纤维的工具进行清洁工作，再采用药物灭菌法或紫外线灭菌法进行灭菌处理。

3. 操作区的使用温度不可以超过60℃。

三、操作的主要步骤

1. 把需要用到的仪器、用具以及菌包、试管等灭菌后放入超净工作台内。

2. 使用工作台时，应提前30分钟开机，按设定键检查相关参数的设置和设备的工作状态，按紫外灯键开启紫外杀菌灯，处理操作区内表面积累的微生物。离开超净工作台所在的屋子时依次打开缓冲间的紫外灯进行灭菌。灭菌完成后应关闭仪器30分钟，让臭氧转化为氧气，避免对操作人员身体的刺激。然后按日光灯键开启日光灯，启动风机。即可进行操作。

3. 人员戴好一次性口罩、帽子及医用乳胶手套。

4. 适当打开超净工作台移门。进行需要的操作。整个试验过程中，实验人员应按照无菌操作规程操作。

5. 工作完毕后，用75%的酒精擦拭净化工作台面，关闭送风机，打开紫外灯灭菌15min，最后关闭电源。

6. 使用完毕，填写使用记录。

四、注意事项

1. 整个实验过程中，实验人员应按照无菌操作规程操作。

2. 紫外线对人体的皮肤及视网膜有很强的刺激性，注意人进入缓冲间一级操作是一定要关闭紫外线灯；紫外线的穿透力很弱，普通玻璃就能完全阻截，因此不能在紫外灯外加灯罩。开启中的氧气在紫外线的照射下会生成臭氧，臭氧对呼吸黏膜有刺激，应等待一段时间后再进行试验操作。

3. 如果设备HEPA出现报警的话，说明设备的空气的过滤性能出现问题，应及时停止操作，上报设备状态进行滤材的更换或维修。

项目六　微生物的测微技术和计数技术

任务一　微生物的测微技术

微生物细胞的大小是微生物重要的形态特征之一，也是微生物分类鉴定的依据之一。但是微生物的个体很小，所以在测量微生物个体大小的时候需要借助显微镜，同时还要结合目镜测微尺和镜台测微尺（图2－16）。

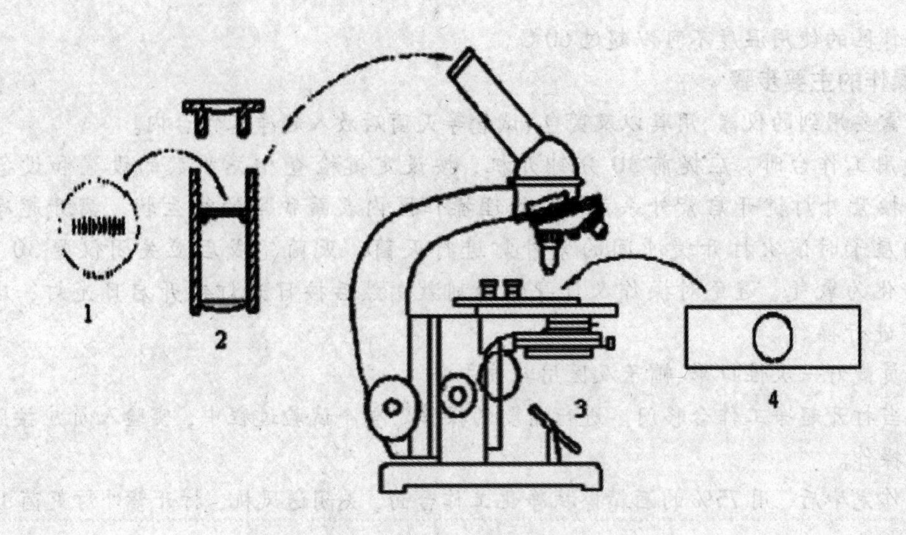

1. 目镜测微尺； 2. 目镜； 3. 显微镜； 4. 镜台测微尺

图 2－16 目镜测微尺和镜台测微尺及装置法

一、目镜测微尺

目镜测微尺是一块圆形小玻片，其中央刻有一细长的精确等分的刻度（图 2－17），一般 5mm 的长度刻成 50 等分的格子，或是 10mm 长度刻成 100 等分的格子。在进行测量时，将目镜测微尺放在接目镜中的隔板上来测量经过显微镜放大后的菌体，因此，目镜测微尺不是直接测量菌体的大小，而是测量显微镜放大后的物象。由于不同目镜、物镜组合的放大倍数不相同，目镜测微尺每格实际表示的长度也不一样，因此目镜测微尺在测量微生物大小时须先用置于镜台上的镜台测微尺校正，以求出在一定放大倍数下，目镜测微尺每小格所代表的相对长度。

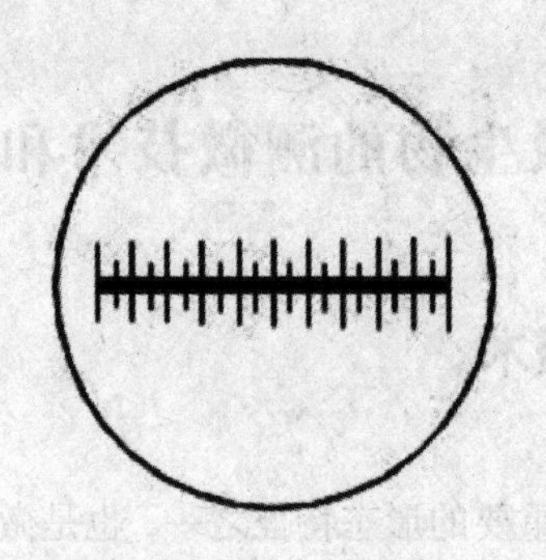

图 2－17 目镜测微尺

二、镜台测微尺

镜台测微尺并不是直接用来测量微生物个体的大小，而是用于校正目镜测微尺每格的相对长度。镜台测微尺（图 2－18）是中央部分刻有精确等分线的载玻片，一般将 1mm 等分为 100 格，每格等于 0.01mm（10μm）。目镜测微尺每小格大小是随显微镜的不同放大倍数而改变的，在测定时需先用镜台测微尺标定，求出在某一放大倍数时目镜测微尺每小格代表的长度，然后用标定好的目镜测微尺测量菌体大小。

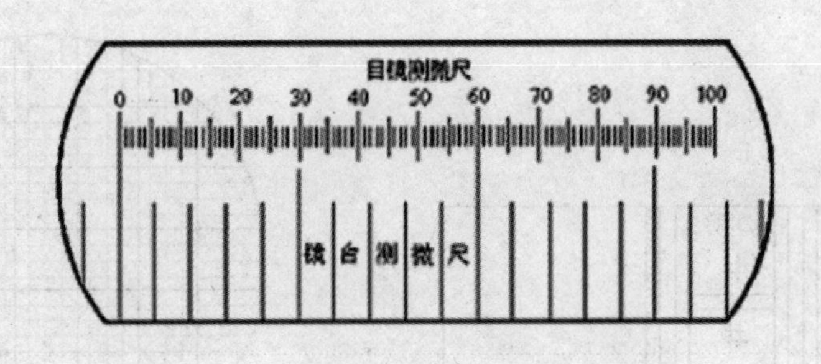

图 2－18　用镜台测微尺校正目镜测微尺

三、操作流程

1. 装目镜测微尺：取出目镜，把目镜上的透镜旋下，将目镜测微尺刻度向下放在目镜镜筒内的隔板上，然后旋紧目镜透镜，再将目镜插入镜筒内。

2. 低倍镜寻找镜台测微尺：把镜台测微尺放在载物台上使刻度朝上，用低倍镜找到目镜测微尺的刻度。

3. 校正目镜测微尺：换用高倍镜测量，先用镜台测微尺标定。移动镜台测微尺和旋转目镜测微尺，使两者的第一条刻度线重合，顺着刻度找到另一条重合刻度线，记录两重合刻度间目镜测微尺和镜台测微尺的格数，由于镜台测微尺每格长度为 10μm，从镜台测微尺格数，由下列公式算出目镜测微尺每格长度。

$$目镜测微尺每格长度(\mu m) = \frac{两重合刻度间镜台测微尺格数 \times 10}{两重合刻度间目镜测微尺格数}$$

例如：目镜测微尺的 5 格等于镜台测微尺 2 格（即 20μm），则目镜测微尺：1 格 $= 2 \times 10\mu m \div 5 = 4\mu m$

4. 测定微生物个体大小：取下镜台测微尺，换上微生物标本片，在高倍镜或油镜下测量目的物的大小，分别找出菌体的长和宽占目镜测微尺的格数，再按照目镜测微尺 1 格的长度算出菌体的长度和宽度。

任务二　微生物的计数技术

测定微生物细胞数量在食品生产及食品安全检测中是一项重要的工作。微生物的计数是测定样品中微生物细胞数量的一种技术，其方法有很多，通常采用显微镜直接计数法和平板菌落计数法两种。显微镜直接计数法适用于各种含单细胞菌体的纯培养悬浮液，如有杂菌或杂质则不宜被分辨。平板菌落计数法是根据微生物单个细胞在固体培养基上繁殖而成的单个菌落的数量来进行计数的。

一、显微镜直接计数法

显微镜直接计数法需要借助显微镜和计数板。一般菌体较大的酵母菌或霉菌孢子可采用血球计数板，而菌体很小的细菌则采用 Petrof hausser 细菌计数板。这两种计数板的原理和部件相同，只是细菌计数板较薄；可用油镜观察，而血球计数板较厚，不能使用油镜，无法看清细菌。下面我们以血球计数板计数酵母菌为例介绍显微镜直接计数法的原理与步骤。

（一）计数原理

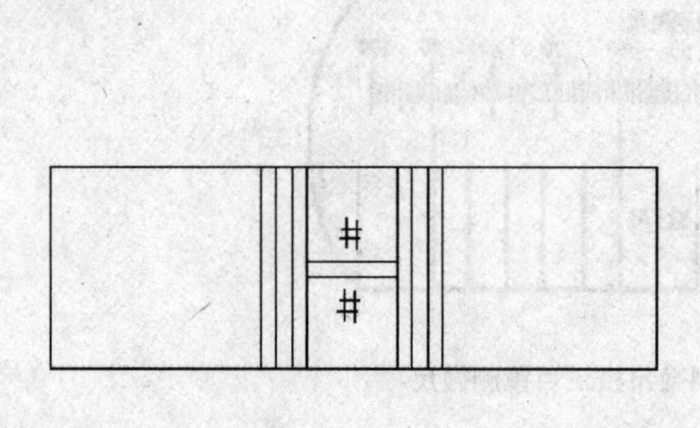

图2－19　血球计数板正面结构图

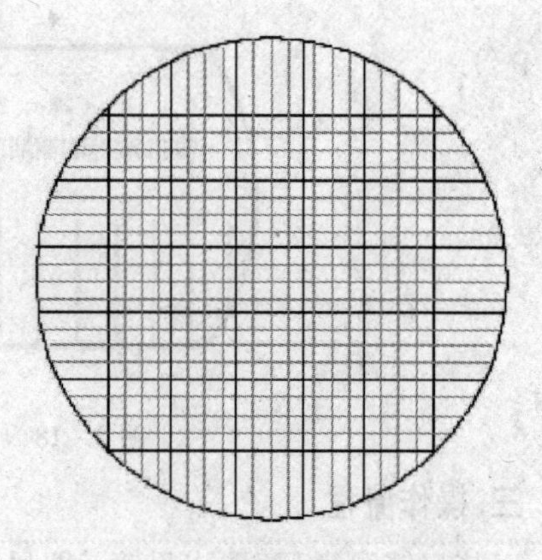

图2－20　计数室放大图10×10

血球计数板（图2－19）是一块特制的厚型载玻片，载玻片上有四条竖槽和一条横槽。横槽两边的平台上各有一个有九个大方格的方格网，中间的方格网被称为计数室。微生物的计数就是在计数室内进行的。计数室的边长为1mm，深为0.1mm，容积为0.1mm^3（10^{-4}ml）。一般有两种规格：一是分为16个中方格，每中方格中有25个小方格；另一种是分为25个中方格，每中方格有16个小方格（图2－20）。两种都共有400个小方格。

（二）计数方法

用血球计数板计数酵母菌时，当酵母菌的芽体达到母体细胞大小的一半者，即可作为两个菌体计数。当酵母菌位于两个大格间线上时，只统计此格的上侧和左侧线上的菌体数，即遵循“记上不记下，记左不计右”原则。不同规格的计数板的计数方法略有差异：

1.16×25规格的计数板，需要按对角线方位，计算左上、左下、右上和右下4个大格（共100小格）的酵母菌数。

2.25×16规格的计数板，除统计左上、左下、右上和右下4个大格外，还须统计中央一大格（共80小格）的酵母菌数。

（三）操作流程

1.取清洁的血球计数板，将洁净的专用盖片置两条嵴上。

2.将酵母菌液进行稀释，以每小格有3～5个酵母菌为宜。

3.摇匀稀释的酵母菌液，用无菌滴管吸取少许菌液，从盖片的边缘滴一小滴（不宜过多），使菌液自行渗入平台的计数室。加菌液时注意不得使计数室内有气泡，两个平台上都滴加菌液后，静置约5min。在低倍镜下找到方格网后，转换高倍镜进行观察和计数。

4.计数，每个样品重复计数2～3次（每次数值不应相差过大，否则重新操作），取其平均值。按下述公式计算出每毫升菌液所含的酵母菌细胞数。

（1）16×25规格的计数板：

$$酵母菌细胞数/ml=\frac{100个小格内酵母细胞数}{100}\times 400\times 10000\times 菌液稀释倍数$$

（2）25×16规格的计数板：

$$酵母菌细胞数/ml=\frac{80个小格内酵母细胞数}{80}\times 400\times 10000\times 菌液稀释倍数$$

二、平板菌落计数法

平板菌落计数法是根据一个单细胞经过繁殖成为一个菌落的特征设计出来的计数方法，即一个单菌落代表一个单细胞。其优点是能测出样品中的活菌数，但操作较为繁琐。该法虽然操作较为繁琐，结果需要培养一段时间才能取得，而且测定结果易受多种因素的影响，但是，由于该计数方法的最大优点是可以获得活菌的信息，所以被广泛用于食品、饮料和水（包括水源水）等的含菌指数或污染程度的检测。

（一）计数原理

平板菌落计数法是将待测样品经适当稀释之后，其中的微生物充分分散成单个细胞，取一定量的稀释样液接种到平板上，经过培养，由每个单细胞生长繁殖而形成肉眼可见的菌落，即一个单菌落应代表原样品中的一个单细胞。统计菌落数，根据其稀释倍数和取样接种量即可换算出样品中的含菌数。

但是，由于待测样品往往不易完全分散成单个细胞，所以，长成的一个单菌落也可来自样品中的2～3或更多个细胞。因此平板菌落计数的结果往往偏低。为了清楚地阐述平板菌落计数的结果，现在已倾向使用菌落形成单位（colony－forming units，cfu）而不以绝对菌落数来表示样品的活菌含量。

（二）计数方法

含菌样品经稀释分离培养后，每一个活菌细胞可以在平板上繁殖形成一个肉眼可见的菌落。故可根据平板上菌落的数目，推算出每克含菌样品中所含的活菌总数：

$$\text{每克含菌样品中微生物的活细胞数}=\frac{\text{同一稀释度的3个平板上菌落平均数}\times\text{稀释倍数}}{\text{含菌样品克数}}$$

一般由三个稀释度计算出的每克含菌样品中的总活菌数和同一稀释度出现的总活菌数均应很接近，不同稀释度平板上出现的菌落数应呈规律性地减少。如相差较大，表示操作不精确，有误差。

计算结果时应遵循菌落报告规则，即细菌选取平均菌落数在30～300之间，霉菌等真菌平均菌落在30～100之间的稀释级作为菌落报告依据。若有二个稀释度均在30～300之间时，按国家标准方法要求应以二者比值决定，比值小于或等于2取平均数，比值大于2则其较小数字。若所有稀释度均不在计数区间，例如最低稀释度的计数小于30，则计数以最低稀释级来报告菌落数；如果均大于300，则取最高稀释级来报告之。

（三）操作流程

1. 编号：取无菌平皿和盛有9ml无菌水的试管，分别用记号笔标明浓度。

2. 稀释：制备土壤稀释液。称取土样1.0g，放入到盛有99ml无菌水或无菌生理盐水并装有玻璃珠的三角瓶中，振荡10～20min，使土壤均匀分散成土壤悬液（10^{-2}）。用1ml的无菌移液管从中吸取1ml土壤悬液，沿管壁缓慢注射于盛有9ml无菌水的试管中（注意吸管或吸头尖端不要触及稀释液面），振摇试管或用无菌吸管反复吹打使其混合均匀（10^{-3}）。用同样方法依次制成10^{-3}～10^{-6}的土壤稀释液，为避免稀释过程误差，进行微生物计数时，最好每一个稀释度更换一支移液管（图2－21）。

3. 微生物的分离：以下两种方法可选择一种来进行土壤微生物的分离。

（1）倾注平板法分离

无菌移液管分别吸取上述10^{-6}、10^{-5}、10^{-4}三个稀释度菌悬液1ml，依次滴加于相应编号已制备好的培养基平板上，再倾注已冷却至50℃左右的已融化的培养基15～20ml，轻摇均匀，放平待凝。每个浓度要做3个平板。

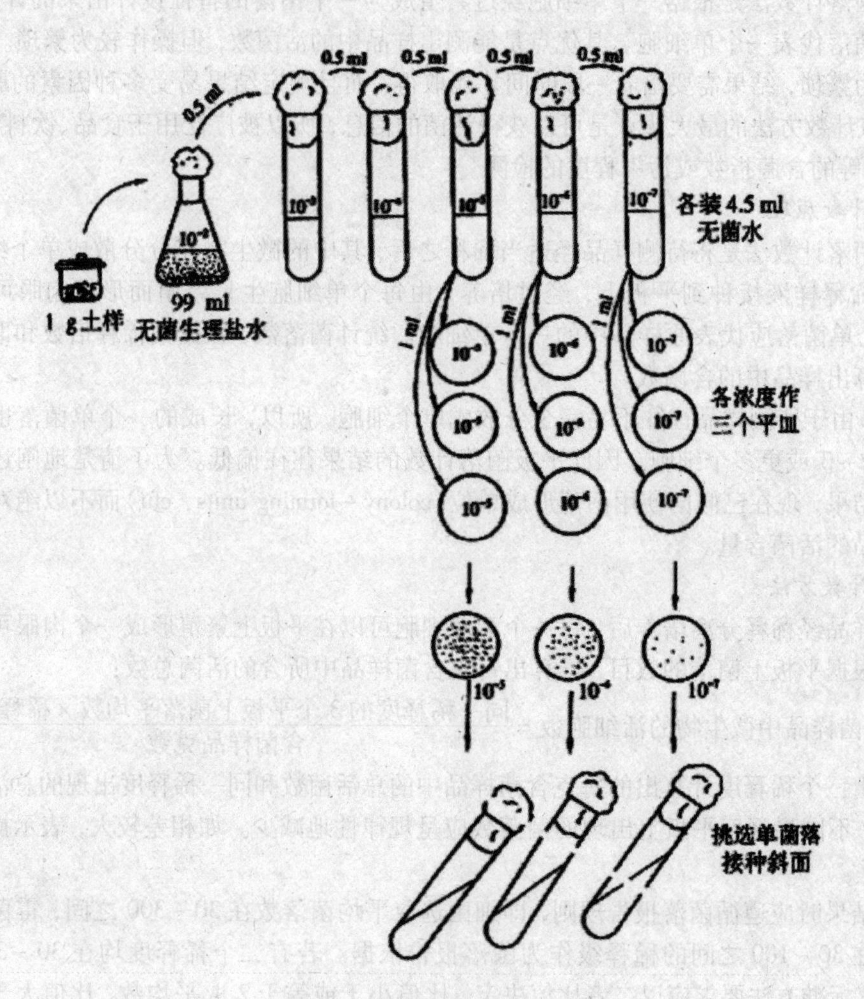

图2－21　稀释分离过程示意图

(2)涂布平板法分离(图2－22)

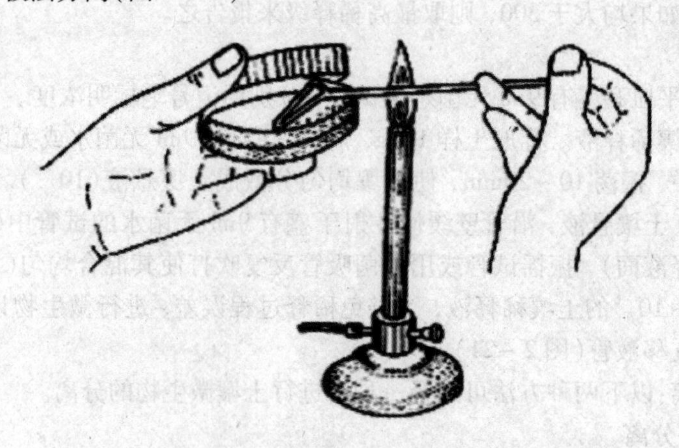

图2－22　涂布操作过程示意图

依前法向无菌培养皿中倾倒已融化的培养基，待平板冷凝后，用无菌移液管分别吸取上述10^{-6}、10^{-5}、10^{-4}三个稀释度菌悬液0.1ml，依次滴加于相应编号已制备好的培养基平板上，用无菌玻璃涂棒涂匀。一定要多涂几遍，涂到菌液均匀分布为止，切忌用力过猛将菌液直接推向平板边缘或将培养基划破。每个浓度要做3个平板。

4. 培养：将平板倒置于恒温箱中进行培养，观察结果。细菌37℃培养48h，真菌30℃培养72～120h。

5. 计数：根据菌落报告规则选取合适稀释度的平板进行计数，并根据选取的平板上菌落的数目，推算出每克含菌样品中所含的活菌总数。

思考题

一、名词术语解释

显微镜的分辨率、灭菌、巴氏消毒法、间歇灭菌法、辐射灭菌法、过滤除菌法、抗代谢药物、抗生素、生长因子、培养基、天然培养基、选择性培养基、鉴别培养基、氧化还原电位、水活度、接种技术、无菌操作技术

二、填空题

1. ________ 世界上第一台显微镜的制造者，________ 是首位发现细菌存在的人。

2. 显微镜的分辨率是由__________与__________两个因素决定。

3. 用显微镜观察标本时应先用__________观察，再用__________观察。

4. 细菌经革兰氏染色，革兰氏阳性菌呈现________，革兰氏阴性菌呈现__________。

5. 灭菌方法从理化性质可分为__________和__________两大类。前者主要有________、________和__________等，后者主要有__________和__________。

6. 高压蒸汽灭菌的一般条件为_____℃，_____Mpa，灭菌______min。如培养基中含葡萄糖，则灭菌条件为_____℃，_____ Mpa，灭菌_____min。

7. 微生物所需的六大营养要素为________、________、________、________、________和________。

8. 根据微生物获取能源、碳源、氢或电子供体方式的不同可将微生物划分为__________、__________、__________和__________四种营养类型。

9. 微生物对营养物质的吸收都是通过细胞膜的________和________，以不同的方式来吸收营养物质和水分的。微生物营养物质的运输方式主要有__________、__________、__________和__________四种方式。

10. 培养基的理化条件主要指的是________、________、________和________等。

三、问答题

1. 简述光学显微镜的基本构造及成像原理。

2. 简述光学显微镜与电子显微镜的区别。

3. 使用油镜时应注意哪些问题？

4. 当物镜由高倍转到油镜时，随着放大倍数的增加，视野的亮度是增强还是减弱？应如何调节？

5. 细菌制片染色后，在显微镜下观察到的菌体是死菌还是活菌？为什么？

6. 制备标本片时，固定的作用是什么？

7. 简述革兰氏染色的原理。其关键步骤是什么？为什么？

8. 革兰氏染色时，为什么特别强调菌龄不能太老？用老龄细菌染色会出现什么问题？

9. 高压蒸汽灭菌操作过程中应注意哪些问题？

10. 微生物产生抗药性的原因有哪些？

11. 为什么不能滥用抗生素？理由是什么？

12. 简述培养基的配制原则。

13. 培养基配制完成后为何要立即灭菌？若不能及时灭菌应如何处理？

14. 分区划线法中，单菌落出现在划线区域的什么部位？

15. 简述无菌操作的要点。

16. 为什么随着显微镜放大倍数的改变，目镜测微尺每小格代表的实际长度也会改变？

17. 根据你的体会，说明用血细胞计数板计数的误差主要来自哪些方面？应如何尽量减少误差，力求准确？

18. 用血细胞计数板计数的结果是活菌体还是死、活菌体的总和？

19. 简述微生物分离的方法。

20. 简述菌落报告规则。最低稀释度计数小于30的如何报告？

参考文献

[1]周德庆.微生物学教程.第二版.高等教育出版社，2002.

[2]钱海伦.微生物学.中国医药科技出版社，1993.

[3]李莉.应用微生物学.武汉理工大学出版社，2006.

[4]蔡凤.微生物学.第二版.科学出版社，2009.

[5]周德庆.微生物学实验教程.第二版.高等教育出版社，2006.

[6]蔡晶晶.药用微生物技术实训.东南大学出版社，2013.

[7]黄智慧，黄立新.原子力显微镜在食品研究中的应用.现代食品科技.2006.

[8]李海峰，张海红.超高温瞬时灭菌(UHT)奶的生产工艺及设备选型.食品工程.2009.

学习情境三　食品微生物基础技术训练

食品微生物学是一门实践性很强的学科，本情境目的是训练学生掌握食品微生物学最基本的实验操作技能，了解食品微生物学的基本知识，加深理解课堂讲授的食品微生物学理论知识，同时，通过技术训练培养学生独立观察、思考、分析问题和解决问题的能力；养成实事求是、严肃认真的科学研究态度和勤俭节约、爱护公物的优良作风。本情境主要包括菌种的保藏技术、菌种的培养、培养基的配置和菌种生长曲线绘制四个方面的内容。

◆基础理论和知识

1. 菌种的保藏技术；
2. 菌种的培养、菌种生长曲线的绘制；
3. 培养基的配置。

◆基本技能及要求

1. 掌握菌种的保藏技术和生长曲线的绘制；
2. 了解和掌握菌种的培养。

◆学习重点

1. 菌种的保藏技术；
2. 菌种的培养。

◆学习难点

菌种生长曲线的绘制。

项目一　菌种的保藏技术

菌种是一种重要的生物资源，菌种保藏是重要的微生物基础工作。菌种保藏就是利用一切条件使菌种不死、不衰、不变，以便于研究与应用。菌种保藏的方法很多，其原理却大同小异，不外乎为优良菌株创造一个适合长期休眠的环境，即干燥、低温、缺乏氧气和养料等。使微生物的代谢活动处于最低的状态，但又不至于死亡，从而达到保藏的目的。依据不同的菌种或不同的需求，应该选用不同的保藏方法。一般情况下，斜面保藏、半固体穿刺，石蜡油封存和砂土管保藏法较为常用，也比较容易制作。

一、器材

1. 菌种：细菌、酵母菌、放线菌和霉菌。

2. 培养基：牛肉膏蛋白胨培养基斜面（培养细菌），麦芽汁培养基斜面（培养酵母菌），高氏 1 号培养基斜面（培养放线菌），马铃薯蔗糖培养基斜面（培养丝状真菌）。

3. 溶液或试剂：无菌水，液体石蜡，P_2O_5，脱脂奶，10% HCl，干冰，95% 乙醇。

4. 仪器或其他用具：无菌试管，无菌吸管（1mL 及 5mL），无菌滴管，接种环，40 目及 100 目筛子，干燥器，安瓿管，冰箱，冷冻真空干燥装置，酒精喷灯，三角烧瓶（250mL），瘦黄土（有机物含量少的黄土），食盐、河沙。

二、操作步骤

下列各方法可根据实验室具体条件与需要选做。

1. 斜面传代保藏法

（1）贴标签：取各种无菌斜面试管数支，将注有菌株名称和接种日期的标签贴上，贴在试管斜面的正上方，距试管口 2 ~ 3cm 处。

（2）斜面接种：将待保藏的菌种用接种环以无菌操作法移接至相应的试管斜面上，细菌和酵母菌宜采用对数生长期的细胞，而放线菌和丝状真菌宜采用成熟的孢子。

（3）培养：细菌 37℃恒温培养 18 ~ 24h，酵母菌于 28℃ ~ 30℃培养 36 ~ 60h，放线菌和丝状真菌置于 28℃培养 4 ~ 7d。

（4）保藏：斜面长好后，可直接放入 4℃冰箱保藏。为防止棉塞受潮长杂菌，管口棉花应用牛皮纸包扎，或换上无菌胶塞，亦可用熔化的固体石蜡熔封棉塞或胶塞。

（5）保藏时间依微生物种类而不同，酵母菌、霉菌、放线菌及有芽孢的细菌可保存 2 ~ 6 个月，移种一次；而不产芽孢的细菌最好每月移种一次。此法的缺点是容易变异，污染杂菌的机会较多。

2. 液体石蜡保藏法

（1）液体石蜡灭菌：在 250mL 三角烧瓶中装入 100mL 液体石蜡，塞上棉塞，并用牛皮纸包扎，121℃湿热灭菌 30min，然后于 40℃温箱中使水汽蒸发后备用。

（2）接种培养：同斜面传代保藏法。

（3）加液体石蜡：用无菌滴管吸取液体石蜡以无菌操作加到已长好的菌种斜面上，加入量以高出斜面顶端约 1cm 为宜。

(4)保藏:棉塞外包牛皮纸，将试管直立放置于4℃冰箱中保存。

利用这种保藏方法，霉菌、放线菌、有芽孢细菌可保藏 2 年左右，酵母菌可保藏 1 ~2 年，一般无芽孢细菌也可保藏 1 年左右。

(5)恢复培养:用接种环从液体石蜡下挑取少量菌种，在试管壁上轻靠几下，尽量使石蜡油滴净，再接种于新鲜培养基中培养。由于菌体表面粘有液体石蜡，生长较慢且有黏性，故一般须转接 2 次才能获得良好菌种。

3. 沙土管保藏法

(1)沙土处理

①沙处理:取河沙经 40 目过筛，去除大颗粒，加 10% HCl 浸泡(用量以浸没沙面为宜) 2 ~4h(或煮沸 30min)，以除去有机杂质，然后倒去盐酸，用清水冲洗至中性，烘干或晒干，备用。

②土处理:取非耕作层瘦黄土(不含有机质)，加自来水浸泡洗涤数次，直至中性，然后烘干，粉碎，用 100 目过筛，去除粗颗粒后备用。

(2)装沙土管:将沙与土按 2∶1，3∶1 或 4∶1(W/W)比例混合均匀装入试管中(10mm × 100mm，装置约 7cm 高，加棉塞，并外包牛皮纸，121℃湿热灭菌 30min，然后烘干。

(3)无菌试验:每 10 支沙土管任抽一支，取少许沙土接入牛肉膏蛋白胨或麦芽汁培养液中，在最适的温度下培养 2 ~4d，确定无菌生长时才可使用。若发现有杂菌，经重新灭菌后，再作无菌试验，直到合格。

(4)制备菌液:用 5mL 无菌吸管分别吸取 3mL 无菌水至待保藏的菌种斜面上，用接种环轻轻搅动，制成悬液。

(5)加样:用 1mL 吸管吸取上述菌悬液 0. 1 ~0. 5mL 加入沙土管中，用接种环拌匀。加入菌液量以湿润沙土达 2/3 高度为宜。

(6)干燥:将含菌的沙土管放入干燥器中，干燥器内用培养皿盛 P_2O_5 作为干燥剂，可再用真空泵连续抽气 3 ~4h，加速干燥。将沙土管轻轻一拍，沙土呈分散状即达到充分干燥。

(7)保藏沙土管可选择下列方法之一来保藏:

①保存于干燥器中；

②用石蜡封住棉花塞后放入冰箱保存；

③将沙土管取出，管口用火焰熔封后放入冰箱保存；

④将沙土管装入有 $CaCl_2$ 等干燥剂的大试管中，塞上橡皮塞或木塞，再用蜡封口，放入冰箱中或室温下保存。

(8)恢复培养:使用时挑取少量混有孢子的沙土，接种于斜面培养基上，或液体培养基内培养即可，原沙土管仍可继续保藏。

此法适用于保藏能产生芽孢的细菌及形成孢子的霉菌和放线菌，可保存 2 年左右。但不能用于保藏营养细胞。

4. 冷冻干燥保藏法

(1)准备安瓿管:选用内径 5mm，长 10. 5cm 的硬质玻璃试管，用 10% HCl 浸泡 8 ~10h 后用自来水冲洗多次，最后用去离子水洗 1 ~2 次，烘干，将印有菌名和接种日期的标签放入安瓿管内，有字的一面朝向管壁。管口加棉塞，121℃灭菌 30min。

(2)制备脱脂牛奶:将脱脂奶粉配成20%乳液，然后分装，121℃灭菌30min，并作无菌试验。

(3)准备菌种:选用无污染的纯菌种，培养时间，一般细菌为24～48h，酵母菌为3d，放线菌与丝状真菌7～10d。

(4)制备菌液及分装:吸取3mL无菌牛奶直接加入斜面菌种管中，用接种环轻轻搅动菌落，再用手摇动试管，制成均匀的细胞或孢子悬液。用无菌长滴管将菌液分装于安瓿管底部，每管装0.2mL。

(5)预冻:将安瓿管外的棉花剪去并将棉塞向里推至离管口约15mm处，再通过乳胶管把安瓿管连接于总管的侧管上，总管则通过厚壁橡皮管及三通短管与真空表及干燥瓶、真空泵相连接，并将所有安瓶管浸入装有干冰和95%乙醇的预冷槽中，(此时槽内温度可达-40℃～-50℃)，只需冷冻1h左右，即可使悬液冻结成固体。

(6)真空干燥:完成预冻后，升高总管使安瓿管仅底部与冰面接触，(此处温度约-10℃)，以保持安瓿管内的悬液仍呈固体状态。开启真空泵后，应在5～15min内使真空度达66.7Pa以下，使被冻结的悬液开始升华，当真空度达到26.7～13.3Pa时，冻结样品逐渐被干燥成白色片状，此时使安瓿管脱离冰浴，在室温下(25℃～30℃)继续干燥(管内温度不超过30℃)，升温可加速样品中残余水分的蒸发。总干燥时间应根据安瓿管的数量，悬浮液装量及保持剂性质来定，一般3～4h即可。

(7)封口样品:干燥后继续抽真空达1.33Pa时，在安瓿管棉塞的稍下部位用酒精喷灯火焰灼烧，拉成细颈并熔封，然后置4℃冰箱内保藏。

(8)恢复培养:用75%乙醇消毒安瓿管外壁后，在火焰上烧热安瓿管上部，然后将无菌水滴在烧热处，使管壁出现裂缝，放置片刻，让空气从裂缝中缓慢进入管内后，将裂口端敲断，再用无菌的长颈滴管吸取菌液至合适培养基中，放置在最适温度下培养。

(9)冷冻干燥保藏法综合利用了各种有利于菌种保藏的因素(低温、干燥和缺氧等)，是目前最有效的菌种保藏方法之一。保存时间可长达10年以上。

注意事项:

①从液体石蜡封藏的菌种管中挑菌后，接种环上带有石蜡油和菌，故接种环在火焰上灭菌时要先在火焰边烤干再直接灼烧，以免菌液四溅，引起污染。

②在真空干燥过程中安瓿管内样品应保持冻结状态，以防止抽真空时样品产生泡沫而外溢。

③熔封安瓿管时注意火焰大小要适中，封口处灼烧要均匀，若火焰过大，封口处易弯斜，冷却后易出现裂缝而造成漏气。

知识链接

菌种的保藏

菌种在生命活动、菌种繁育时，由于受外界不良条件、病毒的伤害，往往会发生退化。如长期高温会使菌丝生命力降低;传代次数增加，会使某些细胞器减少甚至丢失;接种时菌种常会受到消毒药剂和火焰高温的伤害而发生退化；接种挑选菌种时可能在无意中造成某一形态的菌丝比例多，而另一形态的菌丝减少；长期传代，繁殖菌种很可能被病毒侵染。如此种种情况，都会使菌种发生退化。菌种保藏是一项最重要的微生物学基础工作，具有重要意义，保种可降低发生变异的频率。保种另一层意义是，保藏某一菌种的某些特殊遗传性状（遗传基因），这此性状对生产可能无经济使用价值，但以后或才可作为育种材料。

许多国家都设有相应的菌种保藏机构，例如，中国微生物菌种保藏委员会（CCCCM），中国典型培养物保藏中心（CCTCC），美国典型菌种保藏中心（ATCC），美国的北部地区研究实验室（NRRL），荷兰的霉菌中心保藏所（CBS），英国的国家典型菌种保藏中心（NCTC）以及日本的大阪发酵研究所（IFO）等。国际微生物学联合会（IAMS）还专门设立了世界菌种保藏联合会（WFGC），用计算机储存世界上各保藏机构提供的菌种数据资料，可以通过国际互联网查询和索取，进行微生物菌种的交流、研究和使用。

菌种保藏是根据菌种特性及保藏目的的不同，给微生物菌株以特定的条件，使其存活而得以延续。例如通过降低基质含水量、降低培养基营养成分，或利用低温或降低氧分压的方法抑制菌种的呼吸、生长，抑制其新陈代谢，使其处于半休眠状态或全体眠状态，以显著延缓菌种衰老速度，降低发生变异的机会，从而使菌种保持良好的遗传特性和生理状态。

项目二　菌种的培养

菌种培养是一种用人工方法使菌种生长繁殖的技术。菌种在自然界中分布极广，数量大，种类多，它可以造福人类，也可以成为致病的原因。大多数菌种可用人工方法培养，即将其接种于培养基上，使其生长繁殖。培养出来的菌种用于研究、鉴定和应用。菌种培养是一个复杂的技术。

一、培养条件

培养时应根据菌种种类和目的等选择培养方法、培养基，制定培养条件（温度、pH 值、时间，对氧的需求与否等）。一般操作步骤为先将标本接种于固体培养基上，做分离培养。再进一步对所得单个菌落进行形态、生化及血清学反应鉴定。培养基常用牛肉汤、蛋白胨、氯化钠、葡萄糖、血液等和某些菌种所需的特殊物质配制成液体、半固体、固体等。一般菌种可在有氧条件下，37℃中放 18 ~ 24 小时生长。厌氧菌则需在无氧环境中放 2 ~ 3 天后生长。个别菌种如结核菌要培养 1 个月之久。（注意点：由于菌种无处不在，因此从制备培养基时开始，整个培养过程必须按无菌操作要求进行，则外界菌种污染标本，会导致错误结果；而培养的致病菌一旦污染环境，就会引起交叉感染。）

二、具体培养步骤

以光合菌种培养方法为例。光合菌种培养的方法，按次序分为容器、工具的消毒，培养基的制备，接种和培养管理四个步骤。

1. 容器、工具的消毒

2. 培养基的制备

(1)培养用水

如果培养的光合菌种是淡水种，菌种培养可用蒸馏水，生产培养可用消毒的自来水(或井水)配制。如果培养的光合菌种是海水种，则用天然海水配制培养基，注意在海水中加入磷元素时，不能用磷酸氢二钾，应用磷酸二氢钾，不然会产生大量沉淀。

(2)灭菌和消毒

菌种培养用的培养基应连同培养容器用高压蒸气灭菌锅灭菌。小型生产性培养可把配好的培养液用普通铝锅或大型三角烧瓶煮沸消毒。大型生产性培养则把经沉淀砂滤后的水用漂白粉(或漂白液)消毒后使用。

(3)培养基配制

根据所培养种类的营养需要选择合适的培养基配方。按培养基配方把所需物质称量，逐一溶解，混合，配成培养基。也可先配成母液，使用时按比例加入一定的量即可。

3. 接种

接种培养基配好后，应立即进行接种。光合菌种生产性培养的按种量比较高，一般为20% ~50%，即菌种母液量和新配培养液虽之比为1: 4 ~1: 1，不应低于20%，尤其是微气培养，接种量更应高些，否则光合菌种在培养液中很难占绝对优势，影响培养的最终产量和质量。

4. 培养管理

光合菌种的培养过程中，管理工作包括日常管理操作和测试，生长情况的观察、检查以及出现问题的分析处理等三个方面。

知识链接

菌种培养技术

根据培养目的和菌种的种类选用最适宜的培养方法。常用的有一般培养法、二氧化碳培养法和厌氧培养法。

(一)一般培养法

一般培养法系指需氧菌或兼性厌氧菌等在需氧条件下的培养方法，故又称需氧培养法。本法是临床菌种室最常用的培养方法，适于一般需氧和兼性厌氧菌的培养。将已接种好的平板、斜面和液体培养基等，置于35℃温箱中孵育18 ~24h，一般菌种可于培养基上生长，但有些难以生长的菌种需培养更长的时间才能生长。另外，有的菌种最适生长温度是28℃ ~30℃，如鼠疫耶尔森菌，甚至在4℃也能生长，如李斯特菌。但标本中菌量很少或难于生长的菌种如结核分枝杆菌)需培养3 ~7 天甚至1 个月才能生长。

(二)二氧化碳培养法

某些菌种的培养，需要5% ~10%二氧化碳环境中培养才能生长良好，如脑膜炎奈瑟菌、淋病奈瑟菌、牛布鲁菌等。常以下列方法供给CO_2。

1. 二氧化碳培养箱:是一台特制的培养箱，既能调节CO_2的含量，又能调节所需的温度。CO_2从钢瓶通过培养箱的CO_2，运送管进入培养箱内，调节好所需CO_2，浓度自动控制器后，将接种好的培养基直接放入培养箱中培养即可。此法适于大型实验室应用。

2. 烛缸法：将已接种好的培养基置干燥器内，并放入点燃的蜡烛。干燥器盖的边缘涂上凡士林，盖上盖子，烛光经几分钟后自行熄灭，此时干燥器内 CO_2 含量约占5% ~10%，然后将干燥器放入35℃温箱内培养。培养时间一般为18 ~24h，少数菌种需培养3 ~7 天或更长。

3. 化学法：按每升容积加入碳酸氢钠0.49 和浓盐酸0.35ml 的比例，分别置于容器内。将容器连同接种好的培养基都放入干燥器内，盖紧干燥器的盖子，倾斜容器使浓盐酸与碳酸氢钠接触生成 CO_2。

(三)厌氧培养法

适用于专性厌氧菌和兼性厌氧菌的培养。厌氧菌标本的采集及运送有特殊的要求及注意事项，应避免正常菌群的污染，尽量少接触空气并立刻送检。厌氧菌的培养法可大致分为：

1. 物理学方法：遮断空气法(层积法)、真空法、空气置换法、厌氧罐培养、厌氧袋法、厌氧手套箱等。

2. 化学方法：焦性没食子酸法、硫乙醇酸钠法、黄磷燃烧法。

3. 生物学方法：需氧菌共生法、燕麦发芽法。

4. 混合法：真空或气体置换与焦性没食子酸法相结合，可根据实际情况选用。

项目三　培养基的配置

培养基是人工配制的适合微生物生长繁殖或积累代谢产物的营养基质，用以培养、分离、鉴定、保存各种微生物或积累代谢产物。

由于各种微生物所需要的营养不同，所以培养基的种类很多。可以根据微生物种类和实验目的不同分成若干类型。培养基的类别如下：

一、按照培养基的成分来分

培养基按其所含成分，可分为合成培养基、天然培养基和半合成培养基三类。

1. 合成培养基

合成培养基的各种成分完全是已知的各种化学物质。这种培养基的化学成分清楚，组成成分精确，重复性强，但价格较贵，而且微生物在这类培养基中生长较慢。如高氏一号合成培养基、察氏培养基等。

2. 天然培养基

由天然物质制成，如蒸熟的马铃薯和普通牛肉汤，前者用于培养霉菌，后者用于培养细菌。这类培养基的化学成分很不恒定，也难以确定，但配制方便，营养丰富，所以常被采用。

3. 半合成培养基

在天然有机物的基础上适当加入已知成分的无机盐类，或在合成培养基的基础上添加某些天然成分，如培养霉菌用的马铃薯葡萄糖琼脂培养基。这类培养基能更有效地满足微生物对营养物质的需要。

二、按照培养基的物理状态分

培养基按其物理状态可分为固体培养基、液体培养基和半固体培养基三类。

1. 固体培养基

是在培养基中加入凝固剂，有琼脂、明胶、硅胶等。固体培养基常用于微生物分离、鉴定、计数和菌种保存等方面。

2. 液体培养基

液体培养基中不加任何凝固剂。这种培养基的成分均匀，微生物能充分接触和利用培养基中的养料，适于作生理等研究，由于发酵率高，操作方便，也常用于发酵工业。

3. 半固体培养基

是在液体培养基中加入少量凝固剂而呈半固体状态。可用于观察细菌的运动、鉴定菌种和测定噬菌体的效价等方面。

三、按照培养基用途分

培养基按用途可分为基础培养基、加富培养基、选择培养基和鉴别培养基。

1. 基础培养基

含有一般细菌生长繁殖需要的基本的营养物质。最常用的基础培养基是天然培养基中的牛肉膏蛋白胨培养基。

2. 加富培养基

是在基础培养基中加入某些特殊营养物质，如血、血清、动植物组织提取液，用以培养要求比较苛刻的某些微生物。

3. 选择性培养基

是根据某一种或某一类微生物的特殊营养要求或对一些物理、化学抗性而设计的培养基。利用这种培养基可以将所需要的微生物从混杂的微生物中分离出来。

4. 鉴别培养基

是在培养基中加入某种试剂或化学药品，使微生物培养后会发生某种变化，从而区别不同类型的微生物。

四、培养基的制备

（一）器材

1. 溶液或试剂：牛肉膏，蛋白胨，琼脂，可溶性淀粉，葡萄糖，孟加拉红，链霉素，1mol/L NaOH，1mol/L HCl，KNO_3，NaCl，$K_2HPO_4 \cdot 3H_2O$，$MgSO_4 \cdot 7H_2O$，$FeSO_4 \cdot 7H_2O$。

2. 仪器或其他用具：试管，三角瓶，烧杯，量筒，玻璃棒，天平，牛角匙，pH 试纸，棉花，牛皮纸，记号笔，线绳，纱布，漏斗，漏斗架，胶管，止水夹等。

（二）操作步骤

1. 牛肉膏蛋白胨培养基的配制

牛肉膏蛋白胨培养基是一种应用最广泛和最普通的细菌基础培养基。其配方如下：

牛肉膏 3g，蛋白胨 10g，NaCl 5g，琼脂 15 ~20g，水 1000mL，pH 7.4 ~7.6。

（1）称药品

按实际用量计算后，按配方称取各种药品放入大烧杯中。牛肉膏可放在小烧杯或表面皿中称量，用热水溶解后倒入大烧杯；也可放在称量纸上称量，随后放入热水中，牛肉膏使与称量纸分离，立即取出纸片。蛋白胨极易吸潮，故称量时要迅速。

(2)加热溶解

在烧杯中加入少于所需要的水量，然后放在石棉网上，小火加热，并用玻璃棒搅拌，待药品完全溶解后再补充水分至所需量。若配制固体培养基，则将称好的琼脂放入已溶解的药品中，再加热融化，此过程中，需不断搅拌，以防琼脂糊底或溢出，最后补足所失的水分。

(3)调 pH

检测培养基的 pH，若 pH 偏酸，可滴加 lmol/L NaOH，边加边搅拌，并随时用 pH 试纸检测，直至达到所需 pH 范围。若偏碱，则用 lmol/L HCl 进行调节。pH 的调节通常放在加琼脂之前。应注意 pH 值不要调过头，以免回调而影响培养基内各离子的浓度。

(4)过滤

液体培养基可用滤纸过滤，固体培养基可用 4 层纱布趁热过滤，以利观察。但是供一般使用的培养基，这步可省略。

(5)分装

按实验要求，可将配制的培养基分装入试管或三角瓶内。分装时可用漏斗以免使培养基沾在管口或瓶口上而造成污染。

分装量:固体培养基约为试管高度的 l/5，灭菌后制成斜面。分装入三角瓶内以不超过其容积的一半为宜。半固体培养基以试管高度的 1/3 为宜，灭菌后垂直待凝。

(6)加棉塞

试管口和三角瓶口塞上用普通棉花(非脱脂棉)制作的棉塞。棉塞的形状、大小和松紧度要合适，四周紧贴管壁，不留缝隙，才能起到防止杂菌侵入和有利通气的作用。要使棉塞总长约 2/3 塞入试管口或瓶口内，以防棉塞脱落。有些微生物需要更好的通气，则可用 8 层纱布制成通气塞。有时也可用试管帽或塑料塞代替棉塞。

(7)包扎

加塞后，将三角瓶的棉塞外包一层牛皮纸或双层报纸，以防灭菌时冷凝水沾湿棉塞。若培养基分装于试管中，则应以 5 支或 7 支在一起，再于棉塞外包一层牛皮纸，用绳扎好。然后用记号笔注明、培养基名称、组别、日期。

(8)灭菌

将上述培养基于 121.3℃湿热灭菌 20min。如因特殊情况不能及时灭菌，则应放入冰箱内暂存。

(9)摆斜面

灭菌后，如制斜面，则需趁热将试管口端搁在一根长木条上，并调整斜度，使斜面的长度不超过试管总长的 1/2。

(10)无菌检查

将灭菌的培养基放入 37℃温箱中培养 24 ~ 48h，无菌生长即可使用，或贮存于冰箱或清洁的橱内，备用。

2. 高氏 I 号培养基的配制

高氏 I 号培养基是用于分离和培养放线菌的合成培养基。其配方如下：

可溶性淀粉 20g，KNO_3 1g，NaCl 0.5g，$K_2HPO_4 \cdot 3H_2O$ 0.5g，$MgSO_4 \cdot 7H_2O$ 0.5g，$FeSO_4 \cdot 7H_2O$ 0.01g，琼脂 15 ~ 20g，水 1000mL，pH7.4 ~ 7.6。

(1)称量和溶解

先计算后称量，按用量先称取可溶性淀粉，放入小烧杯中，并用少量冷水将其调成糊状，再加入少于所需水量的水，继续加热，边加热边搅拌，至其完全溶解。再加入其他成分依次溶解。对微量成分 $FeSO_4 \cdot 7H_2O$ 可先配成高浓度的贮备液后再加入，方法是先在1000mL水中加入1g的 $FeSO_4 \cdot 7H_2O$，配成浓度为0.01g/mL的贮备液，再在1000mL培养基中加入以上贮备液1mL即可。待所有药品完全溶解后，补充水分到所需的总体积。如要配制固体培养基，其琼脂溶解过程同牛肉膏蛋白胨培养基配制。

(2)pH调节、分装、包扎及无菌检查

同牛肉膏蛋白胨培养基配制。

3. 马丁氏培养基的配制

马丁氏培养基是用于分离真菌的选择培养基。其配方如下：

KH_2PO_4 1g，$MgSO_4 \cdot 7H_2O$ 0.5g，蛋白胨5g，葡萄糖10g，琼脂15~20g，水1000mL，自然pH。

(1)称量和溶解

先计算后称量，按用量称取各成分，并将其溶解在少于所需量的水中。待各成分完全溶解后，补充水分到所需体积。再将孟加拉红配成1%的水溶液，在1000mL培养液中加入以上孟加拉红溶液3.3mL，混匀后，加入琼脂加热融化，方法同牛肉膏蛋白胨培养基配制。

(2)分装、包扎、灭菌及无菌检查同牛肉膏蛋白胨培养基配制。

(3)链霉素的加入

链霉素受热容易分解，所以临用时，将培养基融化后待温度降至45℃左右时才能加入。可先将链霉素配成1%的溶液(配好的链霉素溶液保存于-20℃)，在100mL培养基中加1%链霉素0.3mL，使每毫升培养基中含链霉素30μg。

注意事项：称药品用的牛角匙不要混用，称完药品应及时盖紧瓶盖。调pH时要小心操作，避免回调。不同培养基各有配制特点，要注意具体操作。

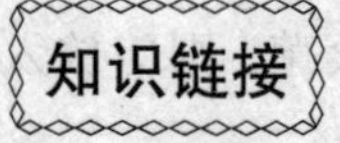

常见培养基及其配置

一、营养琼脂

蛋白胨	10g
牛肉膏	3g
NaCl	5g
琼脂	15~20g
蒸馏水	1000ml

制法：将除琼脂外的各成分溶解于蒸馏水内，校正pH值至7.2~7.4，加入琼脂，加热煮沸，使琼脂溶化。分装(121℃)灭菌15min。

注：此培养基可供一般细菌培养之用，可倾注平板或制成斜面。如用于菌落计数，琼脂

量为 1.5%；如用于平板划线或制备斜面，则应为 2%。

二、马铃薯培养基(PDA)

马铃薯	200g
蔗糖(或葡萄糖)	20g
琼脂	15 ~ 20g
自来水	1000ml
pH 自然	121℃灭菌 15min

制法：马铃薯去皮，切成小块，加水煮软，用纱布过滤后加入糖和琼脂，溶化后补足水分至 1000ml。

三、肉汤葡萄糖培养基

牛肉膏	3g
蛋白胨	10g
NaCL	5g
葡萄糖	20g
琼脂	15 ~ 20g
蒸馏水	1000ml
pH7.0 ~ 7.2	121℃灭菌 30min

四、察氏培养基

$NaNO_3$	2g
K_2HPO_4	1g
KCL	0.5g
$MgSO_4 \cdot 7H_2O$	0.5g
$FeSO_4 \cdot 7H_2O$	0.01g
蔗糖	30g
琼脂	15 ~ 20g
蒸馏水	1000ml
pH 自然	121℃灭菌 20min

五、高氏一号培养基

KNO_3	1g
NaCl	0.5g
K_2HPO_4	0.5g
$MgSO_4 \cdot 7H_2O$	0.5g
$FeSO_4 \cdot 7H_2O$	0.01g
可溶性淀粉	20g
琼脂	20g
蒸馏水	1000ml
pH7.2 ~ 7.4	121℃灭菌 30min

制法：先用少量水将淀粉调成糊状。再取 700ml 水在电炉上煮沸，然后边搅拌边将淀粉糊倒入，同时须保持沸腾。然后将其他成分加入，溶解后补足水分至 1000ml。

六、马铃薯浸汁培养基

马铃薯浸汁	230ml
琼脂	20g
自来水	770ml
pH 自然	121℃灭菌 20min

马铃薯浸汁制法：称取切成条的马铃薯 100g，加水 300ml，冷浸 4h(天热需放入冰箱内)，过滤后取浸出汁 230ml。

七、蛋白胨水培养基

蛋白胨(胰蛋白胨)	20g
NaCl	5g
蒸馏水	1000ml
pH7.0	121℃灭菌 20mln

八、缓冲葡萄糖蛋白胨水培养基

蛋白胨	7g
葡萄糖	5g
K_2HPO_4	5g
蒸馏水	1000ml
pH7.0	121℃灭菌 30min

九、营养明胶培养基

蛋白胨	5g
牛肉膏	3g
明胶	120g
蒸馏水	1000ml
pH7.0~7.2	121℃灭菌 30min

制法：加热溶解，校正 pH 值，分装试管，培养基高度约为管高的 1/3。灭菌后取出直立冷凝成柱状。

十、缓冲蛋白胨水(BP)培养基

蛋白胨	10g
NaCl	5g
$Na_2HPO_4 \cdot 12H_2O$	9g
KH_2PO_4	1.5g
蒸馏水	1000ml
pH7.2	121℃灭菌 15min

十一、无碳基础培养基

$(NH4)_2SO_4$	5g
KH_2PO_4	1g
NaCl	0.1g
$MgSO_4 \cdot 7H_2O$	0.5g
$CaCl_2$	0.1g

酵母膏	0.2g
待测碳源	5g
蒸馏水	1000ml
pH6.5	121℃灭菌20min

十二、无氯基础培养基

葡萄糖	20g
K_2HPO_4	1g
$MgSO_4 \cdot 7H_2O$	0.5g
酵母膏（或20%豆芽汁）	0.1g(20ml)
水洗琼脂	20g
去离子水	1000ml
pH6.5	121℃灭菌20min
待测氮源	5g

十三、淀粉琼脂培养基

牛肉膏	5g
蛋白胨	5g
NaCl	5g
可溶性淀粉	20g
琼脂	18g
pH7.2	121℃灭菌30min

项目四　菌种生长曲线的绘制

大多数菌种的繁殖速度都很快，例如大肠杆菌在适宜条件下，每20分钟左右便可分裂一次，如果始终保持这样的繁殖速度，一个菌种在48小时内，其子代群体将达到无法想象的数量。然而，实际情况并非如此。

将少量单细胞纯培养接种到一恒定容积的新鲜液体培养基中，在适宜的条件下培养，定时取样测定其菌种含量，可以看到以下现象：开始有一短暂时间，菌种数量并不增加，随之菌种数目增加很快，继而菌种数又趋稳定，最后逐渐下降。如果以培养时间为横坐标，以菌种数目的对数或生长速度为纵坐标作图，可以得到一条曲线，称为繁殖曲线，通常又称为生长曲线。生长曲线代表了菌种在新的适宜的环境中生长繁殖直至衰老死亡全过程的动态变化。根据菌种生长繁殖速率的不同，可将生长曲线大致分为延迟期、对数期、稳定期和衰亡期四个阶段。

1. 延迟期

少量菌种接种到新鲜培养基后，一般不立即进行繁殖，生长速度近于零。因此在开始一段时间，菌种数几乎保持不变，甚至稍有减少。这段时间被称为延迟期，又称为迟缓期、调整期或滞留适应期。处于延迟期菌种细胞的特点是分裂迟缓、代谢活跃。延迟期的长短与菌种、种龄、接种量和培养基成分有关。

2. 对数期

对数期又称指数期。这一阶段突出特点是菌种数以几何级数增加，代时稳定，菌种数目的增加与原生质总量的增加，与菌液混浊度的增加均呈正相关性。

3. 稳定期

又称恒定期或最高生长期。处于稳定期的微生物，新增殖的细胞数与老细胞的死亡数几乎相等，整个培养物中二者处于动态平衡，此时生长速度又逐渐趋向零。

稳定期的细胞内开始积累贮藏物，如肝糖、异染颗粒、脂肪粒等，大多数芽孢菌种也在此阶段形成芽孢。如果为了获得大量菌体，就应在此阶段收获，因这时细胞总数最高；这一时期也是发酵过程积累代谢产物的重要阶段，某些放线菌抗生素的大量形成也在此时期。

4. 衰亡期

稳定期后如再继续培养，菌种死亡率逐渐增加，以致死亡数大大超过新生数，群体中活菌数目急剧下降，出现了“负生长”，此阶段叫衰亡期。

不同的微生物有不同的生长曲线，同一种微生物在不同的培养条件下，其生长曲线也不一样。因此，测定微生物的生长曲线对于了解和掌握微生物的生长规律是很有帮助的。

测定微生物生长曲线的方法很多，有血球计数法、平板菌落计数法、称重法、比浊法等。本书采用比浊法测定，由于菌种悬液的浓度与混浊度成正比，因此，可利用光电比色计测定菌悬液的光密度来推知菌液的浓度，并将所测得的光密度值（OD值）与其对应的培养时间作图，即可绘出该菌在一定条件下的生长曲线。现已有直接用试管就可以测定OD值的光电比色计，只要接种一支试管，定期用它测定，便可做出该菌的生长曲线。

一、器材

培养18~20小时的大肠杆菌培养液，盛有5ml肉膏蛋白胨液体培养基的大试管12支；722型或721型分光光度计，自控水浴振荡器或摇床，无菌吸管等。

二、操作步骤

1. 编号

取11支盛有肉膏蛋白胨液体培养基的大试管，用记号笔标明培养时间，即0、1.5、3、4、6、8、10、12、14、16、20小时。

2. 接种

用1ml无菌吸管，每次准确地吸取0.2ml大肠杆菌培养液，分别接种到已编号的11支肉膏蛋白胨液体培养基大试管中，接种后振荡，使菌体混匀。

3. 培养

将接种后的11支试管置于自控水浴振荡器或摇床上，37℃振荡培养。分别在0、1.5、3、4、6、8、10、12、14、16、20小时将编号为对应时间的试管取出，立即放冰箱中贮存，最后一同比浊测定光密度值。

4. 比浊测定

以未接种的肉膏蛋白胨培养基作空白对照，选用540~560nm波长进行光电比浊测定。从最稀浓度的菌悬液开始依次进行测定，对浓度大的菌悬液用未接种的肉膏蛋白胨液体培养基适当稀释后测定，使其光密度值在0.1~0.65以内，记录OD值时，注意乘上所稀释的倍数。

知识链接

菌种生长量的测定与生长规律

微生物的生长繁殖是其在内外各种环境因素相互作用下的综合反映。因此生长繁殖情况就可作为研究各种生理生化和遗传等问题的重要指标，同时，微生物在生产实践上的各种应用或是对致病、霉腐微生物的防治都和它们的生长抑制紧密相关。所以有必要介绍一下微生物生长情况的检测方法。既然生长意味着原生质含量的增加，所以测定的方法也都直接或间接的以次为根据，而测定繁殖则都要建立在计数这一基础上。微生物生长的衡量，可以从其重量，体积，密度，浓度，做指标来进行衡量。

生长量测定法

1. 体积测量法：又称测菌丝浓度法

通过测定一定体积培养液中所含菌丝的量来反映微生物的生长状况。方法是，取一定量的待测培养液（如10毫升）放在有刻度的离心管中，设定一定的离心时间（如5分钟）和转速（如5000 rpm），离心后，倒出上清液，测出上清液体积为v，则菌丝浓度为(10 - v)/10。菌丝浓度测定法是大规模工业发酵生产上微生物生长的一个重要监测指标。这种方法比较粗放，简便，快速，但需要设定一致的处理条件，否则偏差很大，由于离心沉淀物中夹杂有一些固体营养物，结果会有一定偏差。

2. 称干重法

可用离心或过滤法测定。一般干重为湿重的10% ~20%。在离心法中，将一定体积待测培养液倒入离心管中，设定一定的离心时间和转速，进行离心，并用清水离心洗涤1 ~5次，进行干燥。干燥可用烘箱在105℃或100℃下烘干，或采用红外线烘干，也可在80℃或40℃下真空干燥，干燥后称重。如用过滤法，丝状真菌可用滤纸过滤，菌种可用醋酸纤维膜等滤膜过滤，过滤后用少量水洗涤，在40℃下进行真空干燥。称干重法较为烦琐，通常获取的微生物产品为菌体时，常采用这种方法，如活性干酵母（activity dry yeast，ADY），一些以微生物菌体为活性物质的饲料和肥料。

3. 比浊法

微生物的生长引起培养物混浊度的增高。通过紫外分光光度计测定一定波长下的吸光值，判断微生物的生长状况。对某一培养物内的菌体生长作定时跟踪时，可采用一种特制的有侧臂的三角烧瓶。将侧臂插入光电比色计的比色座孔中，即可随时测定其生长情况，而不必取菌液。该法主要用于发酵工业菌体生长监测。如UNICO公司的紫外—可见分光光度计，在波长600nm处用比色管定时测定发酵液的吸光光度值OD600，以此监控E. Coli的生长及诱导时间。

4. 菌丝长度测量法

对于丝状真菌和一些放线菌，可以在培养基上测定一定时间内菌丝生长的长度，或是利用一支一端开口并带有刻度的细玻璃管，到入合适的培养基，卧放，在开口的一端接种微生物，一段时间后记录其菌丝生长长度，借此衡量丝状微生物的生长。

思考题

1. 菌种的保藏技术有哪些?
2. 如何绘制菌种生长曲线?
3. 菌种的培养步骤有哪些?

学习情境四　食品微生物检验技术

◆基础理论和知识

1. 常规食品微生物检验技术的方法原理；
2. 食品微生物检验的指标及其检测原理。

◆基本技能及要求

1. 掌握食品微生物检验各项指标的检验方法；
2. 掌握食品微生物检验技术的基本步骤；
3. 了解食品微生物检验的标准文件的阅读、检验方案的制定和检验报告的撰写。

◆学习重点

1. 常规食品微生物检验指标的检验方法；
2. 食品微生物检验的标准。

◆学习难点

食品微生物中致病菌的检验。

◆导入案例一

中国质量万里行 http://www.315online.com，报：2012 年，江苏省已抽查地产食品 58 类 7486 批次，平均合格率 98%，较去年同期上升 0.9 个百分点。其中，酱油、乳制品、糖、婴幼儿配方乳粉、粽子、啤酒等30类食品抽查合格率均为100%;抽查不合格的食品主要有速冻食品、食醋、调味料、冷冻饮品、糕点、纯净水等。目前,相关企业均已被责令限期整改。

【数据】抽查纯净水782批次,合格721批次,合格率90.9%。

【分析】纯净水的问题集中在桶装水。桶装水的桶重复使用受污染的较多,部分产品微生物含量超标。其中,有49种纯净水产品的菌落总数超标,10种产品的霉菌和酵母超标,1种产品的大肠菌群超标。南京明水科技发展有限公司生产的序源序化生态饮用水,菌落总数超标520倍。

◆导入案例二

2014年,三九养生堂 http://www.39yst.com,报:方便面应该是人们生活中非常常见的一种方便食品,很多朋友也非常喜爱吃,有关方便面的食品安全问题也是很多家长特别关注的问题。“统一”应该算是我国泡面品牌里非常知名的一大品牌,近日,有媒体报道称,两批“统一”泡面均显示大肠菌群超标,相关产品不合格已经进行下架处置。最近,国家质检总局最新发布了一批不合格进口食品名单,其中,由台湾统一企业(股份)公司生产的两批泡面被检大肠杆菌超标。

1. 我们日常生活中食品卫生检验项目有哪些?
2. 超标微生物的危害有什么?

项目一　食品微生物检验总则

近年以来,伴随着社会的发展和人民生活水平的不断提高,各种食品安全问题也不断涌现,由于微生物污染而引发的食品安全问题引起了人们的广泛关注。导致微生物污染的原因有很多一般来说会伴随着食品原材料的生产环境、工厂的生产环境、菌种菌落的数量和食品包装过程的处理等方面。合格食品的细菌学要求是在无致病菌的环境下存在或者说要把致病菌的菌种的种类和数量控制在一个对人体无害的安全范围和水平内。应用微生物的基础理论与检验方法,研究食品生产过程中的环境、原辅料、加工运输、储藏、销售过程、成品中的微生物种类、数量、性质、活动规律及其对人和动物健康的影响,这就是食品微生物检验的主要内容。为判断食品加工环境及食品卫生情况,能够对食品被细菌污染的程度作出正确的评价,为各项卫生管理工作提供科学依据,提供传染病和人类、动物的食物中毒的防治措施,食品微生物检验对实验室环境、人员、设备、检验用品、培养基、菌株都提出了标准的要求。

GB 4789.1－2010规定了食品微生物学检验基本原则和要求,包括实验室环境、人员、设备、检验用品、培养基、菌株。

一、实验室基本要求

(一)环境

1. 实验室环境不应影响检验结果的准确性。

2. 实验室的工作区域应与办公室区域明显分开。

3. 实验室工作面积和总体布局应能满足从事检验工作的需要，实验室布局应采用单方向工作流程，避免交叉污染。

4. 实验室内环境的温度、湿度、照度、噪声和洁净度等应符合工作要求。

5. 一般样品检验应在洁净区域(包括超净工作台或洁净实验室)进行，洁净区域应有明显的标示。

6. 病原微生物分离鉴定工作应在二级生物安全实验室进行。

(二)人员

1. 检验人员应具有相应的教育、微生物专业培训经历，具备相应的资质，能够理解并正确实施检验。

2. 检验人员应掌握实验室生物检验安全操作知识和消毒知识。

3. 检验人员应在检验过程中保持个人整洁与卫生，防止人为污染样品。

4. 检验人员应在检验过程中遵守相关预防措施的规定，保证自身安全。

5. 有颜色视觉障碍的人员不能执行涉及到辨色的实验。

(三)设备

1. 实验设备应满足检验工作的需要。

2. 实验设备应放置于适宜的环境条件下，便于维护、清洁、消毒与校准，并保持整洁与良好的工作状态。

3. 实验设备应定期进行检查、检定(加贴标识)、维护和保养，以确保工作性能和操作安全。

4. 实验设备应有日常性监控记录和使用记录。

(四)检验用品

1. 常规检验用品主要有接种环(针)、酒精灯、镊子、剪刀、药匙、消毒棉球、硅胶(棉)塞、微量移液器、吸管、吸球、试管、平皿、微孔板、广口瓶、量筒、玻棒及L形玻棒等。

2. 检验用品在使用前应保持清洁和无菌。常用的灭菌方法包括湿热法、干热法、化学法等。

3. 需要灭菌的检验用品应放置在特定容器内或用合适的材料(如专用包装纸、铝箔纸等)包裹或加塞，应保证灭菌效果。

4. 可选择适用于微生物检验的一次性用品来替代反复使用的物品与材料(如培养皿、吸管、吸头、试管、接种环等)。

5. 检验用品的储存环境应保持干燥和清洁，已灭菌与未灭菌的用品应分开存放并明确标识。

6. 灭菌检验用品应记录灭菌/消毒的温度与持续时间。

(五)培养基和试剂

1. 培养基

培养基的制备和质量控制。根据GB/T 4789.28的规定，培养基的生产企业应提供培养基或试剂的各种成分、添加成分名称及产品编号、批号、最终pH(适用于培养基)、储存信息和有效期;应严格按照供应商提供的贮存条件、有效期和使用方法进行培养基和试剂的保存和使用。

脱水合成培养基一般为粉状或颗粒状，包装于密闭的容器中。用于微生物选择或鉴定的添加成分通常为冻干物或液体。培养基的购买应有计划，以利于存货的周转(即掌握先购先用的原则)。实验室应保存有效的培养基目录清单，清单应包括以下内容：

——容器密闭性检查；

——记录首次开封日期；

——内容物的感官检查。

开封后的脱水合成培养基，其质量取决于贮存条件。通过观察粉末的流动性、均匀性、结块情况和色泽变化等判断脱水培养基的质量的变化。若发现培养基受潮或物理性状发生明显改变则不应再使用。

商品化即用型培养基和试剂:应严格按照供应商提供的贮存条件、有效期和使用方法进行保存和使用。使用商品化脱水合成培养基制备培养基时，应严格按照厂商提供的使用说明配制。如重量(体积)、pH、制备日期、灭菌条件和操作步骤等。

实验室自制的培养基:在保证其成分不会改变条件下保存，即避光、干燥保存，必要时在5℃ ±3℃冰箱中保存，通常建议平板不超过2 ~4 周，瓶装及试管装培养基不超过3 ~6 个月，除非某些标准或实验结果表明保质期比上述的更长。建议需在培养基中添加的不稳定的添加剂应即配即用，除非某些标准或实验结果表明保质期更长；含有活性化学物质或不稳定性成分的固体培养基也应即配即用，不可二次融化。培养基的贮存应建立经验证的有效期。观察培养基是否有颜色变化、蒸发(脱水)或微生物生长的情况，当培养基发生这类变化时，应禁止使用。

2. 培养基的制备

实验室使用各种基础成分制备培养基时，应按照配方准确配制，并记录相关信息，如:培养基名称和类型及试剂级别、每个成分物质含量、制造商、批号、pH、培养基体积(分装体积)、无菌措施(包括实施的方式、温度及时间)、配置日期、人员等，以便溯源。

(1)水

实验用水的电导率在25℃时不应超过25μS/cm(相当于电阻率≥0.4MΩcm)，除非另有规定要求。水的微生物污染不应超过103CFU/mL。应按 GB 4789.2，采用平板计数琼脂培养基，在36℃ ±1℃培养 48h ±2h 进行定期检查微生物污染。

(2)称重和溶解

小心称量所需量的脱水合成培养基(必要时佩戴口罩或在通风柜中操作，以防吸入含有有毒物质的培养基粉末)，先加入适量的水，充分混合(注意避免培养基结块)，然后加水至所需的量后适当加热，并重复或连续搅拌使其快速分散，必要时应完全溶解。含琼脂的培养基在加热前应浸泡几分钟。

(3) pH 的测定和调整

用 pH 计测 pH，必要时在灭菌前进行调整，除特殊说明外，培养基灭菌后冷却至 25 ℃时，pH 应在标准 pH ±0.2 范围内。一般使用浓度约为 40g/L(约 1mol/L)的氢氧化钠溶液或浓度 3.65%(约 1mol/L)的盐酸溶液调整培养基的 pH。如需灭菌后进行调整，则使用灭菌或除菌的溶液。

(4)灭菌

培养基应采用湿热灭菌法或过滤除菌法。某些培养基不能或不需要高压灭菌，可采用煮沸灭菌，如SC肉汤等特定的培养基中含有对光和热敏感的物质，煮沸后应迅速冷却，避光保存;有些试剂则不需灭菌，可直接使用(参见相关标准或供应商使用说明)。

湿热灭菌在高压锅或培养基制备器中进行，高压灭菌一般采用121℃ ±3℃灭菌15min，具体培养基按食品微生物学检验标准中的规定进行灭菌。培养基体积不应超过1000mL，否则灭菌时可能会造成过度加热。所有的操作应按照标准或使用说明的规定进行。灭菌效果的控制是关键问题。加热后采用适当的方式冷却，以防加热过度。这对于大容量和敏感培养基十分重要，例如含有煌绿的培养基。

过滤除菌可在真空或加压的条件下进行。使用孔径为0.2μm的无菌设备和滤膜。消毒过滤设备的各个部分或使用预先消毒的设备。一些滤膜上附着有蛋白质或其他物质(如抗生素)，为了达到有效过滤，应事先将滤膜用无菌水润湿。

3. 培养基的使用

(1)琼脂培养基的融化

将培养基放到沸水浴中或采用有相同效果的方法(如高压锅中的层流蒸汽)使之融化。经过高压的培养基应尽量减少重新加热时间，融化后避免过度加热。融化后应短暂置于室温中(如2min)以避免玻璃瓶破碎。融化后的培养基放入47℃ ~50℃的恒温水浴锅中冷却保温(可根据实际培养基凝固温度适当提高水浴锅温度)，直至使用，培养基达到47℃ ~50℃的时间与培养基的品种、体积、数量有关。融化后的培养基应尽快使用，放置时间一般不应超过4h。未用完的培养基不能重新凝固留待下次使用。敏感的培养基尤应注意，融化后保温时间应尽量缩短，如有特定要求可参考指定的标准。倾注到样品中的培养基温度应控制在约45℃左右。

(2)平板的制备和储存

倾注融化的培养基到平皿中，使之在平皿中形成厚度至少为3mm(直径90mm的平皿，通常要加入18mL ~20mL琼脂培养基)。将平皿盖好皿盖后放到水平平面使琼脂冷却凝固。如果平板需储存，或者培养时间超过48h或培养温度高于40℃，则需要倾注更多的培养基。凝固后的培养基应立即使用或存放于暗处和(或)5℃ ±3℃冰箱的密封袋中，以防止培养基成分的改变。在平板底部或侧边做好标记，标记的内容包括名称、制备日期和(或)有效期。也可使用适宜的培养基编码系统进行标记。将倒好的平板放在密封的袋子中冷藏保存可延长储存期限。为了避免冷凝水的产生，平板应冷却后再装入袋中。储存前不要对培养基表面进行干燥处理。对于采用表面接种形式培养的固体培养基，应先对琼脂表面进行干燥:揭开平皿盖，将平板倒扣于烘箱或培养箱中(温度设为25℃ ~50℃);或放在有对流的无菌净化台中，直到培养基表面的水滴消失为止。注意不要过度干燥。商品化的平板琼脂培养基应按照厂商提供的说明使用。

(3)培养基的弃置

所有污染和未使用的培养基的弃置应采用安全的方式，并且要符合相关法律法规的规定。

4. 试剂

检验试剂的质量及配制应适用于相关检验。对检验结果有重要影响的关键试剂应进行适用性验证。

（六）菌株

1. 应使用微生物菌种保藏专门机构或同行认可机构保存的、可溯源的标准或参考菌株。

2. 应对从食品、环境或人体分离、纯化、鉴定的，未在微生物菌种保藏专门机构登记注册的原始分离菌株（野生菌株）进行系统、完整的菌株信息记录，包括分离时间、来源，表型及分子鉴定的主要特征等。

3. 实验室应保存能满足实验需要的标准或参考菌株，在购入和传代保藏过程中，应进行验证试验，并进行文件化管理。

二、样品的采集

（一）采样原则

1. 根据检验目的、食品特点、批量、检验方法、微生物的危害程度等确定采样方案。

2. 应采用随机原则进行采样，确保所采集的样品具有代表性。

3. 采样过程遵循无菌操作程序，防止一切可能的外来污染。

4. 样品在保存和运输的过程中，应采取必要的措施防止样品中原有微生物的数量变化，保持样品的原有状态。

（二）采样方案

1. 类型

采样方案分为二级和三级采样方案。二级采样方案设有 n、c 和 m 值，三级采样方案设有 n、c、m 和 M 值。

n：同一批次产品应采集的样品件数；

c：最大可允许超出 m 值的样品数；

m：微生物指标可接受水平的限量值；

M：微生物指标的最高安全限量值。

注 1：按照二级采样方案设定的指标，在 n 个样品中，允许有 c 个样品其相应微生物指标检验值大于 m 值。

注 2：按照三级采样方案设定的指标，在 n 个样品中，允许全部样品中相应微生物指标检验值小于或等于 m 值；允许有 c 个样品其相应微生物指标检验值在 m 值和 M 值之间；不允许有样品相应微生物指标检验值大于 M 值。

例如：n = 5，c = 2，m = 100 CFU/g，M = 1000 CFU/g。含义是从一批产品中采集 5 个样品，若 5 个样品的检验结果均小于或等于 m 值（< =100 CFU/g），则这种情况是允许的；若 2 个样品的结果（X）位于 m 值和 M 值之间（100 CFU/g < X < =1000 CFU/g），则这种情况也是允许的；若有 3 个及以上样品的检验结果位于 m 值和 M 值之间，则这种情况是不允许的；若有任一样品的检验结果大于 M 值（>1000 CFU/g），则这种情况也是不允许的。

2. 各类食品的采样方案

按相应产品标准中的规定执行。

3. 食源性疾病及食品安全事件中食品样品的采集

（1）由工业化批量生产加工的食品污染导致的食源性疾病或食品安全事件，食品样品的采集和判定原则按二级、三级采样方案和产品的检验标准规定执行。同时，确保采集现场剩余食品样品。

（2）由餐饮单位或家庭烹调加工的食品导致的食源性疾病或食品安全事件，食品样品的采集按 GB14938 中卫生学检验的要求，以满足食源性疾病或食品安全事件病因判定和病原确证的要求。进行食物中毒诊断，主要依据流行病学调查资料、病人的潜伏期和特有的中毒表现、实验室诊断资料，对中毒食品或与中毒食品有关的物品或病人的标本进行检验的资料。对中毒食品进行控制处理，保护现场，封存中毒食品或疑似中毒食品、追回已售出的中毒食品或疑似中毒食品、对中毒食品进行无害化处理或销毁。

（三）各类食品的采样方法

采样应遵循无菌操作程序，采样工具和容器应无菌、干燥、防漏，形状及大小适宜。

1. 即食类预包装食品

取相同批次的最小零售原包装，检验前要保持包装的完整，避免污染。

2. 非即食类预包装食品

原包装小于 500g 的固态食品或小于 500mL 的液态食品，取相同批次的最小零售原包装；大于 500mL 的液态食品，应在采样前摇动或用无菌棒搅拌液体，使其达到均质后分别从相同批次的 n 个容器中采集 5 倍或以上检验单位的样品；大于 500g 的固态食品，应用无菌采样器从同一包装的几个不同部位分别采取适量样品，放入同一个无菌采样容器内，采样总量应满足微生物指标检验的要求。

3. 散装食品或现场制作食品

根据不同食品的种类和状态及相应检验方法中规定的检验单位，用无菌采样器现场采集 5 倍或以上检验单位的样品，放入无菌采样容器内，采样总量应满足微生物指标检验的要求。

4. 食源性疾病及食品安全事件的食品样品

样量应满足食源性疾病诊断和食品安全事件病因判定的检验要求。

（四）采集样品的标记

应对采集的样品进行及时、准确的记录和标记，采样人应清晰填写采样单（包括采样人、采样地点、时间、样品名称、来源、批号、数量、保存条件等信息）。

（五）采集样品的贮存和运输

采样后，应将样品在接近原有贮存温度条件下尽快送往实验室检验。运输时应保持样品完整。如不能及时运送，应在接近原有贮存温度条件下贮存。

三、样品检验

（一）样品处理

1. 实验室接到送检样品后应认真核对登记，确保样品的相关信息完整并符合检验要求。

2. 实验室应按要求尽快检验。若不能及时检验，应采取必要的措施保持样品的原有状态，防止样品中目标微生物因客观条件的干扰而发生变化。

3. 冷冻食品应在 45℃以下不超过 15min，或 2℃ ~5℃不超过 18h 解冻后进行检验。

（二）检验方法的选择

1. 应选择现行有效的国家标准方法。

2. 食品微生物检验方法标准中对同一检验项目有两个及两个以上定性检验方法时，应以常规培养方法为基准方法。

3. 食品微生物检验方法标准中对同一检验项目有两个及两个以上定量检验方法时，应以平板计数法为基准方法。

四、生物安全与质量控制

(一)实验室生物安全要求

实验室生物安全涉及的绝不仅是实验室工作人员的个人健康，一旦发生事故，极有可能会给人群、动物或植物带来不可预计的危害。

实验室生物安全事件或事故的发生是难以完全避免的，重要的是实验室工作人员应事先了解所从事活动的风险及应在风险已控制在可接受的状态下从事相关的活动。实验室工作人员应认识但不应过分依赖于实验室设施设备的安全保障作用，绝大多数生物安全事故的根本原因是缺乏生物安全意识和疏于管理实验室生物安全防护水平分级：根据对所操作生物因子采取的防护措施，将实验室生物安全防护水平分为一级、二级、三级和四级，一级防护水平最低，四级防护水平最高。依据国家相关规定：

1. 生物安全防护水平为一级的实验室适用于操作在通常情况下不会引起人类或者动物疾病的微 生物；

2. 生物安全防护水平为二级的实验室适用于操作能够引起人类或者动物疾病，但一般情况下对人、动物或者环境不构成严重危害，传播风险有限，实验室感染后很少引起严重疾病，并且具备有效治疗和预防措施的微生物；

3. 生物安全防护水平为三级的实验室适用于操作能够引起人类或者动物严重疾病，比较容易直接或者间接在人与人、动物与人、动物与动物间传播的微生物；

4. 生物安全防护水平为四级的实验室适用于操作能够引起人类或者动物非常严重疾病的微生物，以及我国尚未发现或者已经宣布消灭的微生物。

以 BSL－1. BSL－2，BSL－3，BSL－4（bio－safety level，BSL)表示仅从事体外操作的实验室的相应生物安全防护水平。应符合 GB 19489－2008 的规定。

(二)质量控制

1. 实验室应定期对实验用菌株、培养基、试剂等设置阳性对照、阴性对照和空白对照。

2. 实验室应对重要的检验设备(特别是自动化检验仪器)设置仪器比对。

3. 实验室应定期对实验人员进行技术考核和人员比对。

五、记录与报告

1. 记录

检验过程中应即时、准确地记录观察到的现象、结果和数据等信息。

2. 报告

实验室应按照检验方法中规定的要求，准确、客观地报告每一项检验结果。

六、检验后样品的处理

1. 检验结果报告后，被检样品方能处理。检出致病菌的样品要经过无害化处理。

2. 检验结果报告后，剩余样品或同批样品不进行微生物项目的复检。

项目二　食品微生物检验的程序

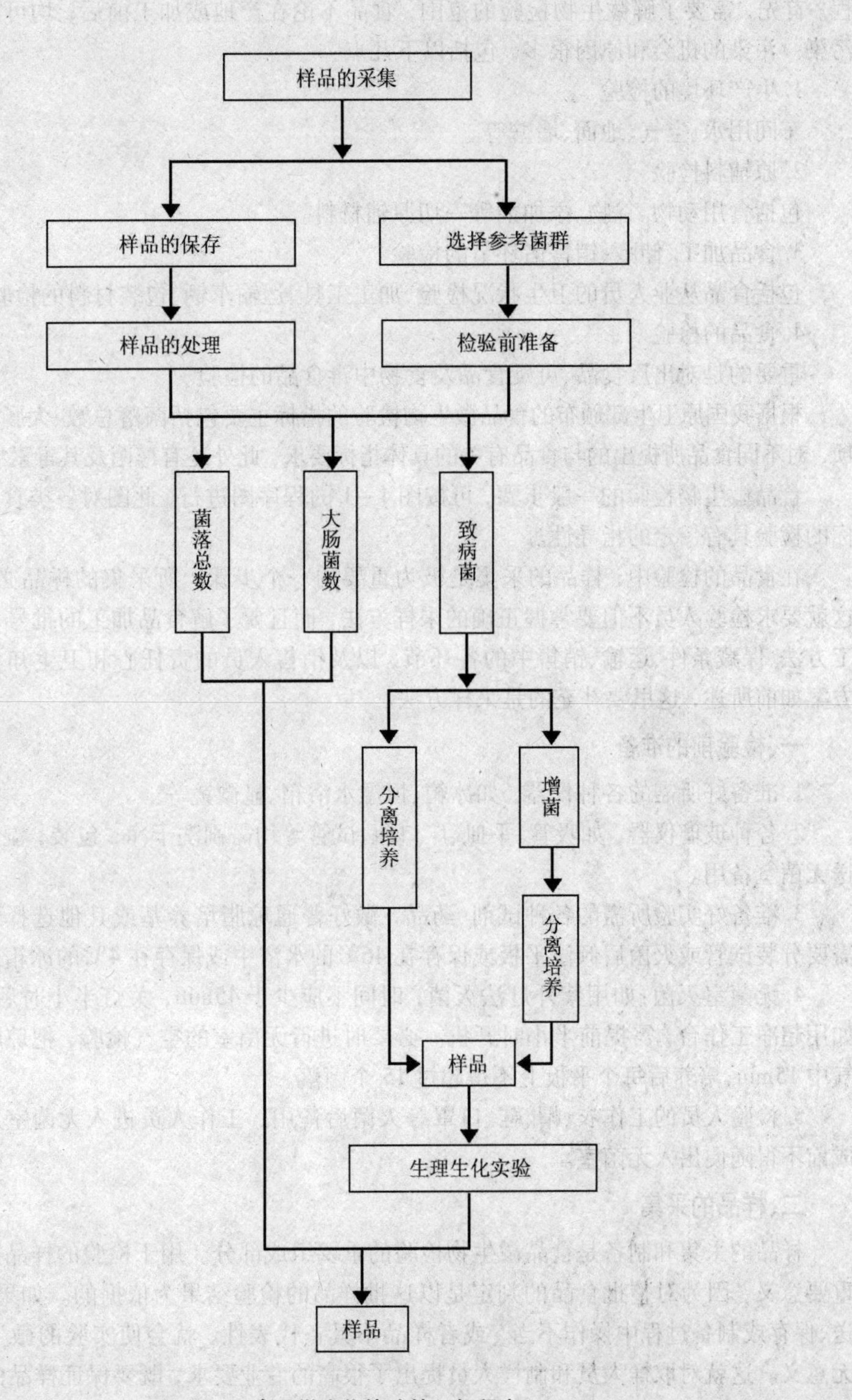

图4－1　食品微生物检验的一般程序

食品微生物检验是一门应用微生物学理论与实验方法的科学，是对食品中微生物的存在与否及种类和数量的验证。在检验过程中遵循上一个项目中提到的总则，对实验室环境、人员、设备、检验用品、培养基、菌株都具有严格的要求。在检验的过程中也有标准的程序流程。首先，需要了解微生物检验的范围，食品不论在产地或加工前后，均可能遭受微生物的污染。污染的机会和原因很多，包括以下几点：

1. 生产环境的检验

车间用水、空气、地面、墙壁等。

2. 原辅料检验

包括食用动物、谷物、添加剂等一切原辅材料。

3. 食品加工、储藏、销售诸环节的检验

包括食品从业人员的卫生状况检验、加工工具、运输车辆、包装材料的检验等。

4. 食品的检验

重要的是对出厂食品、可疑食品及食物中毒食品的检验。

根据我国原卫生部颁布的食品微生物检验的指标主要包括菌落总数、大肠菌群和致病菌三项，对不同食品所提出的与食品有关的具体指标要求，此外还有霉菌及其毒素、病毒、寄生虫等。

食品微生物检验的一般步骤，可按图 4－1 的程序图进行，此图对各类食品各项微生物指标的检验具有一定的指导性。

在食品的检验中，样品的采集是极为重要的一个步骤。所采集的样品必须具有代表性，这就要求检验人员不但要掌握正确的采样方法，而且要了解食品加工的批号、原料的来源、加工方法、保藏条件、运输、销售中的各环节，以及销售人员的责任心和卫生知识水平等。采样方案如前所述，这里要补充的是采样方法。

一、检验前的准备

1. 准备好所需的各种仪器，如冰箱、恒温水浴箱、显微镜等。

2. 各种玻璃仪器，如吸管、平皿、广口瓶、试管等均需刷洗干净，包装，湿法灭菌，冷却后送无菌室备用。

3. 准备好实验所需的各种试剂、药品，做好普通琼脂培养基或其他选择性培养基，根据需要分装试管或灭菌后倾注平板或保存在 46℃ 的水浴中或保存在 4℃ 的冰箱中备用。

4. 无菌室灭菌：如用紫外灯法灭菌，时间不应少于 45min，关灯半小时后方可进入工作；如用超净工作台，需提前半小时开机。必要时进行无菌室的空气检验，把琼脂平板暴露在空气中 15min，培养后每个平板上不得超过 15 个菌落。

5. 检验人员的工作衣、帽、鞋、口罩等灭菌后备用。工作人员进入无菌室后，在实验没完成前不得随便出入无菌室。

二、样品的采集

样品的采集和制备是食品微生物检验的重要组成部分。用于检验的样品数量和状况具有重要意义，因为对整批食品的判定是以这批样品的检验结果为依据的。如果样品的采取、运送、保存或制备过程中操作不当，或者样品不具备代表性，就会使实验的微生物检验结果毫无意义。这就对取样人员和制样人员提出了很高的专业要求，既要保证样品的代表性和一致性，又要保证整个微生物检验过程在无菌操作的条件下进行。食品微生物检验样品的采集和制备大致分为取样、包装密封、标志、样品的运输、接收、保存、样品的制备几个环节。

(一)取样

取样是指在一定质量或数量的产品中，取一个或多个代表性样品，用于感官、微生物和理化检验的全过程。样品必须对取样的整个产品或批量具有代表性。样品的大小和多少应能满足在需要时进行重复分析的需要。样品到达实验室时的状况应能反映出取样时产品的真实情况。

1. 取样工具

取样工具首先要达到无菌的要求，其次要能满足取到有代表性的样品。对取样工具和一些试剂材料应提前准备、灭菌。如果使用不合适的采集工具，可能会破坏样品的完整性，甚至使样品毫无意义。应根据不同的样品特征和取样环境，对取样物品和试剂进行事先准备和灭菌等工作。实验室的工作人员进入车间取样时，必须立刻更换工作服，以避免将实验室的菌体带入加工环境，造成产品加工过程的污染。

不同类型的食品应采用不同的工具和方法：

(1)液体食品，充分混匀，用无菌操作开启包装，用100mL无菌注射器抽取，注入无菌盛样容器。

(2)半固体食品，用无菌操作拆开包装，用无菌勺子从几个部位挖取样品，放入无菌盛样容器。

(3)固体样品，大块整体食品应用无菌刀具和镊子从不同部位割取，割取时应兼顾表面与深部，注意样品的代表性，小块大包装食品应从不同部位的小块上切取样品，放入无菌盛样容器。

(4)冷冻食品，大包装小块冷冻食品按小块个体采取；大块冷冻食品可以用无菌刀从不同部位削取样品或用无菌小手锯从冻块上锯取样品，也可以用无菌钻头钻取碎屑状样品，放入盛样容器。

(3)(4)所述食品取样还应注意检验目的，若需检验食品污染情况，可取表层样品；若需检验其品质情况，应取深部样品。

(5)生产工序监测采样：

①车间用水：自来水样从车间各水龙头上采取冷却水。汤料等从车间容器不同部位用100ml无菌注射器抽取。

②车间台面、用具及加工人员手的卫生监测：用5cm^{2}孔无菌采样板及5支无菌棉签擦拭25cm^{2}面积。若所采表面干燥，则用无菌稀释液湿润棉签后擦拭，若表面有水，则用干棉签擦拭，擦拭后立即将棉签头用无菌剪刀剪入盛样容器。

③车间空气采样：直接沉降法。将5个直径90mm的普通营养琼脂平板分别置于车间的四角和中部，打开平皿盖5min，然后盖盖送检。

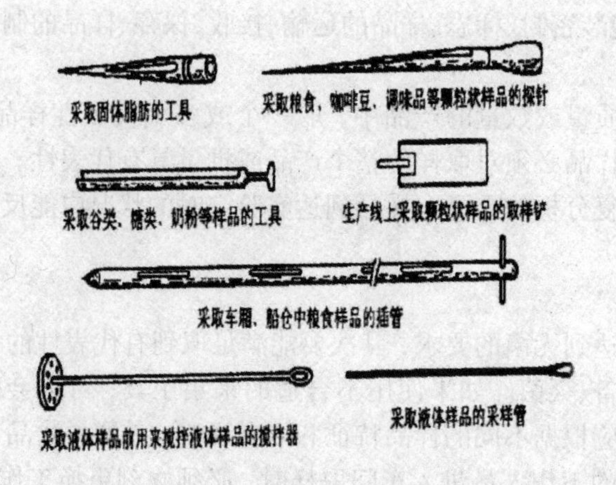

图4-2　食品微生物检验取样工具

2. 取样方案

要保证样品能够代表整批产品，其检测结果应具有统计学有效性，以数理统计为基础的取样方法，也叫统计取样。食品检验的特点是以一小份样品的检验结果来评判一大批食品的质量，因此，样品的代表性至关重要。要保证样品的代表性，首先要有一套科学的取样方案，其次使用正确的取样技术，并在样品的保存和运输过程中保持样品的原有状态。目前食品检验工作中使用较多的取样计划包括计数取样计划（二级、三级）、低污染水平的取样计划以及随机取样等。详见前面所述。

3. 取样要求

(1)在取样之前应确认货、证是否相符。

(2)取样过程中应避免雨水等环境的不良因素影响，防止样品被污染。

(3)取样用具（如注射器、采血管、试管、探子、铲子、匙、取样器、剪子、样品袋等）必须是经过灭菌的。

(4)对采集的样品一般要求随机取样。若怀疑最有可能受病原体污染或者带有病原体的样品，可以进行选择取样。

(5)根据样品种类（如盒装、袋装、瓶装和罐装），应取完整密封的样品。如果样品很大，则需用无菌取样器取样；若样品是粉末，应边取边混合；若样品是液体的，通过振摇即可混匀；若样品是冷冻的，应保持冷冻状态（可放在冰内、冰箱的冷盒内或低温冰箱内保存），而非冷冻动物产品须保持在0－5℃保存。

(6)取样前或取样后应在盛装样品的容器或样品袋上立即贴上标签，每件样品必须标记清楚（包括品名、来源、数量、取样地点、取样人及取样日期）。

(7)获取有关取样产品的信息：如样品名称、批量大小、包装类型、包装容器体积、生产线、产品编号或控制号、批量号、标签内容、包装破损状况、产品存放地点或建筑物的基本情况等。

(8)当客户对所规定的取样程序有偏离、添加或删节的要求时，应详细记录这些要求和相关的取样资料，并记入包含检测结果的所有文件中，同时告知相关人员。

(9)当取样作为检测一部分时，实验室应有程序记录与取样有关的资料和操作。这些记录应包括所有的取样程序、取样人员的识别、环境备件（如果相关）、必要时有抽样地点的图示或其他等效方法，如果合适，还应包括取样程序所依据的统计方法。

4. 取样点

(1)原料的取样。包括食品生产所用的原始材料、添加剂、辅助材料及生产用水等。

(2)生产线取样。是指食品生产过程中不同加工环节所取的样品，包括半成品、加工台面、与被加工食品接触的仪器以及操作器具等。生产线样品的采集能够确定细菌污染的来源，可用于食品加工企业对产品加工过程卫生状况的了解和控制，同时能够用于特定产品生产环节中关键控制点的确定和HACCP的验证工作。另外还可以配合生产加工，在生产前后或生产过程中对环境样品(如地面、墙壁、天花板以及空气等)取样进行检验，以检测加工环境的卫生状况。

(3)库存样品的取样检验可以测定产品在保持期内微生物的变化情况，同时也可以间接对产品的保质期是否合理进行验证。

(4)零售商店或批发市场的样品。检测结果能够反映产品在流通过程中微生物的变化情况，能够对改进产品的加工工艺起到反馈作用。

(5)进口或出口样品。通常是按照进出口商所签订的合同进行取样和检测的。但要特别注意的是，进出口食品的微生物指标除满足进出口合同或信用证条款的要求外，还必须符合进口国的相关法律规定。

5. 取样方法

(1)包装食品。对于直接食用的小包装食品，尽可能取原包装，直到检验前不要开封，以防污染。对于桶装或大容器包装的液体食品，取样前应摇动或用灭菌棒搅拌液体，尽量使其达到均质；取样时应先将取样用具浸入液体内略加漂洗，然后再取所需量的样品，装入灭菌容器的量不应超过其容量的3/4，以便于检验前将样品摇匀；取完样品后，应用消毒的温度计插入液体内测量食品的温度，并作记录。尽可能不用水银温度计测量，以防温度计破碎后水银污染食品；如为非冷藏易腐食品，应迅速将所取样品冷却至0～4℃。

对于大块的桶装或大容器包装的冷冻食品，应从几个不同部位用灭菌工具取样，使样品具有充分的代表性；在将样品送达实验室前，要始终保持样品处于冷冻状态。样品一旦融化，不可使其再冻，保持冷却即可。

(2)生产过程中的取样。划分检验批次，应注意同批产品质量的均一性；如用固定在贮液桶或流水作业线上的取样龙头取样时，应事先将龙头消毒；当用自动取样器取不需要冷却的粉状或固定食品时，必须履行相应的管理办法，保证产品的代表性不被人为的破坏。

(3)液体食品。通常情况下，液态食品较容易获得代表性样品。液态食品(如牛奶、奶昔、糖浆)一般盛放在大罐中，取样时，可连续或间歇搅拌，对于较小的容器，可在取样前将液体上下颠倒，使其完全混匀。较大的样品(100～500ml)要放在已灭菌的容器中送往实验室，实验室在取样检测之前应将液体再彻底混匀一次。

对于牛奶、葡萄酒、植物油等，常采用虹吸法(或用长形吸管)按不同深度分层取样，并混匀。如样品黏稠或含有固体悬浮物或不均匀液体应充分搅匀后，方可取样。

(4)固体样品。依所取样品材料的不同，所使用的工具也不同。固态样品常用的取样工具有灭菌的解剖刀、勺子、软木钻、锯子和钳子等。面粉或奶粉等易于混匀的食品，其成品质量均匀、稳定，可以抽取小样品检测(如100g)。但散装样品就必须从多个点取样，且每个样品都要单独处理，在检测前彻底混匀，并从中取一份样品进行检测。

肉类、鱼类的食品既要在表皮取样又要在深层取样。深层取样时要小心不要被表面污染。

有些食品，如鲜肉或熟肉可用灭菌的解剖刀或钳子取样；冷冻食品在未解冻的状态下可用锯子、木钻或电钻(一般斜角钻入)等获取深层样品；全蛋粉等粉末状样品取样时，可用灭菌的取样器斜角插入箱底，样品填满取样器后提出箱外，再用灭菌小勺从上、中、下部位取样。

(5)表面取样。通过惰性载体可以将表面样品上的微生物转移到合适的培养基中进行微生物检验，这种惰性载体既不能引起微生物死亡，也不应使其增殖。这样的载体包括清水、拭子、胶带等。取样后，要使微生物长期保存在载体上，既不死亡又不增殖十分困难，所以应尽早地将微生物转接到适当的培养基中。转移前耽误的时间越长，品质评价的可靠性就越差。表面取样技术只能直接转移菌体，不能做系列稀释，只有在菌体数量较多时才适用。其最大优点是检测时不破坏食品样品。

(6)水样的采取。采集水样应注意无菌操作，以防止杂菌混入。取水样时，最好选用带有防尘磨口瓶塞的广口瓶。对于用氯气处理过的水，取样前在每500ml的水样中加入2ml的1.5%的硫代硫酸钠溶液。在取自来水时，水龙头嘴的里外都应该干净。用酒精灯灼烧水龙头灭菌，然后把水龙头完全打开，放水5~10min后再将水龙头关小，采集水样。这样的取样方法能够确保供水系统的细菌学分析的质量，但是如果检测的目的是用于追踪微生物的污染源，建议还应在龙头灭菌之前取水样或在龙头的里边和外边用棉拭子涂抹取样，以检测龙头自身污染的可能性。

(7)空气样品的采取。空气的取样方法有:直接沉降法和过滤法。

在检验空气中细菌含量的各种沉降法中，平皿法是最早的方法之一。将5个直径90mm的普通营养琼脂平皿置于车间四角和中部，打开5min中后送检。到目前为止，这种方法在判断空气中浮游微生物分次自沉现象方面仍具有一定的意义。

过滤法是使定量的空气通过吸收剂，然后将吸收剂培养，计算出菌落数。

具体某类食品进行微生物检验的采集时，可以查阅相关标准进行。

三、样品处理

1.通用方法

样品处理应在无菌室内进行，若是冷冻样品必须事先在原容器中解冻，解冻温度2℃~5℃、不超过18h，或45℃、不超过15min。

一般固体食品的样品处理方法有以下几种：

(1)捣碎均质法：

将100g或100g以上样品剪碎混匀，从中取25g放入带225ml稀释液的无菌均质杯中8000r/min~10000r/min均质1min~2min，这是对大部分食品祥品都适用的办法。

(2)剪碎振摇法

将100g或100g以上样品剪碎混匀，从中取25g进一步剪碎，放入带有225mL稀释液和适量Φ5mm左右玻璃珠的稀释瓶中，盖紧瓶盖，用力快速振摇50次，振幅不小于40cm。

(3)研磨法

将100g或100g以上样品剪碎混匀，取25g放入无菌乳钵充分研磨后再放入带有225ml稀释液的无菌均质杯中盖紧瓶盖充分振摇。

(4)整粒振摇法

有完整自然保护膜的颗粒状样品(如蒜瓣、青豆等)可以直接称取25g整粒样品置入带有225ml无菌稀释液和适量玻璃珠的无菌稀释瓶中、盖紧瓶盖，用力快速振摇50次，振幅在40cm

以上。冻蒜瓣样品若剪碎或均质，由于大蒜素的杀菌作用，所得结果大大低于实际水平。

(5)胃蠕动均质法

这是国外常用的一种新型的均质样品的方法，将一定量的样品和稀释液放入无菌均质袋中，开机均质。均质器有一个长方形金属盒，其旁安有金属叶板，可打击塑料袋，金属叶板由恒速马达带动，作前后移动而撞碎样品。

2. 各类食品微生物检验样品的采集和处理：

(1)肉与肉制品样品的采集与制备。

①生肉及脏器检样：如果是屠宰场宰后的畜肉，可于开腔后，用无菌刀采取两腿内侧肌肉各150g；如果是冷藏或售卖之生肉，可用无菌刀取腿肉或其他部位之肌肉250g，检样采取后，放入灭菌容器内，立即送检；如果条件不许可，最好不超过3h，送检应注意冷藏，不得加入任何防腐剂，检样送往检验室应立即检验或放置冰箱暂存。

②熟肉制品：一般采取250g，熟禽采取整只，均放灭菌容器内，立即送检。

样品的制备时，先将检样进行表面消毒（在沸水内烫3s～5s，或灼烧消毒），再用无菌剪子剪取检样深层肌肉25g，放入无菌乳钵内用灭菌剪子剪碎后，加灭菌海砂或玻璃砂，研磨，磨碎后加入灭菌水225mL，混匀后即为1:10稀释液。

(2)乳与乳制品样品的采集与制备。

①生乳的采样：样品应充分搅拌混匀，混匀后应立即取样，用无菌采样工具分别从相同批次（此处特指单体的贮奶罐或贮奶车）中采集 n 个样品，采样量应满足微生物指标检验的要求。具有分隔区域的贮奶装置，应根据每个分隔区域内贮奶量的不同，按比例从中采集一定量经混合均匀的代表性样品，将上述奶样混合均匀采样。

②液态乳制品的采样

适用于巴氏杀菌乳、发酵乳、灭菌乳、调制乳等。取相同批次最小零售原包装，每批至少取 n 件。

③半固态乳制品的采样

A. 炼乳的采样：适用于淡炼乳、加糖炼乳、调制炼乳等。原包装小于或等于500 g(mL)的制品：取相同批次的最小零售原包装，每批至少取 n 件。采样量不小于5倍或以上检验单位的样品。原包装大于500 g(mL)的制品（再加工产品，进出口）：采样前应摇动或使用搅拌器搅拌，使其达到均匀后采样。如果样品无法进行均匀混合，就从样品容器中的各个部位取代表性样。采样量不小于5倍或以上检验单位的样品。

B. 奶油及其制品的采样：适用于稀奶油、奶油、无水奶油等。原包装小于或等于1000 g(mL)的制品：取相同批次的最小零售原包装，采样量不小于5倍或以上检验单位的样品。原包装大于1000 g(mL)的制品：采样前应摇动或使用搅拌器搅拌，使其达到均匀后采样。对于固态制品，用无菌抹刀除去表层产品，厚度不少于5 mm。将洁净、干燥的采样钻沿包装容器切口方向往下，匀速穿入底部。当采样钻到达容器底部时，将采样钻旋转180°，抽出采样钻并将采集的样品转入样品容器。采样量不小于5倍或以上检验单位的样品。

④固态乳制品采样：适用于干酪、再制干酪、乳粉、乳清粉、乳糖和酪乳粉等。

原包装小于或等于500 g的制品：取相同批次的最小零售原包装，采样量不小于5倍或以上检验单位的样品。原包装大于500 g的制品：根据干酪的形状和类型，可分别使用下列方法：

a. 在距边缘不小于 10 cm 处,把取样器向干酪中心斜插到一个平表面,进行一次或几次。

b. 把取样器垂直插入一个面,并穿过干酪中心到对面。

c. 从两个平面之间,将取样器水平插入干酪的竖直面,插向干酪中心。

d. 若干酪是装在桶、箱或其它大容器中,或是将干酪制成压紧的大块时,将取样器从容器顶斜穿到底进行采样。采样量不小于 5 倍或以上检验单位的样品。

(3)蛋与蛋制品样品的采集与制备。

Ⅰ. 采样方法及采样数量

①鲜蛋用流动水冲洗外壳,再用 75% 酒精棉球擦拭消毒后放入灭菌袋内,加封作好标记后送检。

②罐装全蛋粉、巴氏消毒全蛋粉、蛋黄粉、蛋白片　用 75% 酒精棉球消毒包装上开口处,然后将盖开启,用灭菌的金属制双套回旋取样管斜角插入箱底,旋转套管收取样品,再将采样器提出箱外,用灭菌小匙自上、中、下部收取检样,装入灭菌广口瓶中,每个检样重量不少于 100g,标明后送检。

③冰全蛋、巴氏消毒冰全蛋、冰蛋黄、冰蛋白　先用 75% 酒精棉球消毒铁听开口处,然后将盖开启,用灭菌电钻由顶到底斜角钻入,徐徐钻取检样,然后抽出电钻,从中取出 200g 检样装入灭菌广口瓶中,标明后送检。

对成批产品进行质量鉴定时的采样数量:全蛋粉、巴氏消毒全蛋粉、蛋黄粉、蛋白片等产品以一日或一班生产量为一批,检验沙门氏菌时,按每批总量 5% 抽样(即每 100 箱中抽检 5 箱,每箱一个检样),但每批不得少于三个检样;测定菌落总数和大肠菌群时,每批按装听过程前、中、后取样三次,每次取样 50g,每批合为一个检样。冰全蛋、巴氏消毒冰全蛋、冰蛋黄、冰蛋白等产品按每 500g 取样一件。菌落总数测定和大肠菌群测定时,在每批装听过程前、中、后取样三次,每次取样 50g 合为一个检样。

Ⅱ. 样品预处理首先进行样品的稀释,不同样品可按照以下方法进行。

①鲜蛋外壳用灭菌生理盐水浸泡的棉拭充分擦拭蛋壳,然后将棉拭直接放入培养基内增菌培养,也可将整只鲜蛋放入灭菌小烧杯或平皿中,按检样要求加入定量灭菌生理盐水或液体培养基,用灭菌棉拭将蛋壳表面充分擦洗后,以擦洗液作为检样检验。

②鲜蛋液持鲜蛋在流水下洗净,待干后再用 75% 酒精棉球消毒蛋壳,然后根据检验要求,打开蛋壳取出蛋白、蛋黄或全蛋液,放入带有玻璃珠的灭菌瓶内,充分摇匀待检。

③全蛋粉、巴氏消毒全蛋粉、蛋白片、冰蛋黄　将检样放入带有玻璃珠的灭菌瓶内,按比率加入灭菌生理盐水充分摇匀待检。

④冰全蛋、巴氏消毒冰全蛋、冰蛋白、冰蛋黄　将装有冰蛋检样的瓶子浸泡于流动冷水中,待检样熔化后取出,放入带有玻璃珠的灭菌瓶中充分摇匀待检。

(4)水产食品样品的采集与制备。

按照检验目的和水产品的种类确定采样量,除个别大型鱼类割取局部作为样品,一般都采完整的个体。在以判断质量鲜度为目的时,鱼类和体型较大的贝甲类虽然应该以一个个体为一件样品,单独采取一个检样。但当对一批水产品做质量判断时,仍需要采取多个个体做多件检样以反映全面质量。一般小型鱼类和对虾、小蟹,因个体过小,检验时只能混合采取检样,鱼糜制品(鱼丸等)和熟制品采取 250g 放灭菌容器内。水产食品汗水较多,易于变质,送检过程中加冰保养。

(5)清凉饮料样品的采集与制备。

①瓶装汽水、果蔬饮料、碳酸饮料、茶饮料等应尽可能采取原瓶(罐)、袋和盒装样品,4 杯为一件,大包装者以 1 桶或 1 瓶为一件;散装者应用无菌操作采取 500mL (g),放入灭菌磨口瓶或灭菌袋中。用点燃的酒精棉球烧灼或擦拭瓶(袋)口,再用灭菌开瓶器将盖启开。含有二氧化碳的饮料可倒入另一灭菌容器内,口勿盖紧,覆盖一灭菌石炭酸纱布,轻轻摇荡,待气体全部逸出后,进行检验。

②冰激凌、冰棍应采取原包装样品 冰激凌以 4 杯为一件,散装者采取 200g,通过无菌操作放在灭菌容器内,待其熔化,立即进行检验。冰棍如班产量 20 万支以下者,以一班为一批;班产量 20 万支以上者,以工作台为一批,一批取 3 件,一件取 3 支。用灭菌镊子除去包装纸,将冰棍部分放入灭菌磨口瓶内,木棒留在瓶外,盖上瓶盖,用力抽出木棒,或用灭菌剪子剪掉木棒,置 45℃水浴 30min,熔化后立即进行检验。

③食用冰块 以 500g 为一件,取冷冻冰块放入灭菌容器内,待其熔化,立即进行检验。

(6)调味品样品的采集与制备。

①酱油和食醋瓶装者采取原包装 1 瓶,用 75% 酒精棉球烧灼瓶口灭菌,用石炭酸纱布盖好,再用灭菌开瓶器启开后进行检验。散装样品可用灭菌吸管采取 500mL,放人灭菌容器内进行检验。食醋检验前需先用 20% ~30% 灭菌碳酸钠溶液调 pH 到中性。

②酱类用无菌操作称取 25g,放入灭菌容器内,加入灭菌蒸馏水 225mL,制成混悬液。

(7)冷食菜、豆制品样品的采集与制备。

定型包装者用原包装,散装者采样 200g。抽样时先用 75% 酒精棉球消毒包装袋口,用灭菌剪刀剪开后,分别采取接触盛器边缘、底部及上面不同部位的样品,再放人灭菌容器内,混匀。以无菌操作称取 25g 检样,放入 225mL 灭菌稀释液,用均质器打碎 1min,制成混悬液。

(8)糖果、糕点、果脯样品的采集与制备。

定型包装者采取原包装,散装者糕点、果脯采取 200g,糖果采取 100g,采样后立即送检。

①蛋糕如为原包装,用灭菌镊子夹下包装纸,采取外部及中心部位;如为带馅糕点,取外皮及内馅 25g;奶花糕点. 采取奶花及糕点部分各一半共 25g。然后加入 225mL 灭菌生理盐水中,制成混悬液。

②果脯采取不同部位 20g 检样,加入灭菌生理盐水 225mL,制成混悬液。

③糖果用灭菌镊子夹取包装纸,称取数块共 25g,加入预温至 45℃ 的灭菌生理盐水 225mL,待熔化后检验。

(9)酒类样品的采集与制备。

瓶装酒类应采取原包装样品 2 瓶,散装者应采取 500mL,放入灭菌容器内立即送检。

①瓶装酒类用点燃的酒精棉球烧灼瓶口灭菌,用石炭酸纱布盖好,用灭菌开瓶器将盖启开:有二氧化碳的酒类可倒入另一灭菌容器内,口勿盖紧,覆盖灭菌纱布,轻轻摇荡,待气体全部逸出后,进行检验。

②散装酒类可直接吸取,进行检验。

(10)罐头样品的采集与制备。

罐头样品抽样方法可采用下述方法之一。

Ⅰ. 按杀菌锅抽样低酸性食品罐头在杀菌冷却完毕后每杀菌锅抽样两罐,3kg 以上的大罐每锅抽一罐;酸性食品罐头每锅抽一罐,一般一个班的产品组成一个检验批,将各锅的样罐组成一个样批送检，每批每个品种取样基数不得少于三罐。产品如按锅划分堆放，在遇到由于杀菌操作不当引起问题时，也可以按锅处理。

Ⅱ. 按生产班（批）次抽样

①取样数为1/6000、尾数超过2000者增取一罐，每班（批）每个品种不得少于三罐。

②某些产品班产量较大，则以30000罐为基数，其取样数按1/6000；超过30000罐以上的按1/20000计，尾数超过4000罐者增取一罐。

③个别产品产量过小，同品种同规格可合并班次为一批取样，但并班总数不超过5000罐，每个批次取样数不得少于三罐。

(11) 方便面（米粉）、即食粥等方便食品检测样品的采集与制备技术

袋（碗）装方便面（米粉）、即食粥等方便食品以3袋（碗）为一件（约250g），散装（或简易）包装者抽取200g。

Ⅰ. 无调味料的方便面（米粉）、即食粥。按无菌操作开封取样，称取25g，剪碎或放在玻璃研钵研碎，加入225mL灭菌生理盐水制成1∶10的均质液，备用。

Ⅱ. 有调味料的方便面（米粉）、即食粥。按无菌操作开封取样，将面（粉）块剪碎或研碎后与各种调味料按它们在产品中的质量比例分别称样，共称取25g，并混合均匀，加入225mL灭菌生理盐水制成1∶10的均质液，备用。

四、样品的送检

采集好的样品应及时送到食品微生物检验室，越快越好，一般不应超过3h，如果路途遥远，可将不需冷冻的样品保持在1℃～5℃的环境中，勿使冻结，以免细菌遭受破坏；如需保持冷冻状态，则需保存在泡沫塑料隔热箱内（箱内有干冰可维持在0℃以下），应防止反复冰冻和溶解。样品的运输过程必须有适当的保护措施（如密封、冷藏等），以保证样品的微生物指标不发生变化。运送冷冻和易腐食品应在包装容器内加适量的冷却剂或冷冻剂，但样品不可与冷却剂或冷冻剂直接接触，保证途中样品不升温或不融化，必要时可于途中补加冷却剂或冷冻剂。

样品送检时，必须认真填写申请单，做好样品运送记录，写明运送条件、日期、到达地点及其他需要说明的情况，并由运送人签字，以供检验人员参考。

检验人员接到送检单后，应立即登记，填写序号，并按检验要求，立即将样品放在冰箱或冰盒中，并积极准备条件进行检验，确认样品与委托单上的内容是否一致。确认内容一般包括：品名；检验目的；检验项目；形状和包装状况（固体、液体、粉状、冷冻、冷藏、零售、批发、无菌包装等都不同）；抽样数量（个数和质量）；抽样日期及送达日期；抽样地点；随货样附带的许可申请单编号；生产国或者生产厂家名称（进口商品）；抽样者的单位、姓名及有无封印；其他搬运、储存、检验时的注意事项。

五、样品的保存

食品微生物检验室必须备有专用冰箱存放样品，一般阳性样品发出报告后3d（特殊情况可适当延长）方能处理样品；进口食品的阳性样品，需保存六个月方能处理，阴性样品可及时处理。保存原则：

1. 防止交义污染。凡接触样品的器皿、工具、手必须清洁，不应带入新的污染物，并加盖密封。

2. 防止腐败变质。动物性食品极易腐败变质，可采取低温冷藏，以降低酶活性及抑制微生物生长繁殖。

实验室接到样品后应在36h内进行检测(贝类样品通常要在6h内检测)，对不能立即进行检测的样品，要采取适当的方式保存，使样品在检测之前维持取样时的状态，即样品的检测结果能够代表整个产品。实验室应有足够和适当的样品保存设施(如冰箱或冰柜等)。

保存的样品应进行必要和清晰的标记，内容包括:样品名称，样品描述，样品批号，企业名称、地址，取样人，取样时间，取样地点，取样温度(必要时)，测试目的等;样品在保存过程中应保持密封性，防止引起样品pH值的变化。

(1)易腐食品。要用保温箱或采取必要的措施使样品处于低温状态(0～4℃)，应在取样后尽快送至实验室，并保证样品送至实验室时不变质。易腐的非冷冻食品检测前不应冷冻保存(除非不能及时检测)。如需要短时间保存，应在冷藏(0～4℃)保存，但应尽快检验(一般不应超过36h)，因为保存时间过长会造成食品中嗜冷细菌的生长和嗜中温细菌的死亡。

(2)冷冻食品。要用保温箱或采取必要的措施使样品处于冷冻状态，送至实验室前样品不能融解、变质。冰冻食品要密闭后置于冷冻冰箱(通常为-18℃)，检测前要始终保持冷冻状态，防止食品暴露在二氧化碳气体中。

(3)干制食品。应用塑料袋或类似的材料密封保存，注意不能使其吸潮或水分散失，并要保证从取样到实验室进行检验的过程中其品质不变。

(4)其他食品。也应用塑料袋或类似的材料密封保存，注意不能使其吸潮或水分散失，并要保证从取样到实验室进行检验的过程中其品质不变。必要时可使用冷藏设备。

任务一　食品卫生微生物检验样品的采集和处理

一、范围

适用于各类食品样品的采样。

二、采样用品

灭菌探子、铲子、匙、采样器、试管、吸管、广口瓶、剪子、开罐器等。

三、样品的采集

在食品检验中，所采集的样品必须有代表性。食品中因其加工批号、原料情况(来源、种类、地区、季节等)、加工方法、运输、保藏条件、销售中的各个环节(例如有无防蝇、防污染、防蟑螂及防鼠等设备)及销售人员的责任心和卫生认识水平等均可影响食品卫生质量，因此必须考虑周密。

1. 采样数量

每批样品要在容器的不同部位采取，一般定型包装食品采取一袋/瓶(不少于250g)及散装食品采取250g。

2. 采样方法

(1)采样必须在无菌操作下进行。

(2)根据样品种类，袋装、瓶装和罐装食品，应采完整的未开封的样品。如果样品很大，则需要无菌采样器取样;固体粉末样品，应边取边混合;液体样品通过振摇混匀;冷冻食品应保持冷冻状态(可放在冰内、冰箱的冷盒内或低温冰箱内保存)，非冷冻食品需在1℃～5℃中保存。

3. 采样标签

采样前或后应贴上标签，每件样品必须标记清楚（如品名、来源、数量、采样地点、采样人及采样时间等）。

四、送检

样品送到微生物检验室应越快越好。如果路途遥远，可将不需冷冻样品保持在1℃～5℃环境中（如冰壶）。如需保持冷冻状态，则需保存在泡沫塑料隔热箱内（箱内有干冰可维持在0℃以下）。送检时，必须认真填写申请单，以供检验人员参考。

五、检验

微生物检验室接到送检申请单，应立即登记，填写实验序号，并按检验要求，立即将样品放在冰箱或冰盒中，积极准备条件进行检验。

各食品微生物检验室必须备有专用冰箱存放样品。一般阳性样品，发出报告后3d（特殊情况适当延长），方能处理样品。进口食品的阳性样品，需保存6个月，方能处理。阴性样品可及时处理。

检验完后，检验人员应及时填写原始记录，签名后，送质控办出具检验报告。

项目三　食品菌落总数的测定

菌落总数 aerobic plate count，是指食品检样经过处理，在一定条件下（如培养基、培养温度和培养时间等）培养后，所得每 g（mL）检样中形成的微生物菌落总数。

一、背景知识

食品中菌落总数的测定，目的在于了解食品在生产中，从原料加工到成品包装受外界污染的情况；也可以应用这一方法观察细菌在食品中繁殖的动态，确定食品的保存期，以便对被检样品进行卫生学评价时提供依据。食品中菌落总数的多少，直接反映着食品的卫生质量。如果食品中菌落总数多于10万个，就足以引起细菌性食物中毒；如果人的感官能察觉食品因细菌的繁殖而发生变质时，细菌数大约已达到 10^6～10^7 个/g（ml 或 cm^2）。食品的变质反映与菌落总数的增多有一定联系，从食品卫生观点来看，食品中菌落总数越多，说明食品质量越差，也就应考虑到病原菌污染的可能性愈大；当菌落总数仅少量存在时，则病原菌污染的可能性就会降低，或者几乎不存在。

但有时食品中细菌含量很高，即使已达到相当于同种食品已变质时的细菌数，而食品并未有任何变质现象，这种情况也是经常会遇到的。有时食品遭受污染的程度特别严重，食品中虽含有大量的细菌，由于时间短暂或细菌繁殖条件不具备，就见不到变质现象。例如：一些干制食品和冰冻食品，它们含有细菌的多少，就可以表明这些食品贮藏等过程中卫生管理的状况。还有一些食品，如酸泡菜、发酵乳等发酵制品，也不能单凭测定菌落总数来确定卫生质量，因为发酵制品本身就是通过微生物的作用而制成的。

根据以上事实，食品中菌落总数的测定对评定食品的新鲜度和卫生质量起着一定的卫生指标作用，但还必须配合大肠菌群的检验和病原菌项目的检验，才能作出比较全面、准确的评定。

菌落 colony，是以母细胞为中心繁殖而形成的一系列在固体培养基上或内部生长形成肉眼可见的子细胞的群体。菌落形态包括菌落的大小、形状、边缘、光泽、质地、颜色和透明程度等。每一种细菌在一定条件下形成固定的菌落特征。不同种或同种在不同的培养条件下，菌落特征是不同的。这些特征对菌种识别、鉴定有一定意义。细胞形态是菌落形态的基础，菌落形态是细胞形态在群体集聚时的反映。细菌是原核微生物，故形成的菌落也小；细菌个体之间充满着水分，所以整个菌落显得湿润，易被接种环挑起；球菌形成隆起的菌落；有鞭毛细菌常形成边缘不规则的菌落；具有荚膜的菌落表面较透明，边缘光滑整齐；有芽孢的菌落表面干燥皱褶；有些能产生色素的细菌菌落还显出鲜艳的颜色。

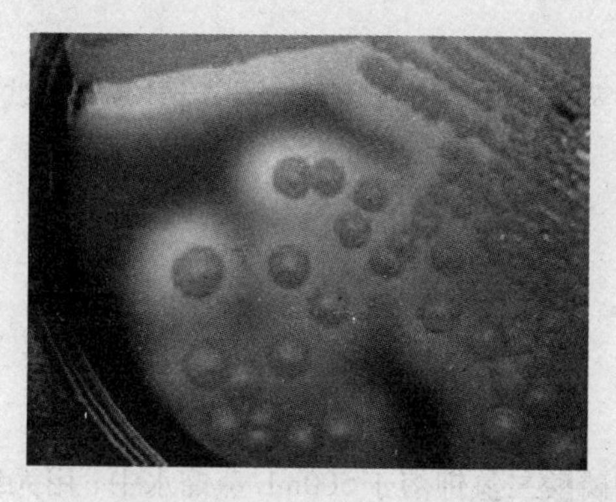

图 4－3　平板上的典型菌落

菌落形成单位（colony forming unit，cfu）是指在活菌培养计数时的菌落形成单位，以其表达活菌的数量。菌落形成单位的计量方式与一般的计数方式不同，一般直接在显微镜下计算细菌数量会将活与死的细菌全部算入，但是 CFU 只计算活的细菌。因此，可将菌液倍比稀释成不同浓度，每种浓度吸 1 毫升加到融化的营养琼脂培养中混匀使其凝固，置 35℃左右培养 24h 到 48h，取出进行菌落计数，每个平板菌落数乘以稀释倍数得到每毫升中细菌数量，取平均值即可得到较准确的 CFU/ml，一般对平板进行菌落计数，选择菌落数在 30 到 300 个平板为准。

二、检验准备

1. 设备和材料

（1）恒温培养箱：36℃ ±1℃，30℃ ±1℃。

（2）冰箱：2℃ ~5℃。

（3）恒温水浴箱：46℃ ±1℃。

（4）天平：感量为 0.1g。

（5）均质器。

（6）振荡器。

（7）无菌吸管：1mL（具 0.01mL 刻度）、10mL（具 0.1mL 刻度）或微量移液器及吸头。

（8）无菌锥形瓶：容量 250mL、500mL。

（9）无菌培养皿：直径 90mm。

（10）pH 计或 pH 比色管或精密 pH 试纸。

(11)放大镜或/和菌落计数器。

(12)微生物实验室常规灭菌及培养设备。

2. 培养基和试剂

(1)平板计数琼脂培养基:

胰蛋白胨	5.0g
酵母浸膏	2.5g
葡萄糖	1.0g
琼脂	15.0g
蒸馏水	1000mL

pH7.0 ±0.2

制法:将上述成分加于蒸馏水中,煮沸溶解,调节 pH。分装试管或锥形瓶,121℃高压灭菌 15min。

(2)磷酸盐缓冲液:

磷酸二氢钾(KH_2PO_4)	34.0g
蒸馏水	500mL

pH7.2

制法:

贮存液:称取 34.0g 的磷酸二氢钾溶于 500mL 蒸馏水中,用大约 175mL 的 1mol/L 氢氧化钠溶液调节 pH,用蒸馏水稀释至 1000mL 后贮存于冰箱。

稀释液:取贮存液 1.25mL,用蒸馏水稀释至 1000mL 分装于适宜容器中,121℃高压灭菌 15min。

(3)无菌生理盐水:

氯化钠	8.5g
蒸馏水	1000mL

制法:称取 8.5g 氯化钠溶于 1000mL 蒸馏水中,121℃高压灭菌 15min。

三、检验程序

菌落总数的检验程序见图 4-4。

四、检验步骤

1. 样品的稀释

(1)固体和半固体样品:称取 25g 样品置盛有 225mL 磷酸盐缓冲液或生理盐水的无菌均质杯内,8000r/min ~10000r/min 均质 1min ~2min,或放入盛有 225mL 稀释液的无菌均质袋中,用拍击式均质器拍打 1min ~2min,制成 1∶10 的样品匀液。

(2)液体样品:以无菌吸管吸取 25mL 样品置盛有 225mL 磷酸盐缓冲液或生理盐水的无菌锥形瓶(瓶内预置适当数量的无菌玻璃珠)中,充分混匀,制成 1∶10 的样品匀液。

(3)用 1mL 无菌吸管或微量移液器吸取 1∶10 样品匀液 1mL,沿管壁缓慢注于盛有 9mL 稀释液的无菌试管中(注意吸管或吸头尖端不要触及稀释液面),振摇试管或换用 1 支无菌吸管反复吹打使其混合均匀,制成 1∶100 的样品匀液。

(4)按(3)操作程序,制备 10 倍系列稀释样品匀液。每递增稀释一次,换用 1 次 1mL 无菌吸管或吸头。

注意每递增稀释一次，必须另换1支吸管，以保证样品稀释倍数的准确性。

进行稀释时应注意取样的准确性（如：吸入液体时应先高于吸管刻度，然后提起吸管尖端离开液面，将液体放至所需刻度。放液体时，不要让吸管接触稀释液的液面，可沿管壁放入，避免吸管外粘附的食品残渣进入稀释液体中）。

（5）根据对样品污染状况的估计，选择2～3个适宜稀释度的样品匀液（液体样品可包括原液），在进行10倍递增稀释时，吸取1mL样品匀液于无菌平皿内，每个稀释度做两个平皿。同时，分别吸取1mL空白稀释液加入两个无菌平皿内作空白对照。

检样的稀释液中往往带有食品颗粒，在这种情况下，为避免与细菌菌落混淆，可作一检样对照，不经培养，置4℃环境放置，在计数时用于对照。

（6）及时将15mL～20mL冷却至46℃的平板计数琼脂培养基（可放置于46℃±1℃恒温水浴箱中保温）倾注平皿，并转动平皿使其混合均匀。

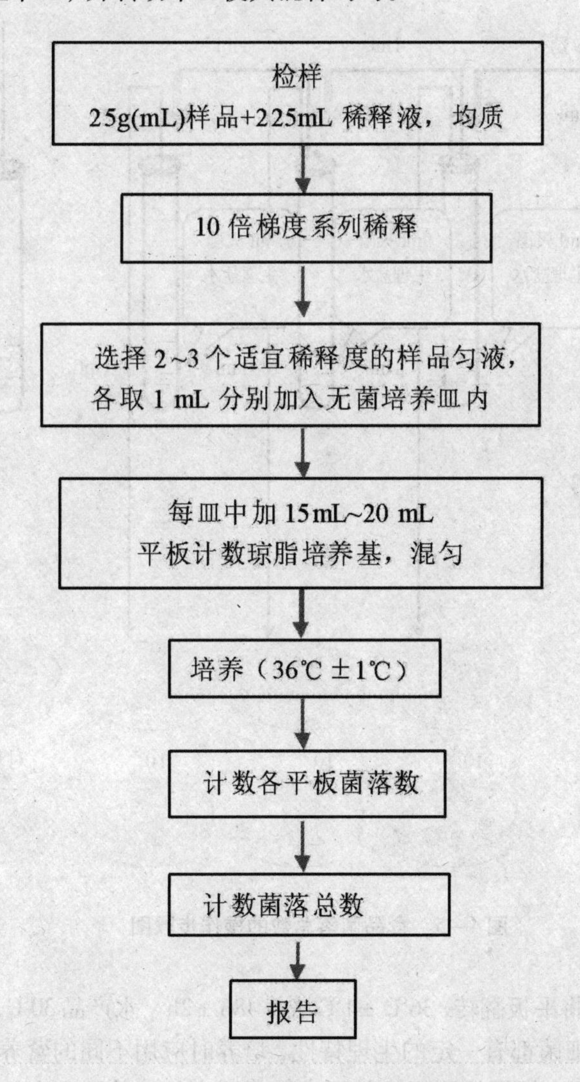

图4－4　食品菌落总数的检验程序

培养基倾注的温度与厚度是实验正确与否的关键(倾注的温度:一般35℃~45℃,温度过高会造成已受损伤的菌细胞死亡。厚度:直径9cm的平皿一般要求15~20mL培养基,若培养基太薄,在培养过程中可能因水分蒸发而影响细菌的生长)。

为防止细菌增殖及产生片状菌落,在加入样液后,应在20min内倾注培养基。检样与培养基混匀时,可先向一个方向旋转,然后再向相反方向旋转。旋转中应防止混合物溅到皿边的上方。

培养基凝固后,应尽快将平皿翻转培养,保持琼脂表面干燥,尽量避免菌落蔓延生长,影响计数。

为控制污染,在实验过程中,应在工作台上打开一块琼脂平板,其暴露时间应与检样从制备、稀释到加入平皿时所暴露的最长时间相当,然后与检样一同培养,以了解检样在操作过程中有无受到来自外界的污染。

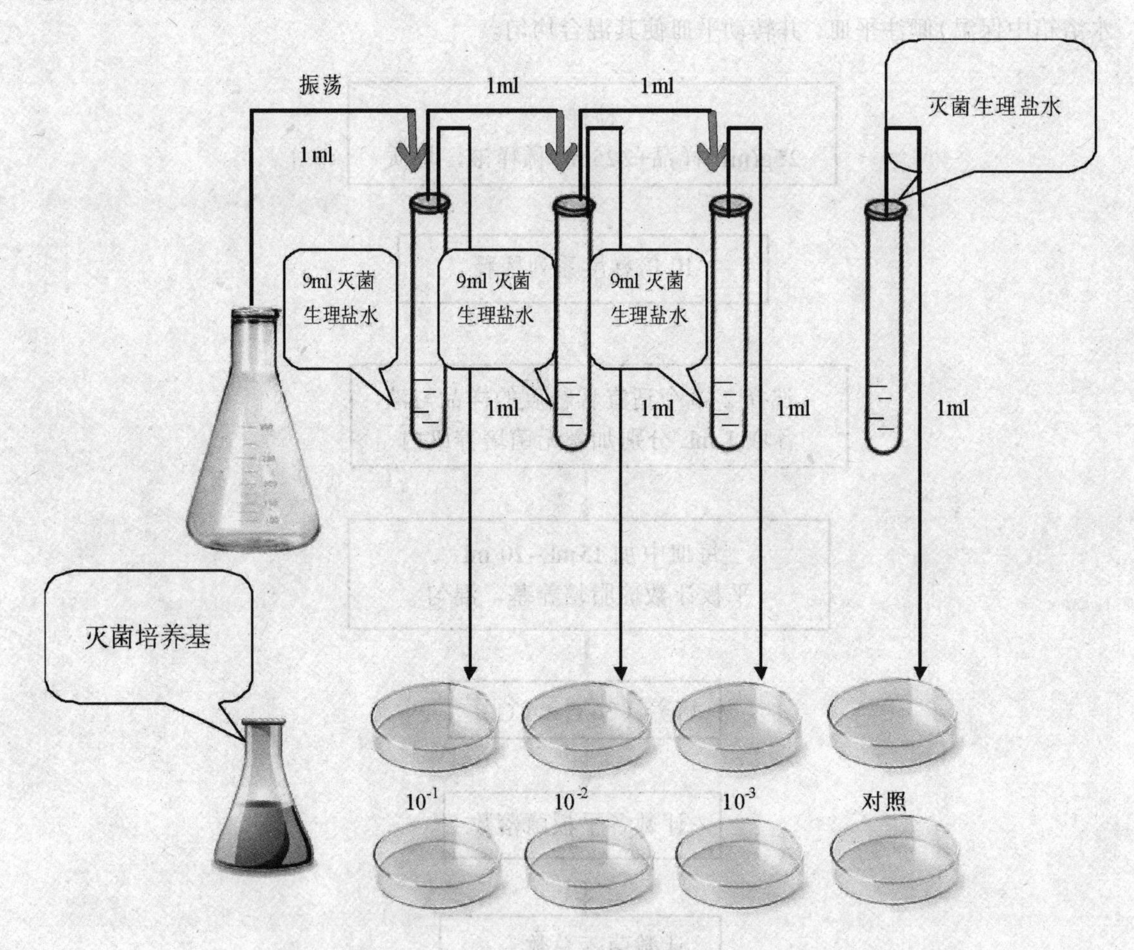

图4-5 食品菌落总数的操作步骤图

2. 培养

(1)待琼脂凝固后,将平板翻转,36℃±1℃培养48h±2h。水产品30℃±1℃培养72h±3h。

每种不同样品中的细菌都有一定的生理特性,培养时应用不同的营养条件及生理条件可能得出不同的结果,因而应根据检测标准的要求选择适当的培养温度和培养时间。

食品:36±1℃，48±2h。

饮用水:36±1℃，48h。

水产品:30±1℃，72±3h。(36℃培养和30℃培养结果差别较大，同样水产品48h结果和72h也有差别。)

(2)如果样品中可能含有在琼脂培养基表面弥漫生长的菌落时，可在凝固后的琼脂表面覆盖一薄层琼脂培养基(约4mL)，凝固后翻转平板，按(1)条件进行培养。

3.菌落计数

可用肉眼观察，必要时用放大镜或菌落计数器，记录稀释倍数和相应的菌落数量。菌落计数以菌落形成单位(colony-forming units，CFU)表示。

(1)选取菌落数在30 CFU~300 CFU之间、无蔓延菌落生长的平板计数菌落总数。低于30 CFU的平板记录具体菌落数，大于300 CFU的可记录为多不可计。每个稀释度的菌落数应采用两个平板的平均数。

(2)其中一个平板有较大片状菌落生长时，则不宜采用，而应以无片状菌落生长的平板作为该稀释度的菌落数;若片状菌落不到平板的一半，而其余一半中菌落分布又很均匀，即可计算半个平板后乘以2，代表一个平板菌落数。

(3)当平板上出现菌落间无明显界线的链状生长时，则将每条单链作为一个菌落计数。

五 结果与报告

1.菌落总数的计算方法

(1)若只有一个稀释度平板上的菌落数在适宜计数范围内，计算两个平板菌落数的平均值，再将平均值乘以相应稀释倍数，作为每g(mL)样品中菌落总数结果。

(2)若有两个连续稀释度的平板菌落数在适宜计数范围内时，按公式(1)计算:

$$N = \sum C/(n_1 + 0.1n_2)^d \qquad \text{公式(1)}$$

上式中:

N——样品中菌落数;

C——平板(含适宜范围菌落数的平板)菌落数之和;

n_1——第一稀释度(低稀释倍数)平板个数;

n_2——第二稀释度(高稀释倍数)平板个数;

d——稀释因子(第一稀释度)。

示例:

稀释度	1∶100 第一稀释度	1∶1000 第二稀释度
菌落数 CFU	232,244	33,35

$$N = \sum C/(n_1 + 0.1n_2)^d$$

$$= \frac{232+244+33+35}{[2+(0.1\times2)]\times10^{-2}} = \frac{544}{0.022} = 24727$$

上述数据修约后，表示为25000或2.5×10^4。

(3)若所有稀释度的平板上菌落数均大于300 CFU，则对稀释度最高的平板进行计数，其他平板可记录为多不可计，结果按平均菌落数乘以最高稀释倍数计算。

(4)若所有稀释度的平板菌落数均小于30 CFU，则应按稀释度最低的平均菌落数乘以稀释倍数计算。

(5)若所有稀释度(包括液体样品原液)平板均无菌落生长，则以小于1乘以最低稀释倍数计算。

(6)若所有稀释度的平板菌落数均不在30 CFU～300 CFU之间，其中一部分小于30 CFU或大于300 CFU时，则以最接近30 CFU或300 CFU的平均菌落数乘以稀释倍数计算。

2. 菌落总数的报告

(1)菌落数小于100 CFU时，按“四舍五入”原则修约，以整数报告。

(2)菌落数大于或等于100 CFU时，第3位数字采用“四舍五入”原则修约后，取前2位数字，后面用0代替位数；也可用10的指数形式来表示，按“四舍五入”原则修约后，采用两位有效数字。

(3)若所有平板上为蔓延菌落而无法计数，则报告菌落蔓延。

(4)若空白对照上有菌落生长，则此次检测结果无效。

(5)称重取样以CFU/g为单位报告，体积取样以CFU/mL为单位报告。

3. 计数结果注意事项

如果高稀释度平板上的菌落数比低稀释度平板上的菌落数高，则说明检验过程中可能出现差错或样品中含抑菌物质，这样的结果不可用于结果报告。

如果平板上出现链状菌落，菌落间没有明显的界限，这可能是琼脂与检样混匀时，一个细菌块被分散所造成的。一条链作为一个菌落计。若培养过程中遭遇昆虫侵入，在昆虫爬行过的地方也会出现链状菌落，也不应分开计数。

如果平板上菌落太多，不能计数时，不能用多不可计作报告。应在最高稀释度平板上任意选取2个$1cm^2$的面积，计算菌落数，除2求出每cm^2面积内平均菌落数，乘以63.6(皿底面积cm^2数)。

如果检样是微生物类制剂(酸牛奶、酵母制酸性饮料等)，在进行菌落计数时应将有关微生物(乳酸菌、酵母菌)排除，不可并入检样的菌落总数内作报告。

在进行菌落计数时，检样中的霉菌和酵母菌也不应计数。

项目四　大肠菌群的测定

大肠菌群coliforms，是指在一定培养条件下能发酵乳糖、产酸产气的需氧和兼性厌氧革兰氏阴性无芽孢杆菌。

一、背景知识

1. 大肠菌群的认识

早在1892年，沙尔丁格氏首先提出大肠杆菌作为水源中病原菌污染的指标菌的意见，因为大肠杆菌是存在于人和动物的肠道内的常见细菌。一年后，塞乌博耳德·斯密斯氏指出，大肠杆菌因普遍存在于肠道内，若在肠道以外的环境中发现，就可以认为这是由于人或动物的粪便污染造成的。从此，就开始应用大肠杆菌作为水源中粪便污染的指标菌。一般认为该菌群细菌可包括大肠埃希氏菌、柠檬酸杆菌、产气克雷白氏菌和阴沟肠杆菌等。

大肠菌群是作为粪便污染指标菌提出来的，主要是以该菌群的检出情况来表示食品中有无粪便污染。大肠菌群数的高低，表明了粪便污染的程度，也反映了对人体健康危害性的大小。粪便是人类肠道排泄物，其中有健康人粪便，也有肠道患者或带菌者的粪便，所以粪便内除一般正常细菌外，同时也会有一些肠道致病菌存在(如沙门氏菌、志贺氏菌等)，因而食品中有粪便污染，则可以推测该食品中存在着肠道致病菌污染的可能性，潜伏着食物中毒和流行病的威胁，必须看作对人体健康具有潜在的危险性。

据研究发现，成人粪便中的大肠菌群的含量为：10^8 个/g ~ 10^9 个/g。若水中或食品中发现有大肠菌群，即可证实已被粪便污染，有粪便污染也就有可能有肠道病原菌存在。根据这个理由，就可以认为这种含有大肠菌群的水或食品供食用是不安全的。所以目前为评定食品的卫生质量而进行检验时，也都采用大肠菌群或大肠杆菌作为粪便污染的指标细菌。当然，有粪便污染，不一定就有肠道病原菌存在，但即使无病原菌，只要被粪便污染的水或食品，也是不卫生的，不受人喜欢的。

粪便污染的食品，往往是肠道传染病发生的主要原因，因此检查食品中有无肠道菌，这对控制肠道传染病的发生和流行，具有十分重要的意义。

许多研究者的调查证明，人、畜粪便对外界环境的污染是大肠菌群在自然界存在的主要原因。在腹泻患者所排粪便中，非典型大肠杆菌常有增多趋势，这可能与机体肠道发生紊乱，大肠菌群在型别组成的比例上因而发生改变所致；随粪便排至外环境中的典型大肠杆菌，也可因条件的改变，使生化性状发生变异，因而转变为非典型大肠杆菌. 由此看来，大肠菌群无论在粪便内还是在外环境中，都是作为一个整体而存在的，它的菌型组成往往是多种的，只是在比例上，因条件不同而有差异。因此，大肠菌群的检出，不仅反映检样被粪便污染总的情况，而且在一定程度上也反映了食品在生产加工、运输、保存等过程中的卫生状况，所以具有广泛的卫生学意义。

由于大肠菌群作为粪便污染指标菌而被列入食品卫生微生物学常规检验项目，如果食品中大肠菌群超过规定的限量，则表示该食品有被粪便污染的可能，而粪便如果是来自肠道致病菌者或者腹泻患者，该食品即有可能污染肠道致病菌。所以，凡是大肠菌群数超过规定限量的食品，即可确定其卫生学上是不合格的，该食品食用是不安全的。

2. 食品中大肠菌群检测方法

(1) 传统方法

传统方法主要包括试管发酵(MTF)技术和膜过滤技术，这种技术普遍得到世界各国的应用。试管发酵技术被用作大肠菌群检测，至今已有80年的历史，其原理是依据大肠菌群能够发酵乳糖、产酸、产气的特点，将样品进行系列倍比稀释，分别接种到含有乳糖培养液的试管中，在36℃ ±1℃培养24h，观察产酸、产气情况，完成初发酵试验。膜过滤技术多作为水质微生物检测的标准方法，核心是使用0.45μm 的过滤膜过滤水样，将细菌截流在膜上，然后把膜放在选择性培养基中培养，计数膜上生长出的典型细菌集落。

(2)酶活性检测法(酶底物法)

与前述两种传统方法相比,微生物酶谱分析法具有更好的特异性，根据所检测酶类的不同，可以分辨出大肠菌群的群(group)、属(genus)、种(species)，反应也更加快速、敏感，因此关于此技术能否用于大肠菌群的检测已有多年的探索。酶活性检测法比传统方法省时省力(18 ~24h)，而且特异性更高。缺点是试剂花费较高，而且与传统方法一样不能解决无法培养的大肠杆菌的检出难题。

(3)分子生物学方法

大多数分子生物学方法不需要培养步骤，因此可以在几个小时内完成，目前常用的检测饮用水大肠菌群的分子生物学方法主要有聚合酶链反应(PCR)法和原位杂交(ISH)法。最常用的PCR法是与MF法结合在一起的，首先将膜上截留的细菌用化学方法裂解，释放出DNA，再在相应的引物引导下用Taq酶扩增出产物，通过电泳条带染色或再与相应探针杂交判定结果。PCR法已有多年用于食物、泥土等样品微生物检测的历史，最近已有用于饮用水检测的报道。

ELISA法检测大肠菌群由于其他微生物共同抗原的干扰，可能会造成假阳性。

(4)Hygicut载片培养法

该产品是一种结晶紫中性红胆盐琼脂载片，它把适合于大肠菌群快速生长的琼脂培养基浇注在一块带折页设计的塑料桨片上，使培养基能方便、充分地与样品表面接触，并带有帽盖，可以使载片在无污染情况下放回到无菌培养管中进行转运和培养。大肠菌群细菌能够分解琼脂载片上的乳糖产酸和产气并产生其他特征性的形态、颜色变化，从而通过目测对大肠菌群菌落数进行定性或定量的快速检测。缺点:和采样对象的表面光滑程度有关。

(5)试剂盒法

试剂盒法是按照国家食品、水质标准检测方法——试管发酵方法研制而成。其原理是将液体乳糖培养基经固化加工后,置于特制透明塑料盒中，两者合二而一，组成试剂盒。试剂盒一般分为组合式和分体式2种。组合式一般针对某一类样品，形式固定。分体式检测样品多样化，形式灵活，自由组合。

发酵管或膜过滤法简便、廉价，但耗时，而且容易漏检那些受损细菌，限制了发展。MTF法简便、廉价，作为大肠菌群检测的方法仍然被广泛采用，但其缺点也很明显，如耗时，而且容易漏检那些受损的细菌。酶活性检测法使用的β-2葡萄糖醛酸酶和β-2半乳糖苷酶以及显色底物和荧光底物都有商品化产品，其优点是操作简便、敏感、特异，但该法成本较大，在检测时间上仍不能满足快速检测的要求。免疫学方法的最大问题就是商品化单克隆抗体或多克隆抗体与多种肠道菌的交叉反应性，容易造成假阳性，需要制备更高特异性的单克隆抗体或多克隆抗体。PCR技术用于大肠菌群的检测仍然处于研究阶段，技术的复杂性和检测费用较高等原因使此方法目前还不能广泛用于大肠菌群的日常检测。其最大问题就是能否适应于自然界复杂的样品的检测还需要验证;另外不能反映细菌的存活状态，而且需要训练有素的工作人员和专门的检测场所。ISH法敏感、特异，但尚未广泛应用，还需解决如何检测饥饿细菌和受损细菌的问题。试剂盒法是试管发酵法的改良，免去了基层单位配制培养基的过程，便于进行质量控制，进一步简化了设备和人员的要求，成本也相对较低，方便基层实验室使用。样品中大肠菌群的数量通常很少，因此发展特异、敏感的检测方法至关重要，新的检测体系可能会满足这一要求，但技术上的复杂性以及检测成本的昂贵制约了这些新技术的广泛应用。

二、检验准备

1. 设备和材料

(1)恒温培养箱:36℃ ±1℃。

(2)冰箱:2℃ ~5℃。

(3)恒温水浴箱:46℃ ±1℃。

(4)天平:感量0.1g。

(5)均质器。

(6)振荡器。

(7)无菌吸管:1mL(具0.01mL刻度)、10mL(具0.1mL刻度)或微量移液器及吸头。

(8)无菌锥形瓶:容量500mL。

(9)无菌培养皿:直径90mm。

(10)pH计或pH比色管或精密pH试纸。

(11)菌落计数器。

2.培养基和试剂

(1)月桂基硫酸盐胰蛋白胨(Lauryl Sulfate Tryptose, LST)肉汤:

胰蛋白胨或胰酪胨	20.0g
氯化钠	5.0g
乳糖	5.0g
磷酸氢二钾(K_2HPO_4)	2.75g
磷酸二氢钾(KH_2PO_4)	2.75g
月桂基硫酸钠	0.1g
蒸馏水	1000mL

pH 6.8

将上述成分溶解于蒸馏水中，调节pH，分装到有玻璃小倒管的试管中，每管10mL。121℃高压灭菌15min。

(2)煌绿乳糖胆盐(Brilliant Green Lactose Bile, BGLB)肉汤:

蛋白胨	10.0g
乳糖	10.0g
牛胆粉(oxgall或oxbile)溶液	200mL
0.1%煌绿水溶液	13.3mL
蒸馏水	800mL

pH7.2

将蛋白胨、乳糖溶于约500mL蒸馏水中，加入牛胆粉溶液200mL(将20.0g脱水牛胆粉溶于200mL蒸馏水中，调节pH至7.0~7.5，用蒸馏水稀释到975mL，调节pH，再加入0.1%煌绿水溶液13.3mL，用蒸馏水补足到1 000mL，用棉花过滤后，分装到有玻璃小倒管的试管中，每管10mL。121℃高压灭菌15min。

(3)磷酸盐缓冲液:

磷酸二氢钾(KH_2PO_4)	34.0g
蒸馏水	500mL

pH7.2

制法:

贮存液:称取34.0g的磷酸二氢钾溶于500mL蒸馏水中，用大约175mL的1mol/L氢氧化钠溶液调节pH，用蒸馏水稀释至1000mL后贮存于冰箱。

稀释液:取贮存液1.25mL，用蒸馏水稀释至1000mL分装于适宜容器中，121℃高压灭菌

15min。

(4)无菌生理盐水:

氯化钠　　　　　　　　　　8.5g

蒸馏水　　　　　　　　　　1000mL

制法:称取8.5g氯化钠溶于1000mL蒸馏水中,121℃高压灭菌15min。

三、检验流程

大肠菌群MPN计数的检验程序见图4-6。

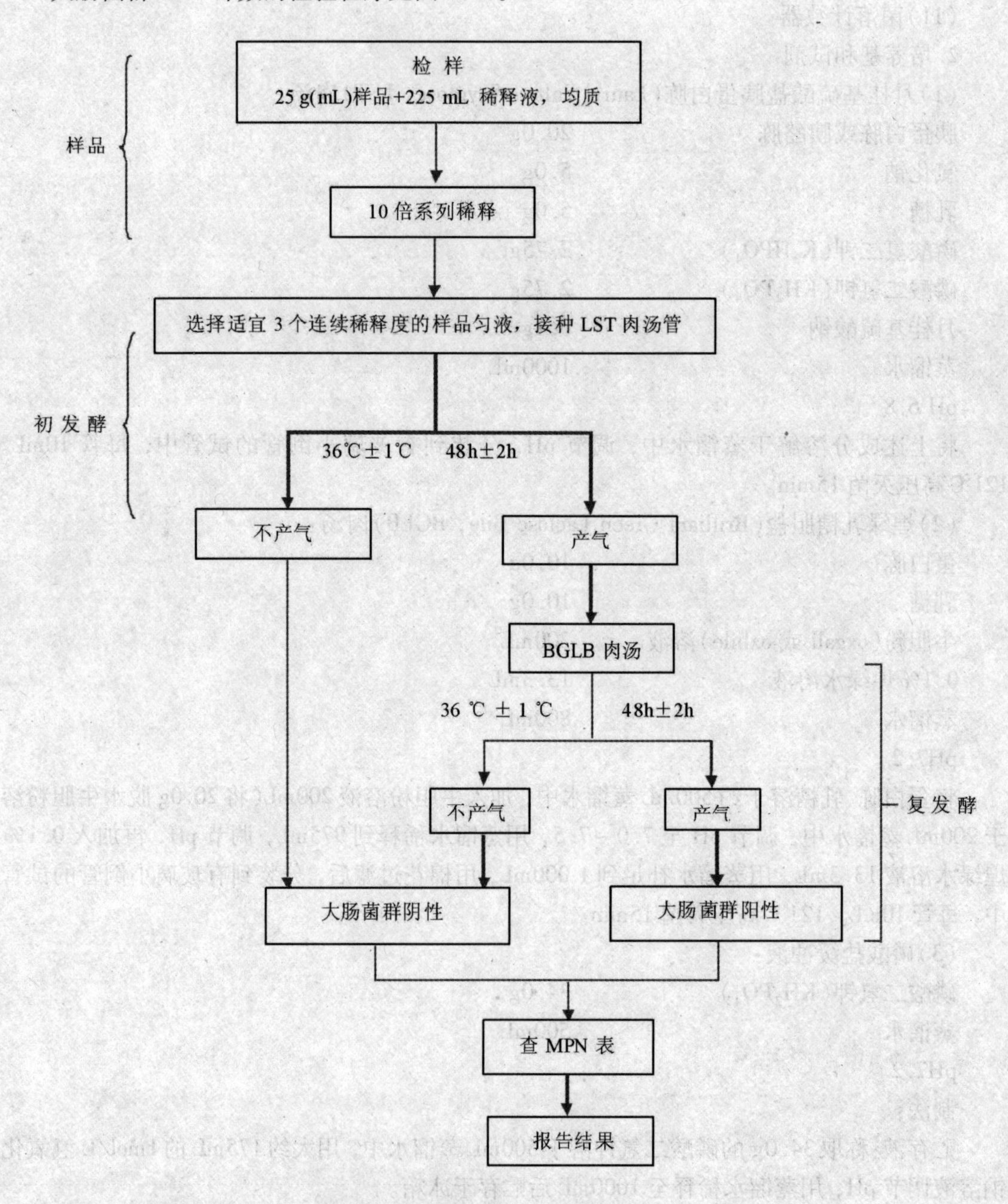

图4-6　大肠菌群MPN计数的检验程序

四、检验步骤

(一)样品的稀释

1. 固体和半固体样品：称取 25g 样品，放入盛有 225mL 磷酸盐缓冲液或生理盐水的无菌均质杯内，8000r/min ~ 10000r/min 均质 1min ~ 2min，或放入盛有 225mL 磷酸盐缓冲液或生理盐水的无菌均质袋中，用拍击式均质器拍打 1min ~ 2min，制成 1∶10 的样品匀液。

2. 液体样品：以无菌吸管吸取 25mL 样品置盛有 225mL 磷酸盐缓冲液或生理盐水的无菌锥形瓶(瓶内预置适当数量的无菌玻璃珠)中，充分混匀，制成 1∶10 的样品匀液。

3. 样品匀液的 pH 值应在 6.5 ~ 7.5 之间，必要时分别用 1mol/LNaOH 或 1mol/LHCl 调节。

4. 用 1mL 无菌吸管或微量移液器吸取 1∶10 样品匀液 1mL，沿管壁缓缓注入 9mL 磷酸盐缓冲液或生理盐水的无菌试管中(注意吸管或吸头尖端不要触及稀释液面)，振摇试管或换用 1 支 1mL 无菌吸管反复吹打，使其混合均匀，制成 1∶100 的样品匀液。

5. 根据对样品污染状况的估计，按上述操作，依次制成十倍递增系列稀释样品匀液。每递增稀释 1 次，换用 1 支 1mL 无菌吸管或吸头。从制备样品匀液至样品接种完毕，全过程不得超过 15min。

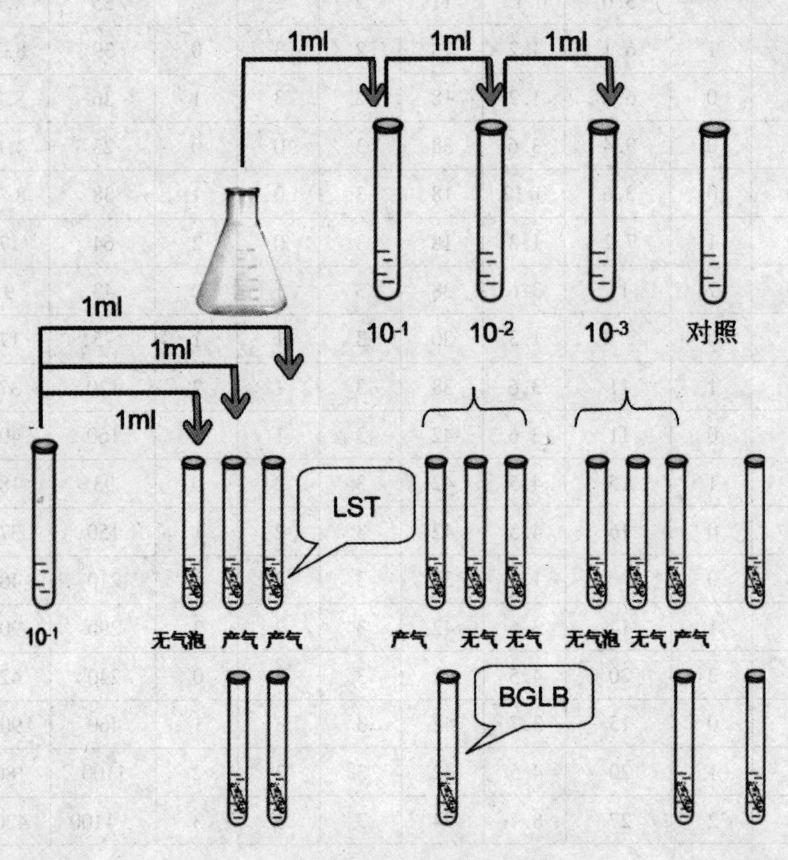

图 4 – 7　大肠菌群 MPN 计数的检验操作

(二)初发酵试验

每个样品，选择 3 个适宜的连续稀释度的样品匀液(液体样品可以选择原液)，每个稀释度接种 3 管月桂基硫酸盐胰蛋白胨(LST)肉汤，每管接种 1mL(如接种量超过 1mL，则用双料 LST

肉汤)，36℃ ±1℃培养 24h ±2h，观察倒管内是否有气泡产生，24h ±2h 产气者进行复发酵试验，如未产气则继续 培养至 48h ±2h，产气者进行复发酵试验。未产气者为大肠菌群阴性。

(三)复发酵试验

用接种环从产气的 LST 肉汤管中分别取培养物 1 环，移种于煌绿乳糖胆盐肉汤(BGLB)管中，36℃ ±1℃培养 48h ±2h，观察产气情况。产气者，计为大肠菌群阳性管。

(四)大肠菌群最可能数(MPN)的报告

按(三)确证的大肠菌群 LST 阳性管数，检索 MPN 表(见表 A)，报告每 g(mL)样品中大肠菌群的 MPN 值。

表 A　大肠菌群最可能数(MNP)检索表

阳性管数			MPN	95% 可信限		阳性管数			MPN	95% 可信限	
0.10	0.01	0.0001		下限	上限	0.10	0.01	0.001		下限	上限
0	0	0	<3.0	－－	9.5	2	2	0	21	4.5	42
0	0	1	3.0	0.15	9.6	2	2	1	28	8.7	94
0	1	0	3.0	0.15	11	2	2	2	35	8.7	94
0	1	1	6.1	1.2	18	2	3	0	39	8.7	94
0	2	0	6.2	1.2	18	2	3	1	36	8.7	94
0	3	0	9.4	3.6	38	3	0	0	23	4.6	94
1	0	0	3.6	0.17	18	3	0	1	38	8.7	110
1	0	1	7.2	1.3	18	3	0	2	64	17	180
1	0	2	11	3.6	38	3	1	0	43	9	180
1	1	0	7.4	1.3	20	3	1	1	75	17	200
1	1	1	11	3.6	38	3	1	2	120	37	420
1	2	0	11	3.6	42	3	1	3	160	40	420
1	2	1	15	4.5	42	3	2	0	93	18	420
1	3	0	16	4.5	42	3	2	1	150	37	420
2	0	0	9.2	1.4	38	3	2	2	210	40	430
2	0	1	14	3.6	42	3	2	3	290	90	1000
2	0	2	20	4.5	42	3	3	0	240	42	1000
2	1	0	15	3.7	42	3	3	1	460	90	2000
2	1	1	20	4.5	42	3	3	2	1100	180	4100
2	1	2	27	8.7	94	3	3	3	>1100	420	－－

注一:本表采用 3 个稀释度[0.1g(ml)、0.01g(ml)、0.001g(ml)]，每个稀释度接种 3 管。

注二:表内所列检样量如改用 1g(ml)，0.1g(ml)，0.001g(ml)时，表内数字应相应降低 10 倍;如改用 0.01g(ml)，0.001g(ml)，0.0001g(ml)，则表内数字应相应增高 10 倍，其余类推。

说明:

(1)与2003年版的大肠菌群测定国家标准相比，本标准最为明显的是培养基的变化，虽然两者都建立在乳糖发酵的基础上，但由于使用的步骤和抑菌剂不同，造成两者在结果数据上存在差异。乳糖胆盐培养基中抑菌剂为胆盐，有研究显示采用不同的胆盐，其抑菌效果差异明显。LST采用月桂基硫酸钠，能有效抑制非大肠菌群的生长。而且新方法中BGLB发酵能避免非乳糖的干扰，而且也避免了许多芽孢杆菌等杂菌的干扰。

(2)乳糖胆盐法需经过平板分离的步骤，大肠菌在伊红美蓝培养基中，因分解乳糖产酸，使伊红与美蓝结合而行成黑色化合物，故菌落呈黑紫色，有时还有金属光泽。因此，检验人员对大肠菌群菌落特征色泽和形态的熟悉程度，对检出率影响很大。通常需要多挑可疑菌落，以避免假阴性的结果。可见，乳糖法对人员要求比较高，而LST法取消了平板分离步骤，减少了由于主观性而造成的误差。

项目五　金黄色葡萄球菌的测定

金黄色葡萄球菌(Staphylococcus aureus)，是人类的一种重要病原菌，隶属于葡萄球菌属(Staphylococcus)，有“嗜肉菌”的别称，是革兰氏阳性菌的代表，可引起许多严重感染。也称“金葡菌”，细胞壁含90%的肽聚糖和10%的磷壁酸。

任务一　金黄色葡萄球菌的定性测定

一、背景知识

葡萄球菌能引起的疾患主要有化脓性感染(如毛囊炎、疖、痈、伤口化脓、气管炎、肺炎、中耳炎、脑膜炎、心包炎等)、全身感染(如败血症、脓毒血症等)、食物中毒等等。据调查，由于葡萄球菌在自然界的广泛分布，当金黄色葡萄球菌感染患者的鼻腔时，其带菌率高达83.5%，接触奶类的饲养员，冷饮奶制品生产人员的带菌率为16%～20%；炊事员及熟食加工、糖果面包生产工人的带菌率为3.2%～8.6%。鼻腔是葡萄球菌的繁殖场所，也是身体各部位的传染源。葡萄球菌是常见的化脓性球菌之一，化脓部位常成为传染源。患乳房炎的奶牛产的奶、有化脓症的宰畜肉尸常带有致病性葡萄球菌。葡萄球菌在空气中氧分低时较易产生肠毒素，因此带有此菌的食品，在通风不良的高温下放置，极有利此菌生长并产生毒素。当食品污染了葡萄球菌并同时污染了其他微生物时，葡萄球菌的繁殖则受到抑制。如食品经加热，原有的各种微生物已被杀死，拮抗微生物也不复存在，熟后再一次被葡萄球菌污染，则将会促进葡萄球菌的生长并形成毒素。葡萄球菌引起的食物中毒在世界各地均有发现。常发生于夏秋季节，这是因为气温较高，有利于细菌繁殖。但在冬季，如受到污染的食品在温度较高的室内保存，葡萄球菌也可繁殖并产生毒素。

金黄色葡萄球菌在自然界中无处不在，空气、水、灰尘及人和动物的排泄物中都可找到。因此，食品受到污染的机会很多。美国疾病控制中心报告，由金黄色葡萄球菌引起的感染占第二位，仅次于大肠杆菌。金黄色葡萄球菌肠毒素是个世界性卫生难题，在美国由金黄色葡萄球菌肠毒素引起的食物中毒，占整个细菌性食物中毒的33%，加拿大则更多，占到45%，中国金黄色葡萄球菌引起的食物中毒事件也时有发生，比如2001年4月12日，无锡市锡山区所辖小学、幼儿园因课间加餐饮用袋装牛奶饮料导致食物中毒事件。

葡萄球菌食物中毒，是由葡萄球菌在繁殖过程中分泌到菌细胞外的肠毒素引起的。

二、检验准备

(一)除微生物实验室常规灭菌及培养设备外，其他设备和材料如下：

1. 恒温培养箱:36℃ ±1℃。
2. 冰箱:2℃ ~5℃。
3. 恒温水浴箱:37℃ ~65℃。
4. 天平:感量0.1g。
5. 均质器。
6. 振荡器。
7. 无菌吸管:1mL(具0.01mL刻度)、10mL(具0.1mL刻度)或微量移液器及吸头。
8. 无菌锥形瓶:容量100mL、500mL。
9. 无菌培养皿:直径90mm。
10. 注射器:0.5mL。
11. pH计或pH比色管或精密pH试纸。

(二)培养基和试剂

1. 10 %氯化钠胰酪胨大豆肉汤:

成分:

胰酪胨(或胰蛋白胨)	17.0g
植物蛋白胨(或大豆蛋白胨)	3.0g
氯化钠	100.0g
磷酸氢二钾	2.5g
丙酮酸钠	10.0g
葡萄糖	2.5g
蒸馏水	1000mL
pH	7.3 ±0.2

制法:将上述成分混合，加热，轻轻搅拌并溶解，调节pH，分装，每瓶225mL，121℃高压灭菌15min。

2. 7.5%氯化钠肉汤:

成分:

蛋白胨	10.0g
牛肉膏	5.0g
氯化钠	75g
蒸馏水	1000mL

pH7.4

将上述成分加热溶解，调节pH，分装，每瓶225mL，121℃高压灭菌15min。

3. 血琼脂平板:

成分:

豆粉琼脂(pH7.4 -7.6)	100mL

脱纤维羊血(或兔血)　　5mL～10mL

加热溶化琼脂，冷却至50℃，以无菌操作加入脱纤维羊血，摇匀，倾注平板。

4. Baird－Parker 琼脂平板：

成分：

胰蛋白胨	10.0g
牛肉膏	5.0g
酵母膏	1.0g
丙酮酸钠	10.0g
甘氨酸	12.0g
氯化锂($LiCl \cdot 6H_2O$)	5.0g
琼脂	20.0g
蒸馏水	950mL

pH7.0±0.2

30%卵黄盐水50mL与经过除菌过滤的1%亚蹄酸钾溶液10mL混合，保存于冰箱内。

将各成分加到蒸馏水中，加热煮沸至完全溶解，调节pH。分装每瓶95mL，121℃高压灭菌15min。临用时加热溶化琼脂，冷至50℃，每95mL加入预热至50℃的卵黄亚蹄酸钾增菌剂5mL摇匀后倾注平板。培养基应是致密不透明的。使用前在冰箱储存不得超过48h。

5. 脑心浸出液肉汤(BHI)：

胰蛋白质胨	10.0g
氯化钠	5.0g
磷酸氢二钠(Na_2HPO_4)$\cdot 12H_2O$	2.5g
葡萄糖	2.0g
牛心浸出液	500mL

pH7.4±0.2

制法：加热溶解，调节pH，分装16mm×160mm试管，每管5mL置121℃，15min灭菌。

6. 兔血浆：

取柠檬酸钠3.8 g，加蒸馏水100mL，溶解后过滤，装瓶，121℃高压灭菌15min。

兔血浆制备：取3.8%柠檬酸钠溶液一份，加兔全血四份，混好静置(或以3000r/min离心30min)使血液细胞下降，即可得血浆。

7. 稀释液：磷酸盐缓冲液：同前。

8. 营养琼脂小斜面：同前。

9. 革兰氏染色液：同前。

10. 无菌生理盐水：同前。

三、金黄色葡萄球菌定性检验检验程序

金黄色葡萄球菌定性检验程序见图4－8。

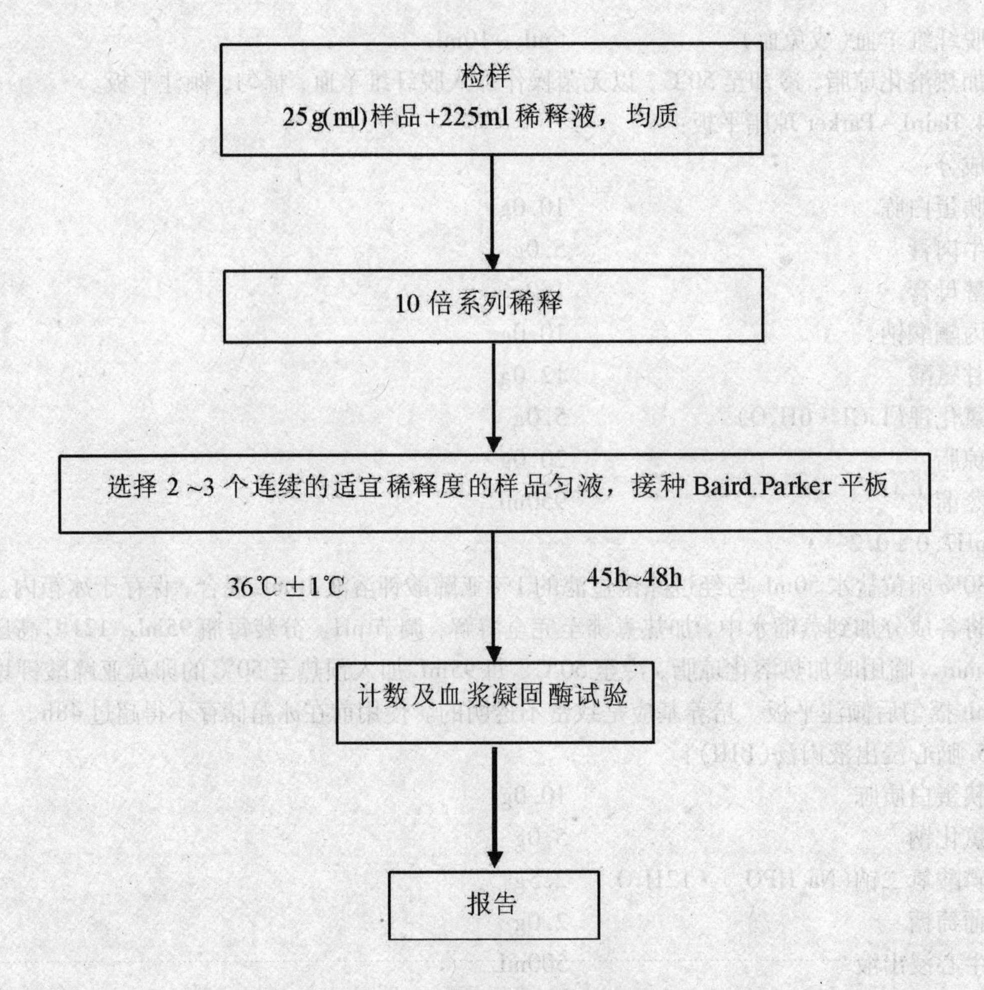

图4－8　金黄色葡萄球菌检验程序

四、操作步骤

1. 样品的处理

称取25g样品至盛有225mL7.5%氯化钠肉汤或10%氯化钠胰酪胨大豆肉汤的无菌均质杯内，8000r/min～10000r/min均质1min～2min，或放入盛有225mL7.5%氯化钠肉汤或10%氯化钠胰酪胨大豆肉汤的无菌均质袋中，用拍击式均质器拍打1min～2min。若样品为液态，吸取25mL样品至盛有225mL7.5%氯化钠肉汤或10%氯化钠胰酪胨大豆肉汤的无菌锥形瓶(瓶内可预置适当数量的无菌玻璃珠)中，振荡混匀。

2. 增菌和分离培养

(1)将上述样品匀液于36℃±1℃培养18h～24h。金黄色葡萄球菌在7.5%氯化钠肉汤中呈混浊生长，污染严重时在10%氯化钠胰酪胨大豆肉汤内呈混浊生长。

(2)将上述培养物，分别划线接种到Baird－Parker平板和血平板，血平板36℃±1℃培养18h～24h。Baird－Parker平板36℃±1℃培养18h～24h或45h～48h。

(3)金黄色葡萄球菌在 Baird - Parker 平板上，菌落直径为 2mm ~ 3mm，颜色呈灰色到黑色，边缘为淡色，周围为一混浊带，在其外层有一透明圈。用接种针接触菌落有似奶油至树胶样的硬度；偶然会遇到非脂肪溶解的类似菌落；但无混浊带及透明圈。长期保存的冷冻或干燥食品中所分离的菌落比典型菌落所产生的黑色较淡些，外观可能粗糙并干燥。在血平板上，形成菌落较大，圆形、光滑凸起、湿润、金黄色(有时为白色)，菌落周围可见完全透明溶血圈。挑取上述菌落进行革兰氏染色镜检及血浆凝固酶试验。

3. 鉴定

(1)染色镜检:金黄色葡萄球菌为革兰氏阳性球菌，排列呈葡萄球状，无芽孢，无荚膜，直径约为 0.5m ~ 1m。

(2)血浆凝固酶试验:挑取、Baird - Parker 平板或血平板上可疑菌落 1 个或以上，分别接种到 5mLBHI 和营养琼脂小斜面，36℃ ±1℃培养 18h ~24h。

取新鲜配置兔血浆 0.5mL，放入小试管中，再加入 BHI 培养物 0.2mL ~0.3mL，振荡摇匀，置 36℃ ±1℃温箱或水浴箱内，每半小时观察一次，观察 6h，如呈现凝固(即将试管倾斜或倒置时，呈现凝块)或凝固体积大于原体积的一半，被判定为阳性结果。同时以血浆凝固酶试验阳性和阴性葡萄球菌菌株的肉汤培养物作为对照。也可用商品化的试剂，按说明书操作，进行血浆凝固酶试验。

结果如可疑，挑取营养琼脂小斜面的菌落到 5mLBHI，36℃ ±1℃培养 18h ~48h，重复试验。

4. 葡萄球菌肠毒素的检验

可疑食物中毒样品或产生葡萄球菌肠毒素的金黄色葡萄球菌菌株的鉴定，应按继续检测葡萄球菌肠毒素。

五、结果与报告

1. 结果判定:符合(3)、3，可判定为金黄色葡萄球菌。

2. 结果报告:在 25g(mL)样品中检出或未检出金黄色葡萄球菌。

任务二　金黄色葡萄球菌的平板计数测定

一、检验程序

金黄色葡萄球菌平板计数程序见图 4 -9。

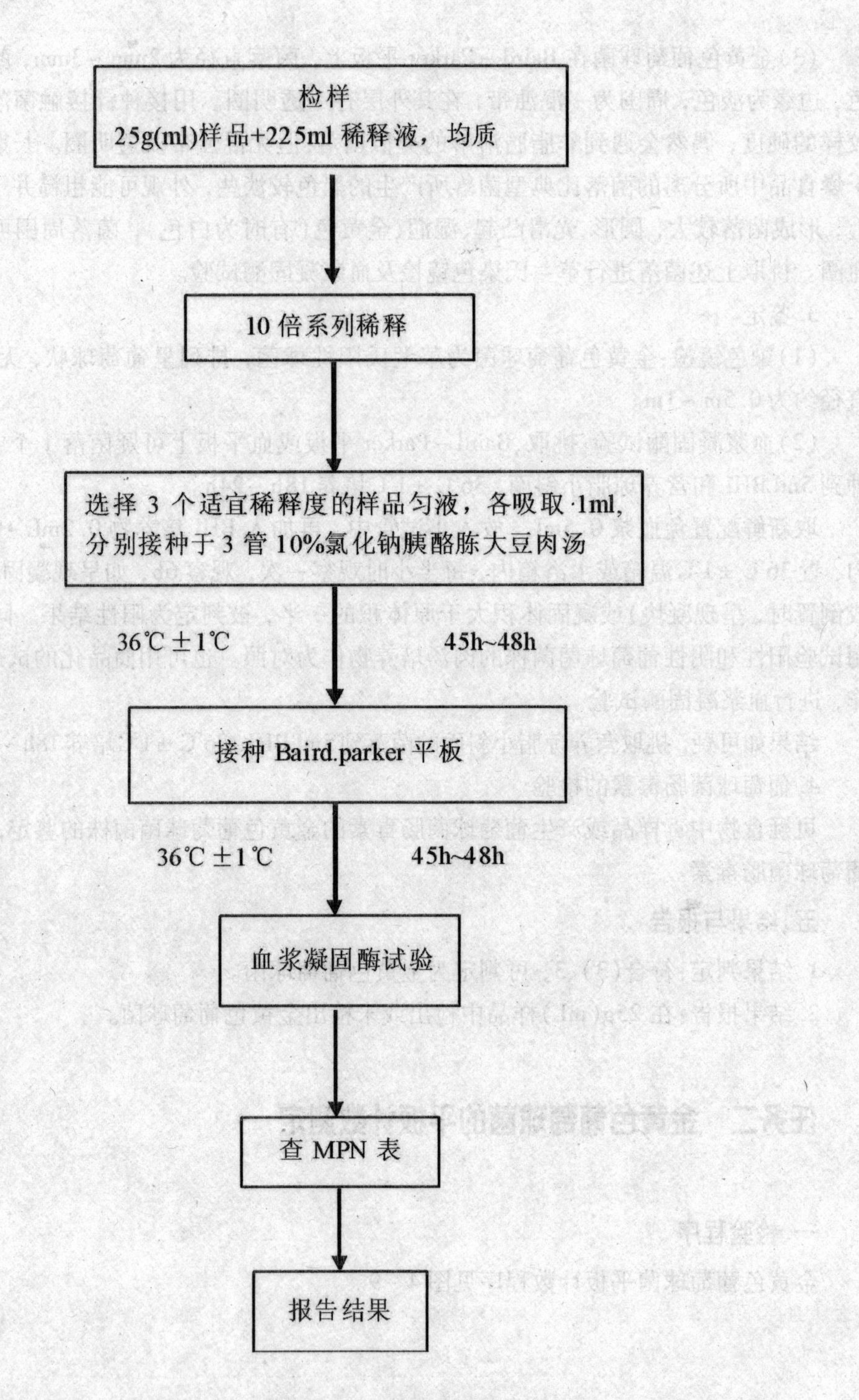

图 4－9　金黄色葡萄球菌平板计数程序

二、操作步骤

1. 样品的稀释

(1) 固体和半固体样品：称取 25g 样品置盛有 225mL 磷酸盐缓冲液或生理盐水的无菌均质杯内，8000r/min ~ 10000r/min 均质 1min ~ 2min，或置盛有 225mL 稀释液的无菌均质袋中，用拍击式均质器拍打 1min ~ 2min，制成 1∶10 的样品匀液。

(2)液体样品：以无菌吸管吸取 25mL 样品置盛有 225mL 磷酸盐缓冲液或生理盐水的无菌锥形瓶(瓶内预置适当数量的无菌玻璃珠)中，充分混匀，制成 1∶10 的样品匀液。

(3)用 1mL 无菌吸管或微量移液器吸取 1∶10 样品匀液 1mL，沿管壁缓慢注于盛有 9mL 稀释液的无菌试管中(注意吸管或吸头尖端不要触及稀释液面)，振摇试管或换用 1 支 1mL 无菌吸管反复吹打使其混合均匀，制成 1∶100 的样品匀液。

(4)按(3)操作程序，制备 10 倍系列稀释样品匀液。每递增稀释一次，换用 1 次 1mL 无菌吸管或吸头。

2. 样品的接种

根据对样品污染状况的估计，选择 2 ~ 3 个适宜稀释度的样品匀液(液体样品可包括原液)，在进行 10 倍递增稀释时，每个稀释度分别吸取 1mL 样品匀液以 0.3mL、0.3mL、0.4mL 接种量分别加入三块 Baird - Parker 平板，然后用无菌 L 棒涂布整个平板，注意不要触及平板边缘。使用前，如 Baird - Parker 平板表面有水珠，可放在 25℃ ~ 50℃ 的培养箱里干燥，直到平板表面的水珠消失。

3. 培养

在通常情况下，涂布后，将平板静置 10min，如样液不易吸收，可将平板放在培养箱 36℃ ±1℃ 培养 1h；等样品匀液吸收后翻转平皿，倒置于培养箱，36℃ ±1℃ 培养，45h ~ 48h。

4. 典型菌落计数和确认

(1)金黄色葡萄球菌在 Baird - Parker 平板上，菌落直径为 2mm ~ 3mm，颜色呈灰色到黑色，边缘为淡色，周围为一混浊带，在其外层有一透明圈。用接种针接触菌落有似奶油至树胶样的硬度，偶然会遇到非脂肪溶解的类似菌落；但无混浊带及透明圈。长期保存的冷冻或干燥食品中所分离的菌落比典型菌落所产生的黑色较淡些，外观可能粗糙并干燥。

(2)选择有典型的金黄色葡萄球菌菌落的平板，且同一稀释度 3 个平板所有菌落数合计在 20CFU ~ 200CFU 之间的平板，计数典型菌落数。

①如果只有一个稀释度平板的菌落数在 20CFU ~ 200CFU 之间且有典型菌落，计数该稀释度平板上的典型菌落；

②最低稀释度平板的菌落数小于 20CFU 且有典型菌落，计数该稀释度平板上的典型菌落；

③某一稀释度平板的菌落数大于 200CFU 且有典型菌落，但下一稀释度平板上没有典型菌落，应计数该稀释度平板上的典型菌落；

④某一稀释度平板的菌落数大于 200CFU 且有典型菌落，且下一稀释度平板上有典型菌落，但其平板上的菌落数不在 20CFU ~ 200CFU 之间，应计数该稀释度平板上的典型菌落；

以上按公式(2)计算。

⑤2 个连续稀释度的平板菌落数均在 20CFU ~ 200CFU 之间，按公式(3)计算。

(3)从典型菌落中任选 5 个菌落(小于 5 个全选)，分别按 5.3.2 做血浆凝固酶试验。

结果计算：

公式(2)：$T = \frac{AB}{Cd}$

式中：

T——样品中金黄色葡萄球菌菌落数；

A——某一稀释度典型菌落的总数；

B——某一稀释度血浆凝固酶阳性的菌落数；

C——某一稀释度用于血浆凝固酶试验的菌落数；

d——稀释因子。

公式(3)：$T = \frac{A1B1/C1 + A2B2/C2}{1.1d}$

思考题

1. 食品微生物检验的基本要求有哪些？
2. 绘制食品微生物检验的程序的流程图。
3. 样品采集包括哪几个环节？
4. 简述食品菌落总数测定的方法。

学习情境五　生活饮用水的微生物检测

◆基础理论和知识

1. 生活饮用水中的常规细菌学指标；
2. 生活饮用水中的常规细菌检验方法及步骤。

◆基本技能及要求

1. 掌握无菌操作及培养基的制备、灭菌基本技术；
2. 掌握细菌的分离、接种、生理生化实验技术；
3. 掌握生活饮用水中的菌落总数、大肠菌群等技术；
4. 了解多管发酵法测定大肠埃希氏菌技术。

◆学习重点

1. 生活饮用水中的菌落总数、总大肠菌群、大肠埃希氏菌的检测方法；
2. 生活饮用水中的细菌学检测方案的制定。

◆学习难点

贾第鞭毛虫、隐孢子虫的检测方法。

◆导入案例

我国供水分为城市供水和农村供水两大块。其中，城市供水包括全国600多个城市和县城，供水量每天约3亿多立方米，80%左右是地表水水源。近几年来我国水污染事件以江河地表水源污染为主，主要污染物一类是有机物和重金属污染物。工业“三废“排放是主要污染原因。全国各地工业企业的迅猛发展和招商引资项目的飞速增加，工业污染更加严重，经济的腾飞猛进依赖于破坏生态环境、工业污染为代价，使我国人民群众对生活饮用水卫生安全更加担忧，我国严重缺水的状况日趋恶化，给人民群众身体健康带来了极大的威胁。另一类，就是细菌超标，据海南网台消息，文昌市龙楼中心幼儿园65名幼儿集体出现不适的情况，陆续有学生出现呕吐、腹痛的情况，一直到了第二天的凌晨，共有65名学生被送医，初步诊断为急性肠胃炎。据家长反映，3号早上，孩子们只是在幼儿园吃了早餐，记者从文昌市疾控中心了解到，经过将近一周的检测，对于龙楼中心幼儿园事发当天的食物以及水样检测的结果显示细菌超标的直饮水，多项细菌含量超标。

在我们日常生活饮用水中有哪些细菌含量超标后，引起人类的身体疾病？本章将一一为你讲述。

◆讨论

1. 我们日常生活饮用水中有哪些细菌？

2. 日常生活饮用水的检测方法和根据哪类国标？

项目一　生活饮用水中菌落总数的测定

根据GB5749－2006规定生活饮用水（drinking water），指的是供人生活的饮水和生活用水。水质常规的微生物指标包括菌落总数、总大肠菌群、耐热大肠菌群、大肠埃希氏菌、贾第鞭毛虫、隐孢子虫。菌落总数（standard plate－count bacteria），指水样在营养琼脂上有氧条件下37℃培养48h后，所得1mL水样所含菌落的总数。

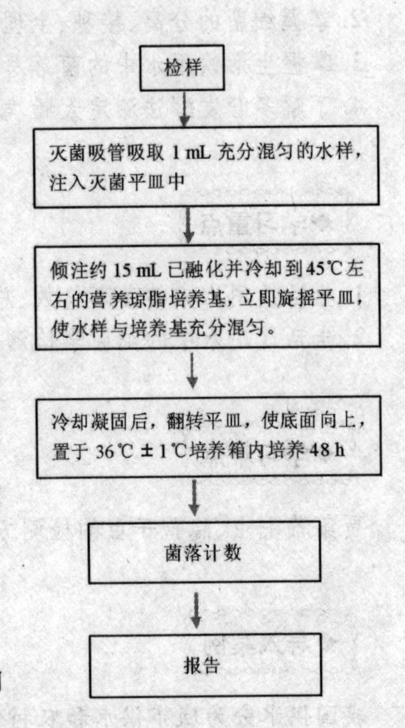

一、检验方案制定

1. 依据GB5750.12－2006，用平皿计数法测定生活饮用水中的菌落总数。

2. 准备菌落总数检测所需要的培养基和试剂等。

3. 根据检测方案，对生活饮用水中的菌落总数进行检测。

4. 作出正确的检验报告。

二、检验准备

1. 营养琼脂培养基：蛋白胨10g，牛肉膏3g，氯化钠5g，琼脂10g～20g，蒸馏水1000mL，pH为7.4～7.6。

2. 高压蒸汽灭菌器。

3. 干热灭菌箱。

4. 培养箱36℃ ±1℃。

5. 电炉。

6. 天平。

7. 冰箱。

8. 放大镜或菌落计数器。

9. pH 计或精密 pH 试纸。

10. 灭菌试管、平皿(直径9cm)、刻度吸管、采样瓶等。

三、检验步骤

1. 以无菌操作方法用灭菌吸管吸取 1mL 充分混匀的水样，注入灭菌平皿中，倾注约 15mL 已融化并冷却到45℃左右的营养琼脂培养基，并立即旋摇平皿，使水样与培养基充分混匀。每次检验时应做一平行接种，同时另用一个平皿只倾注营养琼脂培养基作为空白对照。

2. 待冷却凝固后，翻转平皿，使底面向上，置于36℃ ±1℃培养箱内培养48h，进行菌落计数，即为水样 1mL 中的菌落总数。

四、检验数据处理

作平皿菌落计数时，可用眼睛直接观察，必要时用放大镜检查，以防遗漏。在记下各平皿的菌落数后，应求出同稀释度的平均菌落数，供下一步计算时应用。在求同稀释度的平均数时，若其中一个平皿有较大片状菌落生长时，则不宜采用，而应以无片状菌落生长的平皿作为该稀释度的平均菌落数。若片状菌落不到平皿的一半，而其余一半中菌落数分布又很均匀，则可将此半皿计数后乘 2 以代表全皿菌落数。然后再求该稀释度的平均菌落数。

1. 不同稀释度的选择及报告方法

(1)首先选择平均菌落数在 30 ~ 300 之间者进行计算，若只有一个稀释度的平均菌落数符合此范围时，则将该菌落数乘以稀释倍数报告之(见表 5 - 1 中实例 1，只有 173 符合 30 ~ 300，故报告 17300CFU/mL)。

(2)若有两个稀释度，其生长的菌落数均在 30 ~ 300 之间，则视二者之比值来决定，若其比值小于 2 应报告两者的平均数(如表 5 - 1 中实例 2)。若大于 2 则报告其中稀释度较小的菌落总数(如表 5 - 1 中实例 3)。若等于 2 亦报告其中稀释度较小的菌落数(见表 5 - 1 中实例 4)。

计算过程举例：

实例 2：294，45 均在 30 ~ 300 之间，

45000/29400 = 1.53 < 2，故报告(45000 + 29400)/2 = 37200(CFU/mL)

实例 3：272，58 均在 30 ~ 300 之间，

58000/27200 = 2.1 > 2，故报告 27200(CFU/mL)

(3)若所有稀释度的平均菌落数均大于 300，则应按稀释度最高的平均菌落数乘以稀释倍数报告之(见表 5 - 1 中实例 5)。

(4)若所有稀释度的平均菌落数均小于 30，则应以按稀释度最低的平均菌落数乘以稀释倍数报告之(见表 5 - 1 中实例 6)。

(5)若所有稀释度的平均菌落数均不在 30 ~ 300 之间，则应以最接近 30 或 300 的平均菌

落数乘以稀释倍数报告之(见表5-1中实例7)。

(6)若所有稀释度的平板上均无菌落生长，则以未检出报告之。

(7)如果所有平板上都菌落密布，不要用“多不可计”报告，而应在稀释度最大的平板上，任意数其中2个平板1cm^2中的菌落数，除2求出每平方厘米内平均菌落数，乘以皿底面积63.6cm^2，再乘其稀释倍数作报告。

(8)菌落计数的报告：菌落数在100以内时按实有数报告，大于100时，采用两位有效数字，在两位有效数字后面的数值，以四舍五入方法计算，为了缩短数字后面的零数也可用10的指数来表示(见表5-1“报告方式”栏)。

表5-1　　稀释度选择及菌落总数报告方式

实例	不同稀释度的平均菌落数			两个稀释度之比	菌落总数/(CFU/mL)	报告方式/(CFU/mL)
	10^{-1}	10^{-2}	10^{-3}			
1	1467	173	19	-	17300	17300或1.7×10^4
2	2720	294	45	1.5	37200	37200或3.7×10^4
3	2880	272	58	2.1	27200	27200或2.7×10^4
4	300	60	7	2	3000	3000或3×10^3
5	多不可计	1530	412	-	412000	410000或4.1×10^5
6	28	12	5	-	280	280或2.6×10^2
7	多不可计	306	11	-	30600	31000或3.1×10^4

项目二　生活饮用水中总大肠菌群的测定

总大肠菌群total coliforms，指一群在37℃培养24h能发酵乳糖、产酸产气、需氧和兼性厌氧的革兰氏阴性无芽孢杆菌。

一、检验方案制定

1. 依据GB5750.12-2006，用多管发酵法测定生活饮用水中的总大肠菌群。
2. 准备总大肠菌群检测所需要的培养基和试剂等。
3. 根据检测方案，对生活饮用水中的总大肠菌群进行检测。
4. 作出正确的检验报告。

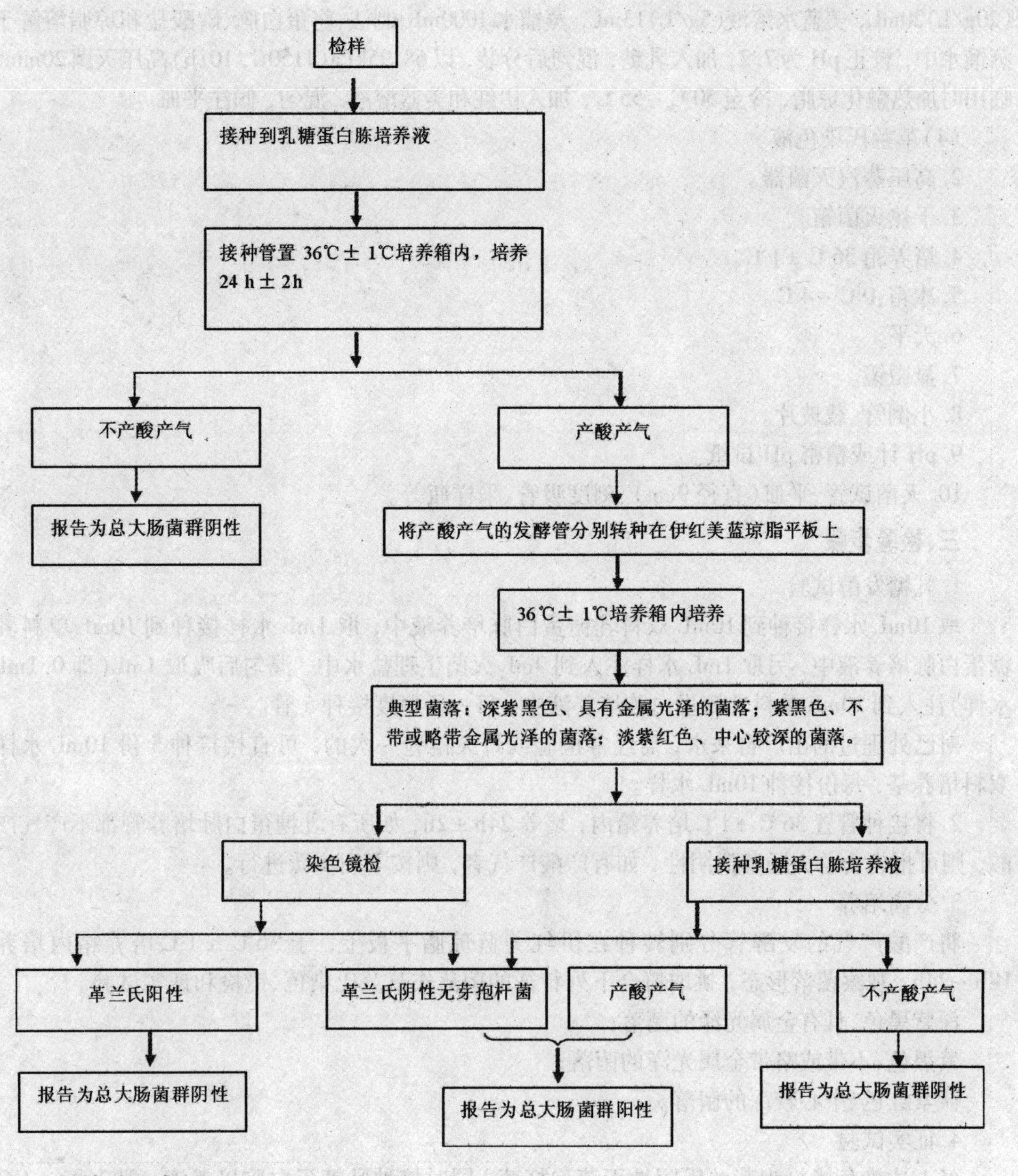

二、检验准备

1. 培养液

(1)乳糖蛋白胨培养液：蛋白胨 10g，牛肉膏 3g，乳糖 5g，氯化钠 5g，溴甲酚紫乙醇溶液(16g/L)1mL，蒸馏水 1000mL；制法：将蛋白胨、牛肉膏、乳糖及氯化钠溶于蒸馏水中，调整 pH 为 7.2 ~ 7.4，再加入 1mL16g/L 的溴甲酚紫乙醇溶液，充分混匀，分装于装有倒管的试管中，68.95kPa(115℃ ,101b)高压灭菌 20min，贮存于冷暗处备用。

(2)二倍浓缩乳糖蛋白胨培养液：按上述乳糖蛋白胨培养液，除蒸馏水外，其他成分量加倍。

(3)伊红美蓝培养基：蛋白胨 10g，乳糖 10g，磷酸氢二钾 2g，琼脂 20g ~ 30g，伊红水溶液

(20g/L)20mL，美蓝水溶液(5g/L)13mL，蒸馏水1000mL；制法：将蛋白胨、磷酸盐和琼脂溶解于蒸馏水中，校正pH为7.2，加入乳糖，混匀后分装，以68.95kPa(1150C，101b)高压灭菌20min。临用时加热融化琼脂，冷至50℃~55℃，加入伊红和美蓝溶液，混匀，倾注平皿。

(4)革兰氏染色液

2. 高压蒸汽灭菌器。

3. 干热灭菌箱。

4. 培养箱36℃±1℃。

5. 冰箱：0℃~4℃。

6. 天平。

7. 显微镜。

8. 小倒管、载玻片。

9. pH计或精密pH试纸。

10. 灭菌试管、平皿(直径9cm)、刻度吸管、采样瓶等。

三、检验步骤

1. 乳糖发酵试验

取10mL水样接种到10mL双料乳糖蛋白胨培养液中，取1mL水样接种到10mL单料乳糖蛋白胨培养液中，另取1mL水样注入到9mL灭菌生理盐水中，混匀后吸取1mL(即0.1mL水样)注入到10mL单料乳糖蛋白胨培养液中，每一稀释度接种5管。

对已处理过的出厂自来水，需经常检验或每天检验一次的，可直接接种5份10mL水样双料培养基，每份接种10mL水样。

2. 将接种管置36℃±1℃培养箱内，培养24h±2h，如所有乳糖蛋白脉培养管都不产气产酸，则可报告为总大肠菌群阴性，如有产酸产气者，则按下列步骤进行。

3. 分离培养

将产酸产气的发酵管分别转种在伊红美蓝琼脂平板上，于36℃±1℃培养箱内培养18h~24h，观察菌落形态，挑取符合下列特征的菌落作革兰氏染色、镜检和证实试验。

深紫黑色、具有金属光泽的菌落；

紫黑色、不带或略带金属光泽的菌落；

淡紫红色、中心较深的菌落。

4. 证实试验

经上述染色镜检为革兰氏阴性无芽孢杆菌，同时接种乳糖蛋白胨培养液，置36℃±1℃培养箱中培养24h±2h，有产酸产气者，即证实有总大肠菌群存在。

四、检验数据处理

根据证实为总大肠菌群阳性的管数，查MPN(most probable number，最可能数)检索表，报告每100mL水样中的总大肠菌群最可能数(MPN)值。5管法结果见表5-2。稀释样品查表后所得结果应乘稀释倍数。如所有乳糖发酵管均阴性时，可报告总大肠菌群未检出。

表 5－2　　5 份 10mL 水样各种阳性和阴性结果组合时最可能值 MPN

5 个 10ml 管中阳性管数	最可能数 MPN
0	<2.2
1	2.2
2	5.1
3	9.2
4	16
5	>16

思考题

1. 生活饮用水中的常规细菌学指标有哪些？
2. 生活饮用水中的菌落总数的测定步骤有哪些？

学习情境六　乳类食品微生物的检测

◆基础理论和知识

1. 乳的营养价值及对人体的作用；
2. 乳类食品微生物的来源。

◆基本技能及要求

1. 了解微生物污染对乳类食品质量的影响；
2. 掌握乳类食品微生物检验方法。

◆学习重点

1. 乳类食品样品的采集、处理及检测方法；
2. 鲜乳中抗生素残留的检测方法。

◆学习难点

乳类食品微生物检验方法。

◆导入案例

2013年8月份新西兰初级产业部宣布，新西兰乳制品巨头恒天然集团旗下部分产品可能含有肉毒杆菌毒素，受污染的产品在中国市场上已经流入了娃哈哈、上海市糖业烟酒集团以及多美滋公司。“洋奶粉”跌下“神坛”的事实警示中国的乳制品企业，更需要潜下心来重建信心体系，增强高端消费市场竞争力，加大对进口奶粉的替代力度。

专家指出，肉毒杆菌是一种生长在常温、低酸和缺氧环境中的革兰氏阳性细菌。肉毒杆菌在不正确加工、包装、储存的罐装食品或真空包装食品里都能生长。肉毒杆菌食物中毒在临床上以恶心、呕吐及中枢神经系统症状如眼肌、咽肌瘫痪为主要表现，中毒者如抢救不及时，病死率较高。

中国农业大学食品科学与营养工程学院副教授朱毅分析指出，目前全世界乳粉中都没有关于肉毒杆菌的限量标准。尽管肉毒杆菌对成人和1岁以上的儿童并没有太大的影响，但对1岁以下的婴儿存在较大威胁。由于1岁以内的婴儿肠道微生态屏障还没有完全形成，正常菌群还不够强健，因此肉毒杆菌的芽孢进到婴儿的肠道内之后，它有可能生根繁殖，释放出毒素，毒素进入到血液以后有可能导致孩子神经痉挛或麻痹的中毒症状。值得注意的是，被肉毒杆菌污染的食物需要在120摄氏度加热10分钟后才能被消灭，而家庭在冲泡奶粉的时候往往使用的都是温水，起不到相应的杀菌作用。

◆讨论

我们知道的乳类食品安全事故案例有哪些？

项目一　鲜乳中的微生物及其检验

乳是营养丰富、容易消化吸收的食品，含有蛋白质、脂肪、糖、无机盐、维生素等多种营养物质。其中，乳蛋白中含有人体所必需的各种氨基酸；乳脂肪含有较多的不饱和脂肪酸，故其熔点较低(27℃ ~34℃)，因此，容易被人体消化吸收。乳糖对儿童大脑的发育是不可缺少的，它能促进脑组织中糖脂化合物的生成，还能促进机体对食物中的钙和磷的吸收及贮存；牛乳中的钙和磷可满足婴儿的需要，铁能被完全吸收，乳中有人体体需要的各种维生素，此外，乳能抑制胆固醇的合成，对老年高血压及心血管病患者有益。因此，乳很适宜婴幼儿及成人，包括老人等食用。

乳的营养成分特别适合细菌生长繁殖。乳一旦被微生物污染，在适宜条件下，微生物可迅速增殖，引起乳的腐败变质；乳如果被致病性微生物污染，还可引起食物中毒或其他传染病的传播。微生物的种类不同，可以引起乳的不同的变质现象，了解其中的变化规律，可以更好地控制乳品生产，为人类提供更多更好的乳制品。

任务一　鲜乳中微生物的来源

微生物的污染是引起乳及乳制品变质的重要原因。在乳及乳制品加工过程中的各个环节如灭菌、过滤、浓缩、发酵、干燥、包装等，都可能因为不按操作规程生产加工而造成微生物污染。所以在乳及乳制品的加工过程中，对所有接触到乳及乳制品的容器、设备、管道、工具、包装材料等都要进行彻底的灭菌，防止微生物的污染，以保证产品质量。另外在加工过程中还要防止机械杂质和挥发性物质(如汽油)等的混入和污染。

一、乳房

一般情况下，乳中的微生物主要来源于外界环境，而非乳房内部。

乳从乳腺中分泌出来时本应是无菌的，但微生物常常污染乳头开口并蔓延至乳腺管及乳池，挤乳时，乳汁将微生物冲洗下来，带入鲜乳中，一般情况下，最初挤出的乳含菌数比最后挤出的多几倍。因此，挤乳时最好把头乳弃去。

正常存在于乳房中的微生物，主要是一些无害的球菌：当乳汁刚从健康畜体内挤出时，其所含的细菌数并不多，每毫升在几个到几千个之间。细菌的种类也不复杂，只有在管理不良，污染严重或当乳房呈现病理状态时，乳中的细菌含量及种类才会大大增加，甚至有病原菌存在。

当乳畜患有结核病、布鲁氏杆菌病、炭疽、口蹄疫、李氏杆菌病、伪结核、胎儿弯曲杆菌病等传染病时，其乳常成为人类疾病的传染来源。来自乳房炎、副伤寒患畜的乳；可能引起人的食物中毒，因此，对乳畜的健康状况必须严格监督，定期检查。

二、乳畜体表

乳畜体表及乳房上常附着粪屑、垫草、灰尘等。挤乳时不注意操作卫生，这些带有大量微生物的附着物就会落入乳中，造成严重污染，这些微生物多为芽孢杆菌和大肠杆菌。因此，挤乳前要彻底清洗乳房，减少乳的污染。

三、容器和用具

乳生产中所使用的容器及用具，如乳桶、挤乳机、滤乳布和毛巾等不清洁，是造成污染的重要途径。特别在夏秋季节，当容器及用具洗涮不彻底、消毒不严格时，微生物便在残渣中生长繁殖，这些细菌又多属耐热性球菌（约占70%）和杆菌，一旦对乳造成污染，即使高温瞬间灭菌也难以彻底杀灭。

四、空气

畜舍内飘浮的灰尘中常常含有许多微生物，通常每升空气中含有50－100个细菌，有尘土者可达1000个以上。其中多数为芽孢杆菌及球菌，此外也含有大量的霉菌孢子。空气中的尘埃落入乳中即可造成污染。因此，必须保持牛舍清洁卫生，打扫牛舍宜在挤乳后进行，挤乳前1小时不宜清扫。

五、水源

用于清洗牛乳房、挤乳用具和乳槽所用的水是乳中细菌的一个来源，井、泉、河水可能受到粪便中细菌的污染，也可能受土壤中细菌的污染。主要是一定数量的嗜冷菌。因此，这些水必须经过清洁处理或消毒后方可使用。

六、蝇、蚊等昆虫

蝇、蚊有时会成为最大的污染源，特别是夏秋季节，由于苍蝇常在垃圾或粪便上停留，所以每个苍蝇体表可存在几百万甚至几亿个细菌。其中包括各种致病菌，当其落入乳中时就可把细菌带入乳中造成污染。

七、饲料及褥草

乳被饲料中的细菌污染，主要是在挤乳前分发干草时，附着在干草上的细菌（主要是芽孢杆菌，如酪酸芽孢杆菌、枯草杆菌等），随同灰尘、草屑等飞散在厩舍的空气中，既污染了牛体，又污染了所有用具，或挤乳时直接落入乳桶，造成乳的污染。此外，往厩舍内搬入褥草时，特别是灰尘多的碎褥草，舍内空气可被大量的细菌所污染，因此成为乳被细菌污染的来源。混有粪便的褥草，往往污染乳牛的皮肤和皮毛，从而造成对乳的污染。

八、工作人员

乳业工作人员，特别是挤乳员的手和服装，常成为乳被细菌污染的来源。因为在指甲缝里，手皮肤的皱纹里往往积聚有大量的微生物，甚至致病菌，所以，挤乳人员如不注意个人卫生，不严格执行卫生操作制度，挤乳时就可直接污染乳汁。特别是工作人员如果患有某些传染病，或是带菌(毒)者则更危险。因此，乳业工作人员应定期进行卫生防疫和体检，以便及时杜绝传染源。

任务二　鲜乳中的微生物类群

鲜乳中污染的微生物有细菌、酵母和霉菌等多种类群。但最常见的而且活动占优势的微生物主要是一些细菌。

一、能使鲜乳发酵产生乳酸的细菌

这类细菌包括乳酸杆菌和链球菌两大类，约占鲜乳内微生物总数的80%。它们可进行同型乳酸发酵，产生大量乳酸，使鲜乳均匀凝固。这些菌不产生芽孢，没有鞭毛、革兰氏染色阳性，兼性厌氧。

1. 链球菌类

较为常见和重要的有:乳酸链球菌、乳酪链球菌、粪链球菌、嗜热链球菌、液化链球菌。

乳酸链球菌能分解葡萄糖、果糖、半乳糖、乳糖和麦芽糖而产生乳酸和其他少量有机酸，如醋酸和丙酸等，在乳液中的产酸量可达1%，它普遍存在于乳液中，几乎所有的生鲜乳中，均能检出这种细菌，最适生长温度为30℃～35℃。

乳酪链球菌不仅能分解乳糖而产酸，而且具有较强的蛋白分解能力。

粪链球菌在人类和温血动物的肠道内均有存在，能分解葡萄糖、蔗糖、乳糖、果糖、半乳糖和麦芽糖等，在乳液中繁殖而产酸，产酸力不强，生长最低温度为10℃，最高为45℃。

嗜热链球菌能分解蔗糖、乳糖、果糖而产酸，最适生长温度为40℃～45℃。

2. 乳酸杆菌类

较常见的和重要的有嗜酸乳杆菌、保加亚利乳杆菌、干酪乳杆菌、短乳杆菌、发酵乳杆菌、乳酸乳杆菌等。

嗜酸乳杆菌，为一种细而长的杆菌，单个、成对或成短链排列，革兰氏阳性。不产生芽孢，不能运动，生长最适温度为35℃～42℃，高于53℃或低于20℃时则不能生长，它是最早被利用的乳酸菌，常作为乳酸饮料的生产菌种。

干酪乳杆菌，为短杆状或长杆状细菌，呈短链或长链排列，能发酵葡萄糖、果糖、麦芽糖、乳糖产生乳酸，10℃～40℃均可生长，最适生长温度为30℃，能利用酪蛋白，在干酪制作中起重要作用。

二、能使鲜乳发酵产气的细菌

这类微生物能分解碳水化合物，生成乳酸及其他有机酸，并产生气体(二氧化碳和氢气)，能使牛乳凝固，产生多孔气泡，并产生异味和臭味。

大肠菌群，主要有大肠杆菌和产气杆菌，这类细菌除产酸产气外，还能分解蛋白质，产生异味，影响乳的质量，说明卫生方面不合格。

丁酸菌类，主要有丁酸梭菌、魏氏梭菌等，使鲜乳产酸产气，其中的丁酸气味恶臭，所产气体量很大，可使凝固的鲜乳裂成碎块，形成暴烈发酵现象。

丙酸细菌也能使鲜乳产酸产气，丙酸菌的发酵可使干酪形成网眼，并产生特殊的芳香风味，对干酪的品质有良好的影响。

三、分解鲜乳蛋而发生胨化的细菌

这类腐败菌能分泌凝乳酶，使乳液中的酪蛋白发生凝固，然后又发生分解，使蛋白质水解胨化，变为可溶性状态。假单孢菌属，分解蛋白质能力极强，可将蛋白质形成胺和氨，并产生不良气味。

液化粪链球菌、蜡样芽孢杆菌、变形杆菌等使乳产酸与蛋白质分解同时进行。产碱杆菌属、黄杆菌属、微球菌属等低温菌，能在低温条件下使蛋白质分解，从而使冷藏乳腐败变质并产生苦味。

四、使鲜乳呈碱性的细菌

主要有粪产碱菌和黏乳产碱菌，粪产碱菌不产生芽孢，菌体杆状，革兰氏阴性，好氧，有运动性，常存在于肠道内，由粪便混入鲜乳中；黏乳产碱菌不运动。其他特征粪产碱菌相似，常存在于水中，故通常由水混入到鲜乳中，使鲜乳变为黏稠。这两种细菌分解柠檬酸盐为碳酸盐，而使鲜乳呈碱性反应。

五、引起鲜乳变色的细菌

正常鲜乳呈白色或略带黄色，由于某些细菌的发育可使乳呈现不同颜色。

深蓝色假单孢菌产生的色素，在中性或碱性乳中呈灰色，在酸性乳中呈蓝色。

黄假单孢菌在乳中繁殖时，分解乳中的脂肪、蛋白质并产生淡黄色色素，从而使乳呈黄色，此外黄杆菌属的细菌增后也可使乳呈黄色。

黏质沙雷氏菌在乳中纯培养可引起红乳，但通常情况，由于其他细菌过量繁殖抑制了该菌生长，故红乳很少见。

六、鲜乳中的嗜冷菌和嗜热菌

嗜冷菌主要是一些荧光细菌、霉菌等。

嗜热细菌主要是芽孢杆菌属内的某些菌种和一些嗜热性球菌等。

七、鲜乳中的霉菌和酵母菌

霉菌以酸腐节卵孢霉为最常见，其他还有乳酪节卵孢霉、多主枝孢霉，灰绿青霉、黑含天霉，异念球霉、灰绿曲霉和黑曲霉等。鲜乳中常见酵母为脆壁酵母、洪氏球拟酵母、高加索乳酒球拟酵母、球拟酵母等。

八、鲜乳中可能存在的病原菌

1. 来自乳畜的病原菌

乳畜本身患传染病或乳房炎时，在乳汁中常有病原菌存在。常见的有结核分枝杆菌、副结核分枝杆菌，布氏杆菌、溶血性大肠杆菌、金黄色葡萄球菌、无乎 L 链球菌等。

2. 来自人为因素的病原菌

主要是工作人员患病或是带菌者，或者是生产过程中各方的污染，使鲜乳中带有某些病原菌：如伤寒沙门氏菌、副伤寒沙门氏菌、志贺氏杆菌、霍乱弧菌、白喉杆菌、猩红热链球菌、人型结核分枝杆菌等。

3. 来自饲料被霉菌污染所产生的有毒代谢产物

如乳畜长期食用含有黄曲霉毒素（B1）的饲料，这种毒素可转变为存在于乳中的黄曲霉毒素（M1）。研究证明，饲料中黄曲霉毒素含量超过60ug/kg时，就能造成乳的污染。

任务三　鲜乳贮藏过程中的微生物学变化

一、牛乳在室温下贮存时微生物的变化

新鲜牛乳在杀菌前都有一定数量的、不同种类的微生物存在，如果放置在室温（10℃～21℃）下，会因微生物在乳液中活动而逐渐使乳液变质。

室温下微生物的生长过程可分为以下几个阶段：

1. 抑制期

在新鲜的乳液中，均含有多种抗菌性物质，如溶菌酶、过氧化物酶、乳铁蛋白、免疫球蛋白、细菌素等，它们能对乳中存在的微生物具有杀菌或抑制作用。这期间若温度较低，抑菌时间持续较长；若温度升高，则杀菌或抑菌作用增强，但持续时间较短。因此，鲜乳放置室温环境中，一定时间内不会变质，此期为抑制期。

2. 乳链球菌期

鲜乳中抗菌物质减少或消失后，存在乳中的微生物迅速繁殖，可明显看到细菌的繁殖占绝对优势。这些细菌主要是乳链球菌、乳酸杆菌、大肠杆菌和一些蛋白质分解菌等，尤其以乳链球菌生长繁殖最为旺盛，使乳糖分解产生乳酸或产气，使乳液的酸度不断升高，也由此抑制了其他腐败菌的活动，当酸度升高到一定限值（pH4.6）时，乳链球菌本身就会受到抑制，这时期就有乳液凝块出现。

3. 乳杆菌期

当乳酸链球菌在乳液中繁殖，乳液的pH值下降到6左右时，乳酸杆菌的活力逐渐增强。当pH值继续下降至4.6以下时，由于乳酸杆菌耐酸力较强，尚能继续繁殖并产酸，在这个阶段乳液中可出现大量凝乳块，并有大量乳清析出。

4. 真菌期

当酸度继续下降至pH3.0～3.5时，绝大多数微生物被抑制甚至死亡，仅酵母和霉菌尚能适应高酸性环境，并能利用乳酸及其他一些有机酸。由于酸的被利用，乳液的酸度会逐渐降低，pH不断上升，甚至接近中性。此时优势菌为酵母菌和霉菌。

5. 胨化菌期

经上述几个阶段的微生物活动后，乳液中乳糖已大量被消耗，残余的量已很少，乳中蛋白质和脂肪尚有较多的量存在。因此，适宜分解蛋白质的细菌和能分解脂肪的细菌在其中生长繁殖，这样乳凝块被消化（液化）乳液的pH值逐步提高，向碱性转化，并有腐败的臭味产生。这时的腐败菌大部分属于芽孢杆菌、假单孢菌、产碱杆菌以及变形杆菌属中的一些细菌。

二、牛乳在冷藏中微生物的变化

生鲜牛乳在未消毒即冷藏保存的条件下，一般的嗜温微生物在低温环境中被抑制；而属于

低温微生物却能够增殖，但生长速度非常缓慢。低温中，牛乳中较为多见的细菌有：假单孢菌、醋酸杆菌、产碱杆菌、无色杆菌、黄杆菌属等，还有一部分乳酸菌、微球菌、酵母菌和霉菌等。

冷藏乳的变质：主要指乳脂肪的分解。多数假单孢菌属中的细菌，均具有产生脂肪酶的特性，它们在低温时活性非常强并具有耐热性，即使在加热消毒后的牛乳中，残留脂肪酶还有活性。

冷藏牛乳中可经常见到低温细菌促使牛乳中蛋白分解的现象，特别是产碱杆菌属和假单孢菌属中的许多细菌，它们可使牛乳胨化。

任务四　鲜乳中微生物的检验

鲜乳的微生物学检验包括细菌总数测定、大肠菌群 MPN 测定和鲜乳中病原菌的检验。细菌总数反映鲜乳受微生物污染的程度，大肠菌群 MPN 说明鲜乳可能被肠道菌污染的情况，乳与乳制品绝不允许检出病原菌。

一、样品的采集

1. 采样时要遵守无菌操作规程。

2. 瓶装鲜乳采取整瓶作样品，桶装的乳，先用灭菌搅拌器搅和均匀，然后用灭菌勺子采取样品。

3. 检验一般细菌时，采取样品 100ml，检验致病菌时，采样 200－300ml，倒入灭菌广口瓶至塞下部，立即盖上瓶塞，并迅速使之冷却至 6℃以下。

应在采样后 4 小时内送检。样品中不准添加防腐剂。

二、样品的处理

以无菌方法去掉瓶塞，瓶口经火焰消毒，用无菌吸管吸取 25ml 检样，置于装有 225ml 灭菌生理盐水的三角烧瓶内，混匀备用。

三、微生物检验

乳中的微生物检验通常进行细菌总数测定、大肠菌群 MPN 测定和致病菌菌检验，这些微生物指标的测定可以参照有关的学习情境进行。还可以采用以下方法检验乳中的微生物。

1. 美蓝还原试验

存在于乳中的微生物在生长繁殖过程中能分泌出还原酶，可使美蓝还原而退色，还原反应的速度与乳中的细菌数量有关。根据美蓝退色时间，可估计乳中含菌数的多少，从而评价乳的品质。操作方法如下：

无菌操作吸取被检乳 5ml，注入灭菌试管中，加入 0.25% 美蓝溶液 0.25ml，塞紧棉塞，混匀，置 37℃水浴中，每隔 10～15min 观察试管内容物退色情况。退色的时间越快说明污染越严重。

2. 刃天青试验

刃天青是氧化还原反应的指示剂，加入到正常鲜乳中呈青蓝色或微带蓝紫色，如果乳中含有细菌并生长繁殖时，能使刃天青还原，并产生颜色改变。根据颜色从青蓝——红紫——粉红——白色的变化情况，可以判定鲜乳的品质优劣。

刃天青试验的反应速度比美蓝试验快，且为不可逆变色反应，适用于含菌数较高的乳类。

具体方法如下：

(1)用10ml无菌吸管取被检乳样10ml于灭菌试管中，如为多个被检样品，每个检样需用1支10ml吸管，并将乳样编号。

(2)用1ml无菌吸管取0.005%刃天青水溶液1ml加于被检试管中，立即塞紧无菌胶塞，将试管上下倒转2~3次，使之混匀。

(3)迅速将试管置于37℃水浴箱内加热（松动胶塞，勿使过紧）。

(4)水浴20分钟时进行首次观察，同时记录各试管内的颜色变化，去除变为白色的试管，其余试管继续水浴至60分钟为止。记录各试管颜色变化结果。根据各试管检样的变色程度及变色时间判定乳品质量，也可放在光电比色计中检视。详见表6-1。

表6-1　刃天青试验颜色特征与乳品质量

编号	颜色特征		乳品质量	处理
	20min	60min		
6	青蓝色	青蓝色	优	可作鲜乳（消毒乳）或制作炼乳用
5	青蓝色	微带青蓝色	良好	
4	蓝紫色	红紫色	好	
3	红紫色	淡红紫色	合格	光电比色读数在3.5及1者，可考虑做适当加工
2	淡红紫色	粉红色	差	
1	粉红色	淡粉红色或白色	劣	读数在0.5及0者，不得供食用
0	淡粉红色	白色	很劣	

3.乳房炎乳的检验

采用氯糖数的测定。所谓氯糖数即乳中氯的百分含量与乳糖的百分含量之比。正常乳中氯与乳糖的含量有一定的比例关系。健康牛乳中的氯糖数不超过4，乳房炎乳的氯糖数则增至7~10。

任务五　鲜乳中抗生素残留的检验

抗生素在乳中的残留会给人体带来许多不良后果，使正常人被动接受、积累抗生素，造成人体生理紊乱。若一次摄入残留物的量过大，则会出现急性毒性反应。乳制品现今已是人们的重要营养食品，人均占有量已达到21.7kg。从全国不同城市近几年的调查情况来看，不管是市售生鲜奶还是巴氏消毒奶，抗生素残留情况都较为严重。含有抗生素残留的乳及其乳制品不仅会影响乳的品质，对乳制品的发酵和后期风味的形成产生不利影响，还会损害饮用者的身体健康。因此牛奶中抗生素残留问题日趋受到各国政府和食品安全机构的广泛重视。乳中常见的抗生素主要有β-内酰胺类、氨基糖苷类、大环内酯类、氯霉素类、磺胺类、四环素类等。

一、乳中抗生素残留途径及危害

1.乳中抗生素残留途径

牛乳中抗生素残留的主要原因是非治疗目的的用药、治疗目的的用药和非法人为掺杂。

我国的奶牛饲养主要以散户、自营牛场模式为主，农户饲养奶牛管理意识低下以及经济条件所限，造成奶源地奶源质量低、污染物残留量高的情况。同时牛场饲养的行为规范做得不够，兽药管理不严格，使得奶牛乳房炎和其他感染性疾病都显著高于发达国家，因此我国的乳及乳制品的抗生素残留问题就格外严重。

乳中抗生素的来源主要包括以下几个方面：

(1)治疗药物

抗生素是治疗牛乳房炎的主要手段，用抗生素治疗后的奶牛，其挤出的牛奶5天内都有抗生素残留。并且兽医临床用药时，还常将不同种类的抗生素联合使用，更容易造成抗生素类药物在动物体内残留。

(2)饲料添加药物

饲料添加剂或动物保健品在使用时，经常以长期小剂量的方式添加抗生素，如土霉素添加剂、金霉素添加剂等。此类抗生素在动物体内需要一段时间才能完全排除体外，极易在动物体内蓄积，因此造成抗生素残留。

(3)人为添加

在高温季节，一些不法商贩为防止牛奶酸败，人为向牛奶中掺杂各种抗生素。

2. 乳中抗生素残留的危害

牛奶是老少皆宜的营养品，对于长期饮用含有抗生素残留的牛奶，无疑是等于长期小剂量地摄入抗生素，一些抗菌药物如青霉素类、磺胺类、四环素类及某些氨基糖苷类抗生素的残留能使部分人群发生过敏反应。对于正常饮用者，抗生素作用于病原菌的同时，难免会影响到人体内有益菌的生长。长期、大量使用抗生素会造成人体内菌群失调，微生态平衡被破坏，使潜伏在动物体内的有害菌大量繁殖，引起内源性感染。另外，抗生素也会杀灭动物体内某些敏感菌，使人体内形成了大量的空位点，为外界耐药菌乘虚而入提供机会，从而造成外源性感染。此外，长期饮用者在体内的某些条件性致病菌易产生耐药性，一旦患者再使用同种抗生素治疗将很难奏效。由于长期使用抗感染药物还会引发二重感染即重复感染或菌群交替症，是指在一种感染未愈又发生另一种微生物感染。抗生素残留液会对临床用药带来影响，兽药残留给机体带来毒性，并使细菌耐药性增加，影响临床用药，甚至引起病人的生命危险。另外，发酵乳制品(酸奶和干酪)的生产依赖于乳酸菌的生长，而乳酸菌的生长受抗菌素的强烈抑制，常导致发酵失败。因此市场不允许出售抗生素残留过量的牛奶，这样也造成牛奶生产者的经济损失。

二、乳中抗生素残留的检测方法

TTC(氯化三苯基四氮唑)试验是用来测定乳中有无抗生素残留的较简易的方法，该法简便、无需特殊设备，很适合牧场、乳品厂及食品卫生检测部门采用。TTC法最早由Neel和Calbert二人在1955年提出，能检出牛乳中青霉素含量为0.004U/ml。这是目前我国食品卫生标淮中规定的检查牛乳中抗生素残留的检测方法(GB/T4789.27－2003)。如果牛乳中有抗生素存在，当乳中加入菌种(嗜热链球菌)，经培养后不增殖，此时加入的TTC指示剂不发生还原反应，鲜乳仍呈无色状态，判定为抗生素阳性;如果没有抗生素存在，则加入菌种即增殖，TTC被还原变成红色，使样品染成红色，判定为抗生素阴性。一般在培养2.5h以上可得出判定结果。

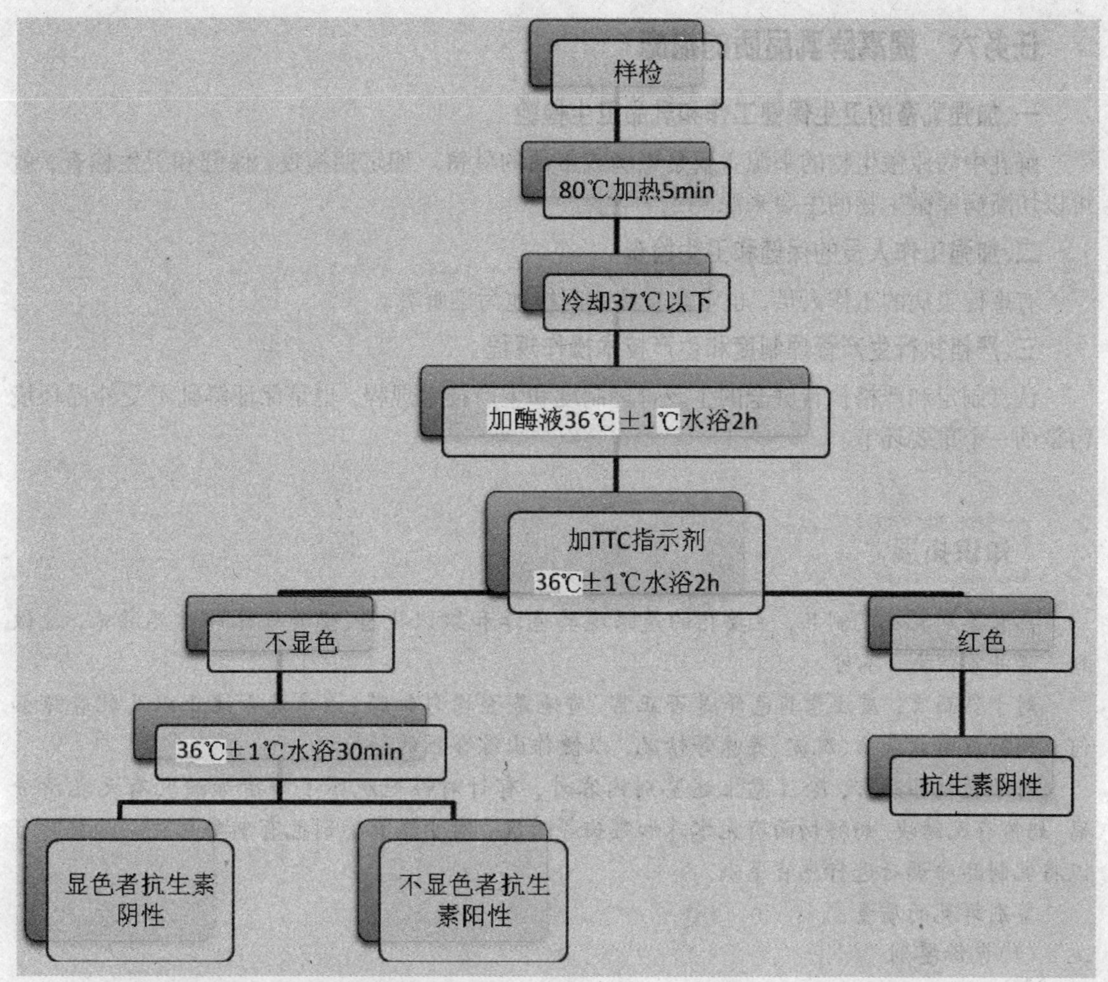

三、乳中抗生素残留量的规定及去除

乳中抗生素残留对人类健康危害极大，随着医学、生物学的发展这种不良作用已得到深入了解，其中危害最大的是青霉素、链霉素的过敏性休克及抗药性的产生，只要存在微量的抗生素即可能引起，所以原则上乳中是不允许抗生素残留的。但限于检测水平未能达到如此敏感度，故只能以检测阳性者为不合格，阴性者为合格，所以“允许量”实际上等于检测方法本身的敏感度。

1. 目前国际上对乳中抗生素残留规定

在乳卫生管理上，许多国家规定乳牛（羊）在最后一次使用抗生素后的 72 – 96 小时内的乳不可使用，我国规定的最后一次使用 5 天内的乳不可使用。

2. 乳中抗生素残留的去除

乳食用前加热消毒，可除掉不耐热的抗生素，对于性质稳定、耐热的抗生素就难以去除。青霉素在动物体内可与蛋白质结合，形成稳定的结合物，并且不被热破坏，故对去除乳中青霉素残留有一定难度。到目前为止，去除乳中青霉素 G 的最好方法是用微生物产生的 β – 内酰胺酶来破坏乳中青霉素，含量较低的情况下，在 18 小时内就可使青霉素 G 的含量降到检不出的程度。

任务六　提高鲜乳品质的措施

一、加强乳畜的卫生保健工作和乳品卫生检验

鲜乳中病原微生物的来源主要是患病或带菌的乳畜。如定期检疫，保健和卫生检查，就可以切断病原微生物的主要来源。

二、加强工作人员的保健和卫生检查

有患传染病的工作人员，也常能直接或间接地污染鲜乳。

三、严格执行生产管理制度和生产技术操作规程

认真制定和严格执行健全的生产管理制度和生产技术规程，也是保证鲜乳不受外界环境污染的一个重要环节。

知识拓展

感官鉴别乳及乳制品，主要指的是眼观其色泽和组织状态、嗅其气味和尝其滋味，应做到三者并重，缺一不可。

对于乳而言，应注意其色泽是否正常、质地是否均匀细腻、滋味是否纯正以及乳香味如何。同时应留意杂质、沉淀、异味等情况，以便作出综合性的评价。

对于乳制品而言，除注意上述鉴别内容外，有针对性地观察了解诸如酸乳有无乳清分离、奶粉有无结块、奶酪切面有无水珠和霉斑等情况，对于感官鉴别也有重要意义。必要时可以将乳制品冲调后进行感官鉴别。

鉴别鲜乳的质量：

(1)色泽鉴别

良质鲜乳——为乳白色或稍带微黄色。

次质鲜乳——色泽较良质鲜乳为差，白色中稍带青色。

劣质鲜乳——呈浅粉色或显著的黄绿色，或是色泽灰暗。

(2)组织状态鉴别

良质鲜乳——呈均匀的流体，无沉淀、凝块和机械杂质，无黏稠和浓厚现象。

次质鲜乳——呈均匀的流体，无凝块，但可见少量微小的颗粒，脂肪聚黏表层呈液化状态。

劣质鲜乳——呈稠而不匀的溶液状，有乳凝结成的致密凝块或絮状物。

(3)气味鉴别

良质鲜乳——具有乳特有的乳香味，无其他任何异味。

次质鲜乳——乳中固有的香味稍失或有异味。

劣质鲜乳——有明显的异味，如酸臭味、牛粪味、金属味、鱼腥味、汽油味等。

(4)滋味鉴别

良质鲜乳——具有鲜乳独具的纯香味，滋味可口而稍甜，无其他任何异常滋味。

次质鲜乳——有微酸味(表明乳已开始酸败)，或有其他轻微的异味。

劣质鲜乳——有酸味、咸味、苦味等。

项目二　消毒乳中的微生物及其检验

鲜乳经过巴氏消毒和分装后称为消毒乳。消毒乳是一种营养丰富、食用方便、老少皆宜的理想食品。由于鲜乳中，不可避免地污染了各种微生物，为了保证消毒乳的质量，应该选用优质鲜乳来生产，并且应尽量予以消毒或杀菌，以减少鲜乳的细菌污染及防止细菌繁殖。

任务一　生产消毒乳时微生物控制

工厂收到鲜乳后应立即加工处理，这样可减少鲜奶的细菌污染和防止细菌繁殖。

一、鲜乳的净化

净化的目的是除去鲜乳中被污染和非溶解性的杂质和草屑、牛毛、乳凝块等，杂质上总是带有一定数量的微生物，除去杂质即可减少微生物的污染数量。净化的方法有过滤法和离心法。过滤的效果取决于过滤器孔隙的大小，我国多数牧场采用 3 ~ 4 层纱布结扎在乳桶口上过滤。离心净化是将乳液放到一个分离罐内，使之受到强大离心力的作用，大量的杂质和细菌沉入罐底或留在罐壁上，乳液得到净化。但无论过滤或离心都无法达到除菌的程度，只能降低微生物的含量，对鲜乳消毒起促进作用。

二、鲜乳的消毒

消毒是指杀死乳中的病原微生物的方法。对非病原微生物和细菌的芽孢，霉菌的孢子等并不一定全部杀死。鲜乳消毒的时间和温度，要保证最大限度地消灭微生物和最低限度地破坏乳的营养成分和风味。牛乳中结核杆菌是常见的病原菌之一，也是一种比较耐热的无芽孢杆菌，要消灭全部病原菌，首先必须保证消灭结核杆菌。目前国内外的消毒方式主要有以下几种：

1. 低温长时间消毒法

又称保温消毒法或巴氏消毒法。即加热至 61℃ ~63℃，30 分钟。这种方法虽然对乳的性质影响很小，但由于需要时间较长，而且消毒的效果不理想，所以目前生产市售鲜乳很少采用。

2. 高温短时间巴氏消毒法（HTST 法）

是利用管式杀菌器和极热式热交换器进行消毒。加热到 72℃ ~75℃、维持 15 ~16 秒，或 80℃ ~85℃、10 ~15 秒。这样可使大批生乳连续消毒，但如果原料污染较严重就难以保证消毒效果，并且在这种温度下，会引起部分蛋白质和少量磷酸钙沉淀。

3. 超高温杀菌法（UHT 法）

首先乳液经 75℃ ~85℃ 预热 4 ~6 分钟，接着通过 130℃ ~150℃ 高温 2 ~4 秒钟。在预热过程中可使大部分细菌被杀死，接着在超高温瞬间灭菌过程中杀死耐热性强的芽孢细菌。据资料报导，进行超高温瞬间灭菌细菌死亡率几乎达 100%。有些污染严重的乳往往采用这种灭菌方法。这种消毒法既能杀菌，又能最大限度地保持牛奶风味、色泽和营养价值。

4. 蒸汽直接喷射法超高盘瞬间灭菌

条件大致与超高温杀菌法相同，鲜乳与高温蒸汽直接接触，在喷射过程中瞬间达到消毒效果，经无菌包装后即为消毒乳。

5. 瓶装灭菌法

鲜乳装瓶后，在热压器内进行灭菌，待蒸汽上升后，维持 10 分钟；奶受热温度可达 85℃左右，但营养成分略有损失。

杀菌后防止残留细菌的生长繁殖，应及时进行冷却。把消毒乳冷却到 2℃ ~4℃，并应尽快分装。盛装奶的容器用前都必须经灭菌处理，封口应严密，反复使用的容器在用前应该用碱水彻底清洗，然后用含氯的水、热水或蒸汽来杀菌。不应有大肠菌类，这些残存的菌类中不应有营冷菌和病原菌。分装后的消毒乳应及时销售或进行冷藏。

任务二　消毒乳中残留的细菌类型

酵母菌和霉菌可被巴氏灭菌杀死，与消毒乳有关的主要是细菌。

一、嗜冷菌和营冷菌

在乳品工业上把最适生长温度为 10℃ ~20℃，在 0℃或 0℃以下均可生长的菌类称为嗜冷菌，将最适生长温度为 20℃ ~32℃而在 2℃ ~7℃冷藏条件下能够生长的细菌称为营冷菌。在消毒乳贮存的环境中(2℃ ~4℃)，营冷茵的繁殖胜过嗜冷菌。

在乳品上存在的营冷菌多数为革兰氏阴性不形成芽孢、氧化酶阳性的小杆菌，主要为假单孢菌，黄杆菌和产碱杆菌属的细菌。此外某些形成芽孢的营冷菌和嗜冷性霉菌近些年来受到人们的重视。同时小肠结肠炎耶尔森氏菌在温度低于 7.2℃还能生长。在长期冷藏乳中，它们可以生长繁殖，使乳发生黏稠或凝固或颜色变化等异常现象。

消毒乳中的营冷菌主要来自原料乳和杀菌后污染。冷藏的消毒乳如污染芽孢杆菌、梭菌或链球菌引起质量变化时，应选用新鲜质量好的原料或增加杀菌强度来处理。消毒乳中的革兰氏阴性营冷菌主要是由于杀菌后污染造成的。贮藏温度对营冷菌的生长有很大影响，当温度为 0℃时，绝大部分营冷菌生长终止或速度降低。

二、嗜热菌和耐热菌

最适生长温度为 55℃，最高生长温度为 70℃左右的菌类为专性嗜热菌。测定乳中专性嗜热菌含量，用菌落计数法时，应用 55℃培养。还有一部分嗜热菌在 37℃时也能生长，称之为兼性嗜热菌。检测乳中兼性嗜热菌含量时，用标准菌落计数法培养。

乳中的嗜热菌主要是需氧型和兼性厌氧型的芽孢杆菌。主要来自土壤、水和牛舍垫草。在原料乳中一般数量不多，乳在用低温长时间消毒时，由于使用的温度(63℃)适合此类菌生长，所以这些菌类常在消毒乳中出现。另外，它们还在加工设备上的残留乳中生长，造成消毒乳含菌量增高。乳反复进行消毒也会使嗜热菌数量增高。

能耐过巴氏消毒，但在巴氏消毒温度(63℃)不能繁殖的菌类为耐热菌。主要是嗜中温菌，少数是营冷菌。在消毒乳中常见的耐热菌有节杆菌、芽孢杆菌、微杆菌、微球菌和部分葡萄球菌、链球菌等。

消毒乳中的耐热菌主要来自乳品加工设备，这些设备清洗和杀菌不彻底，有些耐热菌在设备上生长繁殖。原料乳中含菌量高也是原因之一，多数耐热菌在 7.2℃以下不能生长，它们不会引起冷藏乳变质，高于这个温度即可生长繁殖，引起乳变质。

三、大肠菌类

大肠菌类是不耐热的，原料乳中的大肠菌类会被适当的巴氏灭菌法杀死。消毒乳中有大肠菌类存在，说明是巴氏杀菌后污染造成的。消毒乳中大肠菌类超过卫生标准时，不但要检查成品的大肠菌类的含量，也应检查各加工过程的乳，以便查出污染原因。

大肠菌类在乳中生长时可引起产酸、产气，出现异味等变化，原料乳中大肠菌类的数量过高时，不适于加工成消毒乳。加工好的消毒乳贮存温度高于7.2℃时，污染大肠菌中的产气杆菌就会使乳逐渐变黏稠。

项目三　乳制品中的微生物及其检验

乳除供鲜食外，还可制成多种制品，乳制品不但具有较长的保存期和便于运输等优点，而且也丰富了人们的生活。觉见的乳制品有奶粉、炼乳、酸乳及奶油等。

任务一　奶粉

奶粉是以鲜乳为原料，经消毒、浓缩、喷雾干燥而制成的粉状产品，可分为全脂奶粉、脱脂奶粉、加糖奶粉、调制奶粉等。在奶粉制作过程中，绝大部分微生物被清除或杀死；再者，奶粉含水量低(一般在于5%以下)，不利于微生物存活，故经密封包装后，细菌不会繁殖。因此，奶粉中含菌量不高，也不会有病原菌存在。

如果原料乳污染严重，加工不规范，奶粉中含菌量会很高，甚至有病原菌出现。

一、奶粉中的微生物来源与类型

奶粉中的细菌主要来源于以下几方面：

1. 奶粉在浓缩干燥过程中，外界温度高达150℃～200℃，但奶粉颗粒内部温度只有60℃左右，其中会残留一部分耐热菌；

2. 喷粉塔用后清扫不彻底，塔内残留的奶粉吸潮后会有细菌生长繁殖，成为污染源；

3. 奶粉在包装过程中接触的容器、包装材料等可造成二次污染；

4. 原料乳污染严重是奶粉中含菌量高的主要原因。

奶粉中污染的细菌主要有耐热的芽孢杆菌、微球菌、链球菌、棒状杆菌等，所以奶粉在制造过程中各环节要经常进行抽查。抽查取样包括原料乳、杀菌乳、浓缩乳、塔内奶粉和包装好的奶粉。检查项目包括测定菌落总数、耐热菌数、金黄色葡萄球菌和大肠杆菌群值等。

如果原料乳质量次，加工处理不适当，奶粉中可能有病原菌存在，最常见的是沙门氏菌和金黄色葡萄球菌，有的金黄色葡萄球菌可耐过加热处理，而残留在奶粉中，另外金黄色葡筒球菌食物中毒属于毒素型中毒，如原料乳中有金黄色葡萄球菌旺盛生长产生大量毒素，而乳的理化性质又无异常变化，用这样的乳加工成的奶粉即可引起食物中毒。沙门氏菌也是奶粉中一种重要的食物中毒细菌，有部分沙门氏菌能耐过奶粉制作过程中杀菌和干燥工序而存活下来。所以乳粉引起的沙门氏菌食物中毒也是需要注意的。

二、奶粉中的微生物检验

1. 样品的采取

产品按批号取样检验，取样量为1/1000(不足千件者抽1件)，尾数超过500件者增抽一件，每个样品为200克。

2. 奶粉按需要进行细菌总数、大肠菌群MPN测定及致病菌的检验。

任务二　酸乳制品

酸乳制品是鲜乳制品经过乳酸菌类发酵而制成的产品，如普通酸乳、嗜酸菌乳、保加利亚酸乳、强化酸乳、加热酸乳、果味酸牛奶、酸乳酒、马乳酒等都是营养丰富的饮料，其中含有大量的乳酸菌、活性乳酸及其他营养成分。酸乳饮料能刺激胃肠分泌活动，增强胃肠蠕动，调整胃肠道酸碱平衡，抑制肠道内腐败菌群的生长繁殖，维持胃肠道正常微生物区系的稳定，预防和治疗胃肠疾病，减少和防止组织中毒，是上好的保健饮料。

一、普通酸乳制品的微生物及其作用

普通酸乳一般是用保加利亚乳酸杆菌和嗜热脂肪链球菌为发酵剂，这两种乳酸菌在乳中生长时保持共生关系。保加利亚乳酸杆菌在发酵过程中对蛋白质有一定的降解作用，产生缬氨酸、甘氨酸和组氨酸等，这些成分刺激嗜热脂肪链球菌的生长，而嗜热脂肪链球菌在生长过程中产生的甲酸，可被保加利亚乳酸杆菌所利用。这两种菌同时存在时，生长速度明显加快，乳的凝固时间比使用单一菌株大大缩短，在40℃～45℃两种菌混合使用时，乳凝固时间是2～3小时，而使用单一菌株时则需要数小时或更长时间。

由这两种乳酸菌制成的酸乳，凝乳坚实，质地细腻，并具有芳香气味。它们在乳中生长时，引起一定的生物化学变化。在细菌细胞内，由β－D半乳糖酶将乳糖分解为葡萄糖和半乳糖。葡萄糖进一步发酵为乳酸，半乳糖累积于酸奶中，乳酸能使乳凝固。由乳中糖发酵产生的芳香物质有乙醛、丙酮、三羟基丁醇和丁二酮。蛋白质有轻微降解，产生一定量的肽、氨基酸和芳香成分。脂肪也有一定程度的降解，主要形成由短链脂肪酸组成的甘油三酯和与芳香味有关的成分。

普通酸乳引起食物中毒问题。普通酸乳内含有大约1%的乳酸，酸性环境不适于病原菌在其中生存。如沙门氏菌和大肠菌类均被抑制，另外乳酸菌还能产生抗菌物质，起到净化酸乳的作用。但有报导酸乳引起葡萄球菌食物中毒的事件，这主要是由于鲜乳加热前，受到葡萄球菌污染。如乳贮存20℃常温下，葡萄球菌可在乳中生长繁殖并产生毒素，在制作酸奶加热杀菌过程中，葡萄球菌被杀死，而毒素则留在乳中，毒素在乳发酸成熟过程中还能稳定存在，这样的乳制成酸奶即可引起食物中毒。

二、嗜酸菌乳

嗜酸菌乳是利用嗜酸乳杆菌发酵乳而制成的乳制品。嗜酸乳杆菌可在人和动物的胃肠道内定居，并能产生嗜酸菌素等多种抗菌物质，抑制有害菌类。维持肠道内微生物区系的平衡。人们常用嗜酸菌乳来治疗消化道疾患。但这种酸乳有酸涩味，为了改变适口性，近年来有人研制了甜嗜酸菌乳，其效果和适口性都很好。

三、酸乳酒

酸乳酒的制作过程包括酒精发酵和乳酸发酵两个阶段。发酵剂主要为开菲酵母、高加索乳酸菌、明串珠菌及乳链球菌等。发酵剂中酵母将乳中的乳糖分解转化成酒精，乳酸菌进行发酵产生乳酸和芳香物质。酸乳酒的乳酸含量为0.9%～1.1%，酒精含量为0.5%～1%。

四、果味酸牛奶

果味酸牛奶是在普通酸牛奶的原料中，加入2%脱脂奶粉、10%食糖、规定量的食用色素等。灭菌后，除加入3%～5%基础果汁外，还添加5%天然果汁，再加香料、硬化剂、色素及2.5%左右发酵剂，使其发酵。发酵剂主要是保加利亚乳酸杆菌，但有的细菌能使色素还原，故添加色素稍多些。

五、马乳酒

马乳酒是用马乳制作的酸乳酒。发酵剂中的微生物系是保加利亚乳杆菌和霍尔姆球拟酵母。制好的马乳酒具有酸味、酒味，并有大量泡沫，马乳酒凝固不够坚实，呈灰白色。

酸乳检验时，样品的采取应按生产班次分批，连续生产不能分班次者，则按生产日期分批。按批取样，每批样品按千分之一采样，每个样品为1瓶，尾数超过500者，增加一个样品。样品以无菌操作稀释后，按需要进行大肠菌群MPN测定、致病菌的检验等。

任务三　炼乳

炼乳可分为淡炼乳和甜炼乳两种类型。淡炼乳是消毒乳浓缩至原体积的1/2～1/2.5装罐密封后，再经115℃～117℃高压灭菌而制成，外观色淡，似稀奶油的乳制品。因其密封，又经高压灭菌，故可防止罐内微生物的污染。但如密封不严，加热灭菌不充分也会造成微生物污染，引起腐败变质，引起变质的细菌主要有枯草杆菌、嗜热杆菌、蜡样杆菌和刺鼻杆菌等，能使淡炼乳凝结成块，一些厌氧芽孢杆菌能引起胀罐和产生腐败臭味，苦味杆菌能分解炼乳中的蛋白质产生苦味。

甜炼乳是将消毒乳加入15%～16%的蔗糖并浓缩原体积的40%装罐制成。因其含糖量达45%左右，造成高温环境能抑制细菌的生长以利保存。如原料乳污染严重或加糖不足，亦会发生污染引起变质。常见引起变质的微生物有微球菌、葡萄球菌、枯草杆菌、马铃薯杆菌、炼乳球似酵母、芽枝霉匍匐曲霉等。

一、甜炼乳的微生物检验

在甜炼乳中一般有活的微生物，每克甜炼乳含菌数在数百个到数万个之间。如消毒不严，原料乳污染严重，罐密封不严等都可造成细菌含量增高。在进行甜炼乳的微生物学检验时，整个罐要清洗，开口处要用热或化学杀菌剂进行处理。开口的用具，用前应灭菌。

甜炼乳的检验项目包括菌落计数、大肠菌群值测定、霉菌和酵母菌数的测定三项。这三项的检验可按标准去进行操作。检查耐高温菌类，可用含25%～30%糖的琼脂培养基检查。

二、甜炼乳的变质现象

1. 产生气体

如原料乳消毒不彻底或在加工过程中污染了球似酵母和大肠菌类等，在高温贮藏情况下，这两类菌可大量繁殖，并产生足量的二氧化碳和氢气，引起罐膨胀或炸裂。

2. 黏稠

这种变质现象常伴有酸性和奶臭味。很多微生物与这种变质有关，主要是微球菌和形成芽孢的杆菌引起。

3. 钮扣状变质

这种变质发生在甜炼乳表面，是由于毒菌在炼乳表面生长，凝结酪蛋白形成白色、绿色或灰色的钮扣状菌落，并产生讨厌的霉菌气味。引起这种变化的主要是青霉和曲霉。在加工过程中原料乳消毒充分，将罐尽量装满并将成品贮存于10℃以下，可以防止这种变质发生。

任务四　奶油

一、生产过程中的微生物污染

奶油是乳经分离后所得的稀奶油再经成熟，搅拌，洗涤，压炼等过程而制成的一种乳制品。奶油按照制造方法可以分为三类：

1. 鲜制奶油：即用高温杀菌稀奶油制成加盐或无盐奶油。
2. 酸制奶油：用高温杀菌稀奶油经过添加纯乳酸菌发酵剂发酵制成加盐或无盐奶油。
3. 重制奶油：用稀奶油或奶油经过加热熔解除去蛋白质和水而制成。

奶油的品种好坏，受很多因素的影响，原料乳是一个重要因素，要想生产品质好的奶油，必须选用优质鲜乳来制作。原料乳进厂后在分离稀奶油前，应贮于2℃～4℃条件下保存，以控制细菌繁殖，稀奶油分离后，应立即在85℃～95℃或更高一些的温度下进行杀菌，热处理的程度应达到使过氧化物酶试验结果为阴性，不仅杀死致病菌，而且也杀死可能影响保藏质量的其他细菌和酶。

发酵奶油的制作方法是将杀菌后的稀奶油，冷却到16℃～21℃，加入混合发酵剂进行发酵。发酵剂的好坏也直接影响奶油的质量和风味，在乳品工业上将具有产酸能力的乳酸链球菌和具有产香能力的丁二酮乳链球菌的混合发酵剂，称为D型发酵剂。奶油发酵后有两个优点：一是延长保质期，二是产生良好的芳香风味。发酵剂中的乳酸菌大量繁殖，使奶油的酸度增高，能够防止其他杂菌尤其是酵母和霉菌的繁殖，从而延长保质期。发酵剂中含有产生乳香的噬柠檬酸链球菌和丁二酮乳链球菌，能够产生比不发酵产品更浓郁的芳香风味。

搅拌过程中使用的搅拌器，也是奶油的污染源，用前应充分清洗和杀菌。奶油中加盐对微生物有抑制作用，含盐量越高，抑制作用越明显。在加工过程中要注意水和空气的污染。洗涤奶油的水有一部分残留在奶油中，所以应选用品质好的洗涤水。不洁净的水常含有变质菌类，它们含有活性较强的脂酶和蛋白酶，并能在低温下生长，奶油因被洗涤水污染而变质。在制作过程中，奶油比其他乳制品更易受空气中微生物的污染，特别是制作后期，成品车间的空气中常含有大量的霉菌孢子，天气炎热时这些孢子污染奶油表面，经4～6天就可发生颜色变化。为防止奶油的霉菌污染，室内空气应进行无菌滤过。生产设备，特别是包装机械，应彻底清洗、杀菌。

奶油中的微生物受温度的制约，所以温度与奶油的贮存时间有密切关系。奶油主要是由脂肪组成，是热的不良导体，在低温下不易冷却，因此，在不加盐的奶油冷藏的头几天细菌仍可缓慢生长，然后进入抑制状态。在0℃时奶油的贮藏时间不能过长。否则一部分营冷菌可在其中生长繁殖引起变质。高质量的奶油应该是脂肪纯净，颜色均匀一致，稠密而味纯，残留的乳水、乳渣及含菌数较少，而且分散存在于脂肪中的小水滴内。这样的奶油就比较耐贮存，在冷藏情况下可较长期保存。在－15℃时大多数微生物都不能生长，贮存日久，菌数将逐渐减少。

二、微生物引起的奶油变质

奶油由于加工或贮存不当时可发生下列变质现象：

1. 腐败。这是由腐败假单孢菌、梅实假单孢菌等引起的变质现象，开始奶油表面腐败，并产生腐臭味，最终可造成整块奶油变质。鱼杆菌或乳卵霉菌分解奶油脂肪的卵磷脂，产生三甲胺，发生鱼腥气味。还有一些杂菌可引起苦味、金属味等。

2. 酸败。梅实假单孢菌、荧光假单孢菌能产生蛋白酶，也可产生脂酶，一部分霉菌和个别酵母菌也可产生脂肪酶，它们在奶油上生长可水解脂肪释放脂肪酸，如酪酸、丁酸和乙酸等，使奶油发生酸败现象，散发出酸臭气味。

3. 变色。有些能产生色素的细菌在奶油上繁殖可使奶油变色。如玫瑰红球菌使其变为粉红色，紫色产色菌或牛乳产色杆菌使奶油变紫色，黑假单孢菌产生黑色，荧光假单孢菌产生绿色。

4. 发霉。霉菌在奶油上生长可引起表面发生颜色改变，引起奶油变黑的霉菌有枝孢霉、单孢枝霉，交链菌霉，曲霉，毛霉和根霉等。青霉可使奶油变为暗绿色或蓝绿色，白地霉可使奶油变为暗橙色或黄色，球拟酵母可使其呈粉红色。

任务五　冰淇淋

冰淇淋是奶、奶油、糖、乳化剂、稳定剂、香料和色素等物质经过加热处理、均质、冷却、冻结而成的一种冻结乳制品。由于所用原料和制作程序的不同，冰淇淋的种类多种多样。冰淇淋的微生物学品质受很多因素影响，主要受原料，加工过程和卫生条件的影响。奶油用前应进行酵母菌、霉菌、嗜温菌、大肠菌群和脂肪分解菌类的检查。

冰淇淋中常见的污染菌有球菌、需氧性芽孢杆菌、厌氧芽孢杆菌、大肠菌群、假单胞杆菌、酵母菌和霉菌等，在不规范的操作情况下，还可能存在病原菌。

任务六　干酪

干酪是牛奶中加入凝乳酶，再将凝块进行加工、成型和发酵成熟而制成的一种营养价值高、易消化的乳制品。在生产干酪时，由于原料乳品质不良，加工方法不当，或贮存不当往往会使干酪污染各种微生物而引起变质。干酪常见的变质现象有：

一、膨胀

这是由于大肠菌类等有害微生物利用乳糖发酵产酸产气而使干酪膨胀，并常伴有不良味道和气味。干酪成熟初期发生膨胀现象，常常是由大肠杆菌之类的微生物引起。如在成熟后期发生膨胀，多半是由于某些酵母菌和丁酸菌引起。并有显著的丁酸味和油腻味。

二、腐败

当干酪的酸度和盐分不足时，腐败菌即可生长，使干酪表面湿润发黏，甚至整块干酪变成黏液状，并有腐败气味。

三、苦味

由苦味酵母、液化链球菌、乳房链球菌等微生物强力分解蛋白质后，使干酪产生不快的苦味。

四、色斑

干酪表面出现铁锈样的红色斑点，可能由植物乳杆菌红色变种或短乳杆菌红色变种所引起。黑斑干酪、蓝斑干酪也是由某些细菌和霉菌所引起。

五、发霉

干酪容易污染霉菌而引起发霉，引起干酪表面颜色变化，产生霉味，还有的可能产生霉菌毒素。

六、致病菌

乳干酪在制作过程中，受葡萄球菌污染严重时，就能产生肠毒素，这种毒素在干酪中长期存在，食后会引起食物中毒。

进行干酪的微生物检验前，检样先用无菌刀削去部分表面封蜡，以点燃的酒精棉球消毒，无菌操作取25g检样，置于灭菌的研钵内切碎。从225ml的无菌生理盐水中去除少许加入研钵中，将奶酪研成糊状，放入灭菌三角瓶内，制成1∶10的均匀稀释液，进行有关细菌学检验。

知识拓展

1217年成吉思汗西征花辣子摩，要穿越东西长880公里南北宽440公里的可吉尔库姆沙漠，军粮和沙漠恶劣的气候成了最大的障碍。为了解决军队的军粮问题，大将慧元(相当于后勤部长)发明了奶粉和肉松的制作方法，牛奶制作的奶粉面就有乳酸菌和益生菌，士兵长期饮用含有益生菌的奶粉，肠道非常健康，水土适应能力非常强，不论是西征到欧洲多瑙河，还是驰骋在辽阔的草原无边的沙漠，他们都不会拉肚子，肉松里加了糖和盐防止电解质的流失，慧元发明的奶粉和肉松不仅解决了当时以牛奶和肉类为主要食物的蒙古骑兵的需求，也从根本上解放了奶牛的乳房，使人们随时随地喝上牛奶而不需要牵着牛。奶粉的发明是世界上最伟大的发明之一，更是人类聪明的开始，智慧的源泉，健康的支柱，力量的象征。奶粉和肉松的出现成就了蒙古铁骑一日千里的神速，堪称世界军事历史上最早的闪电战，创造了以少胜多，蒙古军队之所以能驰骋欧亚、所向披靡，全仗精锐的骑兵以及慧元发明的便携式军粮。奶粉的发明使成吉思汗创造了前无古人、后无来者的强大帝国，奠定了祖国现有的版图，打通了亚欧大通道，促进了东西方文明的交流。所以奶粉和肉松成了成吉思汗驰骋欧亚的秘密武器。

思考题

1. 鲜乳中的微生物来源有哪些?
2. 室温下鲜乳中微生物的生长过程可分为哪几个阶段?
3. 鲜乳的微生物检验方法有哪些?
4. 简述乳中抗生素的来源及检验方法。
5. 提高鲜乳品质的措施有哪些?
6. 鲜乳的消毒方法有哪些? 如何操作?
7. 奶油发酵后的优点是什么?

学习情境七　肉类食品微生物的检测

◆基础理论和知识

1. 肉的腐败变质及对人体的影响；
2. 肉类食品微生物的来源。

◆基本技能及要求

1. 了解肉类食品中微生物变化引起的现象；
2. 掌握肉类食品微生物检验方法。

◆学习重点

1. 肉类食品中的微生物类群；
2. 肉类食品样品的采集及处理方法。

◆学习难点

肉类食品微生物检验方法。

◆导入案例

2014 年 7 月 20 日东方卫视晚间新闻，记者卧底两个多月发现，麦当劳、肯德基的肉类供应商上海福喜食品有限公司存在大量采用过期变质肉类产品的行为。

这家公司被曝通过过期食品回锅重做、更改保质期标印等手段加工过期劣质肉类，再将生产的麦乐鸡块、牛排、汉堡肉等售给肯德基、麦当劳、必胜客等大部分快餐连锁。为了掩盖种种见不得光的生产行为，上海福喜还处心积虑地做了对内、对外两本账。

记者调查发现：

2014年6月18日，18吨过期半个月的冰鲜鸡皮和鸡胸肉被掺入麦乐鸡原料当中。记者还称，这些过期鸡肉原料被优先安排在中国使用。另外，肯德基的烟熏肉饼同样使用了过期近一个月的原料。更令人惊讶的是，供应给百姓的冷冻腌制小牛排过期7个多月照样使用。2014年6月11日和12日，加工的迷你小牛排使用了10吨过期的半成品，这些材料原本都应该作为垃圾处理掉。

除了可疑的保质期、掉在地上的肉饼、混合次品的鸡块，我们记者在调查中还拍到了已经发绿、发臭的小牛排。

◆讨论

我们知道的食品安全事故案例有哪些?

项目一　鲜肉中的微生物及其检验

根据对肉的处理及贮藏方法不同，可将其分为鲜肉、冷藏肉及各类肉制品。因为肉及肉制品的营养极为丰富，是多种微生物良好的培养基，肉类从屠宰到食用的各个环节，都有受到不同程度污染的可能。因此，对肉及肉制品进行微生物检验，是确保其卫生质量及维护人体健康的重要工作之一。

任务一　肉在保存过程中的变化

肉中含有丰富的营养物质，但是不宜久存，在常温下放置时间过长，就会发生质量变化，最后引起腐败。肉腐败的原因主要是由微生物作用引起变化的结果。据研究，每平方厘米内的微生物数量达到五千万个时，肉的表面便产生明显的发黏，并能嗅到腐败的气味。肉内的微生物是在畜禽屠宰时，由血液及肠管侵入到肌肉里，当温度、水分等条件适宜时，便会高速繁殖而使肉质发生腐败。肉的腐败过程使蛋白质分解成蛋白胨、多肽、氨基酸，进一步再分解成氨、硫化氢、酚、吲哚、粪臭素、胺及二氧化碳等，这些腐败产物具有浓厚的臭味，对人体健康有很大的危害。

肉在保存过程中，由于组织酶和外界微生物的作用，一般要经过僵直——成熟——自溶——腐败等一系列变化。

一、热肉

动物在屠宰后初期，尚未失去体温时，称为热肉。

热肉呈中性或略偏碱性，pH7.0～7.2，富有弹性，因未经过成熟，鲜味较差，也不易消化。屠宰后的动物，随着正常代谢的中断，体内自体分解酶活性作用占优势，肌糖原在糖原分解酶的作用下，逐渐发生酵解，产生乳酸，一般宰后1小时，pH降至6.2～6.3，经24小时可降至5.6～6.0。

二、肉的僵直

当肉的pH值降至6.7以下时，肌肉失去弹性，变得僵硬，这种状态叫作肉的僵直。

肌肉僵直出现的早晚和持续时间与动物种类、年龄、环境温度、生前状态及屠宰方法有关。动物宰前过度疲劳，由于肌糖原大量消耗，尸僵往往不明显。处于僵直期的肉，肌纤维粗糙、强韧、保水性低，缺乏风味，食用价值及滋味都差。

三、肉的成熟

继僵直以后，肌肉开始出现酸性反应，组织比较柔软嫩化，具有弹性，切面富有水分，且有愉快的香气和滋味，易于煮烂和咀嚼，肉的食用性改善的过程称为肉的成熟。

成熟对提高肉的风味是完全必要的，成熟的速度与肉中肌糖原含量、贮藏温度等有密切关系。在10℃～15℃下，2～3天即可完成肉的成熟，在3℃～5℃下需7天左右，0℃～2℃则2～3周才能完成。成熟好的肉表面形成一层干膜，能阻止肉表面的微生物向深层组织蔓延，并能阻止微生物在肉表面生长繁殖。

肉在成熟过程中，主要是糖酵解酶类及无机磷酸化酶的作用。

四、肉的自溶

由于肉的保藏不当，肉中的蛋白质在在组织蛋白酶的催化作用下发生分解。这种现象叫做肉的自溶。

自溶过程只将蛋白质分解为可溶性氮及氨基酸为止。由于成熟和自溶阶段的分解产物，为腐败微生物的生长繁殖提供了良好的营养物质，微生物大量繁殖的结果，必然导致肉的腐败分解，腐败分解的生成物如腐胺、硫化氢、吲哚等，使肉带有强烈的臭味，胺类有很强的生理活性，这些都可影响消费者的健康。由于肉成分的分解，必然使其营养价值显著降低。

五、肉的腐败

在适宜条件下，污染鲜肉的微生物可迅速生长繁殖，引起鲜肉腐败变质。细菌吸附鲜肉表面的过程可分为两个阶段：首先是可逆吸附阶段，即细菌与鲜肉表面微弱结合，此时用水洗可将其除掉，第二个阶段为不可逆吸附阶段，细菌紧密地吸附在鲜肉表面，而不能被水洗掉，吸附的细菌数量随时间的延长而增加。试验表明：不能分解蛋白质的细菌难以向肌肉内部侵入和扩散，而能分解蛋白质的细菌，可向肌肉内部侵入并扩散。

1. 有氧条件下的腐败

在有氧条件下，需氧菌和兼性厌氧菌引起肉类的腐败表现为：

（1）表面发黏

肉体表面有黏液状物质产生，这是由于微生物在肉表面生长繁殖形成菌苔以及产生黏液的结果。发黏的肉块切开时会出现拉丝观象，并有臭味产生，此时含菌数一般可达10^7个/cm^2。

（2）变色

微生物污染肉后，分解含硫氨基酸产生H_2S，H_2S与肌肉组织中的血乙蛋白反应形成绿色的硫化氢血红蛋白，这类化合物积累于肉的表面时，形成暗绿色的斑点。还有许多微生物可产生各种色素，使肉表面呈现多种色斑。例如黏质赛氏杆菌产生红色斑，深蓝色假单孢菌产生蓝色，黄色杆菌产生黄色，某些酵母菌产生白色、粉红色和灰色，一些霉菌可形成白色，黑色、绿色霉斑。一些发磷光的细菌，如发磷光杆菌的许多种能产生磷光。

(3)产生异味

脂肪酸败可产生酸败气味，主要由无色菌属或酵母菌引起，乳酸菌和酵母菌发酵时产生挥发性有机酸也带有酸味，放线菌产生泥土味，霉菌能使肉产生霉味，蛋白质腐败产生恶臭味。

2. 无氧条件下的腐败

在室温条件下，一些不需要严格厌氧条件的棱状芽孢杆菌首先在肉上生长繁殖，随后其他一些严格厌氧的梭状芽孢杆菌，如现酶梭状芽孢杆菌、生抱梭状芽孢杆菌、溶组织梭状芽孢杆菌等开始生长繁殖，分解蛋白质产生恶臭味。羊、猪、羊的臀部肌肉很容易出现变质现象，有时鲜肉表面正常，切开时有酸臭味。股骨周围的肌肉为褐色，骨膜下有黏液出观，这种变质称为骨腐败。

塑料袋真空包装并贮于低温条件时可延长保存期。此时如塑料袋透气性很差，袋内氧气不足，将会抑制需氧菌的生长，而以乳杆菌和其他厌氧菌生长为主。

在厌氧条件下，兼性厌氧菌和专性厌氧菌的生长繁殖引起肉类腐败变质的表现为：

(1)产生异味

由于棱状芽孢杆菌、大肠杆菌以及乳酸菌等作用，产生甲酸、乙酸、丙酸、丁酸、乳酸和脂肪酸，而形成酸味，蛋白质被微生物分解产生硫化氢、硫醇、吲哚、粪臭素、氨和胺类等异味化合物，而且呈现异臭味，同时还可产生毒素。

(2)腐烂

腐烂主要是由枝状芽孢杆菌属中的某些种引起的，假单孢菌属、产碱杆菌属和变形杆菌属中的某些兼性厌氧菌也能引起肉类的腐烂。

鲜肉在搅拌过程中微生物可均匀地分布到碎肉中，所以绞碎的肉比整块肉含菌数量高得多，绞碎肉的菌数为10^8 个/g 时，在室温度条件下，24h 就可能出现异味。

任务二　鲜肉中微生物的来源

一般情况下，健康动物的胴体，尤其是深部组织，本应是无菌的，但从解体到消费要经过许多环节。因此。不可能保证屠畜绝对无菌。鲜肉中微生物的来源与许多因素有关，如动物生前的饲养管理条件、机体健康状况及屠宰加工的环境条件，操作程序等。

一、宰前微生物的污染

1. 健康动物本身存在的微生物

健康动物的体表及一些与外界相通的腔道，某些部位的淋巴结内都不同程度地存在着微生物，尤其在消化道内的微生物类群更多。通常情况下，这些微生物不侵入肌肉等机体组织中，在动物机体抵抗力下降的情况下，某些病原性或条件致病性微生物，如沙门氏菌，可进入淋巴液、血液，并侵入到肌肉组织或实质脏器。

2. 有些微生物也可经体表的创伤、感染而侵入深层组织。

3. 患传染病或处于潜伏期或未带菌(毒)者相应的病原微生物可能在生前即蔓延于肌肉和内脏器官，如炭疽杆菌、猪丹毒杆菌、多杀性巴氏杆菌、耶尔森氏菌等。

4. 动物在运输、宰前等过程中微生物的传染

由于过度疲劳、拥挤、饥渴等不良因素的影响，可通过个别病畜或带菌动物传播病原微生物，造成宰前对肉品的污染。

二、屠宰过程中微生物的污染

1. 健康动物的皮肤和皮毛上的微生物

其种类与数量和动物生前所处的环境有关。宰前对动物进行淋浴或水浴，可减少皮毛上的微生物对鲜肉的污染。

2. 胃肠道内的微生物可能沿组织间隙侵入邻近的组织和脏器。

3. 呼吸道和泌尿生殖道中的微生物

4. 屠宰加工场所的卫生状况

(1)水是不容忽视的微生物污染来源；水必须符合原卫生部颁布的《生活饮用水卫生标准》，以减少因冲洗而造成的污染。

(2)屠宰加工车间的设备

如放血、剥皮所用刀具有污染，则微生物可随之进入血液，经由大静脉管而侵入胴体深部。挂钩、电锯等多种用具也会造成鲜肉的污染。

5. 坚持正确操作及注意个人卫生

此外，鲜肉在分割、包装、运输、销售、加工等各个环节，也不能忽视微生物的污染问题。

三、鲜肉中常见的微生物类群

鲜肉中的微生物来源广泛，种类甚多，包括真菌、细菌、病毒等，可分为致病性微生物、致腐性微生物及食物中毒性微生物三大类群。

1. 致腐性微生物

致腐性微生物就是在自然界里广泛存在的一类寄生在动植物组织中，能产生蛋白分解酶，使动植物组织发生腐败分解的微生物。包括细菌和真菌等，可引起肉质腐败变质。

(1)细菌

细菌是造成鲜肉腐败的主要微生物，常见的致腐性细菌主要包括：

革兰氏阳性、产芽孢需氧菌：如蜡样芽孢杆、小芽孢杆菌、枯草杆菌等。

革兰氏阴性、无芽孢细菌：如阴沟产气杆菌、大肠杆菌、奇异变性形杆菌、普通变形杆菌、绿脓假单胞杆菌、荧光假单孢菌、腐败假单孢菌等。

球菌，均为革兰氏阳性菌：如凝聚性细球菌、嗜冷细球菌、淡黄绥茸菌、金黄八联球菌、金黄色葡萄球菌、粪链球菌等。

厌氧性细菌：如腐败梭状芽孢杆菌、双酶梭状芽孢杆菌、溶组织梭状芽孢杆菌、产芽孢梭状芽孢杆菌等。

(2)真菌

真菌在鲜肉中不仅没有细菌数量多，而且分解蛋白质的能力也较细菌弱，生长较慢，在鲜肉变质中起一定作用。经常可从肉上分离到的真菌有：交链霉、曲霉、青霉、枝孢霉、毛霉、芽孢发霉，而以毛霉及青霉为最多。

肉的腐败通常由外界环境中的需氧菌污染肉表面开始，然后沿着结缔组织向深层扩散，因此肉品腐败的发展取决于微生物的种类、外界条件(温度、湿度)以及侵入部位。

在1℃～3℃时，主要生长的为嗜冷菌如无色杆菌、气杆菌、产碱杆菌、色杆菌等，随着进入深度发生菌相的改变，仅嗜氧菌能在肉表面发育，到较深层时，厌氧菌处于优势。

2. 致病性微生物

主要见于细菌和病毒等。

(1)人畜共患病的病原微生物

常见的细菌有炭疽杆菌、布氏杆菌、李氏杆菌、鼻疽杆菌、土拉杆菌、结核分枝杆菌、猪丹毒杆菌等。

常见的病毒有口蹄疫病毒、狂犬病病毒、水泡性口炎病毒等。

(2)只感染畜禽的病原微生物

污染肉品的这些病原微生物种类甚多，尤其是在畜禽传染病的传播及流行过程中，常见的有多杀性巴氏杆菌、坏死杆菌、猪瘟病毒、兔病毒性出血症病毒、鸡新城疫病毒、鸡传染性支气管炎病毒、鸡传染性法氏囊病毒、鸡马立克氏病毒、鸭瘟病毒等。

3. 中毒性微生物

有些致病性微生物或条件致病性微生物，可通过污染食品或细菌污染后产生大量毒素，从而引起以急性过程为主要特征的食物中毒。

(1)常见的致病性细菌

有沙门氏菌、志贺氏菌、致病性大肠杆菌等。

(2)常见的条件致病菌

变形杆菌、蜡样芽孢杆菌等。

(3)有的细菌可在肉品中产生强烈的外毒素或产生耐热的肠毒素，也有的细菌在随食品大量进入消化道过程中，能迅速形成芽孢，同时释放肠毒素，如蜡样芽孢杆菌、肉毒梭菌，魏氏梭菌等。

(4)常见的致食物中毒性微生物

链球菌，空肠弯曲菌、小肠结肠炎耶尔森氏菌等。

(5)一些真菌

在肉中繁殖后产生毒素，可引起各种毒素中毒，常见的真菌有麦角菌、赤霉、黄曲霉、黄绿青霉、毛青霉、冰岛青霉等。

任务三　鲜肉中微生物的检验

肉的腐败是由于微生物大量繁殖，导致蛋白质分解的结果，故检查肉的微生物污染情况，不仅可判断肉的新鲜程度，而且反映肉在生产、运输、销售过程中的卫生状况，为及时采取有效措施提供依据。

一、样品的采集及处理

1. 一般检验法

屠宰后的畜肉，可于开膛后，用无菌刀采取两腿内侧肌肉 100g(或采取背最长肌)；冷藏或售卖的生肉，可用无菌刀采取腿肉或其他肌肉 100g，也可采取可疑的淋巴结或病变组织。

检样采取后放入无菌容器，立即送检。最好不超过 4 小时。送样时应注意冷藏。

先将样品放入沸水中，烫 3～5 分钟，进行表面灭菌，以无菌手续从各样品中间部取 25g，再用无菌剪刀剪碎后，加入灭菌砂少许，进行研磨，加入灭菌生理盐水，混匀后制成1∶10稀释液。

2. 表面检查法

取 50cm² 消毒滤纸以无菌刀将滤纸贴于被检肉的表面，持续 1 分钟，取下后投入装有 100ml 无菌生理盐水和带有玻璃珠的 250ml 三角瓶内，或将取下的滤纸投入放有一定量生理盐水的试管内，送至实验室后，再按 1cm² 滤纸加盐水 5ml 的比例补足，强力振荡，直至滤纸成细纤维状备用。

二、微生物检验

细菌总数测定、大肠菌群 MPN 测定及病原微生物检查，均按国家规定方法进行。

三、鲜肉压印片镜检

1. 采样方法：

(1) 如为半爿或 1/4 胴体，可从胴体前后肢覆盖有筋膜的肌肉，割取不小于 8×6×6cm 的瘦肉。

(2) 肩胛前或股前淋巴结及其周围组织。

(3) 病变淋巴结、浮肿（浆液浸润）组织、可疑脏器（肝、脾、肾）的一部分。

(4) 大块肉则从瘦肉深部采样 100g，盛于灭菌培养皿中。

2. 检验方法

从样品中切取 3cm³ 左右的肉块，用点燃的酒精棉球在肉块表面消毒 2~3 次，再以火焰消毒手术刀、剪子、镊子，待冷却后，将肉样切成 0.5cm³（约蚕豆大）的小块。用镊子夹取小肉块，在载玻片上做成 4~5 个压印，用火焰固定或用甲醇固定 1 分钟，用瑞士染液（或革兰氏）染色后，水洗、干燥、镜检。

3. 评定

(1) 新鲜肉看不到细菌，或一个视野中只有几个细菌；

(2) 次新鲜肉一个视野中的细菌数为 20~30 个；

(3) 变质肉视野中的细菌数在 30 个以上，且以杆菌占多数。

我国现行的食品卫生标准中没有制定鲜肉细菌指标。

细菌总数：新鲜肉为 1 万个/g 以下；次新鲜肉为 1~100 万个/g；变质肉为 100 万/g 以上。

在胴体淋巴结中，如果发现鼠伤寒或肠炎沙门氏菌，那么全部胴体和内脏应作工业用或销毁；仅在内脏发现此类细菌时，废弃全部内脏，胴体切块后，进行高温处理。

四、肉及肉制品质量鉴别后的食用原则

肉及肉制品在腐败的过程中，由于组织成分被分解，首先使肉品的感官性状发生令人难以接受的改变，因此借助于人的感官来鉴别其质量优劣，具有很重要的现实意义。

经感官鉴别后的肉及肉制品，可按如下原则来食用或处理：

新鲜或优质的肉及肉制品，可供食用并允许出售，可以不受限制。

次鲜或次质的肉及肉制品，根据具体情况进行必要的处理。对稍不新鲜的，一般不限制出售，但要求货主尽快销售完，不宜继续保存。对有腐败气味的，须经修整、剔除变质的表层或其他部分后，再高温处理，方可供应食用及销售。

腐败变质的肉及肉制品，禁止食用和出售，应予以销毁或改作工业用。

知识拓展

广义上的肉是指适合人类作为食品的动物机体的所有构成部分。

在商品学上，肉则专指去皮(毛)、头、蹄、尾和内脏的动物胴体或白条肉，它包括肌肉、脂肪、骨、软骨、筋膜、神经、血管、淋巴结等多种成分，而把头、尾、蹄爪和内脏统称为副产品或下水。

在肉制品生产中，所谓的肉称为“软肉”，仅指肌肉组织及其中包含的骨以外的其他组织。

肉与肉制品是营养价值很高的动物性食品，含有大量的全价蛋白质、脂肪、碳水化合物、维生素及无机盐等。

根据对肉的处理及贮藏方法不同，可将其分为鲜肉、冷藏肉及各类肉制品。

因为肉及肉制品的营养极为丰富，是多种微生物良好的培养基，肉类从宰到食用的各个环节，都有受到不同程度污染的可能。因此，对肉及肉制品进行微生物检样，是确保其卫生质量及维护人体健康的重要工作之一。

畜禽肉感官鉴别要点有哪些？

对畜禽肉进行感官鉴别时，一般是按照如下顺序进行：首先是眼看其外观、色泽，特别应注意肉的表面和切口处的颜色与光泽，有无色泽灰暗，是否存在淤血、水肿、囊肿和污染等情况。其次是嗅肉品的气味，不仅要了解肉表面上的气味，还应感知其切开时和试煮后的气味，注意是否有腥臭味。最后用手指按压，触摸以感知其弹性和黏度，结合脂肪以及试煮后肉汤的情况，才能对肉进行综合性的感官评价和鉴别。

鉴别健康畜肉和病死畜肉

(1)色泽鉴别

健康畜肉——肌肉色泽鲜红，脂肪洁白(牛肉为黄色)，具有光泽。

病死畜肉——肌肉色泽暗红或带有血迹，脂肪呈桃红色。

(2)组织状态鉴别

健康畜肉——肌肉坚实，不易撕开，用手指按压后可立即复原。

病死畜肉——肌肉松软，肌纤维易撕开，肌肉弹性差。

(3)血管状况鉴别

健康畜肉——全身血管中无凝结的血液，胸腹腔内无淤血，浆膜光亮。

病死畜肉——全身血管充满了凝结的血液，尤其是毛细血管中更为明显，胸腹腔呈暗红色、无光泽。

应注意，健康畜肉属于正常的优质肉品，病死、毒死的畜肉属劣质肉品，禁止食用和销售。

项目二　冷藏肉中的微生物及其检验

任务一　冷藏肉分类

冷藏肉包括冷却肉、冷冻肉、解冻肉三类。

一、冷却肉

是指在 -4℃下贮藏且肉温不超过3℃的肉类，冷却肉质地柔软，气味芳香，肉表面常形成一层干膜，可阻止微生物的生长繁殖，但由于温度较高，不宜久存。

二、冷冻肉

又称冻肉，系指屠宰后经过预冷，并进一步在 -20℃ ±2℃的低温下急冻，使深层肉温达到 -6℃以下的肉类，呈硬固冻结状，切开肉的断面可见细致均匀的冰晶体。

三、解冻肉

又称冷冻融化肉，冻肉在受到外界较高温度的作用下缓慢解冻，并使深层温度高至0℃左右，通常情况下，经过缓慢解冻，溶解的组织液大都可被细胞重新吸收，尚可基本恢复到新鲜肉的原状和风味，但当外界温度过高时，因解冻速度过快，溶解的组织液难以完全被细胞吸收，营养损失较大。

任务二　冷藏肉中微生物的来源及类群

冷藏肉的微生物来源，以外源性污染为主，如屠宰、加工、贮藏及销售过程中的污染。

冷藏肉类中常见的嗜冷细菌有假单胞杆菌、莫拉氏菌，不动杆菌、乳杆菌及肠杆菌科的某些菌属，尤其以假单孢菌最为常见。常见的真菌有球拟霉母，隐球酵母、红酵母、假丝酵母，毛霉、根霉、枝霉、枝孢霉、青霉等。

低温虽能抑制微生物的生长繁殖，但能耐低温的微生物还是相当多的。如沙门氏菌，在 -165℃可存活 3d，结核分枝杆菌在 -10℃可存活 2d，口蹄疫病毒在冻肉骨髓中可存活144d，炭疽杆菌在低温也可存活。所以不能以冷冻作为带病肉尸无害化处理的手段。肉类在冰冻前必须经过预冻，一般先将肉类预冷至 4℃，然后采用 -23℃ ~ -30℃速冻，最后在 -18℃冰冻保藏。

解冻肉在较短时间内即可发生腐败变质，原因如下：

1. 冻藏时和冻藏前附着于肉类表面并被抑制的微生物，随着环境温度的升高而逐渐生长发育。

2. 解冻肉表面的潮湿和温暖，更有利于污染于肉品上的微生物的生长繁殖。

3. 肉解冻时渗出的组织液又为微生物提供了丰富的营养物质。

任务三　冷藏肉中的微生物变化引起的现象

在冷藏温度一定时，高湿度有利于假单孢菌、产碱类菌的生长，较低的湿度适合微球菌和酵母的生长，如果湿度更低，霉菌则生长于肉的表面。

一、肉表面产生灰褐色改变，或形成黏液样物质

在冷藏条件下，嗜温菌受到抑制，嗜冷菌，如假单孢菌、明串珠菌、微球菌等继续增殖，使肉表面产生灰褐色改变，尤其在温度尚未降至较低的情况下，降温较慢，通风不良，可能在肉表面形成黏液样物质，手触有滑感，甚至起黏丝，同时发出一种陈腐味，甚至恶臭。

二、有些细菌产生色素，改变肉的颜色

如肉中的“红点”可由黏质沙雷氏菌产生的红色色素引起，类蓝假单孢菌能使肉表面呈蓝色；微球菌或黄杆菌属的菌种能使肉变黄；蓝黑色杆菌能在牛肉表面形成淡绿蓝色至淡褐黑色的斑点。

在有氧条件下，酵母也能于肉表面生长繁殖，引起肉类发黏、脂肪水解、产生异味和使肉类变色（白色、褐色等）。

任务四　冷藏肉中微生物的检验

一、样品的采集

禽肉采样应按五点拭子法从光禽体表采集，家畜冻藏胴体肉在取样时应尽量使样品具有气表性，一般以无菌方法分别从颈、肩胛、腹及臀股部的不同深度上多点采样，每一点取一方形肉块约50～100g（若同时作理化检验时应取200g），各置于灭菌容器内立即送检，若不能在3小时内进行检验时，必须将样品低温保存并尽快检验。

二、样品的处理

冻肉，应在无菌条件下将样品迅速解冻。由各检验肉块的表面和深层分别制得触片，进行细菌镜检；然后再对各样品进行表面消毒处理，以无菌手续从各样品中间部取出25g，剪碎、匀浆，并制备稀释液。

三、微生物检验

1. 细菌镜检

为判断冷藏肉的新鲜程度，单靠感观指标往往不能对腐败初期的肉品作出准确判定。必须通过实验室检查，其中细菌镜检简便、快速，通过对样品中的细菌数目、染色特性以及触片色度三个指标的镜检，即可判定肉的品质，同时也能为细菌、霉菌及致病菌等的检验提供必要的参考依据。

（1）触片制备

从样品中切取$3cm^3$左右的肉块，浸入酒精中并立即取出点燃烧灼，如此处理2～3次，从表层下0.1cm处及深层各剪取$0.5cm^3$大小的肉块，分别进行触片或抹片。

（2）染色镜检

将已干燥好的触片用甲醇固定1分钟，进行革兰氏染色后，油镜观察5个视野。同时分别记算每个视野的球菌和杆菌数，然后求出一个视野中细菌的平均数。

(3)鲜度判定

新鲜肉触片印迹着色不良，表层触片中可见到少数的球菌和杆菌；深层触片无菌或偶见个别细菌；触片上看不到分解的肉组织。

次新鲜肉触片印迹着色较好，表层触片上平均每个视野可见到20～30个球菌和少数杆菌；深层触片也可见到20个左右的细菌；触片上明显可见到分解的肉组织。

变质肉触片印迹着色极浓，表层及深层触片上每个视野均可见到30个以上的细菌，且大都为杆菌；严重腐败的肉几乎找不到球菌，而杆菌可多至每个视野数百个或不可计数；触片上有大量分解的肉组织。

2. 其他微生物检验

可根据实验目的而分别进行细菌总数测定、霉菌总数测定、大肠菌群MPN检验及有关致病菌的检验等。

知识拓展

沙门氏菌是美国人食物中毒致死的主要原因。美国人对这种病菌一点都不陌生，每年全国大约报告40000例沙门氏菌感染病例。但实际的感染人数可能要达20倍以上，因为许多轻型病人可能未确诊。据不完全统计，每年大约有1000人死于急性沙门氏菌感染。但是，以前各州爆发的疫情几乎都与人们吃了染上沙门氏菌的肉类、蛋类、乳类有关，但迄今为止，很少听说吃蔬果大面积受沙门氏菌污染甚至在人群中引发大疫情的。

对此，周福生教授解释说，这可能是西红柿在生长的过程中，由于空气中紫外线不够强烈，植物在灌溉过程或因土壤中含有沙门氏菌，这样才使西红柿的表皮上沾染了沙门氏菌，加上不少人有生食西红柿的习惯，如果没有清洗干净，就完全有可能发生沙门氏菌感染。不光是食用西红柿，其他瓜果蔬菜也一样。

沙门氏菌主要污染肉类食品，鱼、禽、奶、蛋类食品也可受此菌污染。沙门氏菌食物中毒全年都可发生，吃了未煮透的病、死牲畜肉或在屠宰后其他环节污染的牲畜肉是引起沙门氏菌食物中毒的最主要原因。有食品专家指出美国人吃鸡蛋的习惯与国人不同，他们喜欢吃半熟的鸡蛋甚至是生鸡蛋，所以一旦鸡蛋里含有沙门氏菌，感染的几率就比较高。在国内，生鸡蛋里含有沙门氏菌其实并不奇怪，只不过国人喜欢将鸡蛋煮熟吃，这样就大大减少了感染的几率。

项目三　肉制品中的微生物及其检验

肉制品的种类很多，一般包括腌腊制品（如腌肉、火腿、腊肉、熏肉、香肠、香肚等）和熟制品（如烧烤、酱卤的熟制品及肉松、肉干等脱水制品）。

前者是以鲜肉为原料，利用食盐腌渍或再加入适当的作料，经风晒做形加工而成；后者系指经过选料，初加工、切配以及蒸煮、酱卤、烧烤等加工处理，食用时不必再经加热烹调的食品。肉类制品由于加工原料、制作工艺、贮存方法各有差异，因此各种肉制品中的微生物来源与种类也有较大区别。

任务一　肉制品中的微生物来源

一、熟肉制品中的微生物来源

熟肉制品中包括酱卤肉、烧烤肉、肉松、肉干等，经加热处理后，一般不含有细菌的繁殖体，但可能含少量细菌的芽孢。引起熟肉变质的微生物主要是真菌，如根霉、青霉及酵母菌等，它们的孢子广泛分布于加工厂的环境中，很容易污染熟肉表面并导致变质，因此，加工好的熟肉制品应在冷藏条件下运送、贮存和销售。熟肉制品中的微生物来源于以下几个方面：

1. 加热不完全

肉块过大或未完全烧煮透时，一些耐热的细菌或细菌的芽孢仍然会存活下来，如嗜热脂肪芽杆菌、微球菌属、链球菌属、小杆菌属、乳杆菌属、芽孢杆菌及梭菌属的某些种，此外，还有某些霉菌如丝衣霉菌等。

2. 通过操作人员的手、衣物、呼吸道和贮藏肉品的不洁用具等使其受到重新污染。

3. 通过空气中的尘埃、鼠类及蝇虫等为媒介而污染各种微生物。

4. 由于肉类导热性较差，污染于表层的微生物极易生长繁殖，并不断向深层扩散。

熟肉制品受到金黄色葡萄球菌或鼠伤寒沙门氏菌或变形杆菌等严重污染后，在室温下存放10～24小时，食前未经充分加热，就可引起食物中毒。

二、灌肠制品中的微生物来源

灌肠类肉制品系指以鲜（冻）畜肉腌制、切碎、加入辅料，灌入肠衣后经风（焙）干而成的生肠类肉制品，或煮熟而成的熟肠类肉制品。灌肠制品种类很多，如香肠、肉肠、粉肠、红肠、雪肠、火腿肠及香肚等。

与生肠类变质有关的微生物有酵母菌、微杆菌及一些革兰氏阴性杆菌。熟肠类如果加热适当可杀死其中细菌的繁殖体，但芽孢可能存活，加热后及时进行冷藏，一般不会危害产品质量。

此类肉制品原料较多，由于各种原料的产地、贮藏条件及产品质量不同，以及加工工艺的差别，对成品中微生物的污染都会产生一定的影响。

绞肉的加工设备、操作工艺，原料肉的新鲜度以及绞肉的贮存条件和时间等，都对灌肠制品产生重要影响。

三、腌腊肉制品中微生物的来源

腌制是肉类的一种加工方法，也是一种防腐的方法。这种方法在我国历史悠久，一直到现在还普遍使用，肉的腌制可分为干腌法和湿腌法。腌制的防腐作用，主要是依靠一定浓度的盐水形成高渗环境，使微生物处于生理干燥状态而不能繁殖。常见的腌腊肉制品有咸肉、火腿，腊肉、板鸭、风干鸡等。

腌制肉制品微生物来源于两方面：

1. 原料肉的污染；

2. 与盐水或盐卤中的微生物数量有关。

盐水和盐卤中，微生物大都具有较强的耐盐或嗜盐性，如假单孢菌属、不动杆菌属、盐杆菌属、嗜盐球菌属、黄杆菌属、无色杆菌属、叠球菌属及微球菌属的某些细菌及某些真菌，其中弧菌和脱盐微球菌嗜最为典型。

许多人类致病菌，如金黄色葡萄球菌、魏氏梭菌和肉毒梭菌可通过盐渍食品引起食物中毒。腌腊制品的生产工艺、环境卫生状况及工作人员的素质，对这类肉制品的污染都具有重要意义。

任务二　肉制品中的微生物类群

不同的肉类制品，其微生物类群也有差异。

一、在熟肉制品中

常见的有细菌和真菌，如葡萄菌、微球菌、革兰氏阴性无芽孢杆菌中的大肠杆菌、变形杆菌，还可见到需氧芽孢杆菌如枯草杆菌、蜡样芽孢杆菌等；常见的真菌有酵母菌属、毛霉菌属、根霉属及青霉菌属等。

二、灌肠类制品

耐热性链球菌、革兰氏阴性杆菌及绪言芽孢杆菌属、梭菌属的某些菌类；某些酵母菌及霉菌。这些菌类可引起灌肠制品变色、发酶或腐败变质；如大多数异型乳酸发酵菌和明串珠菌能使香肠变绿。

三、腌腊制品

多以耐盐或嗜盐的菌类为主，弧菌是极常见的细菌，也可见到微球菌、异型发酵乳杆菌、明串珠菌等。一些腌腊制品中可见到沙门氏菌、致病性大肠杆菌、副溶血性弧菌等致病性细菌；一些酵母菌和霉菌也是引起腌腊制品发生腐败、霉变的常见菌类。

任务三　肉制品的微生物检验

一、样品的采集与处理

1. 样品的采集

烧烤制品及酱卤制品，可分别采用如下方法采集：

(1)烧烤肉块制品

用无菌棉拭子进行6面$50cm^2$取样，即正(表)面擦拭$20cm^2$，周围四边(面)各$5cm^2$，背面(里面)拭$10cm^2$。

(2)烧烤禽类制品

用无菌棉拭子作5点$50cm^2$取样，即在胸腹部各拭$10cm^2$，背部拭$20cm^2$，头颈及肛门各$5cm^2$。

(3)其他肉类制品

包括熟肉制品(酱卤肉、熏肉、烤肉)、灌肠类、腌腊制品、肉松等，都采集200g。有时可按随机抽样法进行一定数量的样品采集。

2. 样品的处理

(1)用棉拭子采集的样品，可先用无菌盐水少许充分洗涤棉拭子，制成原液，再按要求进行10倍系列稀释。

(2)其他按重量法采集的样品均同鲜肉的处理方法，进行稀释液制备。

二、微生物检验

1. 菌相

根据不同肉制品中常见的不同类群微生物，参照本教材有关内容检验。

2. 肉制品中的细菌总数、大肠菌群 MPN 及致病菌的检验

(1)菌落总数

肉制品中细菌数量通常以每克肉制品的细菌数目而言，不考虑种类。由于所用检测计数方法不同而有两种表示方法。一种是在严格规定的条件下(样品处理、培养基及 pH、培养温度及时间、计数方法等)，使适应这些条件的每一个活菌细胞必须而且只能生成一个肉眼可见的菌落，结果称为该食品的菌落总数。另一种方法是将肉制品经过适当处理(溶解和稀释)，在显微镜下对细菌细胞数进行直接计数，其中包括各种活菌，也包括尚未消失的死菌，结果称为细菌总数。

肉制品细菌主要来自产、储、运、销等各环节的外界污染，肉制品细菌数量越多则会加速腐败变质，甚至可引起使用者不良反应。如果肉制品中活菌达到 $10^7 \sim 10^8$ 个/克时，表明该食品已进入腐败，可能会引起食物中毒。

(2)大肠菌群

大肠菌群包括肠杆菌科的埃希氏菌属、柠檬酸杆菌属、肠杆菌属和克雷伯菌属。这些细菌来自于人与温血动物的肠道。大肠菌群的数量，我国采用相当于 100 克或 100 毫升食品中的最近似数表示，简称大肠菌群 MPN(maximum probable number)，这是按一定方案检验结果的统计数值。所谓一定检验方案:采用样品稀释为 3 个稀释度,每个稀释度 3 个发酵管的乳糖发酵三步法。并根据各种可能不同的检验结果，查 MPN 检索表，报告每 100 克(毫升)大肠菌群的可能数。

思考题

1. 肉类食品腐败变质的原因有哪些?
2. 细菌吸附鲜肉表面的过程可分为哪两个阶段? 每个阶段有什么变化?
3. 简述肉的腐败过程。
4. 鲜肉中的微生物类群有哪些?
5. 简述鲜肉中的微生物采集、处理及检验方法。
6. 解冻肉为什么在较短时间内就会发生腐败变质?
7. 腌制肉制品的微生物来源有哪些?

学习情境八　蛋类食品微生物的检测

◆基础理论和知识

1. 蛋类食品中的微生物来源；
2. 蛋类食品中的微生物的检验特点。

◆基本技能及要求

1. 了解蛋类食品的检样处理；
2. 掌握蛋类食品的微生物检验指标和方法。

◆学习重点

1. 蛋类食品的易感染微生物种类和检验标准；
2. 蛋类食品的微生物检验指标和方法。

◆学习难点

蛋类食品中致病菌的检验。

◆导入案例

2015 年 1 月 8 日，黑龙江省食品药品监督管理局官网公布 2014 年蛋及蛋制品监督抽检结果，皮蛋(松花蛋)样品不合格率为 30%。

本次抽检的蛋及蛋制品主要包括鲜蛋，皮蛋(松花蛋)、其他再制蛋、干蛋类、冰蛋类、其他类。抽检项目包括蛋及蛋制品中铅、镉、总汞、六六六、滴滴涕、苯甲酸、山梨酸、苏丹红Ⅰ－Ⅳ、菌落总数、大肠菌群、致病菌、商业无菌等12个指标。

本次共抽检蛋及蛋制品样品120批次。其中，皮蛋(松花蛋)20批次，不合格样品数为6批次，样品不合格率为30%，检出不合格的检测项目为菌落总数、铅。其他再制蛋20批次，不合格样品数为3批次，样品不合格率为15%，检出不合格的检测项目为铅、菌落总数。鲜蛋20批次，干蛋类20批次，冰蛋类20批次，其他类20批次均未发现不合格样品。(结果如表8－1)

◆讨论

1. 我们日常生活中有哪些蛋类食品？
2. 蛋类食品容易有哪些食品安全隐患？

表8－1　黑龙江省食品药品监督管理局官网公布抽查不合格食品名单(蛋及蛋制品)

序号	标称生产企业名称	被抽样单位名称	食品名称	规格型号	商标	生产日期	不合格项目	检验结果
1	南昌县鸭农蛋业有限公司	肇州县世纪华辰超市连锁有限公司	松花鸭皮蛋	375g(6枚/盒)	满山坡	2014－7－17	菌落总数，个/g	6100
2	南昌县鸭农蛋业有限公司	肇州县世纪华辰超市连锁有限公司	松花鸭皮蛋	375g(6枚/盒)	三泰	2014－9－8	菌落总数，个/g	11000
3	福建大老古食品有限公司	佳木斯浦东商贸有限公司	牧童松花皮蛋	405g/盒	牧童牌	2014－8－10	菌落总数，CFU/g	30000
4	南昌鑫宇蛋制品有限公司	垦区红兴隆八五二农场百汇超市	松花鸭皮蛋	480g/盒	飘香梅林	2014－9－21	铅，mg/kg	1.1
5	江西赣湖蛋业有限公司	牡丹江市爱民区海华生鲜超市	松花皮蛋(手选精品)	450g/盒	家旺	2014－9－28	菌落总数，CFU/g	27000
6	江西省南昌县蛋中仙蛋类加工厂	牡丹江市爱民区海华生鲜超市	松花鸭皮蛋	360g/8枚装	熊老大	2014－8－1	菌落总数，个/g	29000

续表

序号	标称生产企业名称	被抽样单位名称	食品名称	规格型号	商标	生产日期	不合格项目	检验结果
7	齐齐哈尔市龙沙区鑫永华食品厂	甘南县鑫鸿霞调料店	鹤城松花彩蛋	480g/盒	——	2014－9－1	铅，mg/kg	9.5
8	齐齐哈尔市龙沙区鑫永华食品厂	甘南县吉祥调料店	鹤城松花彩蛋	480g±10g/盒	——	2014－9－13	铅，mg/kg	24
9	湖南洞庭牧歌食品有限公司	青岛润泰事业有限公司佳木斯分公司	餐桌伴侣（咸鸭蛋）	330g/6枚	洞庭牧歌	2014－7－21	菌落总数，CFU/g	1800

项目一　鲜蛋食品微生物的检测

鲜蛋指的是各种禽类生产的、未经加工的蛋。

一、检验前的准备

（一）查阅：蛋制品卫生标准 GB2749－2003

1. 范围

本标准规定了蛋制品的定义、指标要求、食品添加剂、生产加工过程的卫生要求、包装、标识、运输、贮存和检验方法。

本标准适用于以鲜蛋为原料，添加或不添加辅料，经相应工艺加工制成的蛋制品。

2. 规范性引用文件

下列文件中的条款通过本标准的引用而成为本标准的条款。凡是注日期的引用文件，其随后所有的修改单（不包括勘误的内容）或修订版均不适用于本标准，然而，鼓励根据本标准达成协议的各方研究是否可使用这些文件的最新版本。凡是不注日期的引用文件，其最新版本适用于本标准。

GB2748 鲜蛋卫生标准

GB276 食品添加剂使用卫生标准

GB2763 食品中农药最大残留限量

GB/T4789.19 食品卫生微生物学检验蛋与蛋制品检验

GB/T5009.3 食品中水分的测定

GB/T5009.6 食品中脂肪的测定

GB/T5009.11 食品中总砷及无机砷的测定

GB/T5009.12 食品中铅的测定

GB/T5009.14 食品中锌的测定

GB/T5009.17 食品中总汞及有机汞的测定

GB/T5009.19 食品中六六六、滴滴涕残留量的测定

GB/T5009.47 蛋与蛋制品卫生标准的分析方法

GB14881 食品企业通用卫生规范

3. 术语和定义

下列术语和定义适用于本标准。

(1)巴氏杀菌冰全蛋:以鲜蛋为原料，经打蛋、过滤、巴氏低温杀菌、冷冻制成的蛋制品。

(2)冰蛋黄:以鲜蛋的蛋黄为原料，经加工处理、冷冻制成的蛋制品。

(3)冰蛋白:以鲜蛋的蛋白为原料，经加工处理、冷冻制成的蛋制品。

(4)巴氏杀菌全蛋粉:以鲜蛋为原料，经打蛋、过滤、巴氏低温杀菌、干燥制成的蛋制品。

(5)蛋黄粉:以鲜蛋的蛋黄为原料，经加工处理、干燥制成的蛋制品。

(6)蛋白片:以鲜蛋的蛋白为原料，经加工处理、发酵、干燥制成的蛋制品。

(7)皮蛋:以鲜蛋为原料，经用生石灰、碱、盐等配制的料液(泥)或氢氧化钠等配制的料液加工而成的蛋制品。

(8)咸蛋:以鲜蛋为原料，经用盐水或含盐的纯净黄泥、红泥、草木灰等腌制而成的蛋制品。

(9)箱蛋:以鲜蛋为原料，经裂壳、用食盐、酒精及其他配料等糟腌渍而成的蛋制品。

4. 指标要求

(1)原料要求

原料蛋应符合 GB2748 的规定。

(2)辅料:应符合国家相应的标准和有关规定。

(3)感官指标

感官指标应符合相关规定(此处省略)。

(4)微生物指标

微生物指标应符合表 8-2 要求。

表 8-2 **微生物指标**

项目	指标
菌落总数/(cfu/g)	
巴氏杀菌冰全蛋燕	≤5000
冰蛋黄、冰蛋白	≤1 000 000
巴氏杀菌全蛋粉	≤10 000
蛋黄粉	≤50 000
糟蛋	≤100
皮蛋	≤500

续表

项目	指标
大肠菌群/(MPN/100g)	
巴氏杀菌冰全蛋	≤1 000
冰蛋黄、冰蛋白	≤1 000 000
巴氏杀菌全蛋粉夏	≤90
蛋黄粉	≤40
糟蛋	≤30
皮蛋	≤30
致病菌(沙门氏菌、志贺氏菌)	不得检出

5. 食品添加剂

5.1 食品添加剂质量应符合相应的标准和有关规定。

5.2 食品添加剂的品种和使用量应符合 GB2760 的规定。

6. 生产加工过程的卫生要求

应符合 GB14881 的有关规定。

7. 包装

包装容器与材料应符合相应的标准和有关规定。

8. 标识

定型包装产品的标识要求应符合有关规定。

9. 贮存及运输

(1)贮存

产品应贮存在阴凉干燥、通风良好的场所。不得与有毒、有害、有异味、易挥发、易腐蚀的物品同处。

(2)运输

运输产品时应避免日晒、雨淋。不得与有毒、有害、有异味或影响产品质量的物品混装运输。

10. 检验方法

(1)感官指标

按 GB/T 5009. 47 规定的方法检验。

(2)理化指标

①水分:按 GB/T5009.3 规定的方法测定。

②脂肪:按 GB/T5009.6 规定的方法测定。

③游离脂肪酸、挥发性盐基氮、酸度:按 GB/T5009.47 规定的方法测定。

④铅:按 GB/T5009.12 规定的方法测定。

⑤锌:按 GB/T5009.14 规定的方法测定。

⑥无机砷:按 GB/T5009.11 规定的方法测定。

⑦总汞:按 GB/T5009.17 规定的方法测定。

⑧六六六、滴滴涕:按 GB/T5009.19 规定的方法测定。

(3)微生物指标

按 GB/T4789.19 规定的方法检验。

(二)理解:蛋和蛋制品的微生物

1. 鲜蛋内微生物污染的来源

(1)卵巢和输卵管内污染

当母禽感染了病原微生物，并通过血液循环侵入卵巢和输卵管，在蛋的形成过程中进入蛋黄或蛋白。通过这一途径污染的主要是雏鸡白痢沙门氏菌、鸡败血霉形体、禽白血病病毒、减蛋综合症病毒和禽关节炎病毒等。在蛋壳形成之前，泄殖腔内细菌向上污染至输卵管，也可导致蛋的污染。

(2)产蛋时污染

母禽泄殖腔的细胞可粘附在蛋壳上。当蛋从泄殖腔(40－42℃)排出体外时，由于外界空气的冷却作用，引起蛋内收缩，使附在蛋壳上或空气中的微生物，随着空气穿过蛋壳而进入蛋内。

(3)蛋产出后的污染

健康母禽产下的蛋与外界环境接触，蛋壳表面可污染大量的微生物。通常一个外表清洁的鲜蛋，其蛋壳表面约有 400 万—500 万个细菌，一个肮脏的鲜蛋，其壳上的细菌可高达 14000 万－90000 万个。蛋壳上有许多大小为 4－40μm 的气孔与外界相通，微生物可经这些气孔而进入蛋内，特别是贮存期长或经过洗涤的蛋，蛋壳外黏膜层的天然屏障作用遭到破坏，在高温、潮湿的条件下，环境中的微生物更容易借水的渗透作用侵入蛋内。温度低、湿度高时，污染到蛋壳上的霉菌很快生长，菌丝可穿过蛋壳而长入蛋内。

(4)鲜蛋内微生物污染的控制

为防止母禽内源性感染并经蛋传播病原微生物，必须搞好饲养管理、环境卫生、免疫接种、定期检疫和疾病的及时诊断治疗，以保证母禽的健康。

为了减少鲜蛋的外来微生物污染，母禽产蛋地方应清洁和干燥，最少每天收集一次鲜蛋，剔除破壳蛋和不合格蛋，将鲜蛋迅速置于温度 1℃～5℃、相对湿度 70%～85% 环境中贮藏，大头向上放置。一切与鲜蛋接触的用具均应清洁干燥。运输过程中避免蛋壳破损。

2. 污染微生物对鲜蛋的作用

(1)蛋内污染微生物的种类

①细菌

荧光假单孢菌、绿脓杆菌、变形杆菌、产碱类杆菌、亚利桑那菌、产气杆菌、大肠杆菌、沙门氏杆菌、枯草杆菌、微球菌、锈球菌和葡萄球菌等。

②病毒

禽白血病病毒、禽传染性脑脊髓炎病毒、减蛋综合征病毒、包涵体性肝炎病毒、禽关节炎病毒、鸡传染性贫血病毒、小鹅瘟病毒和鸭瘟病毒等。

③霉菌

毛霉、青霉、曲霉、白地霉、交链孢霉、芽枝霉和分枝霉等。

(2)影响蛋内污染微生物繁殖的因素

①鲜蛋的放置方法及贮存时间

鲜蛋应钝端向上放置贮存，因为蛋黄的比重比蛋白轻，若锐端向上，蛋黄向上漂移，易与壳内膜接触，蛋壳上污染的微生物易避开蛋白中的抗微生物因素，便可从该处直接进入蛋黄内，并迅速繁殖。鲜蛋在室温条件下贮存1－3周后，蛋白内的溶菌酶便失去活性，此后侵入的细菌易进入蛋黄。久贮的蛋，蛋白的水分大部分转入蛋黄，使蛋白收缩，蛋黄膨胀，蛋黄膜易与壳内膜接触，穿过壳内膜的微生物也可直接进入卵黄。

②微生物的特性

革兰氏阴性菌进入蛋内后很容易在蛋内繁殖。这是因为它们对蛋白中的抑菌因素有抵抗作用。例如，来源于土壤和水的荧光假单孢菌，进入蛋内产生绿脓酮素，能与抑菌的伴清蛋白竞争结合金属离子，使伴清蛋白失去抑菌作用；该色素也抑制蛋白中的其他抗菌因子，因此，这类细菌进入蛋内后生长繁殖很快。无色杆菌属、产碱杆菌属、变形杆菌属等细菌进入蛋内，可利用绿脓酮素与伴清蛋白竞争结合后释放的金属离子，成为后来侵入蛋内生长繁殖的细菌。进入蛋内的沙门氏菌也能产生与绿脓酮素同样作用的酚盐化合物，也易在蛋内繁殖。

3. 微生物引起鲜蛋变质的现象：侵入鲜蛋内的微生物经大量繁殖，将引起鲜蛋腐败、霉坏等。

(1)腐败

鲜蛋的腐败主要由侵入蛋内的腐败性细菌所引起。细菌种类不同，引起鲜蛋腐败的性质及表现也有所不同。能分解蛋白质的普通变形杆菌、产气杆菌、大肠杆菌、葡萄球菌等，产生蛋白酶，分解蛋白质，先使蛋的系带断裂，蛋黄漂移，蛋黄与内壳膜粘连，随后蛋黄膜破裂，蛋黄散出于蛋白之中，呈“散黄蛋”；随着蛋白的进一步分解，H_2S、氨、粪臭素等大量产生，蛋内容物变为灰色稀薄以至黑色液状，呈“泻黄蛋”，甚至蛋壳爆裂，流出恶臭液汁。不分解蛋白质的假单孢菌，在蛋白中产生绿色荧光物质，呈“绿腐败蛋”；分泌卵磷脂酶的荧光假单孢菌、玫瑰色微球菌等，则可破坏卵黄膜的屏障作用，可能由于铁蛋白转移素发色基团的作用，使蛋白变为红色或蔷薇色，呈“红色腐败蛋”；有些假单孢菌，能分解糖类产酸，使蛋黄形成絮片状，呈“酸败蛋”。

(2)霉坏

污染在蛋壳表面的霉菌孢子，在相对湿度高于85%的条件下容易发芽，菌丝侵入蛋孔到达蛋壳膜，接近气室的部位，氧气多，霉菌生长最好。不同的霉菌在蛋壳下长成颜色各异的菌落，光照时可见到大小不等的暗斑，这时蛋白和蛋黄仍然正常。霉菌继续生长，菌斑扩大，菌丝长入蛋白、蛋黄，分泌大量的酶，分解蛋白成水样，卵黄膜破裂，卵黄与蛋白混合，颜色逐渐变黑，散发霉味。

二、检验方案制定

1. 依据GB4789.19－2003，用平皿计数法测定鲜蛋中的菌落总数、大肠菌群、沙门氏菌、志贺氏菌。

2. 准备菌落总数、大肠菌群、沙门氏菌、志贺氏菌检测所需要的培养基和试剂等。

3. 根据检测方案，对鲜蛋中的菌落总数、大肠菌群、沙门氏菌、志贺氏菌进行检测。

4. 作出正确的检验报告。

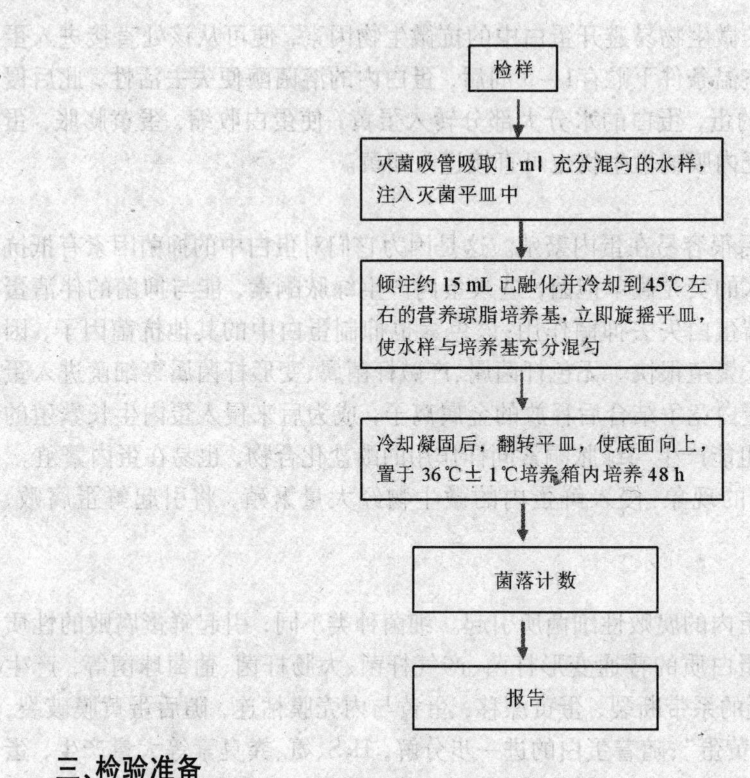

三、检验准备

1. 采样箱。
2. 带盖搪瓷盘。
3. 灭菌塑料袋。
4. 灭菌带塞广口瓶。
5. 灭菌电钻和钻头。
6. 灭菌搅拌棒。
7. 灭菌金属制双层旋转式套管采样器。
8. 灭菌铝铲、勺子。
9. 灭菌玻璃漏斗。
10. 75%酒精棉球。
11. 乙醇。

四、检验步骤

1. 样品的采取和送检

(1)鲜蛋、糟蛋、皮蛋：用流水冲洗外壳，再用75%酒精棉涂擦消毒后放入灭菌袋内，加封作好标记后送检。

(2)巴氏杀菌冰全蛋、冰蛋黄、冰蛋白：先将铁听罐头开处用75%酒精棉球消毒，再将盖开启，用灭菌电钻由顶到底斜角钻入，徐徐钻取检样，然后抽出电钻，从中取出250g，检样装入灭菌广口瓶中，标明后送检。

(3)巴氏杀菌全蛋粉、蛋黄粉、蛋白片：将包装铁箱上开口处用75%酒精棉球消毒，然后将盖开启，用灭菌的金属制双层旋转式套管采样器斜角插入箱底，使套管旋转收取检样，再将采样器提出箱外，用灭菌小匙自上、中、下部收取检样，装入灭菌广口瓶中，每个检样质量不少于100g，标明后送检。

(4)对成批产品进行质量鉴定时的采样数量如下：巴氏杀菌全蛋粉、蛋黄粉、蛋白片等产品以生产一日或一班生产量为一批检验沙门氏菌时，按每批总量的5%抽样(即每100箱中抽验五箱，每箱一个检样)，但每批最少不得少于三个检样。测定菌落总数和大肠菌群时，每批按装听过程前、中、后取样三次，每次取样100g，每批合为一个检样。

巴氏杀菌冰全蛋、冰蛋黄、冰蛋白等产品按生产批号在装听时流动取样。检验沙门氏菌时，冰蛋黄及冰蛋白按每250kg取样一件，巴氏消毒冰全蛋按每500kg取样一件。菌落总数测定和大肠菌群测定时，在每批装听过程前、中、后取样三次，每次取样100g合为一个检样。

2. 检样的处理

(1)鲜蛋、糟蛋、皮蛋外壳：用灭菌生理盐水浸湿的棉拭子充分擦拭蛋壳，然后将棉拭子直接放入培养基内增菌培养，也可将整只蛋放入灭菌小烧杯或平皿中，按检样要求加入定量灭菌生理盐水或液体培养，用灭菌棉拭子将蛋壳表面充分擦洗后，以擦洗液作为检样检验。

(2)鲜蛋蛋液：将鲜蛋在流水下洗净，待干后再用75%酒精棉消毒蛋壳，然后根据检验要求，打开蛋壳取出蛋白、蛋黄或全蛋液，放入带有玻璃珠的灭菌瓶内，充分摇匀待检。

放入灭菌小烧杯或平皿中，按检样要求加入定量灭菌生理盐水或液体培养基，用灭菌棉拭子将蛋壳表面充分擦洗后，以擦洗液作为检样检验。

(3)巴氏杀菌全蛋粉、蛋白片、蛋黄粉：将检样放入带有玻璃珠的灭菌瓶内，按例加入灭菌生理盐水充分摇匀待检。

(4)巴氏杀菌冰全蛋、冰蛋白、冰蛋黄：将装有冰蛋检样的瓶浸泡于流动冷水中，使检样融化后取出，放入带有玻璃珠的灭菌瓶中充分摇匀待检。

(5)各种蛋制品沙门氏菌增菌培养，以无菌手续称取检样，接种于亚硒酸盐煌绿或煌绿肉汤等增菌培养基中(此培养基预先置于盛有适量玻璃珠的灭菌瓶内)，盖紧瓶盖，充分摇匀，然后放入36℃ ±1℃温箱中，培养20h ±2h。

(6)接种以上各种蛋与蛋制品的数量及培养基的数量和成分：凡用亚硒酸盐煌绿增菌培养时，各种蛋与蛋制品的检样接种数量都为30g，培养基数量都为150ml。凡用煌绿肉汤进行增菌培养时，检样接种数量、培养基数量和浓度见表8-3。

表8-3　**检样接种数量、培养基数量和浓度**

检验种类	检样接种数量	培养基数量/ml	煌绿浓度/(g/ml)
巴氏杀菌全蛋粉	6g(加24ml灭菌水)	120	1/6000－1/4000
蛋黄粉	6g(加24ml灭菌水)	120	1/6000－1/4000
鲜蛋液	6ml(加24ml灭菌水)	120	1/6000－1/4000
蛋白片	6g(加24ml灭菌水)	150	1/1000000
巴氏杀菌冰全蛋	30g	150	1/6000－1/4000
冰蛋黄	30g	150	1/6000－1/4000
冰蛋白	30g	150	1/60000－1/50000
鲜蛋、糟蛋、皮蛋	30g	150	1/6000－1/4000

3. 检验方法

(1)菌落总数测定:按 GB/T 4789.2 执行;

(2)大肠菌群测定:按 GB/T 4789.3 执行;

(3)沙门氏菌检验:按 GB/T 4789.4 执行;

(4)志贺氏菌检验:按 GB/T 4789.5 执行。

项目二 皮蛋食品微生物的检测

皮蛋,以鲜蛋为原料,经用生石灰,碱、盐等配制的料液(泥)或氢氧化钠等配制的料液加工而成的蛋制品。

一、检验前的准备:

查阅:蛋制品卫生标准 GB 2749-2003

经查阅,皮蛋的微生物指标,菌落总数≤500cfu/g,大肠菌群≤30(MPN/100 g)

二、检验方案制定

1. 依据 GB? 4789.19—2003,用平皿计数法测定皮蛋中的菌落总数、大肠菌群、沙门氏菌、志贺氏菌。

2. 准备菌落总数、大肠菌群、沙门氏菌、志贺氏菌检测所需要的培养基和试剂等;

3. 根据检测方案,对皮蛋中的菌落总数、大肠菌群、沙门氏菌、志贺氏菌进行检测;

4. 作出正确的检验报告;

三、检验准备

1. 采样箱。

2. 带盖搪瓷盘。

3. 灭菌塑料袋。

4. 灭菌带塞广口瓶。

5. 灭菌电钻和钻头。

6. 灭菌搅拌棒。

7. 灭菌金属制双层旋转式套管采样器。

8. 灭菌铝铲、勺子。

9. 灭菌玻璃漏斗。

10. 75%酒精棉球。

11. 乙醇

四、检验步骤

1 样品的采取和送检

用流水冲洗外壳,再用 75%酒精棉涂擦消毒后放入灭菌袋内,加封作好标记后送检。

2 检样的处理

2. 1 外壳;用火菌生理盐水浸湿的棉拭于无分撅拭蛋穴,然后将得拭于直接放人堵养基内增菌培养,也可将整只蛋放人灭菌小烧杯或平皿中,样要求加人定量灭菌生理盐水或液体培养基,用灭菌棉拭子将蛋壳表面充分擦洗后,以擦洗液作为检样检验。

3 检验方法

3.1 菌落总数测定:按 GB/T 4789. 2 执行。

称取 25 g 样品置盛有 225 mL 磷酸盐缓冲液或生理盐水的无菌均质杯内,8000 r/min ~ 10000 r/min 均质 1 min ~2 min,或放入盛有 225 mL 稀释液的无菌均质袋中,用拍击式均质器拍打 1 min ~2 min,制成 1:10 的样品匀液。制备 10 倍系列稀释样品匀液。每递增稀释一次,换用 1 次 1 mL 无菌吸管或吸头。选择 2 个 ~3 个适宜稀释度的样品匀液(液体样品可包括原液),在进行 10 倍递增稀释时,吸取 1 mL 样品匀液于无菌平皿内,每个稀释度做两个平皿。同时,分别吸取 1 mL 空白稀释液加入两个无菌平皿内作空白对照。待琼脂凝固后,将平板翻转,36 ℃ ±1 ℃培养 48 h ±2 h。可用肉眼观察,必要时用放大镜或菌落计数器,记录稀释倍数和相应的菌落数量。

3.2 大肠菌群测定:按 GB/T 4789. 3 执行。

样品稀释同上。首先,进行初发酵:每个样品,选择 3 个适宜的连续稀释度的样品匀液(液体样品可以选择原液),每个稀释度接种 3 管月桂基硫酸盐胰蛋白胨(LST)肉汤,每管接种 1mL(如接种量超过 1mL,则用双料 LST 肉汤),36℃ ±1℃培养 24h ±2h,观察倒管内是否有气泡产生,24h ±2h 产气者进行复发酵试验,如未产气则继续 培养至 48h ±2h,产气者进行复发酵试验。未产气者为大肠菌群阴性。

其次,进行复发酵试验:用接种环从产气的 LST 肉汤管中分别取培养物 1 环,移种于煌绿乳糖胆盐肉汤(BGLB)管中,36℃ ±1℃培养 48h ±2h,观察产气情况。产气者,计为大肠菌群阳性管。检索 MPN 表,报告每 g(mL)样品中大肠菌群的 MPN 值。

3.3 沙门氏菌检验:按 GB/T 4789.4 执行。

首先是增菌培养,将样品加到一种高营养、无选择性的培养基中,温度 37℃,使那些“致伤”的细菌复苏及使所有微生物生长。乳糖肉汤(LB)、胰酪胨大豆肉汤(TSB)、煌绿溶液(BG)、r 通用前增菌肉汤(UPB)、营养肉汤(NB)、再造脱脂奶粉、四硫酸盐煌绿(TT)均可作为增菌液。称取 25 g(mL)样品放入盛有 225 mL BPW 的无菌均质杯中,以 8 000 r/min ~10 000 r/min 均质 1 min ~2 min,或置于盛有 225 mL BPW 的无菌均质袋中,用拍击式均质器拍打 1 min ~2 min。若样品为液态,不需要均质,振荡混匀。如需测定 pH 值,用 1 mol/mL 无菌 NaOH 或 HCl 调 pH 至 6.8 ±0.2。无菌操作将样品转至 500 mL 锥形瓶中,如使用均质袋,可直接进行培养,于 36 ℃ ±1 ℃培养 8 h ~18h。

第二步,进行选择性增菌,可用亚硒酸盐胱氨酸增菌液和四硫磺酸盐孔雀绿增菌液。它使沙门氏菌生长而使肉汤中同时存在的微生物数量减少轻轻摇动培养过的样品混合物,移取 1 mL,转种于 10 mL TTB 内,于 42 ℃ ±1 ℃培养 18 h ~24h。同时,另取 1 mL,转种于 10 mL SC 内,于 36 ℃ ±1 ℃培养 18 h ~24 h。

第三步是分离实验,即选择性培养物在含一种或多种抑制非沙门氏菌生长制剂的琼脂平板上划线培养,然后对平板上肉眼可见的特征性菌落进行确认,并对该菌落分离物进行一系列生化和血清学检测,以作出鉴定。分别用接种环取增菌液 1 环,划线接种于一个 BS 琼脂平板和一个 XLD 琼脂平板(或 HE 琼脂平板或沙门氏菌属显色培养基平板)。于 36 ℃ ±1 ℃分别培养 18 h ~24 h (XLD 琼脂平板、HE 琼脂平板、沙门氏菌属显色培养基平板) 或 40 h ~48 h (BS 琼脂平板),观察各个平板上生长的菌落。各个平板上的菌落特征见表 8 –4。

表 8－4　　沙门氏菌属在不同选择性琼脂平板上的菌落特征

选择性琼脂平板	沙门氏菌
BS 琼脂	菌落为黑色有金属光泽、棕褐色或灰色，菌落周围培养基可呈黑色或棕色；有些菌株形成灰绿色的菌落，周围培养基不变。
HE 琼脂	蓝绿色或蓝色，多数菌落中心黑色或几乎全黑色；有些菌株为黄色，中心黑色或几乎全黑色。
XLD 琼脂	菌落呈粉红色，带或不带黑色中心，有些菌株可呈现大的带光泽的黑色中心，或呈现全部黑色的菌落；有些菌株为黄色菌落，带或不带黑色中心。

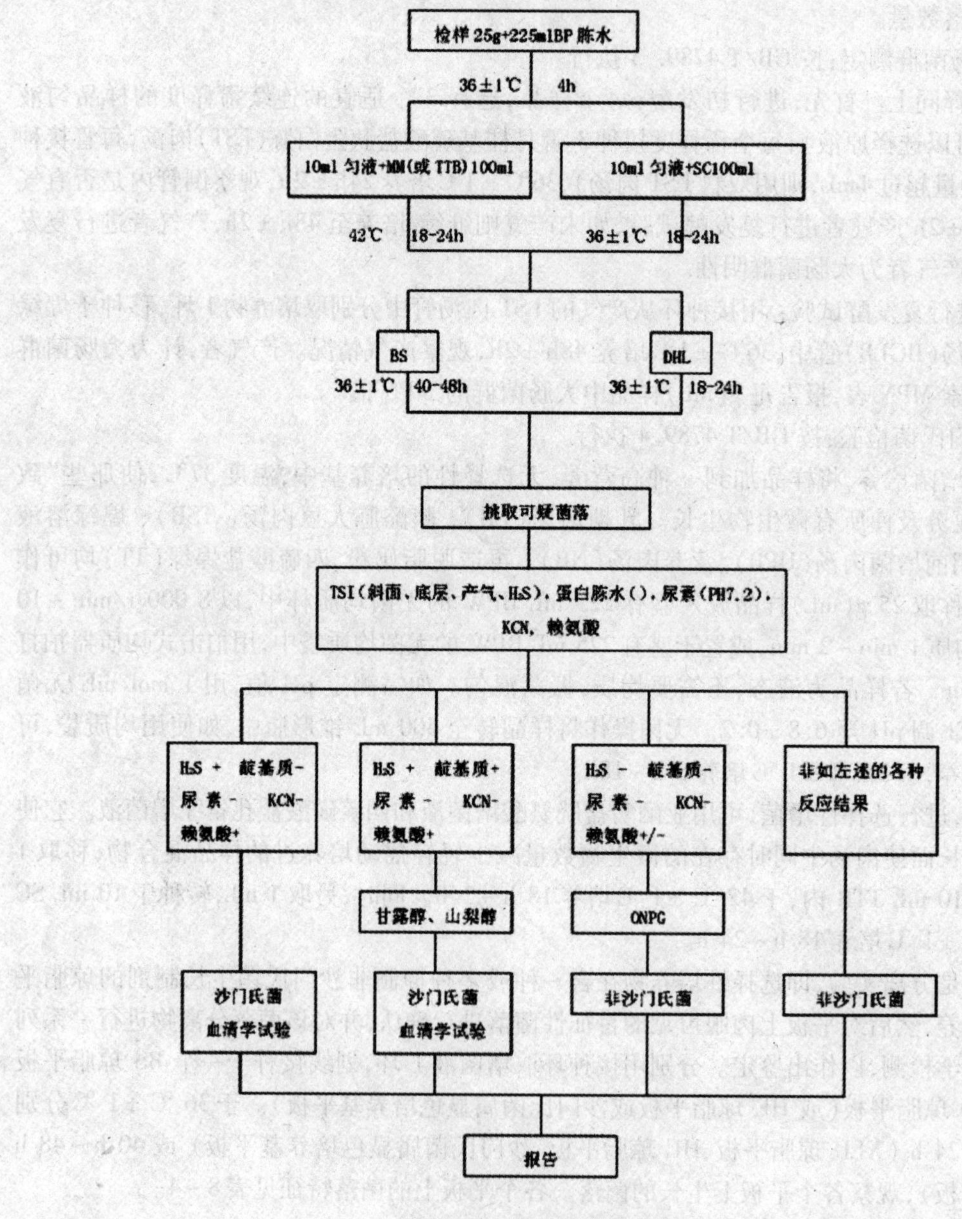

图 8－1　沙门氏菌检验流程

3.4 志贺氏菌检验:按 GB/T 4789. 5 执行。

第一步,增菌:称取检样 25g,加入装有 225mLGN 增菌液的 500mL 广口瓶内,固体食用均质器以 8 000 ~ 10 000r/m 打碎 1min,或用乳钵加灭菌砂磨碎,粉状食品用金属匙或玻璃棒研磨使其乳化,于 36℃培养 6 ~ 8h,培养时间视细菌生长情况而定,当培养液出现轻微混浊时即应终止培养。

第二步,分离:取增菌液 1 环,划线接种于 HE 琼脂平板或 SS 琼脂平板 1 个;另取 1 环划线接种于麦康凯琼脂平板或伊红美蓝琼脂平板 1 个,于 36℃培养 18 ~ 24h,志贺氏菌在这些培养基上呈现无色透明不发酵乳糖的菌落。

第三步,生物化学试验:挑取平板上的可疑菌落,接种在三糖铁琼脂和半固体各一管。一般应多挑几个菌落以防遗漏。志贺氏菌属在三糖铁琼脂内的反应结果为底层产酸,不产气(福氏志贺氏菌 6 型可微产气),斜面产碱,不产生硫化氢;半固体管内沿穿刺线生长,无动力,具有以上特性的菌株,疑为志贺氏菌,可做血清学凝集试验。

在做血清学试验的同时,应同时做苯丙氨酸脱氨酶、赖氨酸脱羧酶、西蒙氏柠檬酸盐和葡糖胺、尿素、KCN、水杨苷、七叶苷试验,志贺氏菌属均为阴性反应。必要时应做革兰氏染色检查和氧化酶试验,应为氧化酶阴性的革兰氏阴性杆菌。并用生化试验方法做 4 个生化群的鉴定。具体参见 GB/T 4789. 5。

思考题

1. 蛋制品中的常见微生物有哪些?
2. 蛋制品的卫生检验致病菌包括哪些种类?
3. 鲜蛋的菌落总数和大肠菌群的检验限值分别是多少?
4. 蛋在保藏期间会发生哪些变化? 其物理变化主要有哪些?
5. 蛋新鲜度检验的常规方法有哪些?
6. 简述皮蛋形成的机理。

学习情境九 微生物在发酵食品中的应用

◆基础理论和知识

1. 各种微生物在发酵食品中的应用；
2. 微生物发酵过程中的物质变化。

◆基本技能及要求

1. 了解微生物在食品制造中应用的意义；
2. 掌握食品制造中所应用的菌种和适用范围；
3. 了解和掌握食品制造中污染微生物。

◆学习重点

1. 发酵食品生产工艺流程和发酵过程中的污染菌；
2. 微生物食品发酵过程的变化。

◆学习难点

微生物食品发酵机理。

◆导入案例

早在公元前3000多年以前，居住在土耳其高原的古代游牧民族就已经制作和饮用酸奶了。最初的酸奶可能起源于偶然的机会。那时羊奶存放时经常会变质，这是由于细菌污染了羊奶所致，但是有一次空气中的酵母菌偶尔进入羊奶，使羊奶发生了变化，变得更为酸甜适口了。这就是最早的酸奶。牧人发现这种酸奶很好喝。为了能继续得到酸奶，便把它接种到煮开后冷却的新鲜羊奶中，经过一段时间的培养发酵，便获得了新的酸奶。

公元前2000多年前，在希腊东北部和保加利亚地区生息的古代色雷斯人也掌握了酸奶的制作技术。他们最初使用的也是羊奶。后来，酸奶技术被古希腊人传到了欧洲的其他地方。

20世纪初，俄国科学家伊·缅奇尼科夫在研究保加利亚人为什么长寿者较多的现象时，调查发现这些长寿者都爱喝酸奶。他还分离发现了酸奶的酵母菌，命名为“保加利亚乳酸杆菌”。缅奇尼科夫的研究成果使西班牙商人萨克·卡拉索很受启发，他在第一次世界大战后建立酸奶制造厂，把酸奶作为一种具有药物作用的“长寿饮料”放在药房销售，但销路平平。第二次世界大战爆发后，卡拉索来到美国又建了一座酸奶厂，这次他不再在药店销售了，而是打入了咖啡馆、冷饮店，并大作广告，很快酸奶就在美国打开了销路，并迅速风靡了世界。

酸奶只是微生物发酵食品中的一种，在我们日常生活中还有哪些微生物发酵食品呢？本章将一一为你讲述。

◆讨论

1. 我们日常生活中有哪些微生物发酵食品？
2. 微生物发酵食品有哪些营养价值？

项目一　细菌在食品制造中的应用

微生物用于食品制造是人类利用微生物的最早、最重要的一个方面，在我国已有数千年的历史。在食品工业中，可利用细菌制造出许多食品，如乳酸饮料、味精及种类繁多的调味品等。下面选择几种用细菌生产的食品作简要介绍。

任务一　食醋

食醋是我国劳动人民在长期的生产实践中制造出来的一种酸性调味品，它能增进食欲，帮助消化，在人们饮食生活中不可缺少，在我国的中医药学中醋也有一定的用途。全国各地生产的食醋品种较多，著名的山西陈醋、镇江香醋、四川麸醋、东北白醋、江浙玫瑰米醋、福建红曲醋等是食醋的代表品种。食醋按加工方法可分为合成醋、酿造醋、再制醋三大类，其中产量最大且与我们关系最为密切的是酿造醋，它是用粮食等淀粉质为原料，经微生物制曲、糖化、酒精发酵、醋酸发酵等阶段酿制而成。其主要成分除醋酸（3%～5%）外，还含有各种氨基酸、有机酸、糖类、维生素、醇和酯等营养成分及风味成分，具有独特的色、香、味。它不仅是调味佳品，长期食用对身体健康也十分有益。

一、菌种

食醋是细菌的发酵产品，常利用醋酸杆菌进行好氧发酵而生产。如以淀粉为原料，还需霉菌和酵母菌的参与;如以糖类物质为原料,需加入酵母菌;只有以乙醇类物质为原料,单纯利用醋酸杆菌就可完成酿醋作用。

1. 曲霉菌

酿醋先酿酒,曲霉菌的作用是将淀粉水解为葡萄糖,为酒精发酵提高条件。常用的菌种是黑曲霉(Aspergillus niger),宇佐美曲霉(A. usamii)等。现常用的是中科院微生物研究所(简称北微所)选育的黑曲霉变异株 UV ~11,编号为 AS. 3. 4309,最适 pH 值为 3.5 ~5.0。米曲霉常用菌株有沪酿 3. 040,沪酿 3. 042(AS3. 951),AS3. 863 等。黄曲霉菌株有 AS3. 800、AS3. 384 等。

2. 酵母菌

酵母菌通过其酒化酶系统把葡萄糖转化为酒精和二氧化碳,完成酿醋过程中的酒精发酵阶段。其菌种主要是酿酒酵母(Saccharomyces cerevisiae)。

3. 醋酸菌

醋酸菌具有氧化酒精生成醋酸的能力。醋酸菌的形态为短杆或长杆细胞,单独、成对或排列成链状,不形成芽孢,革兰氏染色,幼龄阴性,老龄不稳定,好氧,喜欢在含糖和酵母膏的培养基上生长,最适生长温度为 30℃左右,最适 pH 值为 5.4 ~6.3。

目前国内外用于生产的食醋菌种有:奥尔兰醋酸杆菌(Acetobacter orleanwnse)、许氏醋酸杆菌(A. schutzenbachu)、弯曲杆菌(A. curvum)、产醋醋杆菌(A. acetigenum)、醋化醋杆菌(A. aceti)、恶臭醋杆菌(A. ranlens)等。我国目前使用人工纯培养的醋酸菌种,主要有中微所培育出的恶臭醋杆菌的混浊变种(AS1. 41)、上海酿造所和上海醋厂从丹东速酿醋中分离而得的巴氏醋杆菌(A. pasteurianus)巴氏亚种(沪酿 1. 01 号)。

二、发酵机理

$$(C_6H_{12}O_6)_N + nH_2O \longrightarrow nC_6H_{12}O_6$$

$$C_6H_{12}O_6 + 2ADP + 2Pi \longrightarrow 2CH_3CH_2OH + CO_2 + 2ATP$$

$$CH_3CH_2OH + NAD \longrightarrow CH_3CHO + NADH_2$$

$$CH_3CHO + NAD + H_2O \longrightarrow CH_3OOH + NADH_2$$

食醋在发酵过程中,通过美拉德反应和酶促褐变反应生成色素。发酵过程中产生各种有机酸和醇类,通过酯化反应合成各种酯类,赋予特殊的香气。脂类以乙酸乙酯为主。醋酸是形成酸味的主体酸,甜味来自糖分。鲜味来自蛋白质的水解产物氨基酸和菌体自溶核酸的降解产物核苷酸。

三、工艺流程

食醋的酿造方法通常分为固态发酵和液态发酵两大类。我国传统的酿造法多采用固体发酵,该法生产的醋风味较好,但需要辅料多,发酵周期长,原料利用率低,劳动强度大。

一般工艺流程为:原料混合,加水拌匀,蒸煮,冷凉和加麸皮和酵母,糖化、发酵,拌糠接入醋酸菌,醋酸发酵,加盐陈酿,淋醋,陈醋,配兑,灭菌,包装,成品。

可用于食醋生产的原料很多,有糖蜜、高粱、大米、玉米、甘薯、糖糟、梨、柿等干果以及野生含糖和含淀粉的果实等。一般著名的醋仍以糯米、大米、高粱等粮食作物为原料。

我国食醋名优产品如山西陈醋、镇江陈醋、江浙玫瑰醋、四川麸醋、福建红曲醋、东北白醋等。

任务二　乳酸发酵制品

乳酸菌按生化性状分类法分为：乳杆菌属、链球菌属、明串珠菌属、双歧杆菌属和片球菌属。

1. 乳杆菌属

形态多样，长、细长、弯曲及短杆、棒形球杆状，一般形成链，通常不运动，无芽孢，微嗜氧，营养要求复杂，需要氨基酸、肽、核酸衍生物、盐类、脂肪酸、可发酵的碳水化合物。生长温度范围2℃～53℃，最适生长温度30℃～40℃，耐酸pH5.5～6.2，不能还原硝酸盐，H_2O_2酶反应阴性，细胞色素阴性。G+C范围32%～53%。

食品中常用的菌种有德氏乳杆菌、保加利亚乳杆菌、瑞士乳杆菌、嗜酸乳杆菌等。

2. 链球菌属

通常排列成对或链，无芽孢，发酵碳水化合物主要是乳酸，代谢过程中不能利用氧，但可在氧环境中生长，是一种耐氧的厌氧菌，H_2O_2 酶反应阴性。该菌属有些是人和动物的病原菌，如牛乳房炎的无乳链球菌、引起咽喉炎的溶血链球菌、食品发酵工业上应用的有乳酸链球菌、乳酪链球菌、嗜热乳链球菌等。

3. 明串珠菌属

细胞球形，通常呈豆状，不运动，无芽孢，兼性厌氧，菌落通常小于Φ1 cm，光滑、圆形，灰白色。培养液生长物混浊均匀，但形成长链的菌株趋向于沉淀。生长温度范围5℃～30℃，最适20℃～30℃。需要复合生长因子、氨基酸以及烟酸、硫胺素、生物素、可发酵葡萄糖，产生D(～)乳酸，乙醇和CO_2。接触酶阴性，无细胞色素，不水解精氨酸，通常不酸化和凝固牛乳。不分解蛋白，不产生吲哚，不还原硝酸盐，不溶血。G+C为38%～44%。

食品中常用的菌种有肠膜明串珠菌、及其乳脂亚种、酒明串珠菌等。

4. 双歧杆菌属

双歧杆菌属细菌的细胞呈现多样形态，有短杆较规则形或纤细杆状带有尖细末端的细胞，有呈球形者，弯曲状的分支或分叉形，棍棒状或匙形。单个或链状，V形，栅栏状排列，聚合成星状等。不抗酸，不形成芽孢，不运动、厌氧，最适生长温度37℃～41℃，初始生长最适pH6.5～7.0。G+C含量为55%～67%。

应用在发酵乳制品有双歧杆菌、婴儿双歧杆菌、青春双歧杆菌、长双歧杆菌和短双歧杆菌。

5. 片球菌属

细胞圆球形，一般成对，单个罕见，不运动，不形成芽孢，兼性厌氧。菌落大小可变，Φ1.2～2.5 cm，最适生长温度范围25℃～40℃，生长时需要有复合的生长因子和氨基酸，还需要烟酸、泛酸、生物素。接触酶阴性，无细胞色素，通常不酸化和凝固牛乳，不分解蛋白，不产生吲哚，不还原硝酸盐，不水解马尿酸钠。

葡萄糖进入细胞后的代谢情况依微生物的不同而不同。乳酸菌属于兼性厌氧菌和厌氧菌，它们只能通过发酵作用进行糖代谢，主要产物有乳酸和一些其他还原性的产物。根据菌体内酶系统的差异，其代谢途径分三类，即同型发酵途径、异型发酵途径和双歧途径。

同型乳酸发酵是指发酵终产物90%以上为乳酸的乳酸发酵过程。

异型乳酸发酵是指终产物中除乳酸外，还有乙醇、二氧化碳等成分的乳酸发酵过程。

双歧途径是双歧杆菌的产能模式。在葡萄糖代谢中，2mol 葡萄糖产生 3mol 乙酸，

2.5mol乳酸和ATP。

一、泡菜

泡菜是一种独特而具有悠久历史的大众的乳酸发酵蔬菜制品，制作工艺可以追溯到2000多年前，乳酸发酵的“冷加工”方法对蔬菜和营养成分、色香味体的保持极为有利，产品既有良好的感官品质，又节约能源。具有设备简单，操作容易，成本低廉，原料丰富，食用方便等众多优点。千百年来，泡菜以其酸鲜纯正，脆嫩芳香，清爽可口，回味悠久，解腻开胃，促消化，增食欲的功效吸引着国内外众多消费者。泡菜这种食文化世代相传、源远流长、经久不衰。如今以成都泡菜为代表的中国泡菜与韩国泡菜、日本泡菜齐名，成为世界公认的健康发酵蔬菜制品。虽然三国泡菜生产工艺各有绝技，产品质量各具特色，但是无一不焕发出青春，以崭新的面貌继续造福于人类。

韩国泡菜具有千年以上的历史，但直到1950年前后，仍停留在家庭作坊的制作方式。自1974年出现第一家工厂化生产泡菜的企业以来，今日韩国泡菜几乎成为纯粹的工业产品。由于韩国泡菜的不断更新在国际上得到了认可。1997年在国际食品规格委员会会议上，将泡菜的国际标记定为韩国“泡菜”两字发音的“kimchi”。此外韩国清州大学于2000年增设了泡菜食品科学专业。

日本生产的日式泡菜源于韩国，后根据本国国情加以改进自成一家。自上世纪80年代后期开始盛行，除满足本国消费外也批量出口。产品从口味到制作工艺均与中国泡菜和韩国泡菜有明显区别。制作方式为：使用天然色素或酱油泡制，没有经过乳酸菌作用，属于低盐、低酸的非发酵型蔬菜制品，通常需冷链销售。

国内的泡菜产地主要在四川成都，成都泡菜以其独有的高品质闻名于世。目前成都地区的蔬菜年产量已达到300万吨。丰富的原料资源和自然优势造就了泡菜行业的崛起和兴旺。据不完全统计，仅成都及周边地区的泡菜生产企业就在千家以上。产品畅销祖国大江南北，甚至远销国外。但是也应当看到，在众多泡菜生产企业中除为数不多的具备工业化生产能力以外，其余均属零星、分散、小规模的作坊式生产。

在制作泡菜过程中，微生物类群的消长变化，可以分为三个阶段：

第一阶段为微酸阶段：乳酸菌利用蔬菜中的可溶性养分进行乳酸发酵，形成乳酸，抑制了其他微生物的活动，主要菌为链球菌和肠膜明串珠菌，另外常见的微生物类群还有假单孢菌、产气肠杆菌、阴沟肠杆菌、短小芽孢杆菌、巨大芽孢杆菌、多黏芽孢杆菌等。

第二阶段为酸化成熟阶段：腐败微生物的活动受到抑制后，更有利于乳酸菌的大量繁殖和乳酸发酵的继续进行，使乳酸浓度愈来愈高，达到了酸化成熟阶段。参与发酵的优势微生物种类有肠膜明串珠菌、植物乳杆菌、短乳杆菌和发酵乳杆菌。

第三阶段为过酸阶段：当乳酸浓度继续增高，乳酸菌的活动受到抑制，此时泡菜和酸菜内的微生物活动几乎完全停止，因此蔬菜得以长时间保存不坏。这一期间的优势微生物主要是植物乳杆菌和短乳杆菌。

乳酸菌在发酵过程中，除了产乳酸外，还产生大量的乙醛、乙醇、二氧化碳、甘露醇、葡聚糖及其他风味物质。

二、发酵乳制品

发酵乳制品是指良好的原料乳经过杀菌作用接种特定的微生物进行发酵作用，产生具有特殊风味的食品，称为发酵乳制品。它们通常具有良好的风味、较高的营养价值，还具有一定的保健作用，并深受消费者的欢迎。常用发酵乳制品有酸奶、奶酪、酸奶油、马奶酒等。

1. 菌种

乳酸细菌发酵糖类的类型可分为两种：同型乳酸发酵和异型乳酸发酵。同型发酵即一些乳酸菌在发酵过程中能使80% ~90%的葡萄糖转化为乳酸，仅有很少量的其他产物，引起这种发酵的乳酸菌叫做同型乳酸菌。常用的菌种有干酪乳杆菌（Lactobacillus casei）、保加利亚乳杆菌（L. bulgaricus）、乳链球菌（Streptococcus lactis）、嗜酸乳杆菌（Lactobacillus acidophilum）、胚芽乳杆菌（L. plantarum）、嗜热链球菌（Streptococcus thermophilus）、丁二酮乳链球菌（Strediacetilactis）等等。异型发酵即一些乳酸菌在发酵过程中，能使发酵液中50%的糖转化为乳酸，另外50%的糖转化为其他有机酸、醇、二氧化碳等，引起这种发酵的乳酸菌叫做异型乳酸菌。常用的菌种有嗜柠檬酸明串珠菌（Lcuconostoc citrovorum）和葡萄糖明串珠菌（L. dextranicum）等。

所有的乳酸菌通常是不运动的，不形成芽孢。兼性厌氧，罕见色素，营养要求复杂。在固体培养基上形成的菌落较小。它们对酸具有高度的耐性。

2. 发酵乳制品种类

（1）酸性奶油

酸性奶油就是把从合格鲜乳中分离出来的稀奶油，经过杀菌冷却，接种纯发酵剂，在合适温度下进行发酵而产生一定的芳香风味和酸度，再经物理成熟得到的合格产品。其工艺流程如下：乳的验收→离心→分离→稀奶油→中和→杀菌→冷却→添加发酵菌剂→物理成熟→添加色素→搅拌→排除酪乳→压练→包装→检验→成品。

目前常用混合菌剂进行发酵，酸制奶油菌种有乳酸链球菌、乳脂（酪）链球菌、嗜柠檬酸链球菌、丁二酮乳链球菌和嗜柠檬酸明串珠菌等。乳链球菌和乳酪链球菌产酸较强，但产香味能力较差。而嗜柠檬酸链球菌、丁二酮乳链球菌能使乳液中的柠檬酸分解为羟丁酮，再氧化为具有芳香味的丁二酮。

目前认为较好的奶油发酵酒一般含有乳链球菌、乳酪链球菌和丁二酮乳链球菌三种菌种的混合菌种。在生产中要防止噬菌体和杂菌的浸染。

（2）干酪

干酪是由优质鲜乳经杀菌后，加入凝乳酶或微生物菌种，首先使乳液形成凝块，然后脱去乳清，再压块、发酵，逐渐“成熟”而成。其主要成分是酪蛋白和乳脂，还含有丰富的钙、磷、硫等，也含有较多的B族维生素。

干酪发酵剂也多采用多菌种混合，与酸奶油基本相似，再添加一些乳杆菌，除产生乳酸外，还能分解蛋白质产生香味，其风味物质主要是蛋白质分解产生氨基酸，由乳糖及柠檬酸发酵，脂肪水解产生挥发酸及盐类或酯类、以及丁二酮等物质形成。

干酪在发酵过程中，初期含菌量较多，乳酸菌占优势，数量增加较快，随着干酪成熟，乳糖被消耗，乳酸菌随之逐渐死亡。

干酪在生产中，要注意防止微生物污染，特别说噬菌体对干酪生产威胁较大。表面如污染了酵母和霉菌以及一些分解蛋白质的细菌，常使干酪软化、褪色和产生臭味等等。所以为了保证干酪的发酵质量，必须严格质量管理和菌种选育。

(3)酸牛乳

酸牛乳是新鲜牛乳经乳酸菌发酵制成的发酵食品，具有整肠，增加人体的抵抗力，减轻乳糖的不耐受性，降低血液中胆固醇的含量，抑制肠道中有害菌的生长等保健作用。因此，它深受消费者的喜爱。

酸牛奶制品中典型的混合发酵剂是保加利亚乳杆菌和嗜热链球菌(1∶1)，它们的最适生长温度为42℃～43℃，采用混合菌生产比单一菌种产酸率要高很多。

酸牛乳在生产过程中要严格注意操作人员和环境的卫生，防止杂菌和病原菌的污染。

知识拓展

据了解，“酸牛奶”和“含乳饮料”是两个不同的概念。在配料上“酸牛奶”是用纯牛奶发酵制成的，属纯牛奶范畴，其蛋白质含量≥2.9%，其中调味酸牛奶蛋白质含量≥2.3%。而含乳饮料只含1/3鲜牛奶，配以水、甜味剂、果味剂。所以，蛋白质含量一般不低于1%，其营养价值和酸奶不可同日而语，根本不能用来代替牛奶或酸奶。

含乳饮料又可分为配制型和发酵型，配制型成品中蛋白质含量不低于1.0%称为乳饮料，另一种发酵型成品中其蛋白质含量不低于0.7%称为乳酸菌饮料，都有别于真正的酸奶或牛奶。根据包装标签上蛋白质含量一项可以把它们与酸奶或牛奶区别开来。

牛奶经过发酵能将牛奶中的乳糖和蛋白质分解，使人体更容易消化和吸收，有促进胃液分泌、提高食欲、促进和加强消化的功效。酸奶中的乳酸菌能减少某些致癌物质的产生，减弱腐败菌在肠道内产生的毒素，因而具有防癌作用。一般来说，无论是手术后，还是急性、慢性病愈后的病人，为治疗疾病或防止感染都曾服用或注射了大量抗生素，使肠道菌丛发生很大改变，甚至一些有益的肠道菌也统统被抑制或杀死，造成菌群失调。酸奶中含有大量的乳酸菌，每天喝0.25～0.5千克，可以维持肠道正常菌丛平衡，调节肠道有益菌群到正常水平。所以大病初愈者多喝酸奶，对身体恢复有着其他食物不能替代的作用。因此，对于久病初愈的人来说也是最需要的。酸奶除了营养丰富外，还含有乳酸菌，所以具有保健作用。

任务三　氨基酸

氨基酸是组成蛋白质的基本成分。如果人体缺乏任何一种必需氨基酸，就可导致生理功能异常，影响抗体代谢的正常进行，最后导致疾病。同样，如果人体内缺乏某些非必需氨基酸，会产生抗体代谢障碍。氨基酸在人体中的存在，不仅提供了合成蛋白质的重要原料，而且对于促进生长发育、进行正常代谢、维持生命提供了物质基础。如果人体缺乏其中某一种，甚至会导致各种疾病的发生或生命活动终止。由此可见，氨基酸在人体生命活动中多么重要。

氨基酸结构通式：

$$
\begin{array}{c}
\mathrm{H} \\
| \\
\mathrm{R{-}C{-}COOH} \\
| \\
\mathrm{NH_2}
\end{array}
$$

常见的有20种氨基酸，其中有8种氨基酸是人体必需但在体内又不能合成的，通常称为必需氨基酸。另外在食品工业中，氨基酸可作为调味品，如谷氨酸钠作鲜味剂用，色氨酸和甘氨酸可作甜味剂。在某些食品中还可通过添加某种氨基酸来调整氨基酸的比例，可提高蛋白质的利用率。在畜禽生产中也通常要加入必需的氨基酸。所以氨基酸的生产具有重要意义。表9－1列出部分氨基酸及其生产所用菌株。

表9－1　部分氨基酸及其生产所用菌株

生成的氨基酸	使用的菌株
谷氨酸	谷氨酸棒杆菌、乳糖发酵短杆菌或黄色短杆菌 北京棒杆菌(AS1.299)或钝齿棒杆菌(AS1.542或B9)
缬氨酸	北京棒杆菌(AS1.586(ile^{-})*)乳糖发酵短杆菌(thr^{-})
DL丙氨酸	凝结芽孢杆菌(Bacillus cuagulans)
(met～)脯氨酸	链形寇氏杆菌(kurthia catenoform)(ser^{-}) 黄色短杆菌(ile^{+}SGR)*
赖氨酸	黄色短杆菌(AECR) 乳糖发醇短杆菌(AECR^{+}ser^{-}或AECR^{+}Ade^{-+}Gu) 氨酸棒杆菌(AECR^{+}Leu或AECR^{+}met或AECR^{+}Ala)
谷苏氨酸	大肠杆菌(met^{-+}var)、大肠杆菌W(DAP_$^{+}$met^{+}ile_)
谷氨酸	棒杆菌(Cit_)、黄色短杆菌(Cit^{-}或Arg^{-})
亮氨酸	黄色短杆菌(ile^{-+}met^{-+}Tar)
酪氨酸	棒杆菌(Phe^{-+}Pu^{-})

*营养缺陷型，R:抗性。

自从上世纪60年代以来，微生物直接用糖类发酵生产谷氨酸获得成功并投入工业化生产，我国成为世界上最大的味精生产大国。味精以成为调味品的重要成员之一，氨基酸的研究和生产得到了迅速发展。随着科学技术的进步，对传统的工艺不断地进行改革，但如何保持传统工艺生产的特有风味，从而使新工艺生产出的产品更具魅力，是今后研究的课题。

一、谷氨酸的生产

用于谷氨酸发酵生产的微生物有谷氨酸棒杆菌(Corynebacterium glutamicum)、黄色短杆菌(Brevibacterium flavum)等。我国使用的菌株是北京棒状杆菌(Corynebacterium Pekinese sp)AS1.299、钝齿棒杆菌(Corgnebacterium crenatum)AS1.542等。

在用于谷氨酸生产菌中，除芽孢杆菌外，其他菌随不属于一个种，但都具有共同的特征，菌体为球形、短杆或棒状，无鞭毛，不运动，不形成芽孢，革兰氏染色呈阳性，需要生物素，在通气条件下培养产生谷氨酸。

微生物合成谷氨酸的途径大致是葡萄糖经糖酵解和单磷酸己糖支路两种途径生成丙酮酸，丙酮酸进一步生成乙酰辅酶A，然后进入三羧酸循环，生成α－酮戊二酸，在谷氨酸脱氢酶的作用下，有NH＋4存在时生成L－谷氨酸。

谷氨酸生产原料通常有淀粉质类的物质，以甘薯淀粉最为常用。味精生产全过程可分五个部分:淀粉水解糖的制取;谷氨酸生产菌种子的扩大培养;谷氨酸发酵;谷氨酸的提取与分离；由谷氨酸制成味精。生产工艺流程：

菌种的扩大培养

↓

淀粉质原料→糖化→中和、脱色、过滤→培养基调配→接种→发酵→提取（等电点法、离子交换法等）→谷氨酸→谷氨酸~Na→脱色→过滤→干燥→成品

二、赖氨酸生产

赖氨酸生产上主要应用营养缺陷型菌株，目前国内主要用生产谷氨酸的北京棒状杆菌AS1.299经硫酸二乙酯诱变选育出的高丝氨酸缺陷型菌株AS1.563。

生产赖氨酸的碳源很广，常用玉米、小麦、甘薯、甘蔗糖液、甜菜糖液等；常用尿素和硫铵作氮源。

任务四　维生素C

维生素C又叫抗坏血酸，是一种水溶性维生素。微生素C不仅是重要的营养成分，在食品工业中常用作抗氧化剂，常用于脂肪、油、冷藏食品、啤酒的保藏，同时也是重要的医药制品。

维生素C

目前我国二次发酵法生产维生素C生产工艺处于世界领先水平。该工艺是以氧化葡萄糖酸杆菌（Gluconobacter oxydans）为主要产酸菌，以条纹假单孢菌（Pseudomonas striata）为伴生菌的自然共生菌丝。单纯培养时，前者生长缓慢且产酸能力弱，而后者根本不产酸，但两者共同发酵时，都能将L-山梨糖直接转化成2-酮基-L-古洛糖。

在将D-山梨醇转化为L-山梨糖发酵中，常用的菌种是弱氧化醋酸杆菌（Acetobacter suboxydans）和生黑醋酸杆菌（Acetobacter melanogenum）。另外还可使用生黑葡萄糖醋酸杆菌（Gluconobacter roscum）、恶臭醋酸杆菌（Acetobacter rancens）、醋化醋酸杆菌（Acetobacter aceti）和拟胶醋酸杆菌（Bscterium xlinoxides）等。

生产时，可直接用葡萄糖作原料，也可用甘薯、木薯或马铃薯淀粉为起始原料，经酸法或酶法转化成精制葡萄糖水溶液进行发酵生产。

知识拓展

哥伦布是16世界意大利伟大的航海家，他常常带领船队在大西洋上乘风破浪，远航探险。那时，航海生活不光非常艰苦，而且充满危险。船员们在船上只能吃到黑面包和咸鱼，最可怕的是在航海期间很容易得一种怪病，病人先是感到浑身无力，走不动路，接着就会全身出血，然后慢慢地死去，船员们都把这种怪病叫做“海上凶神”。

有一次，船队又出发了。很快，“海上凶神”就悄悄地降临了。船队才航行不到一半的路程，已经有十几个船员病倒了，望着四周一片茫茫的海水，哥伦布的心情十分沉重。那些病重的船员为了不拖累大家，耽误航程，对哥伦布说：“船长，您就把我们送到附近的荒岛上吧，等你们返航归来的时候，再把我们的尸体运回家乡。”哥伦布噙着眼泪点了点头……

几个月过去了，哥伦布的船队终于胜利返航了。船离那些重病船员所在的荒岛越来越近，哥伦布的心情也越来越沉重。这次的探险的成功，是用十几个船员的生命换来的呀！哥伦布这么想着，船不知不觉已经靠岸。正在这时，十几个蓬头垢面的人从岛上向大海狂奔过来。这不是那些船员吗？他们还活着！哥伦布又惊又喜地问道：“你们是怎么活下来的？”“我们来到岛上以后，很快就把你们留下的食物吃完了。后来，肚子饿的时候，我们只好采些野果子吃，这样，我们才一天天活下来。”

难道秘密在野果子里面？哥伦布一回到意大利，就把这些船员起死回生的奇迹讲给医生们听，后来经过研究，人们发现野果子和其他一些水果、蔬菜都含有一种名叫维生素C的物质，正是维生素C救了那些船员的生命。原来，所谓的“海上凶神”就是“坏血病”，它是由于人体内长期缺乏维生素C引起的。当身体内补充了适量的维生素C，坏血病就不治而愈了。

维生素C却不止有预防坏血病这一个作用，它还有治疗贫血、解毒、保护肝脏、预防动脉硬化、加强抵抗力等作用。特别是对于女性，如果你长了色斑，那么维生C就是你的最佳保养品。

最后留给大家一个很有趣的小问题，几乎所有的动物都需要适量的维生素C来维持正常的生命活动，而维生素C几乎只存在于蔬菜水果中，那么狮子、老虎等一些肉食动物是怎么来维持体内维生素C的平衡的呢？

任务五　纳豆菌与纳豆发酵

纳豆是日本的传统发酵大豆食品。传统的方法是以稻草包裹煮熟的大豆，经自然发酵而成。纳豆不仅营养丰富，而且具有抑菌、解酒、恢复疲劳、改善肝功能，预防口腔炎、肺结核和心脑血官疾病等功效，长期食用可达到美白肌肤的效果。

纳豆菌属枯草芽孢杆菌纳豆菌亚种。G^+、好氧、有鞭毛、极易成链。营养琼脂培养基上的菌落特征为粗糙型，表面有皱褶，边缘不整齐，圆形或不规则形，易蔓延；能发酵葡萄糖、木糖、甘露醇，产酸，不产气，有荚膜。0～100℃可存活，最适生长温度为40℃～42℃。纳豆菌在生长繁殖过程中，可产生淀粉酶、蛋白酶、脱氨酶和纳豆激酶等多种酶类化合物。

纳豆菌可杀死霍乱菌、伤寒菌、大肠杆菌O_(157)∶H7等，起到抗生素的作用。纳豆菌还可以灭活葡萄酒菌肠毒素；纳豆中含有100种以上的酶，特别是纳豆激酶，具有很强的溶血栓作用。另外纳豆菌在发酵过程中能产生大量的黏性物质，主要成分是γ-谷氨酸的聚合物(γ-PGA)，可开发成新型的外科手术材料。纳豆中含有丰富的维生素 B_2、B_6、B_{12}、E、K 等多种营养物质。每克纳豆中含有38.5~229.1ug的染料木素，71.7~492.8mug染料木甙，染料木素是抗癌的主要活性成分。

其基本的生产工艺为：精选大豆 → 浸泡、沥干 → 蒸煮 → 冷却、接种纳豆菌 → 发酵 → 4℃ → 放置1天 → 纳豆。

知识拓展

1980年的一天，从事溶解血栓药物研究工作的日本心脑血管专家须见洋行博士，突然想起纳豆不是纤维蛋白发酵的吗？而血栓最顽固的部分就是纤维蛋白。于是，下午两点半时，须见洋行博士把纳豆中提取的物质加入到人工血栓中。

原本准备第二天看结果的，但五点半的时候，一次偶然的察看，奇迹发生了，血栓居然溶解了2厘米。而平常用尿激酶做溶血栓的实验溶解2厘米需要近两天的时间，也就是说纳豆发酵物溶解血栓的速度是尿激酶的19倍之多。于是，就将纳豆的这种强力溶栓物命名为纳豆激酶Nattokinase，简称NK，这就是震惊世界的溶血栓药物研究史上有名的“下午两点半”实验。

项目二　酵母菌在食品制造中的应用

酵母菌与人们的生活有着十分密切的关系，几千年来劳动人民利用酵母菌制作出许多营养丰富、味美的食品和饮料。目前，酵母菌在食品工业中占有极其重要的地位。利用酵母菌生产的食品种类很多，下面仅介绍几种主要产品。

任务一　面包

面包是一种营养丰富、组织膨松、易于消化吸收、食用方便的食品之一。它是以面粉为主要原料，加上适量的酵母菌和其他辅助材料，用水调制成面团，再经过发酵、整形、成型、烘烤等工序而制成。

一、菌种

在面包生产中，所用的菌种主要有压榨酵母、活性干酵母和即发干酵母。压榨酵母又称鲜酵母，它是酵母菌种在培养基中经扩大培养和繁殖、分离、压榨而制成。鲜酵母发酵力较低，发酵速度慢，不易贮存运输，0~5℃可保存二个月，其使用受到一定限制。活性干酵母是鲜酵母经低温干燥而制成的颗粒酵母，发酵活力及发酵速度都比较快，且易于贮存运输，使用较为普遍。即发干酵母又称速效干酵母，是活性干酵母的换代用品，使用方便，一般无需活化处理，可直接生产。面包酵母有圆形、椭圆形等多种形态，以椭圆形的用于生产较好。酵母为兼性厌氧性微生物，在有氧及无氧条件下都可以进行发酵。酵母生长与发酵的最适温度为26℃～30℃，最适pH为5.0～5.8。酵母耐高温的能力不及耐低温的能力，60℃以上会很快死亡，而-60℃下仍具有活力。

目前，我国市场上的活性干酵母有中外合资企业生产的梅山牌、安琪牌、东莞牌等产品，另外还有进口法国、荷兰、德国的产品。在选购时应注意产品的生产日期、包装是否密封，且必须注意选购适合配方要求的酵母如耐高糖与低糖的酵母。只有酵母质量有保障才能生产出高质量的面包。对于贮存时间过长的酵母在生产前要对其活力进行测定。

酵母在面包中所起的作用如下：

1.使面包结构膨松。酵母在发酵时利用原料中的葡萄糖、果糖、麦芽糖等糖类及a-淀粉酶对面粉中淀粉进行转化后的糖类进行发酵作用，产生CO_2，使面团体积膨大，结构疏松，呈海绵状结构。

2.改善面包的风味。酵母菌在发酵过程中产生的酒精和其他物质，与面团中的有机酸在烘烤中形成特有的香味。发酵后的面包与其他各类主食品相比，其风味自有特异之处。产品中有发酵制品的香味，这种香气的构成极其复杂。

3.增加面包的营养价值。在面团制作过程中，酵母中的各种酶对面团中的各种有机物发生的生化反应，将高分子的结构复杂的物质变成结构简单的、相对分子质量较低能为人体直接吸收的中间生成物和单分子有机物，如淀粉中的一部分变成麦芽糖和葡萄糖，蛋白质水解成胨、肽和氨基酸等生成物。这对人体消化吸收非常有利，提高了谷物的生理价值。酵母本身蛋白质含量甚高，且含有多种维生素，使面包的营养价值增高。

二、发酵机理

将酵母加入面粉和水的混和物中，在适当的温度下(28℃左右)，酵母便开始生长繁殖。它首先利用面粉中含有的少量单糖和蔗糖。在发酵同时，面粉中的β-淀粉酶能将面粉中的淀粉转化为麦芽糖。麦芽糖的增加为酵母菌进一步提供营养物质，酵母菌本身能够分泌麦芽糖酶和蔗糖酶，将麦芽糖和蔗糖分解成单糖，供酵母使用。酵母菌利用这些糖类及其他物质先后进行有氧呼吸和无氧呼吸，产生CO_2、醇、醛和一些有机酸等产物。生成的CO_2被面筋包围，不易逸散，从而使面团逐渐膨大，发酵后的面团，经揉搓、造型后、烘烤，由于CO_2受热膨胀，从而使面团形成多孔海绵状。在发酵中形成的其他物质，如乙醇、乳酸、醛、酮等，在烘烤中形成面包特有的香味。

三、危害面包的微生物

在菌种生长过程中，有些酵母如圆酵母(Torula)、假丝酵母及醭酵母(Mycoderma)等常比啤酒酵母(Saccharomyces cerevisiac)生长快，妨碍了啤酒酵母的大量繁殖，从而降低了酵母的发酵生产能力。

许多微生物在压榨酵母上也能生长，造成菌种污染腐败，如乳粉孢霉(Oidiumlactis)能使压榨酵母产生霉味；青霉属的一些种在菌种上形成绿色的菌斑；曲霉则在菌种上形成浅黄至褐色层。

面粉中含有较多微生物，如烘烤时间不够，在面包中心会残留少量的微生物，如巨大芽孢杆菌(Bacillus megatherium)、黏稠芽孢杆菌(Bacillus viscosus)存在时，会使面包发黏，产生典型的抽丝现象。酪酸(丁酸)梭状芽孢杆(Clostridium butyricum)菌能使面包产生酸败的臭味。

知识拓展

“埃及奴隶睡着了，发明了面包”

传说公元前2600年左右，有一个为主人用水和上面粉做饼的埃及奴隶。一天晚上，饼还没有烤好他就睡着了，炉子也灭了。夜里，生面饼开始发酵，膨大了。等到这个奴隶一觉醒来时，生面饼已经比昨晚大了一倍。他连忙把面饼塞回炉子里去，他想这样就不会有人知道他活还没干完就大大咧咧睡着了。饼烤好了，它又松又软。也许是生面饼里的面粉、水或甜味剂（或许就是蜂蜜）暴露在空气里的野生酵母菌或细菌下，当它们经过了一段时间的温暖后，酵母菌生长并传遍了整个面饼。埃及人继续用酵母菌试验，成了世界上第一代职业面包师。

任务二　酵母细胞的利用

酵母细胞含有丰富的蛋白质、糖类、维生素和脂肪。随着人口的增长和动植物资源的限制，从微生物中获得蛋白质（单细胞蛋白）是解决人类蛋白质食物资源的一条重要而有效的途径。微生物生长繁殖迅速，其生长条件完全受人工控制，而微生物对营养物质适应性强，可利用农副产品废弃物糖蜜、纸浆废液、烃类及醇类进行生产。以酵母菌发酵生产单细胞蛋白主要有如下用途。

一、用作食品

酵母菌菌体营养丰富，含有除蛋氨酸外其他人体必需氨基酸，素有“人造肉”之称，成人每天吃干酵母10～15g，蛋白质就能满足。

二、用作发酵剂

新鲜酵母和活性干酵母可用作面包和馒头发酵剂。

三、用作饲料

用假丝酵母和产朊酵母作为菌种，利用亚硫酸废液或石油生产酵母菌体，可用于牲畜饲料。

四、用作医药

酵母片可帮助消化，从酵母中提取的凝血质用于各种出血，麦角固醇是制造维生素D的原料，辅酶A可用于治疗动脉硬化、白细胞减少症、慢性肝炎、血小板减少症等。辅酶I（NAD）用于治疗肝病或肾病，细胞色素C是细胞呼吸激活剂。

五、用作试剂

酵母浸出汁和酵母海藻糖等可用作生物试剂，用于生化、微生物等研究。

知识拓展

在台湾冻顶山区，人们在制作乌龙茶时，首先会将茶杀青，之后进行低温发酵，发酵之后，酵母菌便功成身退，沉淀在底部。不过这时候的酵母菌早已吸收了乌龙茶的精华养分，将其捞起经过洗净、消毒、干燥等再制造过程，就成了茶酵母。

市场上的茶酵母分为三种:(1)如上所说加工而成的茶酵母,产量很低,基本没有产量,因为与茶一起分离后收集难度大;(2)乌龙茶与发酵液一起干燥后粉碎成粉,基本为乌龙茶,所含酵母很少;(3)乌龙茶提取物与啤酒酵母提取物结成,本产品易于收集加工,可规模化生产。

茶酵母——含有茶多酚具有高于维生素E10倍的抗氧化能力,能够降低血液中性脂肪含量,有效降血脂。还能够改善由肥胖及血脂偏高引起的精神萎靡、困倦的生物碱,让你精神焕发。

啤酒酵母——含有更为丰富的维生素B,是茶酵母的3倍相当,酵母铬是茶酵母的2倍,B族维生素能加速碳水化合物的脂肪的代谢、快速消耗热量使人在瘦身的同时精力充沛;酵母铬降低中性脂肪、协助胰岛素加速糖的代谢。

啤酒酵母也是一种减肥的热销品,说明酵母本身对减肥都是有效的,而茶酵母的优越之处在与其融具了茶减肥与酵母减肥的特点,更健康,更有效,更安全。

任务三　酿酒

我国是一个酒类生产大国,也是一个酒文化文明古国,在应用酵母菌酿酒的领域里,有着举足轻重的地位。许多独特的酿酒工艺在世界上独领风骚,深受世界各国赞誉,同时也为我国经济繁荣作出了重要贡献。酿酒具有悠久的历史,产品种类繁多,如:黄酒、白酒、啤酒、果酒等品种。而且形成了各种类型的名酒,如绍兴黄酒、贵州茅台酒、青岛啤酒等。酒的品种不同,酿酒所用的酵母以及酿造工艺也不同,而且同一类型的酒各地也有自己独特的工艺。

一、白酒

白酒又名烧酒,是用高粱、小麦、玉米等淀粉质原料经蒸煮、糖化发酵和蒸馏而制成。根据发酵剂与工艺的不同,一般可将蒸馏白酒分为大曲酒、小曲酒、麸曲白酒及液态白酒四大类。

1. 酒窖窖泥微生态系

“千年老窖出好酒”是中国传统白酒生产实践的科学总结。窖泥是采用黄土建成,新的发酵窖经过七八轮发酵后,窖泥由黄色变为黑色,再经过约两年的发酵,又逐渐变为乌白色,并变绵软为脆硬,产品质量也随着时间的推移和窖泥的变色而逐渐提高。老窖与新窖的根本差别是它们所含的产香微生物数量和种类的不同。老窖泥中主要有已酸菌、丁酸菌等细菌类微生物以及酵母和少量的放线菌等。其中厌氧芽孢杆菌在酒窖中占有主导的地位,为优势微生物群,在酒窖微生态中有重要的生态功能。

2. 大曲发酵

大曲发酵是较为粗放的多菌种混合发酵,参与发酵的微生物种类很多,数量大,它们相互依存,密切配合,形成一个动态的微生物群系。由于生产工艺、曲的种类和窖池以及地区、季节的不同,发酵酒醅微生物的构成也不一样,并且随发酵过程的进展而变化。

茅香型酒醅中一般以芽孢杆菌类较多,其中包括巨大芽孢杆菌、地衣型芽孢杆菌、梭状芽孢杆菌以及枯草芽孢杆菌等;而霉菌和酵母较少。泸香型酒曲霉菌和酵母菌较多,主要的霉菌有米曲霉、黄曲霉、根霉、毛霉、红曲霉等;酵母菌主要有假丝酵母、拟内酵母、酵母属酵母和汉逊氏酵母等。

发酵酒醅的微生物来源主要有两个方面:

(1)发酵酒醅的微生物主要来源于酒曲。通过接种使酒醅获得菌种,同时还给酒醅提供了大量的淀粉酶、蛋白酶等各种酶类。通过这些酶的作用，为酒醅微生物的生长繁殖提供大量的营养和能源。

(2)窖泥、环境空气、酿造用水、器具设备等也是酒醅微生物的重要来源。

3. 小曲微生物

小曲酒在我国具有悠久的历史，其特点是用曲量小，发酵期短，出酒率高等。小曲又名药曲，因曲胚形小而得名。是用米粉、米糠和中草药接入隔年老曲经过自然发酵而成。小曲中的优势微生物种类主要是根霉和少量的毛霉等，此外还有乳酸菌、醋酸菌以及污染的一些杂菌。如芽孢杆菌、青霉、黄曲霉等。

4. 麸曲白酒酿造中的微生物

麸曲白酒是新中国成立后发展起来的。采用麸曲加酒母代替传统大曲所酿制的蒸馏白酒称为麸曲白酒。

麸曲又名糖化曲，它是用以进行淀粉糖化的霉菌制品，主要的糖化菌以曲霉为主，常用的有黑曲霉、米曲霉、黄曲霉及甘薯曲霉等。

二、啤酒

啤酒是以麦芽、酒花为原料，经过麦芽糖化和酵母发酵而成的、含有低度酒精(3% ~5%左右)的饮料酒，营养价值高，素有“液体面包”之称。

根据酵母在啤酒发酵液中的性状，可将它们分成两大类:上面啤酒酵母和下面啤酒酵母。上面啤酒酵母在发酵时，酵母细胞随 CO_2 浮在发酵液面上，发酵终了形成酵母泡盖，即使长时间放置，酵母也很少下沉。下面啤酒酵母在发酵时，酵母悬浮在发酵液内，在发酵终了时酵母细胞很快凝聚成块并沉积在发酵罐底。按照凝聚力大小，把发酵终了细胞迅速凝聚的酵母，称为凝聚性酵母;而细胞不易凝聚的下面啤酒酵母，称为粉末性酵母。影响细胞凝聚力的因素，除了酵母细胞的细胞壁结构外，外界环境(例如麦芽汁成分、发酵液 pH 值、酵母排出到发酵液中的 CO_2 量等)也起着十分重要的作用。国内啤酒厂一般都使用下面啤酒酵母生产啤酒。

酿造啤酒的菌种采用啤酒酵母的各种菌株。啤酒酵母的细胞形态为圆形或卵圆形。幼年细胞较小，成熟时细胞较大。液体中培养的细胞往往大于在固体培养基中生长的细胞。在麦芽汁固体培养基上生长，菌落表现出光滑、湿润、乳白色、边缘整齐的特征。在液体培养基中，呈混浊状态。上面啤酒酵母，悬浮于液体表面形成菌醭。而下面酵母则呈絮凝状，沉积于容器的底部。另外用梨形酵母和蠕形杆菌共同发酵可以酿造姜汁啤酒。用于生产上的啤酒酵母，种类繁多。不同的菌株，在形态和生理特性上不一样，在形成双乙酰高峰值和双乙酰还原速度上都有明显差别，造成啤酒风味各异。

啤酒酿造中常见的杂菌污染主要有巴氏乳杆菌和啤酒片球菌以及某些野生酵母。

三、葡萄酒

葡萄酒是新由鲜葡萄或葡萄汁通过酵母的发酵作用而制成的一种低酒精含量的饮料。葡萄酒质量的好坏和葡萄品种及酒母有着密切的关系。因此在葡萄酒生产中葡萄的品种、酵母菌种的选择是相当重要的。

葡萄酒酵母在植物学分类上为子囊菌纲的酵母属，啤酒酵母种。该属的许多变种和亚种都能对糖进行酒精发酵，并广泛用于酿酒、酒精、面包酵母等生产中，但各酵母的生理特性、酿造副产物、风味等有很大的不同。

葡萄酒酵母除了用于葡萄酒生产以外，还广泛用在苹果酒等果酒的发酵上。世界上葡萄酒厂、研究所和有关院校优选和培育出各具有特色的葡萄酒酵母的亚种和变种。如我国张裕7318酵母，法国香槟酵母，匈亚利多加意(Tokey)酵母等。

葡萄酒酵母繁殖主要是无性繁殖，以单端(顶端)出芽繁殖。在条件不利时也易形成1～4个子囊孢子。子囊孢子为圆形或椭圆形，表面光滑。在显微镜下(500倍)观察，葡萄酒酵母常为椭圆形、卵圆形，一般为3～10μm×5～15μm，细胞丰满，在葡萄汁琼脂培养基上，25℃培养3d，形成圆形菌落，色泽呈奶黄色，表面光滑，边缘整齐，中心部位略凸出，质地为明胶状，很易被接种针挑起，培养基无颜色变化。

优良葡萄酒酵母具有以下特性：除葡萄(其他酿酒水果)本身的果香外，酵母也产生良好的果香与酒香；能将糖分全部发酵完，残糖在4g/L以下；具有较高的对二氧化硫的抵抗力；具有较高发酵能力，一般可使酒精含量达到16%以上；有较好的凝集力和较快沉降速度；能在低温(15℃)或果酒适宜温度下发酵，以保持果香和新鲜清爽的口味。

项目三　霉菌在食品工业中的应用

淀粉的糖化、蛋白质的水解均是通过霉菌产生的淀粉酶和蛋白质水解酶进行的。通常情况是先进行霉菌培养制曲。淀粉、蛋白质原料经过蒸煮糊化加入种曲，在一定温度下培养，曲中由霉菌产生的各种酶起作用，将淀粉、蛋白质分解成糖、氨基酸等水解产物。

在生产中利用霉菌作为糖化菌种很多。根霉属中常用的有日本根霉(Rhizopus japonicus AS3. 849)、米根霉(Rhizopus oryzae)、华根霉(Rhizopus chinensis〉等；曲霉属中常用的有黑曲霉(Aspergillus niger)、宇佐美曲霉(Asp. usamii)、米曲霉(Asp. oryzae)和泡盛曲霉(Asp. awamori)等；毛霉属中常用的有鲁氏毛霉(Mucor rouxii)，还有红曲属(Monascus)中的一些种也是较好的糖化剂，如紫红曲霉(Monascus. Purpurens)、安氏红曲霉(Monascus. anka)、锈色红曲霉(Monascus. rubiginosusr)、变红曲霉(Monascus. serorubescons AS3.976)等。

任务一　酱油

酱油是日常生活中重要的调味品，我国已有两千多年生产历史。主要是由曲霉产生的蛋白酶将大豆蛋白进行分解，并同其他微生物共同作用，形成营养丰富、风味独特的食品。

一、菌种

酱油是多种微生物混合作用的结果。

1. 米曲霉和酱油曲霉

酱油中应用的曲霉菌主要是米曲霉(Aspergillus oryzae)和酱油曲霉(A. sojse)，米曲霉和酱油曲霉对原料发酵快慢、成品颜色浓淡、味道鲜美程度有直接关系。

米曲霉菌落生长很快，初为白色，渐变黄色。分生孢子成熟后，成黄绿色。分生孢子头为放射形，顶囊球形或瓶形，粗糙或近于光滑。

米曲霉有复杂的酶系统，主要有蛋白酶、谷氨酰胺酶、淀粉酶，此外还有果胶酶、半纤维素梅和酯酶等。其中重要的是蛋白酶、淀粉酶、谷氨酰胺酶，它们决定着原料的利用率，酱醪发酵成熟的时间以及产品的味道和色泽。

酱油曲霉是日本学者坂口在上世纪30年代从酱油中分离出来的，并应用于酱油的生产。酱油曲霉分生孢子囊表面有小突起，孢子柄表面平滑。含有蛋白酶、聚半乳糖醛酸酶等。

目前日本制曲用混合菌种，其中米曲霉占79%，酱油曲霉占21%。我国则使用纯米曲霉菌种，广泛使用是米曲霉3.042，该菌特点是产蛋白酶高，生长速度快，抗杂菌能力强，酱油的香气和滋味均优良，不产黄曲霉毒素等。现对3.042进行诱变育种，获得产蛋白酶高一倍的沪酿UE328和沪酿UE336新菌株。另外，对UE336进行诱变，筛选出谷氨酰胺酶活力比对照组高2倍以上的沪酿422号，在同等发酵条件下，谷氨酸含量提高40%左右，并且不含黄曲霉毒素B1。

2.酵母菌

从酱醪中分离出的酵母有7个属，23个种，其基本形态是圆形、卵圆形、柠檬形、腊肠形等，最适生长温度为28℃～30℃，pH值是在4.6～5.6之间。

与酱油质量关系密切的是鲁氏酵母(Saccharomyces rouxii)、易变球拟酵母(Torulopsis versatilis)、埃契氏球拟酵母(T. etchellsii)、无名球拟酵母(T. famata)等。鲁氏酵母主要是发酵葡萄糖等生成乙醇、甘油等，从而进一步生成酯、糖醇等，增加酱油的风味。在后发酵期，鲁氏酵母开始自溶，促进了易变拟球酵母和埃契氏球拟酵母的生长，它们是酯香型酵母，参与酱醪的成熟，生成烷基苯酚类香味物质，如4－2乙基苯酚等，改善了酱油的风味。

3.乳酸菌

从酱醪中分离的细菌有6个属18个种，和酱油关系最密切的是乳酸菌。其菌体杆状、球形，分散或成链状。对氧要求不一，其中酱油四联球菌(Tetrecoccus soyae)、嗜盐片球菌(Pediococcus halophilus)、酱油片球菌(P. soyae)与酱油风味形成有密切关系。在酱醪发酵过程中，前期嗜盐片球菌多，后期四联球菌多些。

乳酸菌的作用是利用糖产生乳酸。与乙醇作用生成乳酸乙酯，香气很浓，由于乳酸降低了发酵醪的pH值(5.0)，这样可促进鲁氏酵母的繁殖。乳酸菌和酵母菌联合作用，赋予酱油特殊的香气。根据经验，乳酸菌与酵母菌数之比为10∶1时，效果最好。

近年来，又发现某些芽孢杆菌也参与酱油的酿造，而且是影响风味的主要因素。

二、机理

酿造酱油的过程，实际是多种微生物的协同作用的过程，通过微生物产生的酶的催化作用，将原料中的大分子物质分解为简单物质，再经复杂的物理化学和生物化学反应，就形成了具有独特风味的调味副食品。目前，已知酱油的化学成分达三四百种。

原料中的蛋白质经米曲霉分泌的蛋白酶作用，逐渐分解成胨、多肽和氨基酸。米曲霉分泌的蛋白酶有三种:酸性(pH3)、中性(pH7左右)、碱性(pH8)，其中以碱性蛋白酶最多，所以如果发酵过程中pH值过低，会影响蛋白质的水解。米曲霉中的外肽酶高于其他曲霉，故有利于氨基酸的生成，谷氨酰胺酶又能将游离的谷氨酰胺分解成氨基酸。

原料中的淀粉经淀粉酶的糖化作用，水解成糊精和葡萄糖等。单糖或其他糖类，有的可被微生物作碳源利用，有的可形成酱色，增加酱油的甜味和黏稠度。

酱油中含有的有机酸有乳酸、醋酸、琥珀酸、葡萄糖酸等，是乳酸菌发酵产生的，这些酸都是酱油重要的呈味物质，又是香味的重要成分。

酵母菌发酵产生乙醇等，构成了脂类的前体物质。在发酵过程中产生的酯类以及由化学反应形成的酯类，构成了酱油香气成分的主体。据目前分析有276种成分。

关于酱色的形成，目前一般认为有两种途径。第一种途径是美拉德反应。它是氨基化合物和羰基化合物之间的氨基-羰基反应，最终形成褐色物质——类黑色素，这是主要的生成途径；第二种途径是经过酶褐变反应，由曲生成的多酚氧化酶将蛋白质的水解产物酪氨酸氧化成黑色素。

一般认为，酱油的鲜味来自氨基酸和核酸类物质的钠盐；甜味来自与糖类、某些氨基酸（甘氨酸）和醇类（甘油）等；酸味来自于糖类；苦味来自于某些氨基酸（如酪氨酸等）、乙醛等；咸味来自于食盐。

三、影响酱油质量的微生物

1. 曲霉污染

有些原料本身发霉或在发酵过程中污染某些曲霉，这些曲霉能产生黄曲霉毒素，有些菌种也能产黄曲霉毒素。

2. 细菌污染

酱油卫生指标中，细菌数每毫升不超过5万个，大肠杆菌近似值100ml不超过30个，致病菌不得检出。如果超标，表示发生污染。主要来源于种曲、容器等，也可能与污染粪便有关。

3. 酱油生“花”

酱油生“花”是污染了耐盐性酵母所致，如盐生接合酵母（Zygosaccharomyces alsus）、日本接合酵母（Z. japonicus）、粉状毕赤氏酵母（Pichia farinose）、球拟酵母属（Torulopsis）和醭酵母属（Mycoderma）中的某些种等。酱油生“花”是由于浓度过稀，成熟不完全，含糖过多，食盐不足，灭菌不彻底或容器不清洁所引起的。酱油生霉后引起质量下降，糖和氮减少，香气消失，鲜味减弱，并产生臭味，苦涩味。

任务二　豆腐乳

腐乳为我国著名的传统食品，有1000多年的历史，它味道鲜美，营养丰富，价格便宜，深受人们喜爱。腐乳通常分为青方、红方、白方三大类。其中，臭豆腐属“青方”。“大块”、“红辣”、“玫瑰”等属“红方”。“甜辣”、“桂花”、“五香”等属“白方”。

腐乳和豆豉以及其他豆制品一样，都是营养学家所大力推崇的健康食品。它的原料豆腐干本来就是营养价值很高的豆制品，蛋白质含量达15%～20%，与肉类相当，同时含有丰富的钙质。腐乳的制作过程中经过了霉菌的发酵，使蛋白质的消化吸收率更高，维生素含量更丰富。因为微生物分解了豆类中的植酸，使得大豆中原本吸收率很低的铁、锌等矿物质更容易被人体吸收。同时，由于微生物合成了一般植物性食品所没有的维生素B_{12}，素食的人经常吃些腐乳，可以预防恶性贫血。腐乳的原料是豆腐干类的“白坯”，给白坯接种品种合适的霉菌，放在合适的条件下培养，不久上面就长出了白毛。这些白毛看起来可能有些可怕，实际上却大可不必担心，因为这些菌种对人没有任何危害，它们的作用只不过是分解白坯中的蛋白质、产生氨基酸和一些B族维生素而已。对长了毛的白坯进行搓毛处理，最后再盐渍，就成了腐乳。

一、菌种

腐乳以前靠自然发酵，周期长，受季节影响，而且容易污染。目前采用人工纯培养，缩短生产周期，而且不易污染，常年可生产。主要菌种有腐乳毛霉（Mucer sufu）、鲁氏毛霉（M. rouxianus）、五通桥毛霉（M. wutangkial）、总状毛霉（M. recemosus）、华根霉（Rhzopus chinensis）等。另外，还有细菌型腐乳，克东腐乳是利用微球菌属（Micrococrs）中的种进行酿造的，武汉腐乳是利用枯草杆菌进行酿造的。

二、机理

腐乳的酿造过程是微生物及其所产的酶不断作用的过程。在发酵前期，主要是毛霉等生长发育期在豆乳坯周围布满菌丝，同时分泌各种酶，使豆乳中少量淀粉和蛋白质逐步分解，此时由外界来到坯上的细菌、酵母也随之繁殖，参与发酵。加入食盐、红曲、黄油等辅料，装坛后，即进行厌氧后发酵，毛霉产生的蛋白酶和细菌、酵母的发酵作用，将蛋白质分解为胨、胨、多肽和氨基酸等物质，同时生成一些有机酸、醇类、酯类，最后制成具有特殊色、香、味的腐乳成品。

三、红曲

红曲是制造腐乳不可缺少的原料，红曲霉色素是天然色素，使用安全，它是红曲霉属的一些种经固体或液体培养产生的色素。红曲霉色素包括红曲霉素（monascin）、红曲霉红素（monascornbin）、红曲霉黄素（monasscoflavin）和红斑红曲霉素（rubropurctatin）等几种色素。

红曲霉的菌丝分隔，初为白色，后逐渐变为红色或紫色，它既能产生分生孢子，也产生子囊孢子。腐生菌，嗜酸，耐高温（35℃ ~47℃），耐乙醇（4% ~10%），能利用多种碳源，本身能合成多种维生素，抗杂菌污染能力强。

任务三　豆酱

酱类制品起源于我国周朝，唐代开始传出国外。酱类包括大豆酱、蚕豆酱、面酱、豆瓣辣酱及其加工制品等。它是以豆类与面粉为原料，经蒸熟、制曲、发酵，由成熟酱醅直接配制或经研磨制得的半固态产品，呈红褐色，味鲜香浓，咸淡相宜的产品。米曲霉是酱类生产的主要微生物。

任务四　丹贝

丹贝又称天培（Tempeh），是印度尼西亚的传统大豆发酵制品。它是大豆经浸泡、脱皮、蒸煮后，接入霉菌，在37℃下于袋中发酵而成的产品。生产菌种为少孢根霉（Rhizopus oligosporus）。另外从丹贝中分离到匍枝根霉、米根霉和无根根霉。

丹贝生产的关键是控制空气平衡。处于严格厌氧条件下霉菌生长不良，甚至不生长，但在氧气过多的条件下霉菌产生孢子，形成有一种难闻气味的黑色产品。在氧气平衡时霉菌形成紧密的白色乳状菌丝，缚在豆瓣上，形成一个坚硬的糕状物，煮后带有柔和的坚果味。由于食品级的塑料袋的透气性较差，所以要用特别的带有小孔的袋子，这样可使霉菌生长良好而无孢子产生。

丹贝在发酵过程中，由于大豆子叶组织出现松弛，使大豆蛋白质、脂肪在霉菌酶体系作用下发生分解，因而丹贝具有柔软、黏滑的口感。

丹贝中含有的染料木素和大豆甙元，具有抑制癌细胞的作用。糖肽和异黄酮混合物对金黄色葡萄球菌、伤寒沙门氏菌、普通变形杆菌、枯草杆菌、大肠杆菌、蜡样芽孢杆菌等食品中常见的腐败菌和致病菌有抑制作用。此外，少孢根霉在丹贝的发酵过程中还可以分泌丰富的 SOD。

任务五　柠檬酸

柠檬酸(Citric acid)是生物体主要代谢产物之一，主要存在水果中，以未成熟的水果含量较多。柠檬酸是食品、医药、化工等领域应用最广泛的有机酸之一。

柠檬酸发酵可利用的微生物很多。主要有黑曲霉(Asp. niger)、文氏曲霉(Asp. wentii)、泡盛曲霉(Asp. awamoti)、宇佐美曲霉(Asp. usamii)、淡黄青霉(Penicillium)、梨形毛霉(Mucor piriforms)、普通黑粉霉(Ustulinavulgaris)、绿色木霉(Trichlderma viride)，以及解脂假丝酵母等等。最广泛采用的是黑曲霉(Asp. niger)、文氏曲霉(Asp. wentii)和解脂假丝酵母等菌种。

柠檬酸工业化生产有三种发酵方法:浅盘发酵、固态发酵和液体深层发酵。一般采用深层发酵法生产。固态发酵是以薯干粉、淀粉粕以及含淀粉的农副产品为原料，配好培养基后，在常压下蒸煮，冷却至接种温度，接入种曲，装入曲盘，在一定温度和湿度条件下发酵。采用固态发酵生产柠檬酸，设备简单，操作容易。液态浅盘发酵多以糖蜜为原料，其生产方法是将灭菌的培养液通过管道转入一个个发酵盘中，接入菌种，待菌体繁殖形成菌膜后添加糖液发酵。发酵时要求在发酵室内通入无菌空气。深层发酵生产柠檬酸的主体设备是发酵罐。微生物在这个密闭容器内繁殖与发酵。现多采用通用发酵罐。它的主要部件包括罐体、搅拌器、冷却装置、空气分布装置、消泡器、轴封及其他附属装置。除通用式发酵罐外，还可采用带升式发酵罐、塔式发酵罐和喷射自吸式发酵罐等。

项目四　微生物菌体食品

任务一　螺旋藻

螺旋藻属于蓝藻门，它们与细菌一样细胞核外无核膜，无有丝分裂器，细胞壁也与细菌相似，由多黏复合物构成，并含有二氨基庚二酸，G^-。螺旋藻外观为青绿色，显微镜观测成螺旋状。它是由许多细胞组成的螺旋状盘曲的不分枝的丝状体。可进行光合作用。生长温度为25℃ ~36℃，最适 pH 为 9 ~11，在这样的环境条件下，其他许多生物都难以生存，而螺旋藻却能迅速生长繁殖。

螺旋藻蛋白质的含量在60%左右，由 18 种氨基酸组成，含有丰富的维生素及微量元素，具有很高的保健功效，可以增强人体细胞的免疫功能，从而提高我们身体的免疫能力和抗病能力，与琼珍灵芝搭配食用，可以调节血糖，对糖尿病病情的稳定有显著效果。螺旋藻营养丰富，是碱性食品，能给人体补充营养又可改变酸性体质，调整新陈代谢活动。大部分胃病患者均属胃酸过多，导致胃炎、胃溃疡等疾病，螺旋藻内含有很高的植物性蛋白质以及丰富的叶绿素、β 胡萝卜素等，这些营养物质对胃酸中和及胃肠道黏膜修复、再生和正常分泌功能极为有效，特别适用于肠胃患者。缺铁性贫血是非常普遍的一个现象，而螺旋藻含有极为丰富的铁质和叶绿素，这些营养元素可以有效改善人体贫血的状况。

知识拓展

螺旋藻是目前地球上人类已知的营养成分最丰富、均衡的生物，在地球已经存在有35亿年历史，细胞壁很薄，人体消化吸收率达90%以上，是个超级营养库。最早使用螺旋藻作为食物的是在16世纪墨西哥的阿兹特克人，根据荷南·科尔蒂斯的士兵的描述，当时他们从德斯科科湖采摘螺旋藻及作为薄饼售卖。阿兹特克人称呼它为“特脆特拉脱儿”，意思是石头的排泄物。螺旋藻于20世纪60年代由法国科学家所发现，于70年代开始大规模生产作为食物应用。

任务二　食用菌

食用菌是可以食用的一类大型真菌，主要有蘑菇、木耳、银耳等。食用菌营养丰富，味道鲜美。还有一些食用菌含有的真菌多糖具有增强机体免疫功能和抗癌作用。

食用菌在分类上属于真菌门的子囊菌亚门和担子菌亚门。我国常见的食用菌属于子囊菌的有地菇科、马鞍菌科和盘菌科。属于担子菌的有木耳科、银耳科、口蘑科、侧耳科等26个科。据统计我国食用菌约有350种。最主要的有木耳属的黑木耳、银耳属的银耳、猴头菌属的猴头、伞菌属的双孢蘑菇、小苞脚菇属的草菇、香菇属的香菇侧耳属的平菇。

上世纪80年代初期以来，食用菌栽培作为一项投资小、周期短、见效快的致富好项目在中国得以迅猛发展，食用菌产品曾一度供不应求，卖价不菲。食用菌产业是一项集经济效益、生态效益和社会效益于一体的短平快农村经济发展项目，食用菌又是一类有机、营养、保健的绿色食品。发展食用菌产业符合人们消费增长和农业可持续发展的需要，是农民快速致富的有效途径。有些国家还建成了年产鲜菇千吨以上的菇厂，还发展了既供观赏又供食品的家庭种菇和用菌丝体液体发酵生产食品添加剂的技术。21世纪食用菌将发展成为人类主要的蛋白质食品之一。2005年中国食用菌的总产量达1200万吨，居世界第一。据中国食用菌商务网调查统计，2010年中国食用菌的总产量达2000万吨，占世界的70%。食用菌的生产通常采用农业栽培法和液体深层发酵法。由全禾菌业、九发集团等单位开发的食用菌液体菌种生产和工厂化栽培技术，大大提升了中国食用菌生产水平。食用菌产业已成为中国种植业中的一项重要产业，国内市场潜力巨大。因此，对国内市场要加大宣传力度及产业整合。

思考题

1. 乳酸菌按生化性状可分为哪几属？
2. 纳豆发酵生产菌种是什么？纳豆制品有哪些保健功能？
3. 单细胞蛋白质有哪些优点和用途？
4. 酵母在面包生产中起什么作用？
5. 酱油生产中有哪几种微生物？它们各起什么作用？
6. 食醋生产中有哪些微生物？各起什么作用？
7. 简述谷氨酸发酵的菌种、原理。

学习情境十　微生物与食品变质

◆基础理论和知识

1. 微生物在食品中的消长规律和特点；
2. 微生物引起食品腐败变质的基本原理、内在因素和外界条件。

◆基本技能及要求

1. 了解食品中常见的细菌的种类及它们的主要生物学特性；
2. 认识各种食品变质的症状，分析每种食品变质的原因和微生物区系组成；
3. 掌握微生物污染食品的途径及其控制措施。

◆学习重点

1. 微生物引起食品腐败变质的原理与环境条件；
2. 食品变质的症状、判断及引起变质的微生物类群。

◆学习难点

食品变质的症状、判断及引起变质的微生物类群。

◆导入案例

自先秦以来，人们就非常注意饮食与卫生、饮食与健康的关系，形成了进步的饮食观。孔子对饮食就很有讲究，他提出了“食不厌精，脍不厌细”的饮食要求，并主张十多个“不食”。其文曰:食而，鱼馁而肉败，不食。色恶，不食。恶臭，不食。失饪，不食。不时，不食。割不正，不食。不得其酱，不食。肉虽多，不使胜食气。唯酒无量，不及乱。沽酒市脯不食。不撤姜食，不多食……祭肉不出三日。出三日，不食之矣。

从孔子所说的“不食”看，大部分符合卫生标准，依然是今日应循的饮食原则。如，“馁”“败”是指饭受热而变质、变臭，鱼腐烂变质为“馁”，肉腐变质为“败”，腐败变质的食品，对人体危害极大。

◆讨论

1. 我们日常生活中有哪些微生物引起的食品腐败变质的例子?
2. 我们用什么方法防止食品的腐败变质?

项目一　微生物引起的食品变质原因

食品腐败变质指食品受外界有害因素的污染后，造成其他化学性质或物理性质发生变化，使食品的营养价值或商品价值降低或失去。其中，由微生物引起蛋白质类食品发生的变质称为腐败;由微生物引起糖类食品发生的变质称为发酵;由微生物引起脂肪类食品发生的变质称为酸败。微生物引起食品变质的原因包括食品内部因和外界环境因素两方面原因，下面将做简要介绍。

任务一　食品内部因素的影响

食品内部因素主要指食品本身固有的因素，如营养成分、pH、渗透压、水活性、、氧化还原电位、食品结构以及所含抗微生物成分等。

一、营养成分

粮、油、水果、蔬菜、肉、乳、蛋、鱼、虾、调味品、糖果等各类食品中，除含有一定量的水分外，还含有蛋白质(如豆类、肉类、乳类、鱼虾类)、碳水化合物类(如木薯淀粉、马铃薯淀粉、玉米淀粉等)、脂肪、无机盐和维生素等营养物质，是微生物良好的培养基，微生物污染食品后很容易迅速生长繁殖，造成食物营养成分降解，强度丧失，质量劣化，导致霉变。

不同的食品中，各营养成分比例不同，各种不同的微生物类群也不同。因为不同微生物分解各类营养物的能力不同，如肉、鱼等富含蛋白质的食品，容易受到蛋白质分解能力很强的变形杆菌、青霉等微生物的污染而发生腐败;米饭等含糖较高的食品易受到曲霉属、根霉属、乳酸菌、啤酒酵母等对碳水化合物分解能力较强的微生物的污染而变质;而脂肪含量较高的食品，易受到黄曲霉和假单胞杆菌等分解脂肪能力很强的微生物的污染而发生酸败变质。

二、pH 值

每种食品都有其 pH 值，根据 pH 值范围特点，可将食物分为酸性食品和非酸性食品。一般 pH >4.5 者属于非酸性食品;pH <4.5 者属于酸性食品。动物性食品 pH 一般在 5 – 7 之间，蔬

菜 pH 在 5 - 6 之间，它们一般属非酸性食品。水果 pH 一般在 2 - 5 之间，为酸性食品。

大多细菌适于生长在 pH7.0 左右，酵母菌和霉菌生长的 pH 值较宽，非酸性食品适于大多数细菌及酵母菌、霉菌生长。细菌生长下限一般在 4.5 左右，当食品 pH 值在 5.5 之下，腐败细菌已基本受到抑制，但大肠杆菌等能继续生长。个别耐酸细菌能在 3.3 - 4.0 以下生长，如乳杆菌属、链球菌、醋酸杆菌等。酸性食品的腐败变质主要是酵母菌和霉菌的生长，酵母菌适宜的 pH 值是 4.0 - 5.8，霉菌生长适宜在 pH 值 3.8 - 6.0。但是食品被微生物分解会引起食品 pH 值的改变，如食品中以糖类等为主，细菌分解后往往由于产生有机酸而使 pH 值下降。如以蛋白质为主，则可能产氨而使 pH 值升高。在混合型食品中，由于微生物利用基质成分的顺序性差异，而 pH 值会出现先降后升或先升后降的波动情况。

表 10 - 1　不同食品原料的 pH 值

动物食品	蔬菜食品	水果
牛肉 5.1 ~ 6.2	卷心菜 5.4 ~ 6.0	苹果 2.9 ~ 3.3
羊肉 5.4 ~ 6.7	花椰菜 5.6	香蕉 4.5 ~ 5.7
猪肉 5.3 ~ 6.9	芹菜 5.7 ~ 6.0	柿子 4.6
鸡肉 6.2 ~ 6.4	茄子 4.5	葡萄 3.4 ~ 4.5
鱼肉 6.6 ~ 6.8	莴苣 6.0	柠檬 1.8 ~ 2.0
蟹肉 7.0	洋葱 5.3 ~ 5.8	橘子 3.6 ~ 4.3
小虾肉 6.8 ~ 7.0	番茄 4.2 ~ 4.3	西瓜 5.2 ~ 5.6
牛乳 6.5 ~ 6.7	萝卜 5.2 ~ 5.5	

三、渗透压

食品的渗透压同样是影响微生物生长繁殖的一个重要因素。各种微生物对于渗透压的适应性很不相同。绝大多数微生物能在低渗透压的食品中生长，也有少数微生物嗜好在高渗环境生长繁殖，这些微生物主要包括霉菌、酵母菌和少数种类的细菌能耐受高渗透压，如异常汉逊氏酵母（Hansenula anomala）、鲁氏糖酵母（Saccharomyces rouxii）、膜毕赤氏酵母（Pichia membranaefaciens）等能耐受高糖，常引起糖浆、果酱、果汁等高糖食品的变质；霉菌中比较突出的代表是灰绿曲霉（Aspergillus glaucus）、青霉属（Penicillium）、芽枝霉属（Cladosporium）、卵孢霉（Oospora）、串孢霉（Catenularia）等；还有能在高渗食品上生长的酵母菌，如蜂蜜酵母，异常汉逊氏酵母。形成不同渗透压的物质主要是食盐和糖，各种微生物因耐受食盐和糖的程度不同可分为嗜盐微生物、耐盐微生物和耐糖微生物。

根据它们对高渗透压的适应性不同，可以分为以下几类：①高度嗜盐细菌，最适宜于含 20% ~ 30% 食盐的食品中生长，菌落产生色素，如盐杆菌（Halobacterium）。②中等嗜盐细菌，适宜于含 5% ~ 10% 食盐的食品中生长，如腌肉弧菌（Vibrio costicolus）。③低等嗜盐细菌，最适宜于含 2% ~ 5% 食盐的食品中生长。如假单孢菌属（Pseudomonas）、弧菌属（Vibrio）中的一些菌种。④耐糖细菌，能在高糖食品中生长，如肠膜状明串珠菌（Leuctonostoc mesenteroides）。

四、水分活度

食品都含有一定量水分，以结合水和游离水两种状态存在。通常含水分多的食品，微生物容易生长，但这主要取决于食品中的水分活度(aw)的大小，因为微生物只能利用游离水。不同类群微生物生长的最低 aw 有较大差异，即使是属于同一类群的菌种，它们生长的最低 aw 也有差异。细菌、酵母菌、霉菌比较起来，当 aw 接近 0.9 时，绝大多数细菌生长能力已经很弱；当 aw 低于 0.9 时，细菌几乎不能生长。其次是酵母菌，当 aw 降到 0.88 时，生长受到严重影响，而绝大多数霉菌还能生长，因为大多数霉菌的 aw 值为 0.80。生长 aw 最低的微生物应该是少数耐渗透压酵母、嗜盐性细菌和干性细菌。

某些因素条件下，微生物能适应的 aw 值的幅度会有所变化，温度是影响微生物生长最低 aw 值的一个重要因素。在最适温度时，霉菌孢子出芽最低 aw 值可以低于非最适温度时生长的最低 aw 值。有氧与无氧环境，对微生物生长的 aw 也有影响，如金黄色葡萄球菌在无氧环境下，它生长最低 aw 是 0.90；在有氧环境中的最低生长 aw 为 0.86，若霉菌在高度缺氧环境中，即使处于最适 aw 值环境也不能生长。最适 pH 值环境中，微生物生长的最低 aw 值可以稍偏低一些，有害物质存在也会影响微生物生长要求的 aw，如环境中有二氧化碳存在，有些微生物能适应的 aw 范围就会缩小。

任务二　食品外部环境因素的影响

食品外环境因素是指食品所处的环境如温度、气体、湿度等与食品上微生物的生长繁殖关系极为密切，因此这些环境因素也直接地影响食品腐败变质的速度和程度。

一、食品所处环境的温度

根据微生物生长的适宜温度，可分为嗜热微生物、嗜冷微生物和嗜温微生物三大生理类群，每一类微生物都具有其最适温度范围，一般它们所共同适应生长的温度范围在 25℃～30℃之间。当环境为低温时，会明显抑制微生物的生长和代谢速率，因而会减缓由微生物引起的腐败变质。人们利用冰箱低温保藏食品即是利用这一原理。但低温下微生物一般并不死亡，只是代谢活性较低而已，因此食品在低温下长期保存。因为嗜冷微生物的存在，仍有缓慢腐败变质的可能，低温下生长的细菌多为革兰氏阴性芽孢杆菌，如假单孢菌属、无色杆菌属、黄色杆菌属、产碱杆菌属、弧菌属、气杆菌属、变形杆菌属、赛氏杆菌属、色杆菌属；其他革兰氏阳性细菌有小球菌属、乳杆菌属、小杆菌属、链球菌属、棒状杆菌属、八叠球菌属、短杆菌属、芽孢杆菌属、梭状芽孢杆菌属；低温食品中出现的酵母有假丝酵母属、圆酵母属、隐球酵母属、酵母属等；霉菌有青霉属、芽枝霉属、念珠霉属、毛霉属、葡萄孢霉属等。低温微生物新陈代谢活动较缓慢，从而引起的食品变质过程也比较长。45℃以上能够生长的微生物主要是嗜热微生物及一些嗜温微生物的某些种。食品处于高温环境时，引起食品变质微生物主要是嗜热细菌，其变质时间比嗜温菌要短。嗜热细菌污染食品，则引起食品腐败的速度要比中温性细菌快 7～14 倍。如果温度在适宜生长温度以下时，则微生物的生长会随着温度的提高而加快，食品的腐败变质随之会加快。如果温度超出适宜范围但未超过其忍耐限度时，微生物生长速率反而会减慢，食品的腐败变质速率也会减慢。

二、食品环境中的气体

食品环境中如有充足的氧时，有利于好氧性微生物的生长，而厌氧性微生物只能生长在食品内部缺氧之处。由于好氧性微生物的生长速率较厌氧性微生物快得多，因此引起的食品腐败变质也较厌氧性微生物快得多。如在环境中含有较高浓度(如10%)的 CO_2，则可明显抑制好氧性细菌和霉菌的生长，从而防止食品尤其是水果和蔬菜的腐败变。O_3，N_2 等都有相类似的作用而可延长食品的保存期。

与食品有关的，并且必须在有氧的环境中才能生长的微生物有霉菌、产膜酵母、醋酸杆菌属、无色杆菌属、黄杆菌属、短杆菌属中的部分菌种，芽孢杆菌属、八叠球菌属和小球菌属中的大部分菌种；仅需少量氧即能生长的微生物有乳杆菌属和链球菌属；在有氧和缺氧的环境中都能生长的微生物有大多数的酵母，细菌中的葡萄球菌属、埃希氏菌属、变形杆菌属、沙门氏菌属、志贺菌属等肠道杆菌以及芽孢杆菌属中的部分菌种；缺氧条件下，才能生长的微生物有梭状芽孢菌属、拟杆菌属等。

但有时会出现好氧性微生物或兼性厌氧微生物在食品中生长的同时，也会出现有厌氧性或微需氧性微生物的生长。例如，肉类食品中有枯草杆菌生长时，也有梭状芽孢杆菌生长；乳制品中有肠杆菌生长时，也伴有乳酸菌的生长。

各种类群微生物中的许多菌种，它们在需氧或厌氧的程度上是不一致的。霉菌都必须在有氧的环境中才能生长，但各种霉菌所需氧量也有较大差异。

总之，食品处于有氧的环境中，霉菌、酵母菌和细菌都有可能引起变质，而且速度较快；在缺氧环境中引起变质的速度较缓慢。

三、食品所处的湿度

相对湿度标志空气湿度大小。所谓相对湿度是指在一定时间内，某处空气中所含水气量与该气温下饱和水汽量的百分比。每种微生物只能有一定的 aw 值范围，这受到空气湿度的影响。高湿度下，一方面可增加食品的含水量，提高水的活度，有利于微生物的生长与繁殖；另一方面有利于微生物的生命活动，不会因湿度太小而使细胞体失水干缩。因此减小食品所处环境和食品本身的湿度是防止食品腐败、尤其是霉变的一个重要措施。长江流域的黄梅季节，粮食及物品容易发霉，就因为空气湿度太大(一般相对湿度在70%以上)的缘故。

环境的相对湿度对食品的 aw 值和食品表面微生物的生长非常重要。食品贮藏在能从空气中吸收水分的相对湿度值条件下，否则食品自身表面和表面下 aw 值就会增加，微生物就能生长。低 aw 值的食品放置在高相对湿度值的环境中时，食品就会吸收水分知道建立新的平衡为止。同样，高相对湿度值的食品在低 aw 值的环境中时就会失去水分。

选择合适的贮藏条件时，还应该考虑相对湿度值与温度之间的关系。因为温度越高，相对湿度值越低；反之亦然。

表面易遭到霉菌、酵母和某些细菌腐败食品，应该在低相对湿度值条件下进行贮藏，包装不好的肉在冰箱中往往在深度腐烂之前容易遭到许多表面腐败菌的危害，因为其相对湿度值较大，通气性相对较好。虽然通过贮藏在低相对湿度条件下可能会减少表面腐败的机会，但在此条件下食品自身将会失去水分而造成品质变差。因此，在选择合适的相对湿度值条件下，应同时考虑微生物在食品表面生长的条件，以及保持理想食品品质条件等问题。这样，可以在不低于相对湿度值同时防止表面腐败。

四、气体

食品在加工、包装、运输、贮藏中，由于食品接触的环境中含气体的情况不一样，因而引起食品变质微生物类群和食品变质过程也不一样。

与食品有关的，有氧条件下才能生存的微生物有霉菌、产膜酵母、醋酸杆菌属、无色杆菌属、黄杆菌属、短杆菌属中部分菌种，芽孢杆菌属、八叠球菌属和小球菌属中的大部分菌种；仅需少量氧即能生长的微生物有乳杆菌属和链球菌属；在有氧和缺氧环境中都能生长的微生物有大多数的酵母，细菌中的葡萄球菌属、埃希氏菌属、变形杆菌属、沙门菌属、志贺菌属等肠道杆菌以及芽孢杆菌属中的部分菌种；在缺氧环境下才能生长的微生物有梭状芽孢菌属、拟杆菌属等。

有时会出现好气菌和兼性厌氧菌在食品中生长的同时也出现厌氧菌或微需氧菌的生长。例如，肉类食品中有枯草杆菌生长时，也有梭状芽孢菌生长；乳制品中有肠杆菌生长时，也伴有乳酸菌的生长。

各种类群的生物中许多菌种，它们在需氧或厌氧的程度上很不一致。霉菌都必须在有氧的环境中才能生长，但各种霉菌的需氧量也有很大差别。总之，食品处于有氧环境之下比较快变质，缺氧环境中变质速度较缓慢。

微生物引起的食品变质除了与氧气密切相关，还与其他气体相关。如食品贮存于高浓度 CO_2 的环境中，可防止需氧菌和霉菌引起食品变质。但乳酸菌和酵母对 CO_2 的耐受力较大，在大气中含 10% 的 CO_2 可抑制水果蔬菜贮藏中的霉变。果汁瓶装时，冲入的 CO_2 对酵母抑制作用较差。酿造制曲过程中，由于曲霉的呼吸作用可产生 CO_2，若 CO_2 不迅速扩散而在曲周围环境中积累至一定浓度时，将会显著抑制曲霉繁殖及酶的产生，故制曲时必须适当进行通风。把臭氧加入某些食品保藏的空间，可有效延长食品保藏期。

知识拓展

公元前 2000 年左右，在美洲不达米亚等地，已经有了用太阳晒干食物的做法，公元前年 3000 - 1200 年间，犹太人用死海里的盐保藏各种食物。中国人和希腊人也学会了用盐腌鱼的方法。以后进而用糖、醋腌制食品。大约公元前 1000 年时，古罗马人学会了用天然冰雪来保藏龙虾等食物。那时的人们虽然不知道是什么原因引起的食品腐败变质，但是已经开始积极主动的采取一些抑制微生物生长的措施来保藏食品了。

项目二　微生物引起的各类食品的腐败变质

任务一　果蔬的变质

一、微生物污染果蔬的途径

植物病原微生物在果蔬收获前从根、茎、叶、花、果实等途径侵入，果蔬表面可污染大量的腐生微生物或人畜病原微生物。此外，在果蔬收获后的包装、运输、贮藏中也会有微生物的侵入。

二、微生物引起果蔬的变质

果蔬表皮组织受到昆虫的刺伤或其他机械损伤，微生物因此侵入并进行繁殖，从而促使果蔬溃烂变质。

水果上最先繁殖的是酵母或霉菌，引起蔬菜变质的微生物主要是霉菌、酵母和少数细菌。果蔬变质时，霉菌在果蔬表皮损伤处首先繁殖，或者在果蔬表面有污染物黏着的场所繁殖。也有一开始就由细菌或酵母所引起的，或者霉菌和细菌同时进行繁殖。霉菌成侵入果蔬组织后，细胞壁的纤维束首先被破坏，进而分解果蔬细胞内的果胶、蛋白质、淀粉、有机酸、糖类称为小分子物质，继而细菌开始繁殖。果蔬经微生物作用后常出现深色斑点，组织变松软、凹陷、变形，逐渐生成浆液状乃至水液状，并产生各种不同的酸味、醇香味和芳香味等。

三、引起果蔬变质的主要微生物

引起新鲜果蔬变质的原因微生物很多(表10－2)，但主要是霉菌。

表10－2　　引起集中果蔬变质的主要微生物

微生物种类	感染的果蔬	微生物种类	感染的果蔬
白边青霉(Pen. italicum)	柑橘	柑橘茎点霉(Phoma citricarpa)	柑橘
绿青霉(Pen. digitatum)	柑橘	扩张青霉(Pen. expansum)	苹果、番薯
马铃薯疫霉(Phytophthora infostans)	马铃薯、番茄、茄子	番薯黑疤病菌(Caratostomella fimbriata)	番薯
茄绵疫霉(Phytophthora melongenae)	番茄、茄子	梨轮纹病菌(Physalospora piricola)	梨
交链孢霉(Alternaria)	柑橘、苹果	黑曲霉(Asp. niger)	苹果、柑橘
镰孢霉属(Fusarium)	苹果、番茄、黄瓜、甜瓜、洋葱、马铃薯	苹果褐腐病核盘霉(Sclertinia fructigena)	桃、樱桃
灰绿葡萄孢霉(Botrytis cinerae)	梨、葡萄、苹果、草莓、甘蓝	苹果枯腐病霉(Glomerella cingulata)	葡萄、梨、苹果
		蓖麻疫霉(Phytophthora parasitica)	番茄
		洋葱炭疽病毛盘孢霉(Colletotrichum circinans)	洋葱
番茄交链孢霉(Alternaria tomato)	番茄	黑根霉(Rhizopus nigricans)	桃、梨、番茄、草莓、番薯
串珠镰刀霉(Fusarium moniliforme)	香蕉	软腐病欧氏杆菌(Erwinia aroid)	马铃薯、洋葱
柑橘褐色蒂腐病菌(Diaporthe citri)	柑橘	胡萝卜软腐病欧氏杆菌(Erwinia carotovora)	胡萝卜、白菜、番茄

知识拓展

坏水果还能吃吗?

有人吃水果时，碰到水果烂了一部分，就把烂掉的部分剜掉再吃，以为这样就健康了。实际上，即使把水果烂掉的部分削去，剩余的部分也已通过果汁传入了细菌的代谢物，甚至还有微生物开始繁殖，其中的霉菌可导致人体细胞突变而致癌。因此，水果烂一点就不能吃了。

一般来说，产生烂果子的原因可以分成三类，一是由于磕磕碰碰引起的机械性损伤，二是由于低温引起的冻伤，三是由于微生物侵染引起的霉变腐烂。这三类损伤中，机械性损伤是最常见的。例如苹果碰伤后会变软，那些变软的部位，只是因为碰撞，细胞发生了破损，细胞质溢出。只要在碰撞后短时间内吃完(别让细菌在上面安居乐业)，这类“坏果子”并不会影响我们的健康。低温冻伤典型的就是香蕉，香蕉放进冰箱后会变黑，那是因为在低温条件下，香蕉中的超氧化物歧化酶(SOD)的活性会急剧降低，不能及时清除细胞内自由基。越积越多的自由基会改变细胞膜的通透性，破坏细胞结构。另一方面，低温还能提高果胶酯酶的活性，这种酶会分解不溶性的果胶，从而使香蕉组织变软。冻伤香蕉和碰伤苹果的结局是相似的——都是细胞的破损。如果没有细菌去抢占这些破损细胞的营养，这类坏果子也是相对安全的，虽然味道和口感会差一点。不过，由于细胞的破损，氨基酸、糖和无机盐等从细胞中流出来，给致病微生物、特别是真菌的生长提供了良好条件，一旦被霉菌侵占，问题就不同了。与碰伤、冻伤不同的是，霉变的水果，垃圾桶才是它们最好的归宿。在水果上出现频率最高的就是以扩展青霉为代表的青霉，它们产生的展青霉素会产生引起动物的胃肠道功能紊乱、肾脏水肿等病症，并且因为展青霉素与细胞膜的结合过程是不可逆的，也就是说它们会赖在细胞上不走，会对细胞造成长期的损伤，甚至有致癌的可能。

任务二　粮食的变质

一、微生物污染粮食的途径

粮食中微生物的来源有两个方面，一是与产粮食的植物长期相处的关系中形成微生物，以种子的分泌物为生；二是粮食收获、运输、粗加工、贮藏等过程中，存在于土壤、空气中的微生物通过各种途径侵染粮食。在粮食微生物中，以霉菌危害严重，并能产生200多种对人和动物有害的真菌毒素。

二、微生物引起粮食的变质

湿度过大，温度过高，氧气充足的时候，污染微生物就能迅速生长繁殖，致使谷类及其制品发霉或腐败变质并产生真菌毒素。

粮食发热是霉变的重要原因。粮食堆内生物体的呼吸作用，产生热量积聚。粮食为休眠种子，自身的呼吸作用是非常微弱的，而粮食中的微生物呼吸强度远远大于粮食的呼吸强度。另外，粮堆里的害虫过多，由于害虫的活动，散发的热量和水汽，也会影响粮食发热。粮食及微生物呼吸作用的强弱与粮食本身的水分和温度有着密切关系。粮食水分少、温度低时，或粮食水分虽多而温度很低时，粮堆内呼吸作用弱；反之，粮堆内的呼吸作用就强。呼吸作用旺盛，放出大量的热，才会引起发热，粮食发热后进一步引起微生物活动的加强，粮粒上会出现各种颜色的菌斑。霉变后的颜色变得深暗，胚部霉变更明显。

粮食霉变后可通过色泽、外观、气味、滋味等感官项目进行综合评价。如谷类颗粒饱满程度，是否完整均匀;质地的紧密与疏松程度;本身固有的正常色泽;有无霉变、结块等异常现象;鼻嗅和口尝则能够体会到谷物的气味和滋味是否正常，有无异臭、异味等。

三、粮食变质主要微生物

引起粮食霉变的主要微生物是霉菌，各种粮食上的微生物以曲霉属(Asperqillus)、青霉属(Penicillium)和镰孢霉属(Fusarium)的一些种为主。霉菌的主要毒害作用在于能产生真菌毒素，目前已知的霉菌中，有200多种可以产生200余种真菌毒素。

任务三　乳的变质

乳是最接近于完善的食品，其中含蛋白质、脂肪、矿物质、维生素和多种天然营养成分，是微生物良好的天然培养基。各种不同的乳虽然成分有差异，但含营养成分的量都很丰富，这种营养组成的食物，非常适于多种类群的微生物的传播。

牛乳是乳制品加工的主要原料，以下以牛乳为例，说明微生物污染原料乳的途径、微生物引起原料乳的变质和原料乳变质的主要微生物。

一、微生物污染乳的途径

原料乳中微生物主要来源于牛体内部的微生物、挤乳过程中污染的微生物和挤乳后污染的微生物三个方面。

1.牛体内部的微生物

即牛体乳腺患病或污染有菌体、泌乳牛患有某种全身性传染病或局部感染而使病原体通过泌乳排到乳中造成污染。健康的乳牛，其乳房内的乳汁中总是有一定的细菌存在，一般含量500－1000个/ml。其中，以微球菌属和链球菌属最为常见，其他如乳杆菌属等细菌也可出现。乳房内的细菌主要存在于乳头管及其分枝。在乳腺组织内为无菌或含有很少的细菌。乳头前端因容易被外界细菌侵入，挤乳操作时微生物随乳汁排出，进入到鲜乳，因此最先挤出的牛乳中细菌较多。例如:有时乳液中可含有103～104cuf(菌落形成单位)/ml的细菌;但在后来挤出的乳液中细菌数会显著下降至102～103cfu/ml。因此，挤乳时要求弃去最先挤出的少数乳液。

乳房炎是牧场乳牛一种常见的多发病，引起乳房炎的病原微生物有金黄色葡萄球菌(Staphyloccocus aureus Rosenbach)、酿脓链球菌(Streptococcus pyogenes)、停乳链球菌(S. dysgalactiae)以及大肠杆菌等。

2.挤乳过程中污染的微生物

挤乳过程最易污染微生物，其污染源主要包括乳牛体表、空气、挤乳器具、冷却设备、冷罐车以及工作人员等与挤乳相关的环境与设备。

(1)牛体的污染

乳牛的皮肤、毛，特别是腹部、乳房、尾部是细菌附着严重的部位。不洁的牛体附着的尘埃其1g中的细菌数可达几亿到几十亿。1g湿牛粪含菌数为几十万到几亿,1g干牛粪可达几亿到100亿。

(2)空气的污染

牛舍内通风不良，以及不注意清扫的牛舍，会由地面、牛粪、褥草、饲料等飞起尘埃，这种浮游空气中的尘埃小微粒中，附着有大量细菌。不新鲜的空气中含有这种尘埃多，则空气会成为严重的污染源。

(3)蝇的污染

蝇有时会成为最大的污染源，每一只蝇身上附着的细菌数平均可达 100 万，高者可达 600 万以上，而且蝇的繁殖极快，极易传播细菌。

(4)挤奶桶的污染

挤奶桶是第一个与牛乳直接接触的容器，如果平时对挤奶桶的洗涤消毒杀菌不严格，则对牛乳的污染是很严重的。

(5)挤奶员以及挤奶器的污染

由于挤奶员的手不清洁或衣服不清洁，或者挤奶员咳嗽等，会很大程度地污染牛乳，至于随地吐痰，就更危险了。

如果是用机器挤奶，则平时对于挤奶器的洗涤消毒杀菌必须严格注意，进行得不彻底者，污染程度会极为严重。

3. 挤乳后的细菌污染

挤奶后污染细菌的机会仍然很多，例如过滤器、冷却器、奶桶、贮乳槽、奶槽车等都与牛乳直接接触，故对这些设备和管路的清洗消毒杀菌是非常重要的。此外，车间内外的环境卫生条件，如空气、蝇、人员的卫生状况，都对牛乳污染程度有密切关系。

清洁卫生管理良好的奶牛场的牛乳中，细菌数可以控制在很少的程度，一般为 500 个/ml，特好者可保持在 200 个/ml 以下，稍微不注意者可达 1000 个/ml，普通者为 1500 ~ 5000 个/ml，如果不注意清洁卫生则每毫升乳中细菌数可达几百万。而且细菌在乳中于常温状态下繁殖极快，挤奶后迅速进行冷却是非常必要的。

二、鲜乳在室温贮藏中微生物的变化

1. 微生物的生长特点和乳特性的变化规律

(1)抑制期

在新鲜的乳液中，均含有多种抗菌性物质，如溶菌酶、过氧化物酶、乳铁蛋白、免疫球蛋白、细菌素等，它们对乳中存在的微生物具有杀菌或抑制作用。这期间若温度较低，抑菌时间持续较长;若温度升高，则杀菌或抑菌作用增强，但持续时间较短。因此，鲜乳放置室温环境中，一定时间内不会变质，此期为抑制期。

(2)乳链球菌期

鲜乳中抗菌物质的减少或消失后，存在乳中的微生物迅速繁殖，可明显看到细菌的繁殖占绝对优势。这些细菌主要是乳链球菌、乳酸杆菌、大肠杆菌和一些蛋白质分解菌等，尤其以乳链球菌生长繁殖最为旺盛，使乳糖分解产生乳酸或产气，使乳液的酸度不断升高，也由此抑制了其他腐败菌的活动，当酸度升高到一定限值(pH4.6)时，乳链球菌本身就会受到抑制，这时期就有乳液凝块出现。

(3)乳杆菌期

当乳酸链球菌在乳液中繁殖，乳液的 pH 值下降到 6 左右时，乳酸杆菌的活力逐渐增强。当 pH 值继续下降至 4.6 以下时，由于乳酸杆菌耐酸力较强，尚能继续繁殖并产酸，在这个阶段乳液中可出现大量凝乳块，并有大量乳清析出。

(4)真菌期

当酸度继续下降至 pH3.0～3.5 时，绝大多数微生物被抑制甚至死亡，仅酵母和霉菌尚能适应高酸性环境，并能利用乳酸及其他一些有机酸。由于酸的被利用，乳液的酸度会逐渐降低，pH 不断上升，甚至接近中性。此时优势菌为酵母菌和霉菌。

(5)胨化菌期

经上述几个阶段的微生物活动后，乳液中乳糖已大量被消耗，残余的量已很少，乳中蛋白质和脂肪尚有较多的量存在。因此，适宜分解蛋白质的细菌和能分解脂肪的细菌在其中生长繁殖，这样乳凝块被消化(液化)乳液的 pH 值逐步提高，向碱性转化，并有腐败的臭味产生。这时的腐败菌大部分属于芽孢杆菌、假单孢菌、产碱杆菌以及变形杆菌属中一些细菌。

2. 鲜乳在冷藏中微生物的变化

用冷藏保存时，鲜乳中的嗜温微生物在低温环境被抑制，而嗜冷微生物却能够增殖，但生长速度缓慢，一般代时在几个小时到几十个小时。鲜乳在0℃的低温贮藏下，一周内细菌数减少;一周后，细菌数将渐渐增加。常见的细菌有假单孢菌属、产碱杆菌属、无色杆菌属、黄杆菌属、肠杆菌属、芽孢杆菌属、微球菌属、嗜冷性酵母菌(Psychrotrophic yeasts)等。据报道，当鲜乳中的细菌数达到 4×10^{8}cfu/mL 以上，置于2℃，经5～7天的冷藏后，乳液加热即发生凝固，酒精试验呈阳性;同时由于脂肪的分解而产生的游离脂肪酸含量增加;因蛋白质分解，乳液中氨基酸的含量也会增多。这时的乳液风味已经发生恶变，因此，未经消毒的鲜乳在0℃冷藏，也会发生变质，一般有效期在10天以内。

三、微生物引起乳的变质

微生物引起乳变质后，感官常出现变稠乳、凝乳、乳清、产气乳、苦味乳、霉乳等一系列变质现象。在发生霉乳后，因霉菌种类不同、生长阶段不同，变质乳呈现的颜色也不一样，常见有白色、黄色、红色、黑褐色等。

(一)乳变质的主要微生物

鲜乳中污染微生物比较多，有细菌、酵母菌、霉菌，还有病毒、噬菌体、放线菌等多种类群，但常见的是细菌，有的是腐败菌，有些是病原菌，分述如下。

1. 原料乳中的腐败微生物

(1)细菌

①乳酸细菌是一类革兰氏阳性、兼性厌氧或厌氧菌，能使碳水化合物分解而产生乳酸的细菌。

a. 乳链球菌。普遍存在于乳液中，几乎所有的生鲜乳中均能够检测出。适宜生长温度30℃～35℃。本菌能分解葡萄糖、果糖、半乳糖、乳糖和麦芽糖等而产生乳酸和其他少量有机酸，如醋酸和丙酸等。

b. 乳酪链球菌。适宜生长温度30℃。此菌不仅能分解乳糖产酸，而且具有较强的蛋白分解能力。

c. 粪链球菌。生长的最低温度为10℃，最高为45℃。这种菌在人类和温血动物的肠道内都有存在，能分解葡萄糖、蔗糖、乳糖、果糖、半乳糖和麦芽糖等，在乳液中繁殖产酸，产酸能力不强。

d. 液化链球菌。一般特征与乳链球菌相似，产酸量较低，但有强烈的水解蛋白的能力。

乳中酪蛋白被水解后可产生苦味。

e. 嗜热链球菌。能分解乳糖、蔗糖、果糖产酸，最低生长温度为 20℃，最高生长温度 50℃，适宜生长的温度 40℃ ~45℃。

f. 乳球菌属。常见的是乳酸乳球菌乳酸亚种和乳酸乳球菌乳脂亚种。

g. 明串珠菌属。如柠檬酸明串珠菌(Leu. Citrovorum)常见于牛乳中，并能利用柠檬酸产生双乙酰等芳香化合物。

h. 乳杆菌属。如是酸乳杆菌是动物肠道内存在的有益菌，生长最适温度为 35℃ ~38℃，可使半乳糖、乳糖、麦芽糖、甘露糖等发酵而产酸，具有较强的耐酸能力。其他还有保加利亚乳杆菌、干酪乳杆菌、瑞士乳杆菌、乳酸乳杆菌、发酵乳杆菌、植物乳杆菌和短乳杆菌等。

②大肠菌群。包括埃希氏菌、克雷伯菌、肠杆菌、柠檬酸杆菌、变形杆菌和沙雷氏菌等属。典型特征是发酵乳糖产酸产气。

③假单孢菌属。如荧光假单孢菌(Pseudomonas fluorescens)、生黑假单孢菌(Ps. nigrifaciens)、臭味假单孢菌(Ps. mephitica)等是革兰阴性菌，需氧性，适宜生长温度 20℃ ~30℃，且能在低的温度中生长繁殖。常使鲜乳变黑色、黄褐色等，并产生异常臭味。

④产碱杆菌属。有些细菌能使牛乳中所含的有机盐(柠檬酸盐)分解形成碳酸盐，从而使牛乳转变为碱性。如粪产碱杆菌(Alcaligenes faecalis)，为革兰阴性需氧性菌。这种菌在人及动物肠道内存在，随粪便使牛乳污染。该菌适宜的生长温度在 25℃ ~37℃。稠乳产碱杆菌(Al. viscolactis)常在水中存在，为革兰阴性，需氧性。适宜生长温度 10℃ ~26℃，除能产碱外，还使牛乳变黏稠。

⑤黄杆菌属。嗜冷性强，能在较低温度下生长，4℃以下可引起鲜牛乳变黏以及酸败，是引起原料乳和其他冷藏食品酸败的主要细菌之一。

⑥芽孢杆菌属。能形成芽孢的革兰氏阴性杆菌。乳中常见的有枯草芽孢杆菌、地衣芽孢杆菌、蜡样芽孢杆菌等。它们适宜生长温度在 24℃ ~40℃，最高生长温度可达 65℃。这类细菌广泛存在于牛舍周围和饲料中，它们的芽孢体对热和干燥具有较大的抵抗力。有许多菌种能产生两种不同的酶，一种是凝乳酶、另一种是蛋白酶。

⑦梭菌属。能形成芽孢的革兰阳性梭状杆菌。乳中常见的有生孢梭菌(Cl. Sporogenes)、产气荚膜梭菌、肉毒梭菌、丁酸梭菌、酪丁酸梭菌、拜氏梭菌(Cl. Beijerinckii)等。耐热性强，可在 60℃下耐受 20min，少数菌体可耐受 63℃、30min。

(2)酵母菌

常在挤乳过程中污染，在鲜乳中酵母菌的数量一般在 10 ~1000cfu/mL。其中脆壁酵母(Saccharomyces fragilis)、球拟酵母(Torulopsis)、中间假丝酵母(Candida intermedia)、汉逊德巴利酵母(Debaryomyce hansenii)、马氏克鲁维酵母(Kluyveromyces marxianus)、乳酸克鲁维酵母(K. lactis)等较为常见。常导致牛乳产生凝块、分层、产气、表面产膜或赋予酵母味等不良风味。

(3)霉菌

鲜乳中常见的霉菌有曲霉、青霉、镰刀霉等，如乳酪青霉(Pen. casei)、灰绿青霉、灰绿曲霉(Asp. glaucus)、黑曲霉、黄曲霉等。青霉属和毛霉属等较少。

2. 原料乳中的病原菌

(1)葡萄球菌属。其中金黄色葡萄球菌(S. aureus)、间型葡萄球菌(S. intermedius)、产色葡萄球菌(S. chromogenes)、克氏葡萄球菌(S. cohnii)、表皮葡萄球菌(S. epidermidis)、溶血葡萄球菌(S. haemolyticus)、腐生葡萄球菌(S. saprophyticus)、松鼠葡萄球菌(S. sciuri)等均能产生毒素，引起食物中毒。

(2)链球菌属。其中化脓性链球菌(S. pyogenes)、无乳链球菌(S. agalactiae)、乳房链球菌(S. uberis)是乳牛乳房炎的重要病原菌，并能产生溶血素，常引起人类食物中毒。

(3)弯曲杆菌属。主要空肠弯曲菌(C. jejuni)，能引起腹泻性食物中毒。

(4)耶尔森菌属。其中小肠结膜炎耶尔森菌(Y. enterocolitica)和假结核耶尔森菌(Y. pseudotuberculosis)已确定是食源性病原体。

(5)沙门菌属。种类繁多，主要引起牛的沙门菌病。

(6)大肠杆菌。主要是致泻大肠埃希菌。

(7)李斯特菌属。主要是单核细胞增生李斯特菌。

(8)分枝杆菌属。均为革兰阳性菌，不产生鞭毛，无芽孢和荚膜，平直或稍弯曲，有时有分枝或呈丝状杆菌，专性好氧菌。主要有牛型分枝杆菌(Mycobacterium bovis)，引起牛结核病，其他动物和人也能传染，副结核分枝杆菌(M. paratuberculosis)是引起反刍动物慢性传染病的病原体，乳牛易感染。

(9)布鲁菌属。主要是流产布鲁杆菌(Brucella abortus)，引起人和动物的布鲁菌病。

(10)芽孢杆菌属。主要由蜡样芽孢杆菌、炭疽芽孢杆菌等。蜡样芽孢杆菌能引起人和其他动物食物中毒，炭疽芽孢杆菌能引起人和其他动物患炭疽病。

(11)梭菌属。如产气荚膜梭菌和肉毒梭菌能引起人和其他动物食物中毒。

(12)沙雷菌属。主要有黏质沙雷菌(Ser. Plymuthica)等引起牛乳变红色变质的主要原因菌，也能引起牛乳房炎。

(13)变形杆菌属。如奇异变形杆菌(Proteus mirabilis)是环境中易污染的细菌之一。

(14)病毒。常见的有轮状病毒、肝炎病毒、骨髓灰质炎病毒和多种细菌的噬菌体，如大肠杆菌、乳酸菌、沙门菌、志贺菌、霍乱弧菌、葡萄球菌、白喉杆菌、结核杆菌等的噬菌体。

知识拓展

牛奶加热可辨是否变质

对于状态、气味正常的牛奶，可以加热到60℃－70℃，如果发现有分层、絮凝等现象，说明微生物活动已经比较严重，不能再喝。此外还有一个辨别牛奶质量的小方法：把包装好的牛奶用力摇匀，快速地倒进一个透明玻璃杯子里面，然后把它慢慢地倒出来。玻璃杯壁会均匀地形成一层较浓的白色挂壁膜，可能有少量气泡，但没有任何团块。用少量清水轻轻一晃，杯壁上的白色均匀地变浅；再涮一次，就重归透明干净状态，那就是原料比较新鲜的牛奶。如果玻璃杯上的奶膜不均匀，甚至有肉眼可见的小团粒、小块，或者用水不能完全涮干净，甚至需要动手去擦洗，那就是奶的新鲜度和原料质量偏低。

任务四　肉的变质

一、微生物污染肉的途径

牲畜宰前在生活期间，除消化道、上呼吸道和身体表面，总存在一定类群和一定数量的微生物。被病原微生物感染的牲畜，其组织内部也有病原微生物存在的可能性。而健康牲畜的组织内部通常是无微生物存在的。在牲畜宰杀的过程中，放血、脱毛、剥皮、去内脏、分隔都有可能造成污染，如宰后的肉体表面就会有微生物附着，如不及时使肉体表面干燥、冷却和及时冷藏，因刚宰割后的肉体温度较高（37℃ ~39℃），正适宜细菌的繁殖，就会造成细菌数的增多，容易使肉体变质。

二、微生物引起的肉变质

宰杀时，胴体表面会污染一定数量的微生物，但肉体组织内部还是无菌的，只是若能及时通风干燥，使肉表面的肌膜和浆液凝固形成一层薄膜，能固定和阻止微生物侵入内部，可延缓肉的变质。若保藏在0℃左右的环境，可存放10天左右不变质，当保藏温度上升和湿度增高时，表面的微生物就能迅速繁殖，其中尤以细菌的活力最显著，能沿着结缔组织、血管周围或骨与肌肉之间的间隙和骨髓蔓延到组织的深部。最后，使整个肉体变质。加之，宰后的肉体有酶的存在，使肉组织产生自溶作用，使蛋白质分解产生蛋白胨和氨基酸等，这就更有利于细菌的生长了。

肉体表面繁殖的微生物，多属于需氧性的微生物，在表面繁殖后，肉组织即发生变质，并逐渐向组织内部延伸，这时以一些兼性厌氧微生物为主要活动的类群，如枯草杆菌、粪链球菌、大肠杆菌、普通变形杆菌等，继续向深部伸展，随即又出现较多的厌氧性微生物，主要为梭状芽孢杆菌，例如，魏氏杆菌，它是在厌氧的芽孢菌中厌氧性不太强的菌种，因此常在肉类中首先繁殖，促使形成更加严格的厌氧的条件后，一些严格厌氧的细菌，如水肿梭状芽孢杆菌（Clostridium oedematiens）、生芽孢梭状芽杆菌（Cl. Sporogenes）、双酶梭状芽孢杆菌（Cl. Bifermentans）、溶组织梭状芽孢杆菌（Cl. histolyticum）等就会开始繁殖起来。

肉类变质时，只会出现发黏和变色现象。

三、肉变质的主要微生物

肉变质的主要微生物分为腐生微生物和病原微生物两类。腐生微生物中的细菌主要有假单孢菌属、变色杆菌属、产碱杆菌属、微球菌属、链球菌属、黄杆菌属、八叠球菌属、明串珠菌属、变形杆菌属、埃希杆菌属、芽孢杆菌属、梭状芽孢杆菌属等。酵母和霉菌主要有假丝酵母属、丝孢酵母属（Trichos poron）、芽枝霉属、卵孢霉菌、枝霉属（Thamidium）、毛霉属、青霉属、交链孢霉属、念珠霉属等。

病原微生物中，一些菌仅对某些牲畜有致病作用，但对人体无致病作用；另一些则对人畜都有致病作用，例如，结核杆菌、布氏杆菌、炭疽杆菌、沙门菌等。例如，人型结核杆菌和牛型结核杆菌都能使人和牲畜致病，但禽（鸡结核杆菌）不会使人致病。

知识拓展

如何判断肉变质了

颜色变深。新鲜的肉表面有光泽，颜色均匀。新鲜猪肉呈红色或淡红色，脂肪洁白；牛羊肉颜色鲜红，脂肪大多颜色发黄；禽肉皮肤为淡黄色或白色，肉色白里泛红。随着贮藏时间的延长，由于肌红蛋白被氧化，肉色会逐渐变成红褐色。颜色越深，可食性越低。而当肉表面变成灰色或灰绿色，甚至出现白色或黑色斑点时，说明微生物已经产生大量的代谢产物，这样的肉就不能吃。

表面发黏。新鲜的肉外表微干或湿润，切面稍潮湿，用手摸有油质感，但不发黏；而肉变质以后，由于微生物大量滋生，会产生黏性代谢产物，造成肉表面发黏，甚至出现拉丝。肉类表面发黏是腐败开始的标志。

弹性变差。新鲜的肉质地紧密且富有弹性，用手指按压凹陷后会立即复原。贮藏越久，肉里面的蛋白质、脂肪会逐渐被酶分解，肌纤维被破坏，所以肉会失去原有的弹性，手指压后的凹陷不仅不能完全复原，甚至会留有痕迹。

有异味。新鲜肉具有正常的肉味，而变质的肉由于蛋白质、脂肪、碳水化合物被微生物分解，会产生各种胺类、吲哚、酸类、酮类等物质，因而有明显的腐臭味。

任务五　鱼的变质

一、微生物污染鱼的途径

捕获鱼的水域卫生状况是影响鱼微生物污染的关键，除水源之外，每个加工过程如剥皮、去内脏、分割、包装都会造成微生物污染。健康的鱼组织内部是无菌的，微生物在鱼体存在的地方主要是外层黏膜、鱼鳃和鱼体肠内。淡水鱼或温水鱼含较多的嗜温性革兰阳性菌，海水鱼则含大量革兰阴性菌。

二、微生物引起鱼的变质

淡水鱼和海水鱼都有较高水平的蛋白质及其他含氮化合物（如游离氨基酸、氨和三甲胺等一些挥发性氨基氮，肌酸、牛磺酸、尿酸、肌肽和组氨酸等），不含碳水化合物，而含脂肪量因品种各异。鱼变质时腐败微生物首先利用的是简单化合物，并产生各种挥发性的臭味成分，如氧化三甲胺、肌酸、牛磺酸、尿酸、肌肽和其他氨基酸等，这些物质再在腐败微生物的降解下产生三甲胺、氨、组胺、硫化氢、吲哚和其他化合物。蛋白质降解可产生组胺、尸胺、腐胺、联胺等恶臭类物质，这些物质也是评定鱼类腐败的重要指标。

新鲜鱼的鱼体僵硬（未经冷冻冷藏的鱼）。鱼体僵硬一般出现在鱼死亡后4～5h之内，以后慢慢缓解以致消失。处于僵硬期的鱼，较为新鲜，鳞片紧附体表，通常无脱落现象。眼球饱满，不下陷。鳃呈红色或暗红色。腹部不膨胀。体表光洁，肌肉有弹性，指压时形成的凹陷迅速平复。切开时，肉与骨骼不易分离。无异常臭味。

变质鱼在鱼体僵硬期（死亡后4～5h内）不僵硬。鱼身颜色暗淡，光泽度较差。鳃多呈淡红、暗红至紫色。眼珠不饱满，稍见下凹。鳞片有脱落，用手指撕动也能脱落，易于剥离，油腻黏手，腹部轻度膨胀。肌肉弹性减弱，指压留下的凹陷平复很慢。鱼体有腥臭味。鱼肉与骨骼易分离。

三、鱼变质的主要微生物

新鲜鱼变质的主要微生物有细菌、酵母菌和霉菌，其中细菌主要有不动细菌、产气单胞菌、产碱杆菌、芽孢杆菌、棒杆菌、肠道菌、大肠杆菌、黄杆菌、乳酸菌、李斯特菌、微杆菌、假单孢菌、嗜冷菌、弧菌等。

加食盐腌制后，可抑制大部分细菌的生长。当食盐浓度在10%以上时，一般细菌生长即受到抑制。但球菌比杆菌更具有耐盐力，即使在食盐浓度15%时，多数球菌还能发育。为此，20%以上的食盐浓度才能抑制腐败菌的生长和鱼体本身酶的作用。但高盐腌制的鱼体还因嗜盐菌在鱼体上的生长繁殖而发生变质。常见的嗜盐菌有玫瑰色微球菌(Micrococcus roseus)、盐沼沙雷菌(Serratia salinaria)、盐地假单孢菌(Pseudomonas salinaria)、红皮假单孢菌(Ps. cutirubra)、盐杆菌属(Halobacterium)等。这些细菌在含盐18%－25%的基质中能良好生长；在10%以上的食盐的基质上尚能生长；低于10%的食盐时就不能生长。由这些嗜盐菌引起的变质现象在高温潮湿的地区更易发生。

任务六　禽肉的变质

一、微生物污染禽肉的途径

微生物污染禽肉的主要途径有家禽饲养的微生物存在状况、宰前感染微生物、宰后污染微生物以及宰后贮藏条件状况等因素影响。与肉类的微生物感染途径较为相似。

二、微生物引起的禽肉变质

优质鲜鸡肉眼球饱满，皮肤有光泽，角膜有光泽，因鸡的品种不同呈淡黄、淡红、灰白或灰黑等色，外表微干或微湿润，不黏手；指压后凹陷立即恢复。劣质鲜鸡肉眼球干缩凹陷，角膜混浊污秽，体表无光泽，肌肉灰色。若眼睛紧闭，多数为病死鸡。变质的冻光鸡解冻后，皮肤发黏无弹性，肉切面无光泽、发绿、发臭等。

三、禽肉变质的主要微生物

家禽中主要有沙门菌、沙雷菌、葡萄球菌、不动杆菌、产气单胞菌、产碱杆菌、芽孢杆菌、梭状芽孢杆菌、棒状杆菌、肠球菌、肠杆菌、埃希菌、黄杆菌、李斯特菌、微杆菌、微球菌、假单孢菌、变形菌、嗜冷杆菌、粪链球菌等。

家禽中主要霉菌有白地霉、毛霉、青霉、根霉等。

家禽中主要的酵母菌有假丝酵母、隐球酵母、毕赤酵母、红酵母、球拟酵母、丝孢酵母等。

任务七　蛋的变质

一、微生物污染禽蛋的途径

新鲜蛋内部一般是无菌的，蛋壳表面有一层胶状物质，蛋壳内层有一层薄膜，再加上蛋壳结构都能有效阻碍外界微生物的侵入。蛋白内含溶菌、杀菌、抑菌的物质，它们对一些病原菌，如葡萄球菌、链球菌、伤寒杆菌、炭疽杆菌等均有一定杀菌作用。在37℃时，杀菌作用可保持6h。温度低时可保持较长时间。蛋刚排出体外，pH值为7.4～7.6，室温下贮存一周内

pH 会上升至 9.4 ~ 9.5，不适于一般微生物的生长，这是鲜蛋保持无菌的重要因素。但禽卵巢内带菌也会使禽蛋污染，导致鲜蛋带菌。

二、微生物引起禽蛋的变质

鲜蛋贮藏过程中很容易变质，温度是重要因素，气温高的时候，蛋内微生物就会迅速繁殖；低温贮藏中，蛋内仅限于嗜冷性微生物能生长。如果环境中湿度高，利于蛋壳表面的霉菌繁殖，菌丝向壳内蔓延生长，同时也有利于壳外细菌繁殖，并向壳内侵入。

蛋白微生物和酶类的作用首先使蛋白分解，由此蛋黄不能固定而发生移位，其后，蛋黄膜被分解，使蛋黄散乱，蛋黄和蛋白逐渐相混在一起，这是变质的初期现象，一般称它为“散黄蛋”。散黄蛋进一步被微生物分解，产生硫化氢、氨、胺等蛋白质分解产物，蛋液即变成灰绿色的稀薄液，并伴有大量恶臭气体，这种变质现象称为“泻黄蛋”。有时蛋液变质不产生硫化氢而产生酸臭，蛋液不呈绿色或黑色而呈红色，蛋液变稠成浆状或有凝块出现，这是微生物分解糖形成的酸败现象，即“酸败蛋”。外界霉菌进入蛋内，在蛋壳内壁和蛋白膜上生长繁殖，形成大小不同的深色斑点，斑点处造成蛋液黏着，称为“黏壳蛋”。

三、禽蛋变质主要微生物

引起鲜蛋腐败变质的非病原微生物主要有枯草杆菌、变形杆菌、大肠杆菌、产碱粪杆菌、荧光杆菌、绿脓杆菌和某些球菌等细菌，芽枝霉、分枝孢霉、毛霉、枝霉、葡萄孢霉、交链孢霉和青霉菌等霉菌。

引起鲜蛋变质的病原菌中禽类沙门菌最多，因为禽类最易感染沙门菌而进入卵巢，使鲜蛋内污染了沙门菌；金黄色葡萄球菌和变形杆菌等与食物中毒有关的病原菌在蛋中也占有较高的检出率。

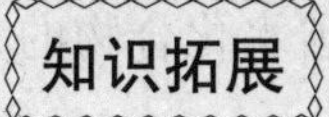

蛋在不被打坏前如何判断是否变质

(1)外观法。鸡蛋外壳有一层白霜粉末，手擦时不很光滑，外形完整的是鲜蛋，外壳光滑发暗、不完整、有裂痕的鸡蛋就不新鲜了。

(2)手摇法。购鸡蛋时用拇指、食指和中指捏住鸡蛋摇晃，没有声音的是鲜蛋，手摇时发出晃当的声音的是坏蛋。声音越大，坏得越厉害。

(3)照射法。用手轻轻握住鸡蛋，对光观察，好鸡蛋蛋白清晰，呈半透明状态，一头有小空室，坏蛋呈灰暗色，空室较大。有的鸡蛋有污斑，这就是陈旧或变质的表现。

(4)漂浮法。取水 500 克，加入食盐 500 克，溶化后，把鸡蛋放入水中，横沉在水底的是新鲜鸡蛋，大头在上、小头在下稍漂的，是鸡蛋放的时间过长，完全漂在水上的，是坏蛋。

任务八　罐藏食品的变质

一、罐藏食品中微生物的来源

罐头食品杀菌一般采用低温杀菌和高温杀菌两种。低温杀菌的温度为 80℃ ~ 100℃，高温杀菌温度为105℃~121℃。因此，该杀菌法主要是杀死致病菌、腐败菌、中毒菌，并使原来内酶失活，并非杀灭一切细菌。罐藏食品热杀菌的主要对象是抑制在无氧或微需氧条件下，仍然活动而且产生孢子厌氧性细菌，这类细菌芽孢抗热力很强。因此，罐藏食品中的微生物可来自原料、各加工过程、杀菌处理条件及其杀菌后残留的微生物、密闭不良而遭受来自外界的微生物污染等诸多方面。

二、微生物引起罐藏食品的变质

正常罐藏制品因罐内保持一定的真空度，假如罐内有微生物繁殖而引起变质，金属罐头内就会产生气体，使罐头膨胀，即罐盖或罐底向外鼓起，或两面鼓起，称“胀罐”。如产生的气体有硫化氢，则可与铁罐的铁质发生反应，出现黑变。胀罐随程度不同有不同名称，如“撞罐”，即外形正常，如将罐头抛落撞击，能使一端底盖突出，如施以压力底盖可恢复正常；“弹胀”，罐头一端或两端稍稍外突，如施加压力可保持一段时间的向内凹入正常状态；“软胀”，罐头的两端底盖都向外突出，如施加压力可以使其正常，但是除去压力立即恢复外凸状态；“硬胀”，这是发展到严重阶段加压力也不能使其两端盖平坦凹入。产气太多时，可造成罐头爆裂。另一种情况是微生物已经在罐内繁殖，食品已变质，但并不出现罐头的膨胀现象，外观可与正常罐一样，称为“平酸”，主要由产酸不产气的微生物引起。

少数情况下，若容器密闭不良，漏气，则可出现霉变质现象。

罐藏食品变质还可以由罐头铁皮的腐蚀、罐头内容物的变色、罐头食品本身异味等造成。

三、罐藏食品变质的主要微生物

微生物引起罐藏食品产气型变质，主要是因微生物作用于碳水化合物的食品而产生。引起产气型变质的主要是细菌和酵母菌。细菌引起的绝大多数见于pH值4.5以上的罐藏食品，并以具有芽孢的细菌最为常见。酵母的产气大多发生在pH值4.6以下的罐藏食品；微生物引起的非产气型变质(平酸)，绝大多数见于pH值4.5以上的，并含碳水化合物的食品，以芽孢细菌为主要原因菌。霉菌的出现，常是罐头密闭不良造成，不常见。

1.细菌

(1)需氧性芽孢杆菌

需氧性芽孢杆菌大部分菌种适宜在生长温度28℃~40℃，有些能在55℃甚至更高的温度中生长，即为嗜热菌。这类菌能产芽孢，对热抵抗力很强，其中有些菌是兼性厌氧菌，能在罐藏食品内生长。这类菌是罐藏食品变质的重要原因菌。根据其适宜生长温度不同，可分为嗜热性的需氧性芽孢杆菌和嗜温性需氧芽孢杆菌。

①嗜热性的需氧芽孢杆菌

具有代表性的两个菌种是嗜热脂肪芽孢杆菌和凝结芽孢杆菌。嗜热脂肪芽孢杆菌最低生长温度为28℃，最适生长温度50℃~65℃，最高生长温度70℃~77℃，兼性厌氧，在pH值6.8~7.2的培养基中良好生长，当pH值接近5时，不能生长，pH值5以上的罐藏食品才会有此菌污染。凝结芽孢杆菌的最低生长温度为28℃，最适生长温度为33℃~45℃，最高生长温度为55℃~60℃，兼性厌氧，能在pH4.5以下的酸性罐藏食品中生长。这两种嗜热芽孢杆菌对热的抵抗力比其他需氧性的嗜热芽孢菌都大，是引起罐头平盖酸败的典型菌种。特别嗜热脂肪芽孢杆菌，抗热力远远超过肉毒梭状芽孢杆菌，所以它是罐藏食品重要的有害细菌。因此，某些罐藏食品杀菌温度的确定，是以能够杀死肉毒梭状芽孢杆菌作为重要依据，结果导致嗜热脂肪芽孢杆菌残存。

②嗜温性的需氧芽孢杆菌

能在25℃ ~37℃的温度下良好生长，具有耐热性，种类较多。其中，枯草芽孢杆菌、巨大芽孢杆菌和蜡样芽孢杆菌等具有分解蛋白质的能力，糖分分解后绝大多数产酸不产气，常出现于低酸性（pH5.3 以上）的水产、肉、豆类、谷类等制品罐头中，可引起平盖酸败类型的变质。含糖少的罐藏食品因蛋白质不断分解，造成氨的积累，使罐头内容物的 pH 值上升而呈碱性反应。多黏芽孢杆菌（Bacillus plymyxa）和浸麻芽孢杆菌（Bac. marcerans）分解糖后既能产酸又能产气，造成罐头膨胀。地衣芽孢杆菌、蜡状芽孢杆菌、枯草芽孢杆菌以及嗜热芽孢杆菌中的凝结芽孢杆菌等，有时在含糖和硝酸盐的制品中生长繁殖时，产生 CO_2、NO、N_2，使罐头膨胀。

（2）厌氧性梭状芽孢杆菌

能引起罐藏食品变质的厌氧性梭状芽孢杆菌较少，常见的种有：嗜热解糖梭状芽孢杆菌、致黑梭状芽孢杆菌（Clostridium nigrificans）、酪酸梭状芽孢杆菌（Clostridium butyricum）、巴氏固氮梭状芽孢杆菌（Cl. Pasteurianum）、产气荚膜菌（Cl. Perfringens）、生芽孢梭状芽孢杆菌（Cl. Sporogenes）、肉毒梭状芽孢杆菌等。

（3）非芽孢杆菌

非芽孢杆菌抗热力差，一般在罐藏食品高温灭菌是会被全部杀死，但由于罐头密封不良，可被微生物污染；或杀菌温度较低，时间较短，也会出现这类细菌的残存。

引起罐藏食品变质的非芽孢细菌非常少，常见的有液化链球菌、粪链球菌、嗜热链球菌等球菌，大肠杆菌、产气肠杆菌、乳酸杆菌、明串珠菌以及变形杆菌属中的一些菌种，它们都能分解糖类产酸，有的能产气，常在 pH 值4.5 以上的罐藏食品中生长，为兼性厌氧菌或微需氧菌。变质现象是内容物的酸臭和罐头膨胀。若在 pH 值为4.5 以下的罐藏食品中生长，主要是耐酸性强的菌种，如乳酸杆菌、明串珠菌等。

2. 酵母菌

酵母菌不耐热，易被100℃以下的温度杀死。酵母菌的污染主要是由于杀菌不充分或密闭不良，外界酵母进入罐内引起。酵母引起的变质绝大多数发生在酸度较低、含糖量较高的罐藏食品，如水果、果酱、果汁饮料、含糖饮料、酸乳饮料、低酸甜炼乳等制品中。引起变质的酵母主要有球拟酵母属（Torulopsis）、假丝酵母属、啤酒酵母等。酵母的繁殖使糖发酵，引起内容物风味的改变，产生汁液混浊或沉淀，并产生 CO_2 气体造成罐头的膨胀或爆裂。

3. 霉菌

霉菌为好氧菌，适宜pH 偏酸性，一般经杀菌后正常罐头中是不会有霉菌生存的，若霉菌出现，或因密闭不良遭到污染，或由于杀菌不彻底，导致霉菌残存；或罐内真空度不够，有空气存在。霉菌易引起酸度高（pH 值4.5 以下）的罐藏食品变质，果酱、糖水水果类罐头，酸度低的炼乳罐头也可发生。

项目三　食品变质带来的危害

一、食源性疾病与食物中毒

食源性疾病一词由传统的“食物中毒”逐渐发展变化而来。WHO 的定义是指通过设施进入人体内的各种致病因子引起的、通常具有感染性质或中毒性质的一类疾病的总称。

食物中毒是指摄入含有有毒有害物质的食品，或把有毒有害物质当作食品摄入后所出现的非传染性急性、亚急性疾病。

食源性疾病的病原物可概括为生物性、化学性和物理性病原物三大类。具体包括细菌及其毒素、真菌及其毒素、病毒、蓝海藻、绿海藻、鞭毛藻及其毒素、原生动物、绦虫、吸虫、线虫、节肢动物、鱼类、贝类及其他动物的天然毒素、植物毒素和有毒化学物等。

二、细菌引起的食源性疾病

也称为细菌性食物中毒(bacterial food poisoning)，是指由于进食被细菌或其细菌病毒污染的食物引起的急性中毒性疾病。其中前者称感染性食物中毒，常见病原体有沙门菌、致病性大肠杆菌、李斯特菌、耶尔森菌、空肠弯曲菌、志贺菌、副溶血性弧菌等；后者称毒素性食物中毒，主要进食由葡萄球菌、肉毒梭菌、产气荚膜梭状杆菌、蜡状芽孢杆菌等细菌毒素食物所致。

细菌性食物中毒的特征：

一是集体用膳单位常呈暴发病，发病者与食入同一污染食物有明显关系；

二是潜伏期短，突然发病，临床上表现以急性胃肠炎为主；

三是病程较短，多数在 2 ~ 3 日内自愈；

四是多发生于夏秋季，临床表现为胃肠型食物中毒和神经型食物中毒。

1. 细菌引起的食物感染

(1) 沙门菌及沙门菌病

①生物学特性

沙门菌属(Salmonella)属于肠杆菌科(Enterobacteriaceae)，大小为(0.7 ~ 1.5) μm × (2.0 ~ 5.0) μm，无芽孢，无荚膜的革兰阴性直杆菌。除鸡沙门菌外都有周身鞭毛，能运动，多数有菌毛。

营养要求不高，在普通琼脂培养上即能生长，在液体培养基中呈均匀混浊。在 SS 琼脂和麦康凯琼脂培养基上 35℃ ~ 37℃ 24h 可形成直径约 2 ~ 4mm 的透明或半透明菌落，对胆盐耐受。产 H_2S 者在 SS 琼脂上形成黑色中心。

②沙门菌的分类原则

以菌体抗原为基础分成群，每群再以鞭毛抗原双相抗原及表面抗原的不同分成不同的型。沙门菌就是以菌体、菌落特征、生化反应特性和血清型进行鉴定的。目前将沙门菌属分为 7 个亚属和近 3000 多个血清型，常见的沙门菌均属于第 1 亚属，我国已有 200 多个血清型，其中曾引起食物中毒的有鼠伤寒沙门菌、猪霍乱沙门菌、肠炎沙门菌、甲型副伤寒沙门菌、乙型副伤寒沙门菌等。鼠伤寒沙门菌是最常见的血清型，在国外占 27.7% ~ 80%，其次为肠炎沙门菌，约占10.3%。

③传播途径

鸡是沙门菌最大的储存宿主，鸡群爆发死亡率高达80%。多存在于以下食品中：猪肉、牛肉、鱼肉、香肠、火腿、禽、蛋、奶制品、豆制品、虾、田鸡腿、椰子、酱油、沙拉调料、蛋糕粉、奶油夹心甜点、花生露、橙汁、可可和巧克力等。此外，在水、土壤、昆虫、工厂和厨房设施表面、动物粪便以及食品的加工、运输、出售过程往往有该类细菌的污染。沙门菌在粪便、土壤、食品、水中可存活5个月至两年之久。

④流行病学特点

a. 引起中毒的食品主要为动物性食品。

b. 食物中沙门菌来源于家畜、家禽的生前感染和屠宰后的污染。

c. 多发于夏、秋季节，即5～10月。

⑤临床表现

前驱症状有寒战、头晕、头痛、食欲不振。主要症状为恶心、呕吐、腹痛、腹泻及高热。

⑥预防措施

a. 防止食品被沙门菌污染。

b. 低温储存食品，控制沙门菌繁殖。

c. 在食用前彻底加热以杀灭病原菌。

(2)致泻大肠埃希菌及其食物感染

埃希菌属大多数菌株能发酵乳糖产酸或产酸产气，产生吲哚，甲基红试验阳性，V－P试验阴性，不分解尿素，不利用枸橼酸盐、肌醇、苯丙氨酸脱氨和葡萄糖酸盐等试验均为阴性。一般不产生硫化氢。大肠埃希菌某些菌株动力可为阴性，迟缓发酵或不发酵乳糖，不产气，通常称为大肠埃希菌不活泼株，易与志贺菌相混淆。

大肠埃希菌某些血清型可引起人类腹泻，如致病性大肠埃希菌、产肠毒素大肠埃希菌、侵袭性大肠埃希菌、肠出血性大肠埃希菌和肠聚集性大肠埃希菌。血清型的区别主要靠血清学试验、肠毒素检测等。

①生物学特性

致泻性大肠埃希菌分类属于肠杆菌科(Enterobacteriaceae)，归属于埃希菌属(Escherichia)，其中大肠埃希菌(E. coli)是该属的模式菌种，大小为(0.4～0.7)μm×(1.0－1.3)μm。革兰阴性短杆菌，兼性厌氧，无芽孢，多数菌种有周鞭毛。

对营养要求不高，有些菌株有多糖包膜(微荚膜)，在普通肉汤中呈混浊生长，在普通琼脂培养基上形成圆形、凸起、边缘整齐、白色、直径0.2～3.0mm的光滑型菌落。有些菌株在血琼脂平板上形成β溶血。能分解多种糖类，产酸或产酸产气。因能分解乳糖，可与沙门菌、志贺菌等区别。吲哚、甲基红、VP和柠檬酸盐实验结果分别是：＋＋－－。

②传播途径

其为肠道菌，传播途径与沙门菌相同，主要通过人、畜粪便污染土壤、水等环境以及各种食品，患病者更是主要病菌来源。

③临床表现

a. 肠致病性大肠埃希菌(EPEC)：是流行性婴儿腹泻的病原菌，多发于夏秋季节，具有高度传染性。临床常见发热、呕吐、水样或黏液便等症状，通常便中有黏液而无血。以055、

0111、0119、0126、0128、0142 血清型最常见。

b. 产肠毒素大肠埃希菌（ETEC）：是引起旅游者腹泻和发展中国家婴幼儿急性腹泻的病原菌。主要通过食入污染的食物和水而感染。临床表现主要有恶心、腹部痉挛疼痛，低热和突然发作、大量的水样便等。ETEC 可产生两种肠毒素，一种是耐热肠毒素（ST），另一种是不耐热肠毒素（LT）。最多见的血清型有 06、08、015、025、078、0115 和 0128。

c. 肠侵袭性大肠埃希菌（EIEC）：EIEC 与志贺菌相似，不发酵或缓慢发酵乳糖，发酵葡萄糖不产气，不产生赖氨酸脱羧酶，动力试验阴性。临床症状与细菌性痢疾相似，不产生肠毒素，但可侵袭结肠黏膜上皮，致使细胞损伤，形成炎症、溃疡，出现类似菌痢症状，腹泻可呈脓血便，伴发热、腹痛、里急后重感，易被误诊。常见的血清型有 012、028、029、0112、0115、0124、0136、0143、0144、0152、0164。

d. 肠出血性大肠埃希菌（EHEC）：EHEC 血清型超过 50 种，而最重要的是 0157：H7，其次为 026：H11，能产生 Vero 毒素Ⅰ型和Ⅱ型，这两种毒素能使肠黏膜充血、水肿，并能引起结肠广泛出血。本腹泻特点为起病急、一般无发热、有痉挛性腹痛，腹泻初为水样，继而为血样；肠黏膜充血、水肿。大肠埃希菌 0157：H7 可引起散发性或爆发性出血性结肠炎等症。人类感染大肠埃希菌 0157：H7 主要由于食用消毒不彻底的牛奶、肉类等而引起爆发性出血性结肠炎，有明显季节性，多发夏秋两季，7 ~ 8 月为高峰期。0157：H7 感染剂量极低，一般为 15 ~ 20个菌，潜伏期 3 ~ 10 天，病程 2 ~ 9 天。通常突然发生剧烈腹痛和水样腹泻，数天后出现出血性腹泻，可发热或不发热，少数病例可并发溶血性尿毒综合征，严重可导致死亡。

e. 肠聚集性大肠埃希菌 EaggEC：EaggEC 曾命名为肠黏附性大肠埃希菌（EAEC）。EaggEC 可引起慢性腹泻，患儿可有水样腹泻、呕吐、脱水，偶有腹痛、发热和血样便等症状，大便多为稀蛋花样或带奶瓣样，量多，严重者可出现肠麻痹和黏液血样大便。

④预防控制

同沙门菌。

（3）斯特菌及李斯特菌病

①生物学特性

绝大多数食品如肉类、蛋类、禽类、海产品、乳制品、蔬菜等都已被证实是李斯特菌的感染源。目前国际公认的李斯特菌属有七个菌种，即单核增生李斯特氏菌（*Listeria monocytogenes*），绵羊李斯特氏菌（*L. ovis*），英诺克李斯特氏菌（*L. innocua*），威氏李斯特氏菌（*L. welshimeri*），斯氏李斯特氏菌（*L. seeliger*），格氏李斯特氏菌（*L. grayi*）和莫氏李斯特氏菌（*L. murrayi*）。

单核增生李斯特氏菌是李斯特菌属的模式种，革兰氏阳性类球形杆菌，大小约为 0.4 ~ 0.5 × 0.5 ~ 2.0μm，钝圆端，直或稍弯，单个，呈 V 字型排列或成对排列，兼性厌氧，无芽孢，一般不形成荚膜，但在营养丰富的环境中可形成荚膜。在陈旧培养物中的菌体可呈丝状，变为革兰氏染色阴性，20℃ ~ 25℃时以 4 根周毛运动，37℃时只有较少的鞭毛或 1 根鞭毛。

李斯特菌适冷性强，能在 4℃ ~ 6℃冷藏条件下大量繁殖，冷冻产品中存活几周，能在 10% 甚至浓度更高的 NaCl 溶液中存活或生长。该菌对理化因素抵抗力较强，60℃ ~ 70℃经 5 ~ 20min可杀死。70% 酒精 5min，2.5% 石炭酸 20min 可杀死。该菌对青霉素、四环素、磺胺等药物敏感。

②传播途径

广泛分布于自然界，不易被冻融，能耐受较高的渗透压。主要在土壤、水、人和动物的肠道，牛奶、肉类、叶菜、发酵香肠、海产品、冰淇淋等食品加工、贮藏过程中被污染。

③临床表现

主要有两种类型：侵袭型和腹泻侵袭型。潜伏期为2~6周，病人开始常有胃肠炎的症状，最明显的表现是败血症，脑膜炎，发热，有时可引起心内膜炎。孕妇、新生儿、免疫缺陷的人为易感人群。对于孕妇可导致流产、死胎等结果，对于幸存的婴儿则易患脑膜炎，导致智力缺陷或死亡；对于免疫系统有缺陷的人易出现败血症、脑膜炎。少数轻症病人仅有流感样表现。病死率高达20%~50%。腹泻病人的潜伏期一般为8~24小时，主要症状为腹泻、腹痛、发热。

④预防控制措施

保持个人及食物卫生，避免进食高风险食物及饮品，例如小商贩的食物和饮品，未经煮熟的牛肉、猪肉、家畜肉，生蔬菜，未消毒的牛奶等。生熟食品分开储藏，避免污染。冰箱存放食品应该加热后食用。

(4)耶尔森菌及小肠结肠炎

①生物学特性

耶尔森菌属(Yersinia)属于肠杆菌科，包括鼠疫耶氏菌(Y. pestis)、小肠结膜炎耶氏菌(Y. enterocolitica)与假结核耶氏菌(Y. pseudotuberculosis)等十一个菌种，这是一类革兰阴性小杆菌。其中鼠疫耶氏菌、小肠结肠炎耶氏菌与假结核耶氏菌对人类的致病性已明确。本属细菌通常先引起啮齿动物、家畜和鸟类等动物感染，人类通过接触已感染的动物、食入污染食物或节肢动物叮咬等途径而被感染。

小肠结肠炎耶尔森菌肠杆菌科耶尔森菌属，为革兰染色阴性两级浓染的卵圆形短小杆菌或球杆菌，两头钝圆，多单个存在，有时排列成短链或成堆，有荚膜，无鞭毛，无芽孢，兼性厌氧，最适生长温度为27℃~30℃，pH为6.9-7.2。有毒菌株多呈球杆状，无毒株以杆状多见。对营养要求不高，能在麦康凯琼脂上生长，但较其他肠道杆菌生长缓慢，培养的最适宜温度为28℃，最适pH值为7，初次培养菌落为光滑型，通过传代接种后菌落可能呈粗糙型。在SS或麦康凯培养基上于25℃经24h培养，菌落细小，至48h直径才增大成0.5~3.0mm。菌落圆整，光滑，湿润，扁平或稍隆起，透明或半透明。在麦康凯琼脂上菌落淡黄色，如若微带红色，则菌落中心的红色常稍深。本菌在肉汤中生长呈均匀混浊，一般不形成荚膜。

本菌可产生耐热肠毒素，121℃、30min不被破坏，对酸碱稳定，pH1~11不失活。肠毒素产生迅速，在25℃下培养12小时，培养基上清液中即有肠毒素产生，24~48小时达高峰。肠毒素是引起腹泻的主要因素。毒力型菌株均有VW抗原(蛋白脂蛋白复合物)，为毒力的重要因子，与侵袭力有关，侵袭力可能是耶尔森菌感染肠道表现的病理基础。

②传播途径

小肠结肠炎耶尔森菌广泛分布于自然界，是能在冷藏温度下生长的少数几种肠道致病菌之一。本菌天然寄居在多种动物体内，如猪、鼠、家畜等，通过污染食物(牛奶、猪肉等)和水经粪—口途径感染或因接触染疫动物而感染，还可存在于生蔬菜、乳和乳制品、肉类、豆制品、沙拉、牡蛎、蛤和虾中。很多国家都已将该菌列为进出口食品的常规检测项目。猪的带菌率较高，在猪中该菌最易在扁桃腺中发现。

③临床症状

本病为自限性的轻型急性胃肠炎，一般表现为腹泻、发热和腹痛，粪便呈黄色水样或含黏液，带血或血便者较少见，腹泻每日3～10次，可持续1～2周，个别可长达3个月。偶可引起肠道溃疡、穿孔和腹膜炎。慢性腹泻常持续数月，甚至可拟似慢性特发性炎性肠病。发热从短期高热到持续几周的低热不等，亦为本病的突出症状。5岁以上儿童和青少年常有下腹痛，末梢血白细胞总数增加，症状极似阑尾炎。在成人中，肠炎后1～2周，有的可出现结节性红斑，常见的并发症为活动性关节炎。此外，尚有脑膜炎及败血症等临床类型。它除引起胃肠道症状外，还能引起呼吸系统、心血管系统、骨骼结缔组织等疾患，甚至可引起败血症，造成死亡。

④预防控制措施

耶尔森菌为兼性厌氧菌，能反复冷冻，在4℃下能增殖，保存在4℃～5℃冰箱内具有污染的危险性。该菌需要较高水活度，最低水活度0.95。所以，进行适当的蒸煮或巴氏灭菌，适当的食品处理以防二次污染，进行水处理，合理使用消毒剂等控制措施。

(5)空肠弯曲菌及弯曲菌病

①生物学特性

形态细长，呈弧形、螺旋形、S形或海鸥状。运动活泼，一端或两端有单鞭毛。无芽孢，无荚膜，革兰阴性。微需氧，需在5% O_2、10% CO_2 和85% N_2 的环境中生长。在36℃～37℃生长良好，但在42℃中选择性好，此温度可使粪便中其他细菌的生长受到抑制。营养要求高，用含血清的培养基培养后，在同一培养基上可出现两种菌落，一种为灰白、湿润、扁平边缘不整的蔓延生长的菌落；另一种为半透明、圆形、凸起、有光泽的细小菌落。

生化反应不活泼，不发酵糖类，氧化酶阳性，马尿酸盐水解试验阳性。

有菌体(O)抗原、热不稳定抗原和鞭毛(H)抗原。根据(O)抗原不同将空肠弯曲菌分为42个血清型。

抵抗力较弱。培养物放置冰箱中很快死亡，56℃5min即被杀死。干燥环境中仅存活3h，培养物放室温可存活2～24周。

致病性与免疫性。空肠弯曲菌引起胃肠道感染主要是该菌产生细胞毒素和一种不耐热肠毒素，后者与大肠埃希菌的LT和霍乱肠毒素有部分抗原交叉。

②临床症状

空肠弯曲菌是引起散发性细菌性肠炎最常见的菌种之一。该菌常通过污染饮食、牛奶、水源等被食入，或与动物直接接触被感染。由于空肠弯曲菌对胃酸敏感，经口食入至少104个细菌才有可能致病，该菌在小肠内繁殖，侵入肠上皮引起炎症。临床表现为痉挛性腹痛、腹泻、血便或果酱样便，量多；头痛、肌肉痛、不适、发热。通常该病自限，病程5～8d。

③传播途径

生食或烹饪不完全的肉、禽、贝、鱼。未经处理的水、奶或者被感染的宠物。

④预防措施

完全煮熟肉、禽、蛋类食品。勤洗手及与肉有接触的表面。只饮用巴氏消毒奶和处理过的水。

(6)志贺菌及志贺菌病

①生物学特性

志贺菌属是人类细菌性痢疾最常见的病原菌，通称痢疾杆菌。根据生化反应与血清学试验该属细菌分为痢疾、福氏、鲍氏和宋内志贺菌四群。CDC 分类系统(1989)将生化性状相近的 A、B、C 群归为一群，统称为 A、B、C 血清群，将鸟氨酸脱羧酶和 β－半乳糖苷酶均阳性的宋内志贺菌单列出来。我国以福氏和宋内志贺菌引起的菌痢最为常见。

a. 形态与染色：革兰阴性短小杆菌，$(2\sim3)\mu m\times(0.5\sim0.7)\mu m$，无荚膜，无芽孢，无鞭毛，有菌毛。

b. 培养特性：需氧或兼性厌氧，液体培养基中呈浑浊生长，在普通琼脂平板和 SS 培养基上形成中等大小、半透明的光滑型菌落，宋内志贺菌可形成扁平、粗糙的菌落。

c. 生化反应：志贺菌属的细菌 KIA：K/A、产气－/＋、H2S－，MIU：动力－、吲哚＋/－，尿酶－，氧化酶－，不产生赖氨酸脱羧酶，氧化酶试验阴性。

Ⅳ抗原结构：志贺菌属只有 O 抗原而无鞭毛抗原，个别菌型及新分离菌株有 K 抗原。

②传播途径

食物型传播：在蔬菜、瓜果、腌菜中能生存 1～2 周，并可在葡萄、黄瓜、凉粉、西红柿等食品上繁殖，所以食用生冷食物及不洁瓜果可引起菌痢发生。带菌的厨师和用本菌污染食品做凉拌冷食等，常可引起菌痢暴发。

水型传播：本菌科污染水源可引起暴发流行。若病人与带菌者的粪便处理不当，水源保护不好，被粪便污染的天然水、井水、自来水未经消毒饮用，常是引起菌痢暴发的根源。

日常生活接触型传播：主要通过污染的手而传播，这种生活接触是非流行季节中散发病例的主要传播途径。如桌椅、玩具、门把、公共汽车扶手等，均可被痢疾杆菌污染，若用手接触上述污染品后，即可带菌，如果马上去抓食品，或小孩有吸吮手指的习惯，就会把细菌送入口中而致病。

苍蝇传播：苍蝇有粪、食兼食的习性，极易造成食物污染，不少地区观察到痢疾的流行与苍蝇消长期一致。

③临床症状

细菌性痢疾临床上以发热、腹痛、腹泻、痢疾后重感及黏液脓血便为特征。其基本病理损害为结肠黏膜的充血、水肿、出血等渗出性炎症改变。

④预防措施

搞好食品卫生，保证饮水卫生，禁止患者或带菌者从事餐饮业和保育工作，限制大型聚餐活动。

个人卫生方面，喝开水不喝生水，最好使用压水井水，用消毒过的水洗瓜果蔬菜和碗筷及漱口；饭前便后要洗手，不要随地大便；吃熟食不吃凉拌菜，剩饭菜要加热后吃；做到生熟分开，防止苍蝇叮爬食物；最好不要参加大型聚餐活动，如婚丧娶嫁等；得病后要及时就医治疗。

(7) 副溶血性弧菌及其食物中毒

副溶血性弧菌是一种嗜盐性弧菌。常存在于近海岸海水、海产品及盐渍食品中。它是我国沿海地区最常见的食物中毒病原菌。

①生物学特性

a. 形态染色：革兰阴性菌，随培养基不同菌体形态差异较大，有卵圆形、棒状、球杆状、梨状、弧形等多种形态。两极浓染。菌体一端有单鞭毛，运动活泼。无芽孢、无荚膜。

b. 培养特性：需氧，营养要求不高，在普通培养基中加入适量 NaCl 即能生长。NaCl 最适浓度为 35g/L，在无盐培养基中不生长。本菌不耐热，不耐冷，不耐酸，对常用消毒剂抵抗力弱。生长所需 pH 为 7.0～9.5，最适 pH 为 7.7。

c. 在液体培养基表面形成菌膜。

在 35g/L NaCl 琼脂平板上呈蔓延生长，菌落边缘不整齐，凸起、光滑湿润，不透明。

在副溶血性弧菌专用选择培养基上形成 1～2.5mm，稍隆起、混浊、无黏性、绿色菌落。

在 SS 平板上不生长或长出 1～2mm 扁平无色半透明的菌落，不易挑起，挑起时呈黏丝状。

在羊血琼脂平板上，形成 2～3mm、圆形、隆起、湿润、灰白色菌落，某些菌株可形成 β 溶血或 α 溶血。

在 TCBS 琼脂上不发酵蔗糖，菌落绿色。

②临床症状

主要症状为上腹部阵发性绞痛，继而腹泻，可出现洗肉水样血水便。多数患者在腹泻后出现恶心、呕吐。

③传播途径

副溶血性弧菌食物中毒是因食入被副溶血性弧菌污染并大量繁殖的食物而引起的中毒。

副溶血性弧菌适宜在 3%～3.5% 盐水中生存，所以过去也叫嗜盐菌。这种细菌主要生长在海水和海产品中，如海鱼、海蟹、海蜇等都带有大量副溶血性弧菌。这种细菌在 10℃ 以上便可繁殖，30℃～37℃ 时 8～9 分钟就能繁殖一代。食物被污染后，只需要 4～5 个小时就能达到使人中毒的数量。夏秋季海水温度高，海产品的带菌率相当高，因此是发生副溶血性弧菌食物中毒的高峰季节，尤其在沿海地区发生更多。

副溶血性弧菌食物中毒，多是因吃海产品，或海产鱼虾没有烧熟煮透，半生不熟的鱼虾在适宜的温度下放置较长时间；或生熟食物放在一起互相污染，甚至使用没有经过消毒的制作和盛放过海产品的刀、板、容器等，也可以被污染上副溶血性弧菌。再经过一段时间的繁殖，食前又没有加热，就可以使进食者发生中毒。据测定，吃进 30 亿个活的副溶血性弧菌就会使人出现中毒症状。

④预防措施

防止细菌污染、控制细菌繁殖、加热杀灭病原体。动物性食品应煮熟煮透再吃。隔餐的剩菜食前应充分加热。防止生熟食物操作时交叉污染。梭子蟹、蟛蜞、海蜇等水产品宜用饱和盐水浸渍保藏（并可加醋调味杀菌），食前用冷开水反复冲洗。

2. 细菌引起的食物中毒

(1) 葡萄球菌及其引起的胃肠炎综合症

葡萄球菌性食物中毒是由于进食被金黄色葡萄球菌及其所产生的肠毒素所污染的食物而引起的一种急性疾病。引起葡萄菌性食物中毒的常见食品主要有淀粉类（如剩饭、粥、米面等）、牛乳及乳制品、鱼肉、蛋类等，被污染的食物在室温 20℃～22℃ 搁置 5h 以上时，病菌大量繁殖并产生肠毒素，此毒素耐热力很强，经加热煮沸 30min，仍可保持其毒力而致病。该病以夏秋二季为多，各年龄组均可发病。

①生物学特性

a. 形态与结构:本属菌革兰染色阳性，呈圆球形，直径 0.5 ~ 1.5/μm，不规则成堆排列，形似葡萄串状，在脓汁、肉浸液培养物中，可见单个、成对或短链排列。无鞭毛和芽孢，有些细菌能形成荚膜。

b. 培养特性:需氧或兼性厌氧，营养要求不高，通常在肉浸液及肉浸液琼脂或加入血液的培养基上生长良好。最适 pH 为 7.4，最适温度为 35℃ ~37℃。在普通琼脂平板上经 35℃ 24 ~48h 培养，可形成圆形、凸起、表面光滑湿润、边缘整齐并且不透明的菌落，直径为 2 ~3mm。可产生不同的脂溶性色素，如金黄色、白色、柠檬色色素。在血琼脂平板上，几乎所有的葡萄球菌可产生 α、β、γ 和 δ 溶血素。对人致病的主要是 α 溶血素。在液体培养基(普通肉浸液)中生长迅速呈均匀混浊状。

c. 生化反应:触酶试验(+)，对糖的发酵反应不规则，多数能分解葡萄糖、麦芽糖及蔗糖，产酸不产气。多数致病性葡萄球菌能分解甘露醇产酸、液化明胶和产生血浆凝固酶。

d. 抗原:葡萄球菌水解后，用沉淀法可获得两种抗原，即蛋白抗原和多糖抗原。

②传播途径

传染源主要为带菌者和患者人群带菌者相当普遍，在一般正常人群中约 20% ~40% 鼻咽部带有葡萄球菌，医务人员带菌率可高达 50% ~70%。这些带菌者充当了葡萄球菌的贮存宿主有葡萄球菌皮肤化脓性感染和上呼吸道感染者是重要传染源。极少被患葡萄球菌乳腺炎的乳牛污染的牛奶而引起

通过葡萄球菌污染的食物，如淀粉类(饭、粥、米面、糕点)、鱼、肉、乳制品等，致使该菌繁殖并产生大量肠毒素，引起传播。

③临床表现

潜伏期短，一般为 2 ~5 小时，极少超过 6 小时。起病急骤，有恶心、呕吐、中上腹痛和腹泻，以呕吐最为显著。呕吐物可呈胆汁性，或含血及黏液。剧烈吐泻可导致虚脱、肌痉挛及严重失水等现象。体温大多正常或略高。一般在数小时至 1 ~2 日内迅速恢复。

④预防措施

加强饮食管理，隔离患乳腺炎的病者，有皮肤化脓灶的炊事员或从事饮食业者应暂调离其工作。

(2)产气荚膜梭菌及其引起的食物中毒

①生物学特性

a. 形态

本菌菌体两端钝圆，直杆状 1 -2 ×2 -10μm，革兰氏阳性，卵圆形芽孢位于菌体中央或近端，不比菌体明显膨大，但有些菌株在一般的培养条件下很难形成芽孢，无鞭毛，在人和动物活体组织内或在含血清的培养基内生长时有可能形成荚膜。

b. 培养

本菌虽属厌氧性细菌，但对厌氧程度的要求并不太严，甚至在 EH =200 -250mv 的环境内也能生长。在普通培养基上能生长，若加葡萄糖、血液，则生长更好。生长适宜温度为 37℃ -47℃，多认为 43℃ -47℃为最宜本菌生长和繁殖，速度极快，在适宜条件下增代时间仅 8min，可利用高温快速培养法，对本菌进行选择分离，如在 45℃下，每培养 3 -4 小时传种 1 次，即可较易获得纯培养，在深层葡萄糖琼脂中大量产气，致使琼脂破碎，在牛奶培养基中，可见到暴裂发酵，在庖肉培养基中培养数小时即可见到生长，产生大量气体，肉渣或肉

块变为略带粉色，但不被消化。

在普通琼脂平板上培养15小时左右可见到菌落，培养24小时菌落直径2~4mm，呈凸面状，表面光滑半透明，正圆形，在营养成分不足或琼脂浓度高的平板上，有时尤其经过传种的菌株，可能形成锯齿状边缘或带放射状条纹的R型菌落。在含人血、兔血或绵羊血的琼脂平板上培养的菌落周围有双层溶血环，内层溶血完全，外层溶血不完全，好似靶状。

在乳糖、牛奶、卵黄琼脂平板上培养的菌落周围出现乳光浑浊带。此反应能被本菌α抗毒素抑制。由于发酵乳糖菌落周围的培养基颜色发生变化（中性红指示剂呈粉红色）不消化牛奶，不分解游离脂肪，菌落周围不出现透明环及虹彩层。

c. 生化特性

所有菌株均发酵葡萄糖、麦芽糖、乳糖及蔗糖，产酸产气，液化明胶，不产生靛基质，还原硝酸盐为亚硝酸盐，但也有例外。能将亚硫酸盐还原为硫化物。在含亚硫酸盐及铁盐的琼脂中形成黑色菌落。发酵牛奶中的乳糖、牛奶酸凝固，同时由于大量产气凝块碎裂，所谓暴力发酵，这是本菌的主要生化特征之一，也是主要鉴别的指标。G+C克分子百分比为24%~27%。产生卵磷脂酶（磷酸酶C）分解卵磷脂为磷酰胆碱与非水溶性甘油二酸酯，上述卵黄琼脂平板菌落周围出现的乳光浑浊带即属本反应。

d. 毒素

外毒素：各型产气荚膜梭菌产生的外毒素（或可溶血抗原）共有12种，其中主要有4型，即A、B、C、D，而已知“A型”毒素与人类食物中毒有关。

肠毒素：A型产气荚膜梭菌的耐热株能引起人的食物中毒，关于产气荚膜梭菌食物中毒的发病机制，基本认为是，被耐热性A型产气荚膜梭菌芽孢污染的肉、禽等生食品，虽经烹制加热，但芽孢不仅不死灭，反而由于受到“热刺激”，在较高温度长时间储存（即缓时冷却）的过程中芽孢发芽，生长繁殖，而且随食物进入人肠道的这些繁殖体容易再形成芽孢，同时产生肠毒素，聚集于芽孢内，当菌体细胞自溶和芽孢游离时，肠毒素将被释放出来，人、猴、狗等口服人工提取的该肠毒素能引起腹泻。

人和动物对产气荚膜梭菌的毒素的免疫主要表现为抗肠毒素的产生，健康者血清常含有抗肠毒素，似乎表明产气荚膜梭菌作为正常菌群，在肠道内可能在不断地产生着肠毒素。

②传播途径

产气荚膜梭菌广泛分布于环境中，经常在人和许多家养及野生动物的肠道中发现该细菌的芽孢长期存在于土壤和沉淀物中，从牛肉、猪肉、羔羊、鸡、火鸡、焖肉、红烧蔬菜，炖肉和肉汁中分离的产气荚膜梭菌，引起食物中毒的食品大多是畜禽肉类和鱼类食物，牛奶也可因污染而引起中毒，原因是因为食品加热不彻底，使芽孢在食品中大量繁殖所致，此外不少熟食品，由于加温不够或后污染而在缓慢的冷却过程中，细菌繁殖体大量繁殖并形成芽孢产生肠毒素，其食品并不一定在色味上发现明显的变化，人们在误食了这样的熟肉或汤菜后，就有可能发病。

③临床症状

腹泻、气胀，潜伏期为9~15h，症状轻微。

④预防措施

适宜的冷却处理和再加热，对食品加工人员的教育。当产品达到合适温度时，那些未被杀死的芽孢可能发芽。蒸煮后需要经过快速统一的冷却，适当的热处理，充分的再加热，冷却食品，也是必要的控制措施。食品加工人员的教育仍是控制的一个关键方面。

(3)肉毒梭菌及其引起的食物中毒

①生物学特性

形态特征:革兰阳性粗短杆菌，4～6×0.9～1.2m，多数情况下菌体单个存在，偶尔成对或成短链，菌端钝圆，不形成荚膜，有周身鞭毛，能运动，能形成芽孢，芽孢呈卵圆形至圆筒形，粗于菌体，位于次极端，使细胞呈汤匙状或网球拍状。

培养特性:严格的厌氧，对营养要求不高，在普通培养基上都能生长。生长和产生毒素的最适温度为:蛋白分解型菌株接近35℃，低于12.5℃一般不能生长;非蛋白分解型菌株大约为26℃，其中B、E、F型菌株在冷藏温度(3℃～4℃)下也能产生毒素;产生毒素的最适pH为7.8～8.2。

生理生化特性:肉毒梭菌的生化特性很不规律，一般能分解葡萄糖、麦芽糖和果糖，同时产酸产气;对明胶、凝固血清、凝固蛋白有分解作用，并引起液化;不利用乳糖、甘露醇，不产生吲哚，不形成靛基质，能产生硫化氢。肉毒梭菌的抵抗力不强，但其芽孢的抵抗力很强，可耐煮沸1～6h之久，于180℃干热5～15min，120℃高压蒸气下10～20min才能杀死，10%盐酸需经1h才能破坏，在酒精中能存活2个月。其中A、B型菌的芽孢抵抗力最强。

毒素:肉毒梭菌在生长繁殖过程中于胞浆中产生的一种外毒素，由菌体释放到培养基中，经除菌膜过滤所得滤液即为毒素液。与典型的外毒素不同，它一般不是由活的细菌所释放的，而是细菌死亡自溶时才游离出来。肉毒毒素属于高分子蛋白质神经毒素，能引起人和动物肉毒中毒。根据神经毒素的抗原性分A～G 7个型，引起人中毒的主要有A、B、E三型。C、D型毒素主要是畜禽肉毒中毒的病原。F、G型肉毒梭菌极少分离，未见G型菌引起人的中毒报道。各型毒素只能被同型抗毒素中和，肉毒毒素不耐热，煮沸1分钟即可被破坏。肉毒毒素(对人致死量为0.1g)。作用于外周胆碱能神经，抑制神经肌肉接点处神经介质乙酰胆碱的释放，导致弛缓性麻痹。

②传播途径

中毒的原因主要是进食了污染肉毒毒素的食品，并且在食用前未进行彻底的加热处理。肉毒梭菌中毒多发生在冬、春季。中毒与饮食习惯有关，主要为家庭自制的豆酱、臭豆腐、面酱和豆豉等发酵食品，其次为肉类和罐头食品。

③临床症状

该病是单纯性毒素中毒，而非细菌感染，主要为神经末稍麻痹。进食被肉毒毒素污染的食物后1～7天出现头晕、无力、视物模糊、眼睑下垂、复视，随后咀嚼无力、张口困难、言语不清、声音嘶哑、吞咽困难、头颈无力、垂头等。严重的导致呼吸困难，多因呼吸停止而死亡。

④预防措施

对可疑污染食物进行彻底加热是预防肉毒梭菌中毒发生的可靠措施。自制发酵酱类时，盐量要达到14%以上，并提高发酵温度;要经常日晒，充分搅拌，使氧气供应充足;不吃生酱。

(4)蜡状芽孢杆菌及其引起的食物中毒

①生物学特性

形态特征:革兰氏阳性菌，大小3～5×1～1.2μm，菌体两端较平整，短链或长链，有周体鞭毛，能运动，不形成荚膜，芽孢呈椭圆形，位于菌体中央或次末端。

培养特性:需氧菌，最低生长温度4℃～5℃，最适温度28℃～35℃，最高生长温度48℃～50℃;在pH4.9～9.3条件下均可生长;生长的最低aw值为0.95;可在7.5%的食盐中生长，但不能在10%的食盐中生长繁殖;营养要求不高，普通培养基上生长良好，琼脂平板上菌落为圆形，隆起，乳白色，不透明，边缘不整齐多呈扩散状，直径4～6mm;血液琼脂上形成浅灰色，不透明，毛玻璃样的菌落，呈β型溶血;甘露醇卵黄多黏菌素琼脂平板上，菌落微灰白色或微红色，扁平，表面粗糙，菌落周围具有紫红色背景环绕白色环晕;在普通肉汤中生长迅速，出现均匀混浊，常形成菌膜或菌环，振摇易乳化。其芽孢不耐高温，在脱脂牛乳中，其芽孢的D100值(在100℃时使细菌数减少90%所需的时间)为2.7～3.1min，在低酸性食品中为5min，在pH为7的磷酸缓冲液中，其D100值为8min。

生化特性:能分解葡萄糖、麦芽糖、蔗糖、水杨苷和蕈糖，不分解乳糖、甘露糖、鼠李糖、木糖、阿拉伯糖、肌醇、山梨醇和侧金盏花醇;靛基质阳性，甲基红阳性，硫化氢阴性，尿素酶阴性，V－P试验阳性，氰化钾试验阳性，卵磷脂酶阳性;能够利用枸橼酸盐，可以还原硝酸盐;能产生过氧化氢酶，能分解酪蛋白，能液化明胶。

抵抗力:蜡状芽孢杆菌耐热，其37℃ 16h的肉汤培养物的D80值(在80℃时使细菌数减少90%所需的时间)约为10～15min;使肉汤中细菌(2.4×107cfu/mL)转为阴性需100℃ 20min。其游离芽孢能耐受100℃ 30min，而干热灭菌需120℃ 60min才能杀死。本菌对氯霉素、红霉素和庆大霉素敏感;耐受青霉素、磺胺噻唑和呋喃西林。

②传播途径

因为蜡状芽孢杆菌广泛存在于土壤、空气、水和尘埃中，所以无法避免地会污染到食品中。几乎所有种类的食品都曾被报道与蜡状芽孢杆菌引发的食物中毒有关，主要有:乳品、米、蒸煮的米饭和炒饭、调料、干制品(面粉、奶粉等)、豆类和豆芽、肉制品、焙烤食品等。

③临床症状

除个别案例外，由蜡状芽孢杆菌引起的食物中毒通常症状较温和而且不超过24h。蜡状芽孢杆菌是条件致病菌，偶尔能导致人的眼部感染，甚至是心内膜炎、脑膜炎和菌血症等疾病，但最常见的是导致两种不同类型的食物中毒:腹泻型和呕吐型。从目前的报道看，由蜡状芽孢杆菌引起的食物中毒在亚洲以呕吐型比较常见，而在欧洲和北美地区则以腹泻型更常见。一般认为肠毒素在胃中会被破坏，所以腹泻型食物中毒是由残留下来的蜡状芽孢杆菌(芽孢或菌体)在小肠中生长，产肠毒素引起的，具体过程尚未完全明了。常因食用肉类、海鲜、乳品和蔬菜等食物引起，潜伏期一般为6～15h，一般持续24h;而致呕吐的毒素是该菌在食物中预先产生的，该毒素非常稳定，进入人体后在胃中与其受体5－HT3结合，导致呕吐。所以尽管有时食物中检出的蜡状芽孢杆菌数量很低(102CFU/g)，却仍能引发呕吐中毒。呕吐型食物中毒的潜伏期一般为0.5～6h，一般限于富含淀粉质的食品，特别是炒饭和米饭。主要症状为恶心、呕吐，有时有腹泻、头晕、发烧和四肢无力等症状，与金黄色葡萄球菌(Staphylococcus aureus)引发的食物中毒相似。在蜡状芽孢杆菌产生的毒素中，呕吐毒素较危险，摄入30min后就可能出现呕吐症状，曾经有一位瑞士17岁男孩因食用含大量呕吐毒素的食物引发急性肝衰和横纹肌溶解而死亡。动物试验也证实它对肝脏有损害。

④预防措施

食品加工场所必须符合卫生要求，避免存在交叉污染，做到从污染区、半污染区到洁净区的工艺流程，配备冷藏设施是预防食物中毒的必要条件。

知识拓展

1885年沙门氏等在霍乱流行时分离到猪霍乱沙门氏菌，故定名为沙门氏菌属。沙门氏菌属有的专对人类致病，有的只对动物致病，也有对人和动物都致病。沙门氏菌病是指由各种类型沙门氏菌所引起的对人类、家畜以及野生禽兽不同形式的总称。感染沙门氏菌的人或带菌者的粪便污染食品，可使人发生食物中毒。据统计在世界各国的种类细菌性食物中毒中，沙门氏菌引起的食物中毒常列榜首。我国内陆地区也以沙门氏菌为首位。

三、真菌引起的食源性疾病

1. 真菌食物中毒的定义及其特征

常称为真菌性食物中毒(fungi food poisoning)，是指由于进食被某些真菌毒素所污染的食物引起的急性中毒性疾病。与细菌性食物中毒不同，主要表现为毒素性食物中毒。

(1)常见的产毒霉菌种类:曲霉、青霉、镰刀霉、木霉、头孢霉、单端孢霉、葡萄状穗霉、交链孢霉、节菱孢霉等，另外，麦角中毒和蘑菇中毒也有很高发生率。

(2)与食品密切相关的真菌毒素有:黄曲霉毒素、镰刀霉毒素、玉米赤霉烯酮、丁烯酸内酯、黄绿青霉毒素、桔青霉毒素、岛青霉毒素、杂色曲霉毒素、棕曲霉毒素、展青霉毒素、青霉酸、交链孢霉毒素、棒曲霉毒素等。

(3)易引起癌症的霉菌毒素有:黄曲霉素、杂色曲霉素、赭曲霉素、黄变米毒素、皱褶青霉素、灰黄霉素、镰刀菌霉素、交链孢霉素、麦角碱等。这些毒素常能引起动物的肝癌、食管癌、胃癌、结肠癌、肉瘤、乳腺和卵巢的肿瘤等。

(4)真菌毒素按其毒性作用性质可分为:肝脏毒、肾脏毒、神经毒、致皮肤炎物质、细胞毒及类似性激素作用的物质等。

(5)霉菌产毒特点:①仅限于少数产毒霉菌，而且产毒菌种也只有一部分菌株产毒;②产毒菌株产毒能力还表现可变性和易变性，产毒菌株在一定条件下可出现产毒能力，经多代培养后有的菌株可完全失去产毒能力;③一种菌种或菌株可以产生几种不同的毒素，同一种霉菌毒素也可由几种霉菌产生;④产毒菌株产毒需要一定条件，主要是基质种类、水分、温度、湿度及空气流通的情况等。

(6)真菌性食物中毒的特征:①中毒范围有一定季节性和地区性，这与气候、食品种类、饮食习惯等有关;②潜伏期较短，但食饵性白细胞缺乏症较长;③发病率较高，病死率因霉菌种类不同而有差别;④霉菌毒素中毒的临床表现较为复杂，可有急性中毒，也有因少量长期食入含有霉菌毒素的食品引起的慢性中毒，也有诱发癌肿、造成畸形和引起体内遗传物质突变。

(7)霉菌污染的食物主要有:粮食、油类及其制品，如花生、花生油、玉米、大米、小米、粮食加工的糕点、饼类、饭、馒头、窝头等熟食，棉籽、核桃、杏仁、榛子、奶制品、干咸鱼、干辣椒、干萝卜条等。

2. 主要产毒霉菌及其产毒特点

(1)曲霉属

曲霉属(Aspergillus)颜色多样，且稳定，营养菌素体由具横隔的分枝菌丝构成，无色或有明亮的颜色。曲霉具有发达的菌丝体，菌丝有隔膜为多细胞。其无性繁殖产生分生孢子，分生孢梗不分枝，顶端膨大呈球形或棒槌形，称顶囊。顶囊上辐射着生一层或二层小梗，小梗顶端着生一串串分生孢子，分生孢子呈不同颜色，如黑色、褐色、黄色等。曲霉的有性世代产生闭囊壳，内含多个圆球状子囊，子囊内着生子囊孢子。曲霉在自然界分布极为广泛，对有机质分解能力很强。曲霉属中有些种如黑曲霉（A. niger）等被广泛用于食品工业。同时，曲霉也是重要的食品污染霉菌，可导致食品发生腐败变质，有些种还产生毒素。曲霉属中可产生毒素的种有黄曲霉（A. flavus）、赭曲霉（A. ochraceus）、杂色曲霉（A. versicolor）、烟曲霉、构巢曲霉（A. nidulans）和寄生曲霉（A. parasiticus）等。曲霉属（Aspergillus）的产毒霉菌主要有黄曲霉、寄生曲霉、杂色曲霉、构巢曲霉和棕曲霉。它们的代谢产物为黄曲霉毒素、杂色曲霉毒素和棕曲霉毒素。

（2）青霉属

青霉分布广泛，种类很多，经常存在于土壤和粮食及果蔬上。有些种具有很高的经济价值，能产生多种酶及有机酸。另一方面，青霉可引起水果、蔬菜、谷物及食品的腐败变质，有些种及菌株同时还可产生毒素。青霉属（Penicillium）产毒霉菌主要包括黄绿青霉（P. citreo - viride）、桔青霉（P. citrinum）、圆弧青霉、扩展青霉（P. expansum）、展开青霉（P. patulum）、纯绿青霉、红青霉（P. rubrum）、产紫青霉、岛青霉（P. islandicum）、皱褶青霉等。这些青霉的代谢产物为黄绿青霉素、桔青霉素、圆弧偶氮酸、展青霉素、红青霉素、黄天精、环绿素、皱褶青霉素。

青霉属的营养菌丝体呈无色、淡色或鲜明的颜色，或无色或浅色，多分枝并具横隔，或为埋伏型或部分埋伏型部分气生型。气生菌丝密毡状、松絮状或部分结成菌丝索。分生孢子呈球形、椭圆形或短柱形，光滑或粗糙，大部分生长时呈蓝绿色，有时呈无色或呈别种淡色，但绝不呈污黑色。由菌丝发育成为具有横隔的分生孢子梗，顶端经过1～2次分枝，这些分枝称为副枝和梗基，在梗基上产生许多小梗，小梗顶端着生成串的分生孢子，这一结构称为帚状体。分生孢子可有不同颜色，如青、灰绿、黄褐色等，帚状体有单轮生、对称多轮生、非对称多轮生。青霉中只有少数种类形成闭囊壳，产生子囊孢子。

（3）镰刀菌属

镰刀菌属（Fusarium）的产毒霉菌主要包括禾谷镰刀菌（F. graminearum）、串珠镰刀菌、学腐镰刀菌、三线镰刀菌（F. trincintum）、梨孢镰刀菌（F. poae）、拟枝孢镰刀菌（F. sparotrichioides）、尖孢镰刀菌、茄病镰刀菌、木贼镰刀菌等，其中大部分是植物的病原菌。这些霉菌的代谢产物为单端孢霉烯族化合物、玉米赤霉烯酮、丁烯酸内酯等。

在马铃薯—葡萄糖琼脂或察氏培养基上气生菌丝发达，高0.5～1.0cm，或低至0.1～0.2cm；稀疏的气生菌丝甚至完全无气生菌丝，而直接由基质菌丝直接生出黏孢层，内含大量的分生孢子。分生孢子分大小两种类型，大型分生孢子有3～7个隔，产生在菌丝的短小爪状突起上，或产生在黏孢团中，形态多样，如镰刀形、纺锤形等。小型分生孢子有1～2个隔，产生在分生孢子梗上，有卵形、椭圆形等形状。气生菌丝、黏孢团、菌核可呈各种颜色，并可将基质染成各种颜色。

镰刀菌属的一些种当初次分离时，只产生菌丝体，常常还需诱发产生正常的大型分生孢子以供鉴定，因此需接种无糖马铃薯琼脂培养基或察氏培养基等。

（4）木霉属

木霉生长迅速，菌落棉絮状或致密丛束状，产孢丛束区常排列成同心轮纹，菌落表面颜色为不同程度的绿色，有些菌丝由于产孢子不良几乎白色。菌落反面无色或有色，气味有或无，菌丝透明，有隔，分枝繁复。分生孢子近球形或椭圆形、圆筒形、倒卵形等，壁光滑或粗糙，透明或亮黄绿色。木霉产生木霉素，属单端孢霉烯族化合物。

(5)头孢霉属

头孢霉属(Cephalosporium)在合成培养基及马铃薯—葡萄糖琼脂培养基上各个种的菌落类型不一样，有些缺乏气生菌丝，湿润或呈细胞状菌落，有些气生菌丝发达，呈茸毛状或絮状菌落，或有明显绳状菌丝索或孢梗束。菌落的色泽可由粉红至深红，白、灰色或黄色。营养菌丝丝状有隔，分枝，无色或鲜色，或少数情况下由于盛产厚垣孢子而呈暗色。

头孢霉能引起芹菜、大豆、甘蔗等植物的病害，它所产生的毒素属于单端孢霉烯族化合物。

(6)单端孢霉属

单端孢霉属(Trichothecium)菌落薄，絮状蔓延，分生孢子梗直立，有隔，不分枝。分生孢子梨形或倒卵形，两胞室的孢子上胞室较大，下胞室基端明显收缩变细，着生痕在基端或其一侧。该类菌能产生单端孢霉素，属于有毒性的单端孢霉烯族化合物。

(7)葡萄状穗霉属

葡萄状穗霉属(Stachbotrys)菌丝匍匐、蔓延，有隔，分枝或透明稍有色。分生孢子单个生在瓶状小梗的末端，椭圆形、近柱形或卵形，暗褐色，有刺状突起。

该菌产生黑葡萄状穗霉毒素属于单端孢霉烯族化合物，能使牲畜特别是马中毒，症状是口腔、鼻腔黏膜溃烂，颗粒性白细胞减少，死亡。接触有毒草料的人，出现皮肤炎、咽峡炎、血性鼻炎。

(8)交链孢霉属

交链孢霉广泛分布于土壤和空气中，有些是植物病原菌，可引起果蔬的腐败变质，产生毒素。交链孢霉属(Alternaria)的不育菌丝匍匐，分隔。分生孢子梗较短，单生或成簇，多不分枝，较短，与营养菌丝无区别。分生孢子梗顶端生长分生孢子，分生孢子倒棒状或桑椹状，其上有纵横隔膜、顶端延长成喙状，淡褐色，有壁砖状分隔，暗褐色，成链生长，孢子形态及大小极不规律。孢子褐色，常数个连接成链。尚未发现有性世代。该菌能产生 7 种细胞毒素。

3. 主要霉菌毒素及其特性

(1)黄曲霉毒素

①性质

黄曲霉毒素(aflatoxins，AF)的化学结构是一个双氢呋喃和一个氧杂萘邻酮。现已分离出的 AF 有 B_1、B_2、G1、G2、B2a、G2a、M1、M2、P1 等 18 种，它们的基本结构中都含有二呋喃环和氧杂萘邻酮(又名香豆素)，前者为其毒性结构，后者可能与其致癌有关。其中以 B_1 的毒性和致癌性最强，它的毒性比氰化钾大 100 倍，仅次于肉毒毒素，是真菌毒素中最强的;致癌作用比已知的化学致癌物都强，比二甲基亚硝胺强 75 倍。黄曲霉毒素具有耐热的特点，裂解温度为 280℃，难溶于水、已烷、乙醚和石油醚，易溶于甲醇、乙醇、氯仿和二甲基甲酰胺等有机溶剂。

黄曲霉毒素主要是黄曲霉菌和寄生曲霉菌的二次代谢产物，其化学结构类似，均为二氢呋喃香豆素的衍生物。分子量为 312 ~346，熔点为 200℃ ~300℃，黄曲霉毒素耐高温，通常加热处理对其破坏很小，只有在熔点温度下才发生分解。黄曲霉毒素遇碱能迅速分解，但此反应可逆，即在酸性条件下又复原。

②产毒条件

黄曲霉生长产毒的温度范围是12℃～42℃，最适产毒温度为33℃，最适 Aw 值为0.93～0.98。黄曲霉在水分为18.5%的玉米、稻谷、小麦上生长时，第三天开始产生黄曲霉毒素，第十天产毒量达到最高峰，以后便逐渐减少。一般来说，温度30℃、相对湿度80%、谷物水分在14%以上（花生的水分在9%以上）最适合黄曲霉繁殖和生长。在24℃～34℃之间，黄曲霉菌产毒量最高。菌体形成孢子时，菌丝体产生的毒素逐渐排出到基质中。黄曲霉产毒的这种迟滞现象，意味着高水分粮食如在两天内进行干燥，粮食水分降至13%以下，即使污染黄曲霉也不会产生毒素。

黄曲霉毒素最易污染花生、玉米、棉籽、禽蛋、肉、奶及奶制品，其次是小麦、高粱和甘薯，大豆粕被黄曲霉毒素污染的程度轻些。我国粮食和饲料被黄曲毒素污染率很高，给饲料企业和养殖业主带来了很大损失，人们食用含有黄曲霉毒素的食物危害到人体健康。

③中毒症状

黄曲霉毒素是一种强烈的肝脏毒，对肝脏有特殊亲和性并有致癌作用。它主要强烈抑制肝脏细胞中 RNA 的合成，破坏 DNA 的模板作用，阻止和影响蛋白质、脂肪、线粒体、酶等的合成与代谢，干扰动物的肝功能，导致肝细胞变性、坏死、出血、胆管和肝细胞增生，引起腹水、脾肿大、体质衰竭等病症。同时，饲料中的毒素可以蓄积在动物的肝脏、肾脏和肌肉组织中，人食入后可引起慢性中毒。实验证明，黄曲霉素是由黄霉菌产生的真菌霉素，是目前发现的化学致癌物中最强的物质之一，主要损害肝脏功能并有强烈的致癌、致畸、致突变作用，能引起肝癌，还可以诱发骨癌、肾癌、直肠癌、乳腺癌、卵巢癌等。

中毒症状分为三种类型：

a. 急性和亚急性中毒。短时间摄入黄曲霉毒素量较大，迅速造成肝细胞变性、坏死、出血以及胆管增生，在几天或几十天死亡。

b. 慢性中毒。持续摄入一定量的黄曲霉毒素，使肝脏出现慢性损伤，生长缓慢、体重减轻，肝功能降低，出现肝硬化。在几周或几十周后死亡。

c. 致癌性。实验证明许多动物小剂量反复摄入或大剂量一次摄入皆能引起癌症，主要是肝癌。

④预防控制措施

有些食品由于存放不当会发生霉变，凡是霉变的食品都有可能存在黄曲霉素。霉菌易在粮食、油类及其制品和坚果上生长，如花生、棉籽等，干果类中的核桃、杏仁、榛子，奶制品、干咸鱼、海米、干辣椒、干萝卜条等，其中花生及其制品黄曲霉素的含量最高。

为防止产生黄曲霉素，平时存放粮油和其他食品时必须保持低温、通风、干燥，避免阳光直射，不用塑料袋装食品，尽可能不囤积食品，注意食品的保存期，尽可能在保存期内食用。生活中可改用茶树油、橄榄油等不易产生黄曲霉素的植物油。此外，不吃霉坏、皱皮、变色的食品。

（2）镰刀霉毒素

根据联合国粮农组织（FAO）和世界卫生组织（WHO）联合召开的第三次食品添加剂和污染物会议资料，镰刀菌毒素问题同黄曲霉毒素一样被看作是自然发生的最危险的食品污染物。镰刀菌毒素是由镰刀菌产生的。镰刀菌在自然界广泛分布，侵染多种作物。有多种镰刀菌可产生对人畜健康威胁极大的镰刀菌毒素。镰刀菌毒素已发现有十几种，按其化学结构可分为三大类，即单端孢霉烯族化合物、玉米赤霉烯酮和丁烯酸内酯。

①单端孢霉烯族化合物（Trichothecenes）。单端孢霉烯族化合物是由雪腐镰刀菌、禾谷镰刀菌、梨孢镰刀菌、拟枝孢镰刀菌等多种镰刀菌产生的一类毒素。它是引起人畜中毒最常见的一类镰刀菌毒素。

在单端孢霉烯族化合物中，我国粮食和饲料中常见的是脱氧雪腐镰刀菌烯醇（DON）。DON 主要存在于麦类赤霉病的麦粒中，在玉米、稻谷、蚕豆等作物中也能感染赤霉病而含有 DON。赤霉病的病原菌是赤霉菌（G. zeae），其无性阶段是禾谷镰刀霉。这种病原菌适合在阴雨连绵、湿度高、气温低的气候条件下生长繁殖。如在麦粒形成乳熟期感染，则随后成熟的麦粒皱缩、干瘪，有灰白色和粉红色霉状物；如在后期感染，麦粒尚且饱满，但胚部呈粉红色。DON 又称致吐毒素（Vomitoxin），易溶于水、热稳定性高，烘焙温度 210℃、油煎温度 140℃或煮沸，只能破坏 50%。

人误食含 DON 的赤霉病麦（含 10% 病麦的面粉 250g）后，多在一小时内出现恶心、眩晕、腹痛、呕吐、全身乏力等症状。少数伴有腹泻、颜面潮红、头痛等症状。以病麦喂猪，猪的体重增重缓慢，宰后脂肪呈土黄色、肝脏发黄、胆囊出血。DON 对狗经口的致吐剂量为 0.1mg/kg。

②玉米赤霉烯酮（Zearelenone）。玉米赤霉烯酮是一种雌性发情毒素。动物吃了含有这种毒素的饲料，就会出现雌性发情综合症状。禾谷镰刀菌、黄色镰刀菌、粉红镰刀菌、三线镰刀菌、木贼镰刀菌等多种镰刀菌均能产生玉米赤霉烯酮。

玉米赤霉烯酮不溶于水，溶于碱性水溶液。禾谷镰刀菌接种在玉米培养基上，在 25℃ ~28℃培养两周后，再在 12℃下培养 8 周，可获得大量的玉米赤霉烯酮。赤霉病麦中有时可能同时含有 DON 和玉米赤霉烯酮。饲料中含有玉米赤霉烯酮在 1 ~5mg/kg 时才出现症状，500mg/kg 含量时出现明显症状。玉米中也可检测出玉米赤霉烯酮。

③丁烯酸内酯（Butenolide）。丁烯酸内酯在自然界发现于牧草中，牛饲喂带毒牧草导致烂蹄病。哈尔滨医科大学大骨节病研究室报道：在黑龙江和陕西的大骨节病区所产的玉米中发现有丁烯酸内酯存在。丁烯酸内酯是三线镰刀菌、雪腐镰刀菌、拟枝孢镰刀菌和梨孢镰刀菌产生的，易溶于水，在碱性水溶液中极易水解。

（3）黄变米霉素

黄变米是 20 世纪 40 年代日本在大米中发现的。这种米由于被真菌污染而呈黄色，故称黄变米。可以导致大米黄变的真菌主要是青霉属中的一些种。黄变米毒素可分为三大类。

①黄绿青霉毒素。大米水分 14.6% 感染黄绿青霉，在 12℃ ~13℃便可形成黄变米，米粒上有淡黄色病斑，同时产生黄绿青霉毒素（Citreoviridin）。该毒素不溶于水，加热至 270℃失去毒性；为神经毒，毒性强，中毒特征为中枢神经麻痹、进而心脏及全身麻痹，最后呼吸停止而死亡。

②桔青霉毒素。桔青霉污染大米后形成桔青霉黄变米，米粒呈黄绿色。精白米易污染桔青霉形成该种黄变米。桔青霉可产生桔青霉毒素（Citrinin），暗蓝青霉、黄绿青霉、扩展青霉、点青霉、变灰青霉、土曲霉等霉菌也能产生这种毒素。该毒素难溶于水，为一种肾脏毒，可导致实验动物肾脏肿大，肾小管扩张和上皮细胞变性坏死。

③岛青霉毒素。岛青霉污染大米后形成岛青霉黄变米，米粒呈黄褐色溃疡性病斑，同时含有岛青霉产生的毒素，包括黄天精、环氯肽 、岛青霉素、红天精。前两种毒素都是肝脏毒，

急性中毒可造成动物发生肝萎缩现象；慢性中毒发生肝纤维化、肝硬化或肝肿瘤，可导致大白鼠肝癌。

(4)杂色曲霉毒素

杂色曲霉毒素(Sterigmatocystin 简称 ST)是杂色曲霉和构巢曲霉等产生的，基本结构为一个双呋喃环和一个氧杂蒽酮。其中的杂色曲霉毒素 IVa 是毒性最强的一种，不溶于水，可以导致动物的肝癌、肾癌、皮肤癌和肺癌，其致癌性仅次于黄曲霉毒素。由于杂色曲霉和构巢曲霉经常污染粮食和食品，而且有 80% 以上的菌株产毒，所以杂色曲霉毒素在肝癌病因学研究上很重要。糙米中易污染杂色曲霉毒素，糙米经加工成标二米后，毒素含量可以减少 90%。

(5)棕曲霉毒素

棕曲霉毒素是由棕曲霉(A. ochraceus)、纯绿青霉、圆弧青霉和产黄青霉等产生的。现已确认的有棕曲霉毒素 A 和棕曲霉毒素 B 两类。它们易溶于碱性溶液，可导致多种动物肝肾等内脏器官的病变，故称为肝毒素或肾毒素，此外还可导致肺部病变。

棕曲霉产毒的适宜基质是玉米、大米和小麦。产毒适宜温度为 20℃ ~ 30℃，Aw 值为 0.997 ~ 0.953。在粮食和饲料中有时可检出棕曲霉毒素 A。

(6)展青霉毒素

展青霉毒素(Patulin)主要是由扩展青霉产生的，可溶于水、乙醇，在碱性溶液中不稳定，易被破坏。污染扩展青霉的饲料可造成牛中毒，展青霉毒素对小白鼠的毒性表现为严重水肿。扩展青霉在麦杆上产毒量很大。

扩展青霉是苹果贮藏期的重要霉腐菌，它可使苹果腐烂。以这种腐烂苹果为原料生产出的苹果汁会含有展青霉毒素。如用有腐烂达 50% 的烂苹果制成的苹果汁，展青霉毒素可达 20 ~ 40μg/L。

(7)青霉酸

青霉酸(Penicllic acid)是由软毛青霉、圆弧青霉、棕曲霉等多种霉菌产生的。极易溶于热水、乙醇。以 1.0mg 青霉酸给大鼠皮下注射每周 2 次，64 ~ 67 周后，在注射局部发生纤维瘤，对小白鼠试验证明有致突变作用。

在玉米、大麦、豆类、小麦、高粱、大米、苹果上均检出过青霉酸。青霉酸是在 20℃ 以下形成的，所以低温贮藏食品霉变可能污染青霉酸。

(8)交链孢霉毒素

交链孢霉是粮食、果蔬中常见的霉菌之一，可引起许多果蔬发生腐败变质。交链孢霉产生多种毒素，主要有四种：交链孢霉酚(Alternariol 简称 AOH)、交链孢霉甲基醚(Alternariol methyl ether 简称 AME)、交链孢霉烯(Altenuene 简称 ALT)、细偶氮酸(Tenuazoni acid 简称 TeA)。

AOH 和 AME 有致畸和致突变作用。给小鼠或大鼠口服 50 ~ 398mg/kg TeA 钠盐，可导致胃肠道出血死亡。交链孢霉毒素在自然界产生水平低，一般不会导致人或动物发生急性中毒，但长期食用其慢性毒性值得注意，在番茄及番茄酱中检出过 TeA。

4. 毒蘑菇和蘑菇中毒

(1)毒蘑菇中毒的原因

我国已报到的毒蘑菇有 80 多种，常见的蘑菇毒素有以下几类：

①毒蕈碱。是一种毒理效应与乙酰胆碱相类似的生物碱。

②类阿托品毒素。毒理作用正好与毒蕈碱相反。

③溶血毒素。如红蕈溶血素。

④肝毒素。如毒肽、毒伞肽。此类毒素毒性极强，可损害肝、肾、心、脑等重要脏器，尤其对肝脏损害最大。

⑤神经毒素。如毒蝇碱、白菇酸、光盖伞素等，主要侵害神经系统，引起震颤、幻觉。

(2)毒蘑菇中毒的症状

不同毒蕈所含毒素不同，引起的临床表现也有不同，一般将其分为四个类型：

①胃肠炎型。误食毒红菇、红网牛肝菌及墨汁鬼伞等毒蕈所引起。潜伏期0.5～6h。发病时剧烈腹泻、腹痛。引起此型中毒的毒素尚未明了，但经适当对症处理，中毒者可迅速康复，死亡率较低。

②神经精神型。误食毒蝇伞、豹斑毒伞等毒蕈所引起，其毒素为类似乙酰胆碱的毒蕈碱(muscarine)。潜伏期1～6h，发病时除肠胃炎症状之外，尚有交感神经兴奋症状，如多汗、流涎、流泪、脉搏缓慢、瞳孔缩小等。阿托品对控制交感神经兴奋症状有较好效果。少数病情严重者可有谵妄、幻觉、呼吸抑制等表现甚至死亡。由于误食鳞次伞菌及臭黄菇等引起除肠胃炎外，可有头晕、精神错乱、昏睡等症状。即使不治疗，1～2天后适当治疗也可康复，死亡率较低。由于误食牛肝蕈引起除胃肠炎症外，多有幻觉(矮小幻视)、谵妄等症状。部分病例有迫害妄想等类似精神分裂的表现，经适当治疗也可以康复，死亡率也低。

③溶血型 。因误食鹿花蕈引起，其毒素为鹿花蕈素。潜伏期6～12h。发病时除肠胃炎症状外，还有溶血表现。可引起贫血、肝脾肿大等体征。此型中毒对中枢神经系统亦有影响，可有头痛症状。给予肾上腺皮质激素及输血等治疗多可康复，死亡率不高。

④中毒性肝炎(肝病型)。毒蕈中毒因误食毒伞、白毒伞、鳞柄毒伞等所引起。其所含毒素包括毒伞毒素及鬼笔毒素两大类共11种。鬼笔毒素作用快，主要作用于肝脏。毒伞毒素作用迟缓，但毒性较大，能直接作用于细胞核，有可能抑制RNA聚合酶，并能显著减少肝糖原而导致肝细胞迅速坏死。此型中毒病情凶险，如无积极治疗死亡率甚高。

(3)毒蘑菇鉴别的方法

毒蕈种类很多，鉴别毒蘑菇科学的方法应是根据其形态学特征进行分类学鉴定。实践中还可以根据以下方法加以鉴别。

①对照法。借助于适合当地的彩色蘑菇图册，逐一辨认当地食用菌或毒蘑菇。

②看形状。毒蘑菇一般较黏滑，菌盖上常沾些杂物或生长一些像补丁状的斑块。菌柄上常有菌环(像超短裙一样)。无毒蘑菇很少有菌环。

③观颜色。毒蘑菇多呈金黄色、粉红、白、黑、绿。无毒蘑菇多为咖啡、淡紫或灰红色。

④闻气味。毒蘑菇有土豆或萝卜味。无毒蘑菇为苦杏或水果味。

⑤看分泌物。将采摘的新鲜野蘑菇撕断菌杆，无毒的分泌物清凉如水，个别为白色，菌面撕断不变色;有毒的分泌物稠浓，呈赤褐色，撕断后在空气中易变色。

5. 麦角菌和麦角中毒

(1)生物学特性

麦角菌属于麦角菌科。寄生在禾本科麦类植物的子房内，菌核形成时露出子房外，呈紫黑色，质较坚硬，形状像动物的角。

麦角菌是麦类和禾本科牧草的重要病害,危害禾本科植物约35属，约70种。不但使麦类大幅减产且含剧毒，牲畜误食可中毒死亡，人药用剂量不当可造成流产，重者死亡。

(2)中毒原因

麦角菌含麦角碱(ergostine)、麦角胺(ergotamine)和麦碱(ergine)等多种有毒麦角生物碱。麦角毒性程度因其所含生物碱多少而定，通常含量0.015% ~0.017%，也有高达0.22%者。麦角毒性非常稳定，可保持数年，焙烤时其毒性也不能被破坏。人们食用混杂较大量麦角谷物或面粉所做食品，可发生麦角中毒。长期少量进食，也会造成慢性中毒。

(3)中毒症状

急性中毒表现为恶心、呕吐、腹痛、腹泻;中枢神经损害。即全身发痒，蚁走感、头晕，听觉、视觉及其他感觉迟钝，语言不清、呼吸困难、肌肉痉挛呈强直性收缩、谵妄、昏迷、体温下降、血压上升，脉缓，可死于心力衰竭;鼻腔和他处黏膜流血、子宫出血、流产。慢性中毒表现为坏疽型，即肢体坏死;痉挛型，即肌肉强直性痉挛、癫痫、痴呆。

(4)预防控制措施

①清除食用粮谷及播种粮谷中的麦角，可用机械净化法或用25%食盐水浮选漂出的麦角;

②规定谷物及面粉中麦角的容许量标准;

③检查化验面粉中是否含麦角及其含量是否符合标准。

四、病毒引起的食源性疾病

据调查，病原微生物引起的食物中毒事件，占所有查明原因食物中毒的比例在90%以上，其中主要以细菌性食物中毒和真菌性食物中毒占主导地位，且不断有新的致病微生物被发现，如肠出血性大肠杆菌(O157:H7)、单核细胞增生李斯特菌、阪崎肠杆菌等，也不断有新的真菌毒素被发现。而病毒在食物中毒致病原中的比例也在逐年上升，如美国、日本、我国香港等近年来由病毒性食物中毒占查明原因食物中毒的比例在8% ~20%，并有上升趋势。

1. 引起食源性疾病的常见病毒

肝炎病毒、轮状病毒、柯萨奇病毒、埃可病毒、诺沃克病毒、高致病性禽流感病毒、SARS冠状病毒、疯牛病病毒和口蹄疫病毒等。还有些因为病毒检测技术的限制，还不能检测出来，有可能是病毒所致的食物中毒。

2. 不同病毒引起的食源性疾病及其特征

(1)肝炎病毒

①生物学特性

肝炎病毒(hepatitis virus)引起的病毒性肝炎传染性极强。目前引起肝炎的病毒有七种类型，分别以甲乙丙丁依次命名，即甲型肝炎病毒(hepatitis A virus, HAV)、乙型肝炎病毒(hepatitis B virus, HBV)、丙型肝炎病毒(hepatitis C virus, HCV)、丁型肝炎病毒(hepatitis D virus, HDV)、戊型肝炎病毒(hepatitis E virus, HEV)、庚型肝炎病毒(hepatitis G virus, HGV)以及TTA(即输血传播病毒性肝炎)，分别能引起甲型、乙型、丙型、丁型、戊型、庚型和TTA肝炎症状。其中以甲型和乙型肝炎发病率最高，尤其是在发展中国家。

乙型肝炎病毒(hepatitis B virus)是指引起人类急、慢性肝炎的DNA病毒,也称丹氏颗粒,简称HBV,属嗜肝DNA病毒科(hepadnaviridae)，基因组长约3.2kb，为部分双链环状DNA。HBV的抵抗力较强，但65℃10小时、煮沸10分钟或高压蒸气均可灭活HBV。含氯制剂、环氧乙烷、戊二醛、过氧乙酸和碘伏等也有较好的灭活效果。

②传播途径

主要是经由不洁饮食以及喝生水等途径而感染的，其病毒主要以人体、猕猴、人猿等灵长类动物为宿主，甲型肝炎是可以完全康复的。乙型肝炎病毒的传播途径：

a. 血液传播：血液传播是乙肝传播途径中最常见的一种，比如输血过程中被感染。

b. 医源性传播：也就是在就医的过程中被感染，目前多数存在的是微量注射或接种而引起的感染，因此要特别注意注射、接种、纹身等使用的各种医疗器具。

c. 母婴传播：患急性乙肝或携带乙肝表面抗原的母亲可将乙肝病毒传给新生儿，尤其携带乙肝表面抗原的母亲为主要的感染类型（值得一提的是乙肝免疫球蛋白可以有效地阻止乙肝母婴或父婴的传播，有效率可达百分之九十以上）。

d. 性传播：乙肝病毒的性传播是性伙伴感染的重要途径，这种传播亦包括家庭夫妻之间的传播。

成年人感染乙肝病毒后，因为免疫系统比较完善，所以一般都能及时清除乙肝病毒。

③临床表现

甲型肝炎潜伏期约为2~6星期，感染一星期内，可在粪便中找到病毒颗粒；受感染个体症状似感冒，少数可能出现高烧，或食欲不振、全身倦怠、胃痛、头痛、呕吐等非特异性症状；少数可能出现茶色尿或有黄疸现象：粪便变淡色，黏膜、皮肤、巩膜黄染。

乙肝病毒携带者常常表现为没有食欲，厌油食品，恶心，呕吐，全身乏力，腹胀，腹痛，口苦口干，失眠多梦，肝区疼痛及尿黄等症状。有时可伴有皮肤、巩膜发黄，个别人也可能没有明显的临床症状。

④预防控制措施

甲肝主要是通过消化道传染，与甲肝患者密切接触，共用餐具、茶杯、牙具等，吃了肝炎病毒污染的食品和水，都可以受到传染。如果水源被甲肝病人的大便和其他排泄物污染，往往可以引起甲肝爆发流行。

a. 搞好饮水卫生。加强饮水消毒，不论是自来水，还是井水、河水、塘水都要消毒。如50公斤水加漂粉精片1片，就可杀灭甲肝病毒；如已有甲肝流行可适当加大漂粉精用量。为防止水源和农作物受到污染，不要用新鲜粪便下田，不要在河、塘内洗甲肝病人的衣物等。

b. 不吃不干净的食物，不喝生水，生吃瓜果要洗净。毛蚶、蛤蜊等水产品可能粘附甲肝病毒，不要生吃或半生吃。直接入口的食物如酱菜、凉拌的菜，不要在可能受污染的水中洗涤。

c. 讲究餐具茶具的卫生。

d. 有肝炎流行时，勿办酒席。因甲肝病人在症状出现之前大便中就有病毒排出，在甲肝流行时办酒席，宾客中可能有尚未发作的病人，容易引起参宴者甲肝爆发。

(2)轮状病毒

①生物学特性

轮状病毒（Rotavirus，简称RV）是一种双链核糖核酸病毒，属于呼肠孤病毒科。轮状病毒总共有七个种，以英文字母编号为A、B、C、D、E、F与G。其中，A种是最为常见的一种，而人类轮状病毒感染超过90%的案例也都是该种造成的。病毒体呈圆球形，有双层衣壳，每层衣壳呈二十面体对称。内衣壳的壳微粒沿着病毒体边缘呈放射状排列，形同车轮辐条。完整病毒大小约70~75nm，无外衣壳的粗糙型颗粒为50~60nm。具双层衣壳的病毒体有传染性。病毒体的核心为双股RNA，由11个不连续的节段组成。在轮状病毒外衣壳上具有型特异性抗原，在内衣壳上共同抗原。根据病毒RNA各节段在聚丙烯酰胺凝胶电泳中移动距离的差别，可将人轮状病毒至少分为四个血清型，引起人类腹泻的主要是 a 型和 b 型。

轮状病毒是通过粪－口途径传染的。它会感染与小肠连结的肠黏膜细胞（enterocyte）并且产生肠毒素（enterotoxin），肠毒素会引起肠胃炎，导致严重的腹泻，有时候甚至会因为脱水而导致死亡。除了对人类健康的影响之外，轮状病毒也会感染动物，是家畜的病原体之一。

轮状病毒对理化因子的作用有较强的抵抗力。病毒经乙醚、氯仿、反复冻融、超声、37℃1 小时或室温（25℃）24 小时等处理，仍具有感染性。该病毒耐酸、碱、在 pH3.5～10.0 之间都具有感染性。95% 的乙醇是最有效的病毒灭活剂，56℃加热 30 分钟也可灭活病毒。

②传播途径

主要通过粪—口途径传播。其传播途径包括：a. 食用或饮用受病毒污染的食物或水；b. 接触患者的呕吐物或粪便；c. 接触受病毒污染的物品；d. 经喷沫传染。

③临床表现

轮状病毒（rotavirus）所致的急性消化道传染病。病原体主要通过消化道传播。主要临床表现为急性发热，呕吐及腹泻。病程大多较短。感染常见于 6 个月～2 岁的婴幼儿，主要在冬季流行，一般通过粪—口途径传播。潜伏期通常为 2～3 天，最短数小时，最长可达 1 周。起病急，主要临床表现为腹泻，排黄色水样，无黏液及脓血，量多，一般 5～10 次/d，重者超过 20 次/d。多数伴有发热，体温在 37.9℃～39.5℃。成人轮状病毒感染可有全身乏力、酸痛、头晕、头痛等症状。病原体主要通过消化道传播。主要临床表现为急性发热，呕吐及腹泻。病程大多较短。病毒侵犯小肠细胞的绒毛，病毒在胞浆内增殖，受损细胞可脱落至肠腔而释放大量病毒，并随粪便排出。病人最主要的症状是腹泻，其原因可能是病毒增殖影响了细胞的搬运功能，妨碍钠和葡萄糖的吸收。严重时可导致脱水和电解质平衡紊乱，如不及时治疗，可能危及生命。感染后血液中很快出现特异性 lgM、lgG 抗体，肠道局部出现分泌型 lgA，可中和病毒，对同型病毒感染有作用。一般病例病程 3～5 天，可完全恢复。隐性感染产生特异性抗体。

④预防控制措施

重视饮水卫生，并注意防止医源性传播，医院内应严格做好婴儿病区及产房的婴儿室消毒工作。目前尚无特异有效治疗药物，主要是补液，维持机体电解质平衡。轮状病毒活疫苗可使儿童获得保护，但却仍有感染的危险。

3. 诺沃克病毒

(1)生物学特性

诺沃克病毒（Norwalk virus），2002 年国际病毒学命名委员会将该病毒改名为诺弱病毒（Norovirus，NV），大小约 27nm，为一微小病毒，含脱氧核糖核酸，基因组为单股正链的 RNA。NV 可分三个亚型，GⅠ型和 GⅡ型感染人，GⅢ亚型感染猪和牛。NV 病毒对热、乙醚和酸稳定，室温 pH2.7 环境下 3h、20% 乙醚 4℃处理 18h、60℃孵育 30min 仍有感染性。

(2)传播途径

人类是唯一已知的宿主。受粪便污染的食物及水是主要的传播媒介，为发达国家流行性胃肠炎的主要病原，常可引起急性腹泻。本病全年均可发生，以秋冬季较多，多见于 1～10 岁小儿。常于学校、托儿所、文娱团体、军营或家庭中发生流行。生食海贝类及牡蛎等水生动物，是该病毒感染的主要途径，也可能经呼吸道传播。成人有诺沃克病毒抗体者为 55%～90%，旅游者腹泻中约 6% 为诺沃克病毒所致。其他的传播途径包括：与受感染的病人有亲密接触、直接接触受污染的物件及由空气传播；食用或饮用受病毒污染的食物或水；接触患者的呕吐物或粪便；触受污染的物品；由空气传播。所以应该注意：

①所有食物(特别是贝类海产)要彻底煮熟才进食。

②蔬菜如要生吃或作沙拉配料时，必须将蔬菜彻底洗净及将食物包装好，并存放于4C或以下的冰柜内。

③如厕后、处理食物及进食前，应用肥皂及热水彻底洗净双手。

④市民旅游时，如怀疑水源已受污染，应饮用经消毒的奶、无加冰的瓶装饮料，并宜趁热进食彻底煮熟的食物。

(3)临床表现

这种疾病潜伏期通常为24至48小时，症状包括恶心、呕吐、腹泻、腹痛、轻微发烧及不适，症状通常维持24至48小时并会自行消退。诺沃克类病毒常会引致食物中毒或肠胃炎，而且容易在养老院及学校引致病症爆发。除此之外，所有年龄组别的人均有机会染上此病。

(4)预防控制措施

①维持良好的个人、食物及环境卫生。

②处理食物或进食前，须彻底洗净双手。

③清理呕吐物及粪便时须戴上手套，事后须再洗手。

④立即用稀释的家用漂白水(5.85%)(以1份漂白水加49份水)清洗和消毒染污的被服及物件表面。

⑤处理食物或护理人员如有呕吐或腹泻现象，切勿上班，并应尽早就诊。

现时并没有预防诺沃克类病毒感染的疫苗。

4.柯萨奇病毒和埃可病毒

(1)生物学特性和传播途径

柯萨奇病毒(Coxsachie virus)是一种肠病毒(enteroviruses)，分为A和B两大类，分属肠病毒类的埃克病毒(Echo virus)和脊髓灰质炎病毒(Poliomyelitisvirus)，现称"微细病毒(picoviruses)"，是一类常见的经呼吸道和消化道感染人体的病毒，感染后人会出现发热、打喷嚏、咳嗽等感冒症状。妊娠期感染可引起非麻痹性脊髓灰质炎性病变，并致胎儿宫内感染和致畸。

埃可病毒(ECHO virus)即肠性细胞致病性人类孤独型病毒(enteric cytopatho - genic human orphan virus)。ECHO病毒分若干型，各型致病力和致病类型也不同，如ECHO6、19型致病力较强，它类似于柯萨奇病毒B型引起急性胸痛和心肌病。在世界各地均有流行或散在性传染。但每次流行情况均不相同，暴发性流行多由于水源污染。传染源为人，传染途径主要为经粪—口途径也可通过空气飞沫传染，苍蝇亦可作为传染媒介。

(2)临床表现

柯萨奇病毒A型感染儿童多见，成人感染占21.7%(Robinson，1958)。临床表现除上述外，主要特点为急性发烧、皮疹。脑膜脑炎伴有Guillain - Barré综合征和急性病毒性心肌病(Bell、Grist，1968，1969)。显性及隐性感染比例达1：50~100。

感染潜伏期1~3天，上呼吸道感染，起病急，流涕、咳嗽、咽痛、发烧，全身不适。典型症状为疱疹性咽峡炎，即在鼻咽部、会厌、舌和软腭部出现小疱疹，黏膜红肿，淋巴滤泡增生、渗出，扁桃体肿大，伴吞咽困难，食欲下降。据调查(R0binson，1958)，伴有口咽部疱疹和皮疹的急性热病中，79%为柯萨克A型病毒所致。

皮疹可为疱疹和斑丘疹，主要分布于躯干外周侧、背部、四肢背面，呈离心性分布，尤以面部、手指、足趾、背部皮疹多见，故称手、足、口三联症(hand - foot - mouthdi - sease)。

ECHO病毒感染的临床表现类似于风疹，第一孕季感染虽可累及胎儿，但很少引起畸形。据1957年美国明尼苏达州400000例ECHO9型感染中，发病年龄2.5～33岁，常见的症状为上呼吸道感染、发烧、非化脓性脑膜炎和皮疹。皮疹为斑丘疹或麻疹样皮疹，持续1～3天自然消退。可从大便、咽分泌物和脑脊液中分离出病毒。

(3)预防控制措施

日常生活接触经口感染是主要传播途径，既可通过饮水、食物传染，也可经呼吸道传播和经胎盘由母体传给胎儿。注意个人卫生，改善饮水和食品卫生，避免在不洁水中游泳，加强环境公共卫生，灭蝇，接触患者的婴儿可注射丙球蛋白，有一定预防作用。

5. 高致病性禽流感病毒

(1)生物学特性

禽流感病毒(AIV)属甲型流感病毒。流感病毒属于RNA病毒的正黏病毒科，分甲、乙、丙3个型。其中甲型流感病毒多发于禽类，一些亚型也可感染猪、马、海豹和鲸等各种哺乳动物及人类；乙型和丙型流感病毒则分别见于海豹和猪的感染。

甲型流感病毒呈多形性，其中球形直径80～120nm，有囊膜。基因组为分节段单股负链RNA。依据其外膜血凝素(H)/和神经氨酸酶(N)蛋白抗原性的不同，目前可分为15个H亚型(H1～H15)和9个N亚型(N1～N9)。感染人的禽流感病毒亚型主要为H5N1、H9N2、H7N7，其中感染H5N1的患者病情重，病死率高。

研究表明，原本为低致病性禽流感病毒株(H5N2、H7N7、H9N2)，可经6～9个月禽间流行的迅速变异而成为高致病性毒株(H5N1)。

禽流感病毒对乙醚、氯仿、丙酮等有机溶剂均敏感。常用消毒剂容易将其灭活，如氧化剂、稀酸、十二烷基硫酸钠、卤素化合物(如漂白粉和碘剂)等都能迅速破坏其传染性。

禽流感病毒对热比较敏感，65℃加热30min或煮沸(100℃)2min以上可灭活。病毒在粪便中可存活1周，在水中可存活1个月，在pH < 4.1的条件下也具有存活能力。病毒对低抗温抵力较强，在有甘油保护的情况下可保持活力1年以上。

病毒在直射阳光下40～48h即可灭活，如果用紫外线直接照射，可迅速破坏其传染性。

(2)传播途径

禽流感病毒可通过消化道和呼吸道进入人体传染给人，人类直接接触受禽流感病毒感染的家禽及其粪便或直接接触禽流感病毒也可以被感染。通过飞沫及接触呼吸道分泌物也是传播途径。如果直接接触带有相当数量病毒的物品，如家禽的粪便、羽毛、呼吸道分泌物、血液等，也可经过眼结膜和破损皮肤引起感染。目前还没有发现人感染的隐性带毒者，尚无人与人之间传播的确切证据。

(3)临床表现

人类患上人感染高致病性禽流感后，起病很急，早期表现类似普通型流感。主要表现为发热，体温大多在39℃以上，持续1～7天，一般为3～4天，可伴有流涕、鼻塞、咳嗽、咽痛、头痛、全身不适，部分患者可有恶心、腹痛、腹泻、稀水样便等消化道症状。除了上述表现之外，人感染高致病性禽流感重症患者还可出现肺炎、呼吸窘迫等表现，甚至可导致死亡。

(4)预防控制措施

预防禽流感应该注意以下几点:首先，注意饮食卫生。食用禽蛋、禽肉要彻底煮熟，禽蛋表面的粪便应当洗净，加工保存这类食物要生熟分开。第二，避免接触水禽、候鸟等易于携带禽流感病毒的动物。第三，如果条件允许，可以接种流感疫苗。健康的成年人和青少年可以接种减毒活疫苗，老年人、婴幼儿、孕妇和慢性病患者可以接种流感灭活疫苗。接种流感疫苗的主要目的是减少感染普通流感病毒的几率，并减少流感病毒与禽流感病毒发生基因整合的机会。此外，养禽场工作人员更应注意个人卫生，工作时戴口罩、穿工作服、戴手套，接触禽类粪便等污染物后要洗手，并保持工作环境中空气流通。

禽类发生禽流感时，因发病急、发病和死亡率很高，目前尚无好的治疗方法。按国家规定，发确诊为高致病性禽流感后，应立即对3公里以内的全部禽只扑杀、深埋，其污染物做好无害化处理。这样可以尽快扑灭疫情，消灭传染源，减少经济损失，是扑杀禽流感的有效手段之一，应坚决执行。

6. SARS冠状病毒

(1)生物学特性

SARS病毒呈球形，直径在100nm左右，是有包膜的单股正链RNA病毒，也是目前已知最大的RNA病毒。内部为螺旋型核衣壳结构，钉状的突起包围病毒颗粒表面，符合典型的冠状病毒的形态。

属冠状病毒科冠状病毒属。为有包膜病毒。直径多为60-120nm。包膜上有放射状排列的花瓣样或纤毛状突起。长约20nm或更长。基底窄。形似王冠。与经典冠状病毒相似。病毒的形态发生过程较长而复杂。成熟病毒呈圆球形，椭圆形。成熟的和未成熟的病毒体在大小和形态上都有很大差异。可以出现很多古怪的形态。如肾形、鼓槌形、马蹄形、铃铛形等。很容易与细胞器混淆。在大小上，病毒颗粒从开始的400nm减小到成熟后期的60-120nm。在患者尸体解剖标本切片中也可见到形态多样的病毒颗粒。

冠状病毒通过呼吸道分泌物排出体外，经口液、喷嚏、接触传染，并通过空气飞沫传播，感染高峰在秋冬和早春。病毒对热敏感，紫外线、来苏水、0.1%过氧乙酸及1%克辽林等都可在短时间内将病毒杀死。乙醚4℃条件下作用24小时可完全灭活病毒。75%乙醇作用5分钟可使病毒失去活力。含氯的消毒剂作用5分钟可以灭活病毒。

(2)传播途径

SARS主要传播方式是:

①透过黏液或其他体液的飞沫传染(Aerosol route)

②透过空气传染(Air-borne)

③透过口粪—途径传染(Fecal-oral route)

(3)临床表现

感染了SARS病毒症状与体征:发热(>38℃)和咳嗽、呼吸加速，气促，或呼吸窘迫综合征，肺部罗音或有肺实变体征之一以上。

大部分发生于25~70岁，极少数病患小于15岁。潜伏期通常为2至7天，但也可能长达10天。疾病通常先以发烧为前趋症状(>38℃)，通常为高温，有时会发冷及寒颤;有时尚伴随著其他症状，包括头痛、倦怠及肌肉痛。有些病人发病时会产生轻微的呼吸道症状。通常并不会有皮疹及神经或肠胃道症状，但部分病人在发烧时会发生腹泻。3至7天后进入下呼吸道期，开始没有痰的干咳，或因呼吸困难而导致血氧过低。有10% ~20%的病人，呼吸道疾患严重到必须插管及使用呼吸器。合乎目前世界卫生组织SARS极可能及疑似病例定义者之致死率约为4%。

在潜伏期(2至10天)及疾病前期(1至2天)的传染危险性相当低。当症状完全出现时，才具有最强传染危险性(下呼吸道期)，尤其有厉害咳嗽、呼吸急促及低血氧时更为可怕。90%的病患在疾病期间约有6~7天类似流行性感冒的症状，而后就完全康复。

(4)预防控制措施

冠状病毒的血清型和抗原变异性还不明确，可以发生重复感染，表明其存在多种血清型并有抗原的变异，目前尚未研制出有效的SARS疫苗。对其预防可采用特异性预防，即针对性预防措施(疫苗)和非特异性预防措施(即预防春季呼吸道传染疾病的措施，如保暖、洗手、通风、勿过度疲劳及勿接触病人，少去人多的公共场所等)。治疗主要是对症下药。

7. 疯牛病病毒

(1)生物学特性

朊病毒是一类非正常的病毒，它不含有通常病毒所含有的核酸，而是一种不含核酸仅有蛋白质的蛋白感染因子。其主要成分是一种蛋白酶抗性蛋白，对蛋白酶具有抗性。正因为这种结构特点，使其具有易溶于去污剂、有致病力和不诱发抗体等特性，给诊断和防治带来很大麻烦，给人类和动物的健康和生命带来严重的威胁。朊病毒颗粒对一些理化因素的抵抗力之强，大大高于已知的各类微生物和寄生虫，其传染性强、危害性大的特性极不利于人类和动物的健康。

利用正常细胞中氨基酸排列顺序一致的蛋白进行复制，其过程尚不十分清楚。它是不同于细菌和病毒的生物形式，没有(不利用)DNA或RNA进行复制，由于其结构简单之特性，朊毒体的复制传播都较细菌、病毒更快。目前并无针对性治疗。

(2)传播途径

朊病毒从一类动物传染给另一类动物后，即这种病毒跨物种传播后，其毒性更强，潜伏期更短。

(3)临床表现

此病临床表现为脑组织的海绵体化、空泡化、星形胶质细胞和微小胶质细胞的形成以及致病型蛋白积累，无免疫反应。

病原体通过血液进入人的大脑，将人的脑组织变成海绵状，如同糨糊，完全失去功能。

受感染的人会出现睡眠紊乱、个性改变、供济失调、失语症、视觉丧失、肌肉萎缩、肌痉挛、进行性痴呆等症状，并且会在发病的一年内死亡。该病有常染色体家族遗传倾向。

(4)预防控制措施

牛的感染过程通常是:被疯牛病病原体感染的肉和骨髓制成的饲料被牛食用后，经胃肠消化吸收，经过血液到大脑，破坏大脑，使失去功能呈海绵状，导致疯牛病。

人类感染通常是因为下面几个因素:

①食用感染了疯牛病的牛肉及其制品也会导致感染，特别是从脊椎剔下的肉(一般德国牛肉香肠都是用这种肉制成)；

②某些化妆品除了使用植物原料之外，也有使用动物原料的成分，所以化妆品也有可能含有疯牛病病毒(化妆品所使用的牛羊器官或组织成分有:胎盘素、羊水、胶原蛋白、脑糖)；

③而有一些科学家认为“疯牛病”在人类变异成“克－雅氏病”的病因，不是因为吃了感染疯牛病的牛肉，而是环境污染直接造成的。认为环境中超标的金属锰含量可能是“疯牛病”和“克－雅氏病”的病因。

现在对于疯牛病的处理，尚无有效的治疗办法，只有防范和控制这类病毒在牲畜中的传播。一旦发现有牛感染了疯牛病，只能坚决予以宰杀并进行焚化深埋处理。但也有看法认为，即使染上疯牛病的牛经过焚化处理，但灰烬仍然有疯牛病病毒，把灰烬倒在堆田区，病毒就可能会因此而散播。目前，对于这种病毒究竟通过何种方式在牲畜中传播，又是通过何种途径传染给人类，研究得还不清楚。

8. 口蹄疫病毒

(1)生物学特性

口蹄疫病毒(FootandMouthDiseaseVirus，FMDV)属于小 RNA 病毒科，口蹄疫病毒属，该病毒有七个血清型，目前有 O、A、C、SAT1、SAT2、SAT3(即南非 1、2、3 型)和 Asia1(亚洲 1 型) 7 个血清型。各型之间无交叉保护反应。

口蹄疫是由口蹄疫病毒感染引起的偶蹄动物共患的急性、热性、接触性传染病，最易感染的动物是黄牛、水牛、猪、骆驼、羊、鹿等；黄羊、麝、野猪、野牛等野生动物也易感染此病。本病以牛最易感，羊的感染率低。口蹄疫在亚洲、非洲和中东以及南美均有流行，在非流行区也有散发病例。

FMDV 属于小 RNA 病毒科(Picornaviridae)口疮病毒属(Aphthovirus)，是偶蹄类动物高度传染性疾病(口蹄疫)的病原。在病毒的中心为一条单链的正链 RNA，由大约 8000 个碱基组成，是感染和遗传的基础；周围包裹着蛋白质决定了病毒的抗原性、免疫性和血清学反应能力；病毒外壳为对称的 20 面体。

FMDV 在病畜的水泡皮内和淋巴液中含毒量最高。在发热期间血液内含毒量最多，奶、尿、口涎、泪和粪便中都含有 FMDV。不过，FMDV 也有较大的弱点：耐热性差，所以夏季很少爆发，而病兽的肉只要加热超过 100℃也可将病毒全部杀死。

FMDV 的免疫是依赖 T 细胞的 B 细胞应答，疫苗接种主要诱导中和抗体的产生。

口蹄疫发病后一般不致死，但会使病兽的口、蹄部出现大量水疱，高烧不退，使实际畜产量锐减。另外，有个别口蹄疫病毒的变种可传染给人。因此，每次爆发后只能屠宰和集体焚毁染病牲畜以绝后患。由于口蹄疫传播迅速、难于防治、补救措施少，被称为畜牧业的“头号杀手”。

(2)传播途径

口蹄疫传染途径多、速度快。发病或处于潜伏期的动物是主要的传染源。病毒可通过空气、灰尘、病畜的水疱、唾液、乳汁、粪便、尿液、精液等分泌物和排泄物，以及被污染的饲料、褥草以及接触过病畜的人员的衣物传播。口蹄疫通过空气传播时，病毒能随风散播到 50～100 公里以外的地方。牛、羊、猪等高易感动物，感染发病率几乎为 100%。一般来说，成年动物患口蹄疫的死亡率在 5%～20% 之间，幼畜的死亡率 50%～80%。口蹄疫病毒血清类型多，易变异。已发现的口蹄疫病毒有 A、O、C、SAT1、SAT2、SAT3 和 ASIA1 等 7 个血清型。各型的抗原不同，不能相互免疫。每个类型内又有多个亚型，目前共有 65 个亚型。

(3)临床表现

患口蹄疫的动物会出现发热、跛行和在皮肤与皮肤黏膜上出现泡状斑疹等症状。恶性口蹄疫还会导致病畜心脏麻痹并迅速死亡。

排病毒量:在病畜的内唇、舌面水疱或糜烂处，在蹄趾间、蹄上皮部水疱或烂斑处以及乳房处水疱最多;其次流涎、乳汁、粪、尿及呼出的气体中也会有病毒排出。

人一旦受到口蹄疫病毒传染，经过2~18天的潜伏期后突然发病，表现为发烧，口腔干热，唇、齿龈、舌边、颊部、咽部潮红，出现水疱(手指尖、手掌、脚趾)，同时伴有头痛、恶心、呕吐或腹泻。患者在数天后痊愈，愈后良好。但有时可并发心肌炎。患者对人基本无传染性，但可把病毒传染给牲畜动物，再度引起畜间口蹄疫流行。

(4)预防控制措施

口蹄疫病毒不怕干燥，但对酸碱敏感，80℃至100℃温度也可杀灭它。通常用火碱、过氧乙酸、消特灵等药品对被污染的器具、动物舍或场地进行消毒。隔离、封锁、疫苗接种等方式可预防口蹄疫的发生。用碘甘油涂布患处、消毒液洗涤口腔等是常用的治疗方法，但目前没有特效药。动物患口蹄疫会影响使役，减少产奶量，一般采用宰杀并销毁尸体进行处理，给畜牧业造成严重损失。国际兽疫局将口蹄疫列为"A类动物传染病名单"中的首位。世界上许多国家把口蹄疫列为最重要的动物检疫对象，中国把它列为"进境动物检疫一类传染病"。口蹄疫很少感染人类，但人类接触或摄入污染的畜产品后，口蹄疫病毒会通过受伤的皮肤和口腔黏膜侵入人体。人口蹄疫的特征是突然发热，口、咽、掌等部位出现大而清亮的水疱，没有有效的治疗办法，这些症状经2-3周后可自然恢复，不留疤痕。因此，对人体健康的危害不大。

五、食源性疾病发生的原因

1. 因食品被某些病原微生物污染，并在适宜条件下急剧繁殖或产生毒素;

2. 食品被已达到中毒剂量的有毒化学物质污染;

3. 外形与食物相似但本身含有有毒成分的物质当作食物误食;

4. 食品本身含有有毒物质，在加工、烹调过程未能除去;

5. 因食物发生生物性或物理化学变化而产生或增加有毒物质。

六、预防控制食源性疾病的措施

1. 从食品原料的采购和运输、贮存、食品工厂设计与设施、食品生产用水、食品工厂的卫生管理、食品生产过程的卫生、卫生和质量检验的管理、成品的贮藏和运输、食品生产经营人员个人卫生与健康的要求等方面实行良好的操作规范(GMP)，并在此基础上建立卫生标准操作程序(SSOP)和HACCP质量控制体系，以控制安全的食品微生物及其含量。

2. 妥善做好食品的保藏工作。

3. 在食品加工和日常生活中还应注意烹调食品要加热彻底，熟食要妥善贮存并应立即食用，经贮存的熟食食用前要彻底加热，防止生食品污染熟食品，保持厨房用具表面的清洁，保持双手清洁卫生，保证食用水洁净、防止昆虫、鼠类和其他动物污染食品。

思考题

1. 影响食品变质的食品内部因素有哪些?
2. 影响食品变质的食品外部环境因素有哪些?
3. 简述污染食品的微生物来源及途径。
4. 常见的污染食品并可引起食品腐败变质细菌有哪些?
5. 污染食品并可产生毒素的霉菌有哪些?
6. 食源性疾病发生的原因有哪些?
7. 预防控制食源性疾病的措施有哪些?

学习情境十一　微生物与食品卫生

◆基础理论和知识

1. 了解食品的污染源、污染途径及控制；
2. 明确常见的细菌性食物中毒和真菌性食物中毒；
3. 了解常见疫病的病原微生物的生物学特性、传播途径等；
4. 明确食品卫生标准及食品卫生标准中的微生物学指标。

◆基本技能及要求

1. 能判断食物中毒的类型及常见食物中毒的表现；
2. 掌握食品中基本的微生物学卫生指标的检测原理与方法。

◆学习重点

1. 常见的细菌性食物中毒和真菌性食物中毒；
2. 食品卫生标准及食品卫生标准中的微生物学指标。

◆学习难点

常见的细菌性食物中毒和真菌性食物中毒。

◆导入案例

2005 年 7 月 2 日中午，在简阳(县级市)某大酒店约有 530 人在该大酒店参加两起结婚宴、一起生日宴和一起家庭聚餐。所有就餐者食谱为：卤牛肉、姜汁豇豆、炝拌笋尖、糖拌西红柿、盐水鸭、白水兔丁、韭菜绿乌鸡、笋子牛楠、双椒武昌鱼、珍珠甲鱼、青豆烧田鸡、姜汁肘子、豆沙甜烧白、南瓜绿豆汤、两个时令蔬菜、两道小吃、一个水果拼盘，酒水自带；晚餐为中午所剩回锅菜。晚饭后部分就餐者陆续出现腹痛、腹泻、发热、恶心、呕吐等症状，腹泻开始为稀便、后为水样便、黏液脓血便，腹泻多达每天十余次之多。最早发病者为7月2日晚21时、末例病人为7月3日晨4时，年龄最大者75岁、最小者15岁，中毒人数累计共69人，无中毒病人死亡，所有病人经对症治疗于7月9日都已康复。

案件发生后，简阳市卫生局高度重视，立即派卫生执法监督所监督员于3日会同市疾病控制中心人员对腹泻病人及该大酒店的剩余食品和餐用具进行了采样，要求对所有的餐用具进行彻底消毒，监督销毁导致食物中毒的剩余食品，责令该大酒店暂停营业，并要求店方积极配合各医院抢救病人；同时按照食物中毒事故处理办法的报告要求于4日分别向当地政府和资阳市卫生局报告，市卫生局当日将初次报告传真至省总队，并责成市卫生执法监督所会同市疾病控制中心组成督查组前往督促调查，要求全力救治病人、确保无人员死亡、尽快查明中毒原因、对该大酒店实施行政处罚等。

根据简阳市疾病控制中心关于该大酒店食物中毒的调查报告及检验报告书（简疾（食）检字[2005]054046号，在剩余食品卤牛肉、白水兔丁、姜汁豇豆中均检出大肠菌群≥24000MPN/100克，超过国家标准159倍），推测本次食物中毒为加工操作中生、熟没有严格分开，中午剩余熟食品没有冷藏保存等有关，判定本次食物中毒为细菌性食物中毒。

行政处罚根据《中华人民共和国食品卫生法》，简阳市卫生执法监督所对该大酒店食物中毒肇事案进行了立案调查，收集了相关证据（现场检查笔录、酒店方及聚餐方的询问笔录、流行病学调查报告、疾控中心的检验报告、相关医疗单位的诊治证明材料等），举行了公开听证，作出了没收违法所得12710.00元、并处违法所得2倍罚款（25420.00元），合计处罚该大酒店人民币38130元，8月10日酒店方已自觉履行了行政处罚。

对于微生物引起的食物中毒，除了上面介绍案例中的细菌性食物中毒以外，还有真菌性食物中毒。微生物污染是食品污染中最广泛、最普遍的现象，是最为关注的卫生问题。

◆讨论

我们知道的食物中毒案例有哪些？

项目一　食品的微生物污染

食品的微生物污染是指食品在加工、运输、贮藏、销售过程中被微生物及其毒素的污染。这些微生物主要有细菌、霉菌以及它们产生的毒素等，它们可直接或间接通过各种途径使食品受污染。

任务一 食品的污染源

食品从生产原料、加工，一直到食用以前都有可能遭到微生物污染。对食品造成污染的微生物主要来自以下几方面。

一、土壤

土壤是微生物的大本营。土壤中存在着大量的有机质和和无机质，为微生物提供了极为丰富的营养；土壤具有一定的持水性，满足了微生物对水分的要求；各种土壤的酸碱度多接近中性，渗透压在303.9～607.8kPa，基本上适合微生物的需要；土壤的团粒结构调节了空气和水分的含量，适合多种好氧和厌氧微生物的生长；温度一般在10℃～30℃之间，适宜微生物生长，土壤的覆盖保护微生物免遭紫外线的杀害，因此为微生物的生长、繁殖提供了有利条件，所以土壤素有“微生物的天然培养基”之称。土壤中的微生物种类多，有细菌、放线菌、霉菌、酵母、藻类、原生动物。其中细菌占有较大比例，作为食品污染源危害性最大。其次是霉菌、放线菌、酵母，它们主要生存在土壤的表层。

二、空气

空气中虽有微生物存在，但空气并不是微生物的繁殖场所，因为空气中缺乏营养物质。但空气中仍然存在着数量不等、种类不同的微生物，这主要是由于其他环境中微生物进入空气的缘故。在空气中存活时间较长的微生物主要有各种芽孢杆菌、小球菌、霉菌、酵母的各种孢子等，有时也出现一些致病菌，如结核杆菌、炭疽杆菌、流感嗜血杆菌、金黄色葡萄球等。

三、水

各种水域具有微生物生存的一定条件，自然界的水源中都含有不同量的无机物质和有机物质。不同性质的水源中可能含有不同类群的微生物。一般来说水中的微生物的数量取决于水中的有机质的含量。淡水域中的微生物可分为两大类，一类为清水型水生微生物，如硫细菌、铁细菌、衣细菌及含光合色素的蓝细菌、绿硫细菌、紫硫细菌等化能自养类型。另一类为腐败性的水生微生物，它们是随腐败的有机质进入水体，获得营养而大量繁殖的微生物类群，是造成水体污染、传播疾病的重要原因，主要是革兰氏阴性杆菌，如变形杆菌、大肠杆菌、产气杆菌及各种芽孢杆菌、弧菌和螺菌。海洋中主要是一类嗜盐性的细菌，如假单孢菌、无色杆菌、黄杆菌、芽孢杆菌及一些海鱼类的病原菌等。矿泉水、深井水中只含很少微生物，甚至无菌。土壤中的微生物是污染水源的主要来源，主要来自污水、废物、人畜排泄物中的微生物。

四、人和动植物

人及动物因生活在一定的自然环境中，体表会受到周围环境中微生物的污染。健康的人体和动物的消化道、上呼吸道均有一定种类的微生物存在。当人和动物有病原微生物寄生而造成病害时，患者体内就会有大量的病原微生物通过呼吸道和消化道排泄物向体外排出，其中少数菌是人畜共患病原微生物，如沙门氏菌、结核杆菌、布氏杆菌。它们污染食品和饲料造成人、畜患病或食物中毒。植物一类是非致病菌，如酵母、乳酸菌和醋酸菌主要引起瓜蔬的腐烂；另一类是其代谢产物具有毒性，引起食物中毒，如黄曲霉。

五、食品加工设备与包装材料

各种加工机械设备本身无微生物所需的营养物质，但在食品加工过程中，由于食品的汁液和颗粒粘附于内表面，食品生产结束时机械未得到彻底的灭菌，使少量的微生物得以在其上大量生长繁殖，成为污染源。如使用的包装未经过无菌处理或者处理不当，则会造成食品的重新污染。一次性包装材料通常比循环使用的材料所带有的微生物数量少。塑料包装材料由于带有电荷会吸附灰尘及微生物。

六、食品原料

1. 动物性原料

健康的畜禽具有健全而完整的免疫系统，能有效地防御和阻止微生物的侵入和在肌肉组织内扩散。所以正常机体组织内部是无菌的，而在体表、皮毛、消化道、上呼吸道等器官有大量的微生物存在。患病的畜禽其器官及组织内部可能带有病原微生物。这些微生物在加工过程中如操作不当均可作为污染源污染食品。

2. 植物性原料

健康的植物内部是无菌的，但体表存在大量的微生物。主要来自其原来所生活的环境。如细菌（假单孢菌属、微球菌属、乳杆菌属和芽孢菌属等）、霉菌（曲霉属、青霉属、交链孢霉属、镰刀霉属等）、酵母，有时还附着有植物病原菌及来自人畜粪便的肠道微生物及病原菌。受伤的植物组织或患病植物的果实，其内部可能含有大量的微生物。

任务二　食品污染途径及控制

一、食品污染途径

1. 通过水而污染

食品被微生物污染是通过水作为媒介造成的，如果用不清洁、含菌数较高的水处理食品就会造成食品污染，采用清洁水，使用不当也会造成对食品的污染。

2. 通过空气而污染

空气中微生物分布是不均匀的，往往随尘埃飞扬和沉降将微生物带到食品上。

3. 通过人及动物而污染

人接触食品，特别是人的手造成食品污染最为常见。人无论是健康人还是患者身上都带有微生物，衣物也带有大量微生物。老鼠其皮毛及消化道带有大量微生物。苍蝇、蟑螂等身上带有数百万个细菌。

4. 通过用具及杂物而污染

应用于食品的一切工具，都有可能作为媒介使食品受微生物的污染。

二、食品中微生物的消长情况

1. 加工前

无论动物性的或植物性的食品原料都有不同程度的污染，这些原料中所含的微生物无论在种类还是数量上都比加工后多得多。

2. 加工过程中

食品加工过程中，有些条件对微生物的生存是不利的，特别是清洗、消毒和灭菌，可使微生物数量明显下降，甚至完全消除。如果加工过程中卫生条件差，还会出现二次污染，使残存在食品中的微生物大量繁殖。

3. 加工后

加工后的食品在贮存过程中，微生物消长有两种情况。一种是食品中残存的微生物或再度污染的微生物，在遇到适宜的条件时，生长繁殖而出现食品变质。另一种是食品在加工后残留的少量微生物，由于贮存条件适宜，微生物的数量不断下降。

三、食品污染的控制——HACCP

HACCP(Hazard Analysis Critical Control Point)是危害分析关键控制点，是由食品的危害分析(Hazard Analysis，HA)和关键控制点(Critical Control Point,CCPs)两部分组成的一个系统的管理方式。

HACCP是一种预防性的策略，它的核心是制定一套方案来预计和防止食品生产过程中出现影响食品安全的危害。这些方案以科学为基础，对食品生产中的每一个环节、每项措施、每个分组进行危害风险(即危害发生的可能性和严重性)的鉴定、评估，找出关键控制点加以控制，做到既全面又有重点。同时还建立严格的档案制度，一旦食品出现了安全问题，很容易查找原因，纠正错误。

HACCP系统包括七个基本原理。即危害分析；确定关键控制点；确定关键限值，保证CCP受控制；确定监控CCP的措施；确立纠偏措施；确立有效的记录保持程序和建立审核程序。

我国20世纪90年代开始应用HACCP系统，由食品卫生监督机构采取试点研究的方法，在酸奶、肉制品、街头食品中进行质量控制，取得了较显著的效果；1991年国家商检局研究加工出口的对虾、柑橘的卫生质量方面应用HACCP方法，也取得成效。随着我国加入WTO，HACCP系统必将在我国的食品工业中得到更加广泛的应用。

项目二　食物中毒性微生物及其引起的食物中毒

食物中毒潜伏期短，来势急剧，常集体性爆发，短时间内有很多人同时发病，且有相同的临床表现；一般人和人之间不直接传染。食品卫生国家标准——GB14938－94《食物中毒诊断标准及技术处理总则》对食物中毒给予了界定。食物中毒指摄入了含有生物性、化学性有毒有害物质的食品或者把有毒有害物质当作食品摄入后出现的非传染性的急性、亚急性疾病。

食物中毒又可称为食源性疾病，它具有三个基本特征：在食源性疾病暴发或传播流行过程中食物起了传播病原物质的媒介作用；引起食源性疾病的病原物质是食物中所含有的各种致病因子；摄入食物中所含有的致病因子可以引起急性病理过程为中毒性或感染性两类临床综合征。

食物中毒多种多样，最常见的分类方法是按病原物质分类，由此将食物中毒分为四类：细菌性食物中毒指因摄入细菌性有毒食品引起的急性或亚急性疾病；真菌性食物中毒指食入被真菌及其毒素污染食物而引起的食物中毒；生物组织食物中毒指摄入动物性、植物性有毒食品引起的食物中毒；化学性食物中毒指摄入化学性有毒食品引起的食物中毒。与微生物有关的是细菌性食物中毒和真菌性食物中毒。

任务一 细菌性食物中毒

细菌性食物中毒是指食进含有大量病原菌、条件致病菌或食进某些细菌的毒素引起的中毒。这是食物中毒中最为常见的一种类型，细菌性食物中毒一般分为感染型、毒素型和混合型三种。感染型。由致病菌直接参与下引起的食物中毒，如：沙门氏菌和大部分变形杆菌等，其毒性与致病菌数量密切相关；毒素型。由致病菌在食品中产生毒素，因食入该毒素而引起食物中毒，如葡萄球菌毒素和肉毒梭状芽孢杆菌毒素等；混合型。某些致病菌引起的食物中毒是致病菌的直接参与和其产生的毒素的协同作用，因此称为混合型，如副溶血性弧菌引起的食物中毒等。

细菌性食物中毒一般具有以下特点：

1. 发病的暴发性：误食后在较短时间内出现病人，并迅速形成高峰；
2. 发病具有季节性：一般发生在 4 ~ 11 月，6 ~ 9 月的高峰季节；
3. 病人分布有局限性：仅吃该食物的人发病；
4. 中毒症状的特殊性或相似性：潜伏期短，发病率高，发热，呕吐，腹痛，腹泻等；
5. 无传染性；
6. 从病人与食物中均可分离出同样的病原菌。

目前，我国发生较多的细菌性食物中毒多见于沙门氏菌、变形杆菌、副溶血性弧菌、金黄色葡萄球菌、治病性大肠杆菌、肉毒梭菌等引起的，近年来蜡样芽孢杆菌和李斯特氏菌中毒也有增加，下面将不同的几种细菌性食物中毒分述如下。

一、沙门氏菌属

1. 主要特征

短杆菌，无芽孢，周生鞭毛，G^- 菌。需氧或兼性厌氧，最适生长温度 37℃，最适 pH6.8 ~ 7.8，9% NaCl 以上会使其致死。

2. 生化特征

发酵葡萄糖产酸产气，不分解乳糖、蔗糖。苯丙氨酸脱氨酶阴性，不产生尿素酶，有的能产生 H_2S，不产生吲哚。

3. 抵抗力

在外界生存力较强，在水中可活 2 ~ 3 周。60℃ 15 ~ 20min 即可杀死，100℃立即死亡，-25℃下可存活 10 个月以上 。对庆大霉素、氯霉素、呋喃唑酮等较高敏感。

4. 毒素和侵袭性酶

多数能产生毒力较强的内毒素和肠毒素，肠毒素为热敏的细胞结合型蛋白质，100℃ 10min 即被破坏。细胞毒素可引起肠黏膜损伤，不耐热毒素。

5. 中毒症状

潜伏期为 12 ~ 48h 之间，短者 6h，初期症状表现为头痛、食欲不振、呕吐、腹泻、发烧。重症者出现烦躁不安，昏迷，抽搐，血压下降、休克，如不及时救治，最后可因循环衰竭而死亡。

6. 引起中毒的食物

多由动物性食品引起，各种肉类、蛋类、乳类、水产品等，我国以肉类为主，日本则以鱼类为多。食物中毒的必要条件是食物中含有大量的活菌，食入活菌数量越多，发生中毒的机会就越大，通常 2×10^5 cfu/g 即可发病。

7. 主要污染源

病畜、水源（水产品）、带菌的人、鼠、蝇等。

二、变形杆菌属

1. 主要特征

短杆菌，无芽孢，周生鞭毛，G^- 菌。需氧或兼性厌氧，最适生长温度 37℃，最适 pH6.8～7.8。

2. 生化特征

多数发酵葡萄糖，不分解乳糖。苯丙氨酸脱氨酶阳性，产生尿素酶和明胶酶，有的能产生 H_2S，大多数菌产生吲哚。

3. 抵抗力

不耐热，60℃5～30min 即可杀死，对巴氏灭菌及常用消毒剂敏感，对一般抗生素不敏感。引起食物中毒的变形杆菌主要是普通变形杆菌、奇异变形杆菌、摩根变形杆菌。

4. 毒素和侵袭性酶

内毒素可引起发热、低血压、血栓和致死性休克。肠毒素为蛋白和碳水化合物的复合物，具抗原性。

5. 中毒症状

潜伏期为 1～60h，中毒可分为：急性胃肠炎型中毒是由于大量变形杆菌随同食物进入胃肠道，并在小肠内繁殖所致。过敏型中毒摩根变形杆菌产生脱羧酶，使食品中的组氨酸脱羧形成组胺所致。症状主要表现为腹痛、腹泻、恶心、呕吐、发冷发热、头痛、全身无力。重者腹泻水样便，脱水、酸中毒、腹部剧烈绞痛、血压下降、昏迷，但病程较短，多数在 24h 内恢复。

6. 引起中毒的食物

以熟肉类为主，其次为豆制品凉拌菜和剩饭等，变形杆菌食物中毒是我国常见的食物中毒之一。

7. 主要污染源

变形杆菌在自然界广泛存在，食物中毒的主要污染源是肉类和内脏，以及通过食品工具、容器污染熟制品，中毒原因为被污染食品在食用前未彻底加热。

三、志贺氏菌属（俗称痢疾杆菌）

1. 主要特征

短杆菌，无芽孢、有鞭毛，G^- 菌。需氧或兼性厌氧，最适生长温度 37℃，最适 pH7.2～7.8。

2. 生化特征

发酵葡萄糖，产酸不产气，不分解乳糖。不产生尿素酶，不产生 H_2S，部分菌产生吲哚。

3. 抵抗力

在污染物及瓜果、蔬菜上可存活 10～20d，可在水中繁殖，对酸敏感，50℃15min、60℃10min、阳光照射 30min 均可杀死。对各种消毒剂如石炭酸、漂白粉等敏感。

4. 毒素和侵袭性酶

内毒素作用于肠黏膜，使其通透性增高，促进对内毒素的吸收，引起发热、炎症、溃疡、腹痛、痢疾等。志贺氏毒素系外毒素，可引起腹泻；可阻止小肠上皮细胞对糖和氨基酸的吸收;可作用于中枢神经，造成昏迷或脑膜炎。

5. 中毒症状

志贺氏菌引起细菌性痢疾，潜伏期为10 ~ 12h，短者为6h。症状可分为:肠炎型腹痛、腹泻为主，水样便;痢疾型:发热腹痛，脓血黏液便。

6. 引起中毒的食物

主要是液态或湿润状态带菌的食品。人类对志贺氏菌有较高的敏感性，一般只要10个菌以上就可引起感染。一般引起中毒的菌量在200 ~ 1000个/g。

7. 主要污染源

病人或健康带菌者，无动物宿主。主要通过粪便传播。

四、致病性大肠杆菌

1. 主要特征

杆菌，无芽孢，周生鞭毛，G^-菌。需氧或兼性厌氧，最适生长温度37℃，最适pH7.2 ~ 7.4。

2. 生化特征

发酵葡萄糖、乳糖产酸产气，约半数菌株不分解蔗糖。苯丙氨酸脱氨酶阴性，不产生尿素酶和明胶酶，不产生H_2S，产生吲哚。

3. 抵抗力

不耐热，60℃ 5 ~ 30min即可杀死，在水中可存活数月。对常用消毒剂如漂白粉、石碳酸、氯敏感。

4. 毒素和侵袭性酶

内毒素由脂多糖与蛋白质复合而成，耐热160℃、2 ~ 6h才被破坏，毒性较小，引起人和动物发热，血糖增高。肠毒素分为耐热性肠毒素100℃加热30min不被破坏，对酸、胰酶、蛋白酶K均有抗性;不耐热性肠毒素60℃加热30min即被灭活，可导致肠管中液体缓慢蓄积。细胞毒素能致肾细胞病变的毒性物质。

大肠杆菌主要存在于人和动物的肠道中，随粪便排出，散布于自然界中，是肠道正常菌群，一般不致病，但有4种大肠杆菌是致病的，它们是肠道致病性大肠杆菌(enteropathogenic E. coli EPEC)，肠道毒素性大肠杆菌(enterotoxigenic E. coli ETEC)，肠道侵袭性大肠杆菌(enteroinvasive E. coli EIEC)，肠道出血性大肠杆菌(enterohemorrhagic E. coli EHEC)。

5. 中毒症状

不同的类型的大肠杆菌引起的中毒症状不同。EPEC潜伏期为17 ~ 72h，表现为腹泻、腹痛、脱水，可致婴幼儿腹泻和腹痛;ETEC潜伏期为6 ~ 72h，引起急性胃肠炎，表现为腹泻、腹痛、呕吐、脱水、发热、头痛乃至循环衰竭。致病物质是耐热性肠毒素或不耐热性肠毒素;EIEC潜伏期为48 ~ 72h，主要引起菌痢，表现为血便、腹痛、发热;EHEC主要引起血性结肠炎，表现为严重腹痛和血便，并伴有发热、呕吐。产生细胞毒素，有极强的致病性。

6. 引起中毒的食物

不同的致病性大肠杆菌涉及的食品有所差别。EPEC为水、猪肉、肉馅饼;ETEC为水、奶酪、水产品;EIEC为水、奶酪、土豆色拉;EHEC为水、牛肉糜、生牛奶、发酵香肠、苹果酒、苹果汁、色拉油拌凉菜、生蔬菜、三明治。

7. 主要污染源

被粪便污染的土壤、水、带菌者的手或被污染的器具均可污染食品。

五、副溶血性弧菌

1. 主要特征

弧菌，无芽孢，一端生鞭毛，G^-菌。需氧菌，最适生长温度30℃～37℃，最适pH7.4～8.0。嗜盐菌，在含盐3%～3.5%生长最好。

2. 生化特征

发酵葡萄糖、麦芽糖、淀粉产酸不产气，不发酵乳糖、蔗糖。产生明胶酶，不产生尿素酶，不产生H2S，产生吲哚。

3. 抵抗力

pH6.0以下不能生长，但在含盐6%的酱菜中，虽pH5.0，仍能存活30天以上。65℃时5～10min，90℃时3min即可死亡。对酸敏感，食醋中1min即死亡。

4. 毒素和侵袭性酶

多数毒性菌株能产生耐热性溶血毒素，其分子量为42000u，在100℃加热10min仍不被破坏。除具有溶血作用外，还具有细胞毒、心脏毒、肝脏毒以及致腹泻作用。

5. 中毒症状

潜伏期为4～32h，主要表现初期上腹部疼痛，腹泻、呕吐。继而腹泻严重，出现血水样便，脓血便，寒战、发热。

6. 引起中毒的食物

引起中毒的食物主要是海产品。其中以墨鱼、带鱼、黄花鱼、螃蟹、虾、贝、海蜇等为多见，是我国沿海地区较常见的一种食物中毒。其次如咸菜、熟肉类、禽肉及禽蛋、蔬菜等。在肉、禽类食品中，腌制品约占半数。

7. 主要污染源

带菌人群、食物容器、砧板、切菜刀等处理食物的工具生熟不分时。

六、蜡样芽孢杆菌

1. 主要特征

杆菌多数呈链状排列，有芽孢，周生鞭毛，无荚膜，G^+菌。兼需氧菌，最适生长温度30℃～32℃。

2. 生化特征

分解葡萄糖、麦芽糖、淀粉、蔗糖产酸，不分解乳糖。产生明胶酶、不产生尿素酶，不产生H_2S，产生吲哚。

3. 抵抗力

在4℃、pH 4.3、含盐18%条件下仍能存活。营养体全部杀死需100℃20min，芽孢能耐受100℃30min。

4. 毒素和侵袭性酶

耐热性肠毒素加热110℃经5min毒性仍残存，对胃蛋白酶、胰蛋白酶具耐受性，可在米饭中形成，引起呕吐型食物中毒。不耐热性肠毒素加热56℃ 30min或60℃ 5min，可使其被破坏，对胰蛋白酶、链霉蛋白酶敏感，可被尿素、重金属盐类、甲醛灭活。在包括米饭在内的各种食品中产生，引起腹泻型食物中毒。

5. 中毒症状

①呕吐型。潜伏期0.5～5h，表现为恶心、呕吐、腹痛、腹泻、头昏、口干、结膜充血。

②腹泻型。潜伏期6～16h，表现为腹泻、腹痛、发热、胃痉挛，轻度恶心，呕吐罕见。

6. 引起中毒的食物

引起中毒的食品范围相当广泛，包括乳及乳制品、畜禽肉类制品，蔬菜、甜点心、调味汁、色拉、米饭等。国内主要是剩饭、米粉、甜酒酿、月饼等。

本菌引起中毒的食品中有大量的蜡样芽孢杆菌，活菌量越多，产生的肠毒素越多。食品中菌量的范围与菌株的型别和毒力、食品类别和摄入量、个体差异有关。一般在10^6～10^8cfu/g或更多。

7. 主要污染源

泥土、灰尘、苍蝇，蟑螂等、昆虫和不洁的容器和用具。

七、金黄色葡萄球菌

1. 主要特征

球型，无芽孢、鞭毛，G^+菌。需氧或兼性厌氧，最适生长温度37℃，最适pH7.5，高度耐盐可在10%～15% NaCl肉汤中生长。

2. 生化特征

可分解葡萄糖、麦芽糖、乳糖、蔗糖，产酸不产气。许多菌株水解尿素、还原硝酸盐，液化明胶，凝固牛乳，能产生少量H_2S。

3. 抵抗力

具高耐热性，70℃1h，80℃30min不被杀死，在干燥条件下可生存数月，对青霉素、金霉素和红霉素高度敏感。

4. 毒素和侵袭性酶

肠毒素是一组可溶性蛋白质，分子量26000～34000u，是一种外毒素，毒力也较强，摄入1μg即可引起中毒。肠毒素的耐热力很强，100℃经1～1.5h仍保持毒力，必须经218℃～248℃30min才能使毒性完全消除，抗酸、酶水解。溶血毒素损伤血小板，破坏溶酶体。杀白血球毒素破坏人的白细胞和巨噬细胞；血浆凝固酶使液态的纤维蛋白原变成固态的纤维蛋白，使血浆凝固，纤维蛋白沉积于菌体表面免受吞噬。金黄色葡萄球菌的致病物质有血浆凝固酶、葡萄球菌溶血素、杀白细胞素、肠毒素及表皮剥脱毒素，相对应的疾病分别为皮肤局部的化脓性炎症；各种器官的化脓性感染；全身的感染和败血症、脓毒血症等；食物中毒，肠炎；烫伤样皮肤综合征。

5. 中毒症状

潜伏期一般为1～5h，最短为15min左右，肠毒素被吸收进入血液，刺激中枢神经，主要症状有恶心，反复呕吐，少数可吐出胆汁或含血物黏液，并有腹部疼痛、头晕、头痛、腹泻、发冷等症状。一般病程式较短，1～2d内即可恢复，很少有死亡病例。该菌也是化脓感染中常见病原菌，也可引起肺炎、心包炎、败血症等。

6. 引起中毒的食品

主要为肉、奶、鱼、蛋类及其制品等动物性食品。常见的奶制作的冷饮和奶油糕点；近年由熟鸡、鸭制品污染引起的中毒增多。

7. 主要污染源

人（健康和患病人）和动物（健康和病畜）。

八、肉毒梭状芽孢杆菌

1. 主要特征

杆型成双或短链排列，为芽孢梭菌属，有鞭毛，G^+ 菌。严格厌氧，最适生长温度 28℃ ~37℃，最适 pH6.8 ~7.6，产毒最适 pH7.8 ~8.2。

2. 生化特征

分解葡萄糖、麦芽糖、果糖产酸产气，不分解乳糖。液化明胶，产生 H_2S，不产生吲哚。

3. 抵抗力

繁殖体在加热至 80℃ 30min，或 100℃ 10min 即可杀死，但芽孢 121℃ 30min，或干热 180℃5 ~15min，或湿热 100℃5h 才能将其杀死。

4. 毒素和侵袭性酶

肉毒毒素为大分子蛋白质，对人的致死剂量为 0.1ug，是一种强烈的神经毒素，经小肠吸收进入血循环，作用神经末稍和神经肌肉交接处，抑制神经传导介质——乙酰胆碱的释放，导致呼吸麻痹、心肌瘫痪。肉毒毒素对消化酶（胃蛋白酶和胰蛋白酶）、酸和低温很稳定，易于被碱和热破坏而失去毒性，如在 pH8.5 以上或 100℃10 ~20min 常被破坏。

5. 中毒症状

潜伏期为 12 ~24h 或更长，潜伏期越短，病死率越高，潜伏期长，病情进展缓慢。最初为头晕、无力，随即眼肌麻痹，视力模糊、眼球固定、瞳孔散大、对光反射迟钝或消失，继之张口、伸舌困难，出现语言障碍、吞咽困难，最后出现呼吸肌麻痹，呼吸困难、呼吸衰竭而死亡，死亡者多发生在食后 3 ~7d。

6. 引起中毒的食物

存在于密闭比较好的包装食品中。我国多为家庭自制豆或谷类的发酵食品，如臭豆腐、豆瓣酱和面酱等，及越冬密封保存的肉制品；日本为家庭自制鱼类罐头或其他鱼类制品等；美国多为家庭自制的蔬菜、水果罐头、水产品及肉、乳制品；欧洲多为火腿腊肠及保藏的肉类。

7. 主要污染源

肉毒梭菌存在于土壤、江河湖海的淤泥沉积物、尘土和动物粪便中。其中土壤是重要的污染源，直接或间接地污染食品。

九、单核细胞增多性李斯特氏菌

1. 主要特征

主要为杆型，后又以球形丝状不定，无芽孢，有鞭毛，G^+ 菌，老龄培养物呈阴性。需氧和兼性厌氧，最适生长温度 22℃ ~37℃，4℃ 中亦能生长。最适 pH7.0 ~7.2。

2. 生化特征

能分解葡萄糖、麦芽糖、果糖产酸不产气。不液化明胶，不产生 H_2S 和吲哚。

3. 抵抗力

对碱、盐和冷的耐受性较大，在 pH9.6 的 10% NaCI 中能生存，在 4℃20% NaCI 中可存活 8 周。耐酸不耐碱，对热和消毒剂抵抗力不强，85℃45s，69℃10min 可杀死。对氨苄青霉素、先锋霉素、氯霉素敏感。

4. 毒素和侵袭性酶

溶血素破坏肠道黏膜细胞，是李氏杆菌特异性识别的保护抗原。磷酯酶能逃逸吞噬泡进入胞浆，在人的上皮细胞内生长。该菌是典型的细胞内寄生菌，能感染并能够侵入单核细胞和巨噬细胞内。

5. 中毒症状

症状可分为：中毒型表现为腹泻、腹痛、恶心、呕吐、发烧似感冒；侵袭型表现为脑膜炎、败血症、心内膜炎、流产、死胎。对婴儿感染可出脑膜炎、肺炎、呼吸系统障碍，特别是新生儿的病死率高达20%～50%。

6. 引起中毒的食物

主要是乳及乳制品、肉制品、水产品、蔬菜及水果，尤以乳制品中奶酪、冰淇淋最为多见。

7. 主要污染源

单核细胞李斯特氏菌广泛存在于自然界中，如土壤、粪便、水等，但其传染主要为带菌的人或动物。它的传播途径是通过患者粪便、分泌液、水源、食物。

十、细菌性食物中毒的预防措施

（一）防止污染

1. 防止生前感染

这主要是对家畜、家禽要加强管理，防止传染病的发生、发展与传播。如果发现有病者应及时隔离，防止动物疾病的蔓延；从饲料开始的各个环节都要加强管理。

2. 加强屠宰前的检疫

如发现问题，应严格按照国家的有关规定进行，将问题解决在屠宰场内，防止病畜、病禽肉流入市场。

3. 防止宰后污染

从屠宰到烹调的各环节防止交叉污染，生熟食品的容器具应严格分开使用。

4. 从业人员要定期体检

如发现问题（带菌者）应调离工作，不能接触食品。从业人员的手在接触食品前要进行清洗消毒。

（二）控制细菌生长繁殖和产生毒素

低温可抑制细菌生长繁殖和产生毒素，因此冷藏是最有效的方法，也是预防细菌性食物中毒最主要的措施。熟食品在冷藏期间，做到避光、断氧及不再受污染，冷藏效果最好。一般冷藏温度＜10℃。另外，如果无冷藏设备，可采用盐腌的办法，加8%～10%食盐腌一下，摊放在阴凉通风处也可控制细菌繁殖。加工后的熟肉制品要尽快降温，放阴凉通风处。

（三）彻底加热杀灭病原体及毒素

如果动物性食品被细菌污染，那么，彻底加热是预防细菌性食物中毒最重要的手段。加热灭菌的效果与加热的方式、温度、时间、肉块的大小，以及致病菌的类别和在食品中的数量等有关。一般来说，肉食爆炒的方式是不安全的，最好的方式是“急火催锅滚开，转而微火维持高温，然后延长加热时间”才能达到彻底灭菌的目的。熟食品在食用前应重新加热后食用才安全。

知识拓展

伤寒沙门氏菌 Salmonella Typhi 和鼠伤寒沙门氏菌 Salmonella Typhimurium 这两个名字，看起来也够像的。不过，它们的行为大不相同，基因序列也没有那么像。

伤寒沙门氏菌只感染人类，损害肝、脾和骨髓，每年导致1600万人生病，60万人死掉，由于越来越多菌株具有抗药性，情况可能变得更糟。鼠伤寒沙门氏菌对生活环境不那么挑剔，几乎可感染一切地上走的或爬的活物，在人类身上造成的症状一般是食物中毒（爱吃生鸡蛋的人小心）。听起来好像没有伤寒那么可怕，但一些科学家认为它的威胁更大，由此造成的食物中毒事件实际发生数目比报告数目可能多出30倍，每年有上亿人感染，死亡人数比伤寒沙门氏菌多出一倍，主要是婴幼儿和老人。

剑桥 SANGER 中心，从越南弄来了一种能够抵抗多种抗生素的伤寒沙门氏菌菌株。测序发现，它的基因组里有200多个假基因，它们一度起过作用，但在病菌适应人体生活环境的过程中被抛弃了，而这也可能把它逼上了进化的死角。科学家希望，这种单一的口味会使它比较容易对付，只要阻断它感染人类的途径，就有希望根除这种疾病。在此之前，根据基因组也可以设计出更好的疫苗和诊断方法。由于伤寒的症状与疟疾和登革热等病相似，很容易搞混。

美国 SIDNEY KIMMEL 癌症中心的科学家对鼠伤寒沙门氏菌进行测序，发现它的假基因比伤寒沙门氏菌少得多，只有40多个。此外，两种病菌还各自拥有几百个对方所不具备的基因。对于同属一种的两种生物来说，这种差异足够让人惊诧。已知的肠道沙门氏菌有2000种之多，有几种已经在测序中，届时大家彼此对照起来看，就更有意思了。

任务二　真菌性食物中毒

真菌毒素（Mycotoxin）是真菌的代谢产物，主要产生于碳水化合物性质的食品原料，经产毒的真菌繁殖而分泌的细胞外毒素。当这些毒素随着食物进入人体或动物体后，就可以产生各种中毒症状，即称为真菌性食物中毒。其中产毒素的真菌以霉菌为主。

一、主要产毒霉菌

不少霉菌都可以产生毒素，但以曲霉、青霉、镰刀菌属产生的较多，并且一种霉菌并非所有的菌株都能够产生毒素。所以确切地说，产毒霉菌是指已经发现具有产毒能力的一些霉菌的菌株。

1. 曲霉属（Aspergillus）

曲霉在自然界分布极为广泛，对有机质分解能力很强。产生毒素的种有黄曲霉、赭曲霉、杂色曲霉、烟曲霉、构巢曲霉和寄生曲霉等。

2. 青霉属（Penicillium）

青霉分布广泛，种类很多，经常存在于土壤和粮食及果蔬上。产生毒素的种有岛青霉、桔青霉、黄绿青霉、红色青霉、扩展青霉、纯绿青霉等。

3. 镰刀菌属（Fusarium）

从气生菌丝长出分生孢子梗和分生孢子，或由培养基内的营养菌丝直接生出黏孢子团，黏孢子团内含有大量的孢子。分生孢子有大小两种类型，大型分生孢子是镰刀形，通常有三至五个分隔，少数有六至九个分隔，基部呈足状。小型分生孢子大多数是单细胞。分生孢子群集时，呈黄色、粉红色或橙红色。

镰刀菌属的种很多，该菌可引起谷物和果蔬的霉变，其中大部分是植物的病原菌。产生毒素的种有禾谷镰刀菌、梨孢镰刀菌、拟枝孢镰刀菌、粉红镰刀菌等。

4. 交链孢霉属(Alternaria)

菌丝有横隔，匍匐生长。分生孢子梗单生或成簇，大多数不分枝，较短。分生孢子梗顶端生出分生孢子，形状大小不定，基本形态是桑椹状，有纵横隔膜，呈砌砖状排列，顶端延长成喙状。孢子褐色到暗褐色，孢子常数个连接成链。

交链孢霉广泛分布于土壤、空气、有机物和食品中，有些是植物病原菌，可引起果蔬的腐败变质产生毒素。

二、主要霉菌毒素

霉菌引起的食物中毒是真菌性食物中毒的典型代表，霉菌毒素是霉菌产生的有毒的次级代谢产物。目前发现的能引起人畜中毒的霉菌毒素有 150 多种。

1. 黄曲霉毒素(Alfatoxin 简称 AFT 或 AT)

产生该毒素的真菌有黄曲霉、寄生曲霉。寄生曲霉的所有的菌株都能产生黄曲霉毒素，但我国寄生曲霉罕见。黄曲霉是我国粮食和饲料中常见的真菌，也是产毒的主要菌种。黄曲霉的产毒能力因不同菌株而有很大差异，同时与地区分布有关，一般寒冷地区产毒株少，湿热地区产毒株多。黄曲霉毒素是一组化学结构相近的混合物。目前已分离出 B1、B2、G1、G2、B2a、G2a、M1、M2、P1 等十几种毒素，均为二呋喃香豆素的衍生物。

黄曲毒素具有耐热的特点，降解温度为280℃，在水中的溶解度很低，能溶于油脂和多种有机溶剂。在长波紫外线照射下，毒素可显示荧光，低浓度的纯毒素易被紫外线破坏。加碱能破坏一些毒素，若遇 5% 的次氯酸钠，该毒素瞬间即可破坏。

黄曲霉生长产毒的温度范围是 12℃ ~42℃，最适产毒温度为 33℃，最适 AW 值为 0.93 ~0.98。

在天然污染的食品中以 B1 最多见，其毒性和致癌性也最强，其中最敏感的动物是鸭雏，其半数致死(LD50)为 0.24mg/kg。

黄曲霉毒素是一种强烈的肝脏毒，强烈抑制肝脏细胞中 RNA 的合成，阻止和影响蛋白质、脂肪、线粒体、酶等的合成和代谢，干扰人与动物的肝脏功能，导致突变、癌症及肝细胞坏死。因而，饲料中的毒素可以积蓄在动物的肝脏、肾脏和肌肉组织中，人食用了污染黄曲霉毒素的食品可引起慢性中毒。黄曲霉毒素污染可发生在多种食品上，如粮食、油料、水果、干果、调味品、乳和乳制品、蔬菜、肉类等，其中以玉米、花生和棉籽油最易受到污染，其次是稻谷、小麦、大麦、豆类等。

2. 黄变米毒素

黄变米是在 20 世纪 40 年代日本在大米中发现的，这种米由于被真菌污染而呈黄色，所以称为黄变米。导致大米黄变的真菌主要是青霉属中的一些种。这些菌株侵染大米后产生毒的代谢产物，统称黄变米毒素。黄变米毒素的种类有：

(1) 黄绿青霉毒素(Citreoviridin)

在 2℃ ~13℃便可形成黄变米，米粒上有淡黄色斑。该毒素不溶于水，加热至 270℃失去毒性，该毒素为神经毒，毒性强，中毒特征为中枢神经麻痹，进而心脏及全身麻痹，最后呼吸停止而死亡。产生该毒素的菌种有黄绿青霉等。

(2)桔青霉毒素(Citrinin)

被污染后，米粒呈黄绿色。该毒素难溶于水，是一种肾脏毒，可以导致实验动物肾脏肿大，肾小管扩张和上皮细胞变性坏死。产生该毒素的菌种有桔青霉、暗蓝青霉、黄绿青霉、扩展青霉、点青霉、变灰青霉、土曲霉等。

(3)岛青霉毒素(Islanditoxin)

被污染后，米粒呈黄褐色。该毒素为肝脏毒，可造成动物的肝萎缩、肝纤维化、肝硬化或肝癌。产生该毒素的菌种有岛青霉等。

3. 镰刀菌毒素

镰刀菌毒素是由镰刀菌产生的。镰刀菌在自然界广泛分布，侵染多种作物。镰刀菌毒素已发现有十几种，引起人畜中毒最常见的一类镰刀菌毒素是单端孢霉烯族化合物(Tricothecenes)，而我国粮食和饲料中常见的是其中的脱氧雪腐镰刀菌烯醇(deoxynivalenol 缩写DON)，又称呕吐毒素。DON 主要存在于麦类赤霉病的麦粒中，在玉米、稻谷等作物中也能发现。DON 易溶于水，热稳定性高，油煎温度 140℃或煮沸，只能破坏 50%。

人误食含 DON 的赤霉病麦(含 10% 病麦的面粉 250g)后，多在 1h 内出现恶心、眩晕、腹痛、呕吐、全身乏力等症状。目前一些国家已制定了谷物中 DON 的限量标准，加拿大规定供人食用小麦中 DON 的限量标准为 2mg/kg，婴儿食品为 1mg/kg 。美国还未建立卫生标准，但在 1982 年建议供人食用小麦制品中 DON 含量为 2mg/kg。我国也建议供人食用的谷物中DON 含量不得超过 1mg/kg(食品卫生微生物检验标准手册 1995 年版)。产毒菌有雪腐镰刀菌、禾谷镰刀菌、梨孢镰刀菌、拟枝孢镰刀菌等到多种镰刀菌产生。

4. 杂色曲霉毒素(Sterigmatocystin)

该毒素不溶于水，溶于极性弱的溶剂中，如三氯甲烷，在紫外光灯下具有暗砖红色荧光。主要污染大米、玉米、小麦等谷物和花生、黄豆。糙米易污染杂色曲霉毒素，糙米经加工成标二米后，毒素含量可以减少 90% 。杂色曲霉毒素可以导致动物的肝癌、肾癌、皮肤癌和肺癌，其致癌性仅次于黄曲霉毒素。产毒菌有杂色曲霉，构巢曲霉等。

5. 赭曲霉毒素(Ochratoxins)

现已确认有赭曲霉毒素 A 和赭曲霉毒素 B 两类。它们易溶于碱性溶液中，微溶于水。但对光敏感，接触紫外线，几天就会分解。赭曲霉毒素主要污染的是玉米、大米和小麦。产毒适宜温度为 20℃ ~30℃，Aw 值为 0.997 ~0.953。肾是赭曲霉毒素作用的靶细胞，可导致动物肾脏器官的病变。产毒菌有赭曲霉、纯绿青霉、产黄青霉等。

6. 交链孢霉毒素(Altertoxin)

交链孢霉是粮食、果蔬中常见的霉菌之一，可引起许多果蔬发生腐败变质。交链孢霉可产生多种毒素，这类毒素的致死毒性相对较小，但近期研究表明，这类毒素有明显致畸和致突变作用，及导致胃肠道出血死亡。

三、霉菌产毒的特点

1. 霉菌产毒仅限于少数的产毒霉菌，而产毒菌种中也只有一部分菌株产毒。

2. 产毒菌株的产毒能力还表现出可变性和易变性，即产毒菌株经过累代培养可完全失去产毒能力，非产毒菌株在一定条件下会具有产毒能力。

3. 霉菌毒素的产生并不具有一定的严格性；即一种菌种或菌株可产生几种不同的毒素，

而同一种霉菌毒素也会由几种霉菌产生。

4. 产毒霉菌产生毒素需要一定条件，主要是决定于基质、水分、湿度、温度及空气流通情况;水分为17% ~18%是霉菌繁殖产毒的最适条件。

四、霉菌毒素特点

霉菌污染食品后不仅可造成腐败变质，而且有些霉菌还可产生毒素，造成食物中毒，并产生各种中毒症状。自20世纪60年代发现强致癌的黄曲霉毒素以来，霉菌与霉菌毒素对食品的污染日益引起重视。霉菌毒素特点为:对热不敏感;是小分子，无抗原性;没有传染性流行;主要侵害实质器官，如肝、肾等;多数具有致癌作用。

五、真菌性食物中毒的预防与控制

1. 防霉

在自然条件下，要想完全杜绝霉菌污染是不可能的，关键是要防止和减少霉菌的污染。最重要的防霉措施有:降低食(原料)中的水分(Aw值)和控制空气相对湿度;Aw值控制在0.75以下，相对湿度控制在65% ~70%。减少食品表面环境的氧浓度，即气调防霉;通常采取除氧或加入二氧化碳、氮等气体。降低食品贮藏温度，即低温防霉;冷藏食品的温度界限应在4℃以下。采用防霉剂，即化学防霉;用熏蒸剂如溴甲烷、二氯乙烷、环氧乙烷，用拌合剂如有机酸、漂白粉、多氧霉素。食品添加0.1%的山梨酸防霉效果好。

2. 去毒

目前的除毒方法有两大类:一类包括用物理筛选法、溶剂提取法、吸附法和生物法除去毒素，称之为除去法。另一类用物理或化学药物的方法使毒素的活性破坏，称之为灭活法。

(1)除去法

物理筛选法即采用人工或机械拣出黄曲霉毒素，较集中在霉烂、破损、变色的花生仁粒中，拣出花生霉粒后则毒素 B_2 可达允许量标准以下。溶剂提取法是用80%的异丙醇和90%的丙酮可将花生中的黄曲毒素全部提出来。吸附法是用活性炭、酸性白土等吸附剂处理含有黄曲毒素的油品，效果很好。如果加入1%的酸性白土搅拌30min澄清分离，去毒率可达96% ~98%。生物法即微生物去毒法，如对污染黄曲霉毒素的高水分玉米进行乳酸发酵，在酸催化下高毒性的黄曲霉毒素 B_1 可转变为黄曲霉毒素 B_2，又如假丝酵母可在20d内降解80%的黄曲霉毒素 B_1，根霉也能降解黄曲霉毒素。

(2)灭活法

干热或湿热都可除去部分毒素，花生在150℃以下炒0.5h约可除去70%的黄曲霉毒素，0.01MPa高压蒸煮2h可以除去大部分黄曲霉毒素;用紫外线照射含毒花生油可使含毒量除低95%或更多;2%的甲醛处理含水量为30%的带毒粮食和食品，对黄曲霉毒素的去毒效果很好;5%的次氯酸钠在几秒钟内便可破坏花生中黄曲霉毒素;对含有黄曲霉毒素的油品要用氢氧化钠水洗，也可用碱炼法。它是油脂加工方法之一，同时亦可去毒。因碱可水解黄曲霉毒素的内酯环，形成邻位香豆素钠，香豆素可溶于水，故可用水洗。用上述法应注意所用的化学药物不能在原食品中有残留，或破坏原有食品的营养素等。

知识拓展

霉变甘蔗中毒在我国流行已有29年的历史，首次报告是1972年3月发生于河南郑州的一起食用变质甘蔗中毒，共计36人中毒，重症27人，死亡3人，病死率为8.33%。河北、河南、辽宁、山东、山西、陕西、青海、江苏、湖北、贵州11个省和自治区均有发生变质甘蔗中毒的报告。发病季节多在2~4月份。甘蔗一般于11月份运来北方，置地窖、仓库或庭院堆放过冬，次年春季气温回升，堆放的甘蔗变质，食后引起中毒，发病年龄多为3~10岁儿童，且重症病人和死亡者多为儿童。但也有大年龄组发病和死亡者，发病特点多为散发。

甘蔗进行霉菌分离鉴定和产毒试验的大量研究证实，节菱孢霉(Ar－thrinium)是变质甘蔗中毒的致病菌，占检出霉菌总数的26%左右。长期贮藏的变质甘蔗是节菱孢霉发育、繁殖、产毒的良好培养基。该菌产生的3－硝基丙酸(3－NPA)是变质甘蔗中毒的主要毒性物质，具有很强的嗜神经性。并且在同一根甘蔗上分布不均匀，故出现多人同食一根甘蔗仅有其中几人发病的现象。

霉变甘蔗中毒起病急，潜伏期长短不一，最短仅10分钟，最长可达数小时。临床上无任何前驱症状。首发症状多为恶心、呕吐、腹痛等胃肠道症状，继而出现神经系统弥漫性损害，如脑水肿、意识障碍等。此外尚可有局灶性损害，表现为复视、失语、吞咽困难等。由于3－NPA具有很强嗜神经性，故内脏功能一般不受损害。霉变甘蔗中毒后遗症主要为锥体外系损害，可表现为手足徐动、扭转痉挛。由于霉变甘蔗中毒未有特效疗法，在发现中毒后应尽快洗胃灌肠以排除毒物。控制脑水肿，促进脑功能恢复，改善血液循环，维持水及电解质平衡和防治继发感染等对症及支持治疗。

避免霉变甘蔗中毒日常应以预防为主，对甘蔗加强管理，甘蔗必须于成熟后收割，收割后需防冻，防霉菌污染繁殖。存期不可过长，定期对甘蔗进行感官检查，严禁出售已变质的霉变甘蔗。食品卫生监督机构、甘蔗经营者和广大消费者应会辨认变质甘蔗。变质甘蔗外观无光译，质软，结构疏松，表面可无霉点，瓤部比正常甘蔗略深。甘蔗色略深，呈浅棕色或褐色(正常为乳白色)，可嗅见霉味或酒糖味。样品切成薄片在显微镜下观察，正常的甘蔗细胞结构清晰，无异物；变质甘蔗则细胞结构模糊，内有真菌菌丝浸染，呈卷发状。宣传变质甘蔗中毒的有关知识，使广大消费者提高警惕，以减少或杜绝霉变甘蔗中毒。

项目三　常见致病微生物

当食品经营管理不善，特别是对原料的卫生检查不严格时；食用了严重污染病原菌的畜禽肉类；或者是由于加工、贮藏、运输等卫生条件差，致使食品出现再次污染病原菌，都有可能造成人类患病。

污染食品中引起人畜患病的微生物很多。下面介绍几种引起常见疫病的病原微生物。

任务一　炭疽杆菌

一、生物学特性

炭疽杆菌是粗大的、不运动的革兰氏阳性大杆菌，一般染料着色良好。菌体长4～8um，宽1.0～1.5um。在涂片标本中，呈单在或链状排列，杆菌的末端平截或稍凹陷，以致菌体连接起颇似竹节状。炭疽杆菌在动物体内形成荚膜。在动物体外形成芽孢.荚膜对炭疽杆菌具有保护功能，并且体现毒力。无荚膜株，通常无毒性。

炭疽杆菌是需氧菌，在有氧条件下发育最好。对营养要求不严格，在一般培养基上即可生长。最适生长温度为37℃，pH为7.2～7.6。普通营养琼脂:培养18～24h，形成直径2～3mm，大而扁平、粗糙、灰白色、不透明、边缘不整齐的火焰状菌落。用低倍显微镜观察，菌落呈卷发状。

炭疽杆菌能分解葡萄糖、麦芽糖、蔗糖、菊糖、果糖和草糖，有些菌株尚可迟缓发酵甘油及水杨素。均产酸不产气，能水解淀粉和乳蛋白，不发酵乳糖、阿拉伯胶糖、鼠李糖、甘露糖、半乳糖、棉子糖、甘露醇、卫矛醇和山梨醇，能还原硝酸盐为亚硝酸盐。

炭疽杆菌繁殖体的抵抗力与一般细菌相似，但芽孢抵抗力甚强。在干燥土壤中，如不以阳光直接照射，可保持生活力达数十年之久。牧场一旦被污染，传染性可保持20～30年。对热抵抗力强，煮沸10min或干热140℃3h才能杀死芽孢。

二、传染途径及其症状

人多为接触性传染，人感染本病也多半表现为局限型，分为皮肤炭疽、肠炭疽和肺炭疽。人的感染途径主要是:屠宰工人通过破损的皮肤和外表黏膜接触感染，病畜肉或其加工制品中带有炭疽芽孢，处理不当，食后引起肠型炭疽，处理和运送畜产品，因吸入含炭疽芽孢的尘埃发生肺炭疽。皮肤炭疽表现为斑疹、丘疹、水泡。水疱周围水肿，水疱破溃后形成溃疡，结成黑色痂皮，黑色痂皮为本病的特征，故称炭疽。

三、防治措施

1.给牲畜定期注射炭疽孢苗。在发生炭疽的疫区可用抗炭疽血清做治疗或紧急预防注射。人类患此病，采用抗生素治疗。

2.死亡患畜一旦确诊即或怀疑本病，严禁尸体解剖诊断，并按畜产品、食品卫生保健有关规定处理。与病畜或病畜接触过的人员，必须受到卫生上的护理。彻底焚烧深埋畜尸，对屠宰场只有确保消灭传染源的一切措施实行之后，方能恢复屠宰，否则不能继续屠宰。

3.加强饮食卫生工作，熟食品加热后再食。

任务二　结核分枝杆菌

一、生物学特性

在病灶内菌体正直或微弯曲，有时菌体末端具有不同的分枝，有的两端钝圆，无鞭毛，无荚膜和无芽孢，没有运动性。本菌为革兰氏阳性菌。

本菌为严格需氧菌。最适生长温度为37℃～37.5℃、本菌生长速度很慢。结核杆菌对营养要求极高，必须在含有血清、鸡蛋、甘油等的特殊培养基上才能良好的生长。菌落呈灰黄白色、干燥颗粒状、显著隆起，表面粗糙皱缩、菜花状的菌落。

结核杆菌不发酵糖类，能产生过氧化氢酶。

本菌含有大量的脂类，抵抗力较强。对于干燥的抵抗力特别强大。它在干燥状态可存活2~3个月，在腐败物和水中存活5个月，在土壤中存活7个月到1年。低温菌体不死，而且在零下190℃时还保持活力。

二、传染途径及症状

结核杆菌来自病人和病畜的病灶。病菌随着痰液、尿液、粪便、乳液或其他分泌物排出体外而传播。病菌除通过呼吸道侵入人体外，也可以由污染的食品和饮用水感染。牛对结核杆菌有较高的易感性。患有结核病的乳牛，其乳中含有结核菌，人吃了消毒不彻底的这种乳，就会得结核病。结核杆菌几乎可侵犯人和动物的所有器官组织，引起周围和全身病变。

三、防治措施

1. 搞好乳牛的卫生管理，其中包括定期进行牛体检查；另一方面牛乳要彻底消毒。
2. 结核病治疗药物有异烟肼、链霉素、对氨水杨酸、利福平等。

任务三　布鲁氏菌

一、生物学特性

布鲁氏菌病(brucellosis)又称地中海弛张热、马耳他热、波浪热或波状热，是由布鲁氏菌引起的人畜共患性全身传染病，其临床特点为长期发热、多汗、关节痛及肝脾肿大等，该病进入慢性期可能引发多器官和系统损害。1897年Hughes根据地中海弛张热的热型特征，建议称“波浪热”。为纪念Bruce，学者们建议将该病取名为“布鲁氏菌病”。

布鲁氏菌为小球杆状菌，革兰氏染色阴性，无鞭毛，不形成芽孢，一般无荚膜，光滑型菌株有荚膜，好氧性，仅可利用少量的碳水化合物,不形成酸，可在肝浸出物等动物性培养基中生长,产生大量氨和硫化氢。最显著的特征是培养中需要二氧化碳，在10%的二氧化碳中能进行良好的发育。初次分离时多呈球状、球杆状和卵圆形，该菌传代培养后渐呈短小杆状。中国流行的主要是羊(Br. melitensis)、牛(Br. bovis)、猪(Br. suis)三种布氏杆菌，其中以羊布氏杆菌病最为多见，其次是牛种布鲁氏菌。

布鲁氏菌不耐高温，用于牛奶消毒的巴氏灭菌就可以把它们杀灭。对干燥的抵抗力很强，经干燥后还能生存数月之久。能耐受低温，在冷藏的奶油中可生存一至两个月，对一般消毒剂较敏感。

二、传染途径及症状

布鲁氏菌主要感染动物，牛、羊、猪、狗以及骆驼、鹿等动物都可能被感染。布鲁氏菌传播给人最主要的途径是接触性传播，其他途径包括饮食、接触患病动物皮毛。通常情况下，这种细菌可能通过三种途径进入人体:吃了被感染的奶制品或者不熟的路边烧烤;通过人体的呼吸进入;通过人体表面的伤口进入。在这三种途径中，通过呼吸感染并不常见，一般只发生在屠宰场或者培养此类细菌的实验室中。通过皮肤伤口进入，也往往是屠宰场工人居多。许多野生动物也可能被感染，狩猎者也有一定的感染风险。对于普通人来说，接触动物的机会不多，通过这两种途径感染的风险很小。喝未经灭菌的生奶，或者这样的奶制成的奶制品，是普通人感染的主要途径。

人类感染布鲁氏菌后，发病缓慢，症状为波状热。致病的原因是由于本菌侵入血液、肝、脾、淋巴腺、肾和肺等组织，有内毒素产生。潜伏期为14～30天。

三、预防措施

首先要在旅行当中避免食用或饮用未经消毒的奶、奶酪或雪糕。如果不确定奶制品是否经过消毒，那么就不要食用。此外，在处理动物内脏时应戴上橡胶手套。

知识拓展

2003年07月，广州市花都区发现奶牛布鲁氏菌病。

2010年12月19日，东北农业大学应用技术学院畜禽生产教育0801班30名学生在动物医学学院实验室进行“羊活体解剖学实验”，多名学生被感染。校方很快便组织0801班集体进行检查，最终发现，全班30人中共有16人感染布鲁氏菌病。这还不是最后的数字，因为做过此类实验的，并非只有0801班。学生们称，经过一段时间的检查后，最终查出，共5个班级28人被感染布鲁氏菌病，其中包括27名学生、1名老师，感染者被送至黑龙江省农垦总局总医院接受治疗。2011年9月5日，该校召开新闻发布会，通报该校动物医学学院27名学生及1名教师因使用4只未检疫山羊进行实验而感染布鲁氏菌病的情况，并表示深深的歉意。除2名学生因骨关节少量积液、医院建议住院观察或门诊随访外，已有25名师生临床治愈、1名学生好转，可以出院。现已有18名师生出院，并回到学校开始正常的学习、工作。同时，已有17名学生就事故善后问题与学校签署了相关协议。仍有10名学生尚未与学校达成共识。

2013年4月，加拿大食品检验局女华裔研究员余伟玲(音译)因伙同同事，向亚洲非法携带并试图出售17瓶病原体遭加拿大通缉 。据称，该病原体为活的布鲁氏菌，可感染人畜，具有高度传染性。据加拿大食品检验局网站显示，自1984年以来，布鲁氏菌没有在加拿大暴发 。

项目四　食品卫生与食品卫生标准

任务一　食品卫生

食品卫生是指为确保食品安全性和适用性，在食物链的所有阶段必须采取的一切条件和措施。即食品在原料生产、加工或制造直至最后消费的各个阶段都必须是安全的，符合卫生的和有益健康的。食品不能含有营养成分以外的、人为添加的、污染的或天然固有的有毒、有害物质或杂质。

食品中有害因素和污染源主要包括各种性质的食品污染物，不适当的食品添加剂、动植物中的天然毒素和食品加工、贮藏中可能产生的有毒、有害物质。其中微生物污染是食品污染中最广泛、最普遍的现象，是最为关注的卫生问题。

一、食品的卫生要求

食品卫生法规定，食品应当无毒、无害，符合应当有的营养要求，具有相应的色、香、味等感官性状。

二、食品卫生管理

1. 食品卫生管理体制

食品企业的卫生管理从国际范围来看有三种比较流行的卫生管理体系。

(1)全面卫生管理体系(Total sanitation control)

内容包括食品企业的选址、厂房建筑、生产流程、生产机械设备、上下水与污染处理、原辅材料、食品添加剂、食品容器、生产经营场所和环境、从业人员健康管理和卫生知识教育、半成品、成品、包装储存、销售等全部环节都有一套完善的卫生监督和管理措施，以及检测方法，从而确保食品卫生质量。

(2)GMP管理体系

GMP(good manufacturing practice)为良好操作规范或良好生产工艺。是由食品生产企业与卫生部门共同制定的，规定了在加工、储藏和食品分配等各个工序中所要求的操作和管理规范。其主要内容包括食品生产、经营条件的选址、设计、厂房建筑、设备、工艺过程、检测手段、人员组成、个人卫生、管理职责、卫生监督程序、满意程度等一系列生产经营条件，并提出卫生学评价的标准和规范。

(3)危害分析与关键控制点(Hazard analysis critical control point)

HACCP的最大特点是充分利用检测手段，对生产流程中的各个环节进行抽样检测和有效分析，预测食品污染的原因，从而提出危害关键控制点及危害等级，再根据危害关键控制点提出控制项目、控制标准、检测方法、监控方法以及纠正的措施。通过采取这些相应的措施，预防危害的发生。

2. 加强食品卫生的法制监督管理

《中华人民共和国食品卫生法》是国家对食品生产、经营卫生监督管理的最高层次法律规范。它标志着我国食品卫生管理进入了法制管理的轨道。它规定了国家与从事食品生产、经营的单位或个人之间，以及食品生产者、经营者与消费者之间在有关食品卫生管理、监督中所发生的社会关系，特别是经济关系，以及违反本法后的惩罚措施。

3. 加强食品企业的卫生质量管理

食品企业是食品生产的主体，食品质量的好坏，企业是关键，国家职能部门是保障。食品的卫生质量首先取决于食品企业的卫生管理水平，食品企业应该抓好环境卫生和生产中的卫生管理，严格遵守我国的食品卫生法规和标准。同时还需借鉴国际上先进的食品卫生管理经验和模式，并尽快和国际食品卫生管理标准和管理模式接轨。

4. 加强进、出口食品的卫生管理

在我国对外贸易中进出口食品占有相当的比例，今后还会有更大的发展，近年来疯牛病、口蹄疫以及二恶英等事件，促使各国加强了食品卫生的监督管理。加强进出口食品的卫生管理不仅关系到人类的健康，而且也直接影响我国的种植业、养殖业和食品工业，乃至市场经济体制的建设和发展。

三、食品卫生标准

食品卫生标准是检验食品卫生状况的依据，是判断食品、食品添加剂等是否符合食品卫生法的主要衡量标志。

食品卫生标准是由卫生部门批准颁发的单项物品卫生法规，它可分为国家标准、行业标准及地方标准。在国家标准中又分为强制性国家标准（GB）、推荐性国家标准（GB/T）、内部标准（GBn）和试行标准。不同的行业标准分别用QB、SB、SN和NY等表示。到目前为止我国正式公布的食品及加工产品类的国家卫生标准共有175项（其中国家标准169项、行业标准6项）。

我国制定的食品卫生标准一般包括三个方面的内容：感官指标、理化指标和微生物指标。

1. 感官指标

所谓的感官指标是指通过目视、鼻闻、手摸和品尝检查各种食品外观的指标。一般包括色泽、气味、口味和组织状态等内容。

2. 理化指标

理化指标是指食品在原料、生产加工过程中带入的有毒、有害物质或腐败变质后产生的有毒、有害物质。

不同的食品有不同的理化指标，某种食品需要检验的指标主要从食品在生长、生产或制造和贮存过程可能的污染和变化等方面考虑，这些都在食品卫生标准中反映出来。

理化指标的测定表示方法一般有%、mg/Kg、ul/L等。

四、食品卫生标准中的微生物学指标

我国食品卫生标准中的微生物指标一般是指细菌总数、大肠菌群、致病菌、霉菌和酵母五项。

（一）菌落总数

菌落总数（Bacteria count）是指在普通营养琼脂培养基上生长出的菌落数。常用平皿菌落计数法测定食品中的活菌数，以菌落形成单位表示（conoly forming unit）；简称cfu，一般以1g或1ml食品，或1cm^{2}食品表面积所含有的细菌数来报告结果。

菌落总数具有两个方面的食品意义，其一作为食品被污染，及清洁状况的标志；其二可用来预测食品的可能存放的期限。菌落总数在测定过程中应注意以下几个方面：

1. 培养温度。不同食品含有细菌种类不同，即引起食品新鲜度下降的细菌种类不同。温度不同，细菌生长速度不一样。通常将细菌按生长温度的要求划分为嗜冷菌、嗜温菌和嗜热菌。

2. 培养时间。根据不同类型的细菌，其培养时间也不相同。嗜冷菌：20℃～25℃、5～7，5℃～10℃、10～14天；嗜温菌：30℃～37℃、24或48±3小时；嗜热菌：45℃～55℃、2～3天。

3. 样品中细菌要均匀分布。在进行样品稀释时，必须充分地混匀样品，否则检验结果有较大的差异。

4. 不是所有的食品都规定有细菌总数指标。如发酵食品。

5. 细菌总数反映的不是食品中全部的微生物。自然界中的细菌种类很多，各种细菌的生理特征和所要求的生活条件不尽相同，但异氧、中温、好气性细菌占绝对多数。所以实际工作中只用一种常用的营养琼脂来测定样品中的菌落数。因此，严格地说，这种方法所得到的结果，是一些能在营养琼脂上生长的好氧细菌的菌落总数。

（二）大肠菌群

大肠菌群（coliform group）系指一群在37℃，经24小时能发酵乳糖，并产酸产气，需氧或兼性厌氧生长的革兰氏阴性的无芽孢杆菌。其中包括肠杆菌科（Enterobacteriaceae）的埃希氏菌属（Escherichia）、柠檬酸杆菌（Citrobacter）、属克雷伯氏菌属（Klebsiella）、产气肠杆菌属（Enterobacter）等。其中以埃希氏菌属为主，称为典型大肠杆菌，其他三属习惯上称为非典型大肠杆菌。这群细菌能在含有胆盐的培养基上生长。一般认为，大肠菌群都是直接或间接来源于人与温血动物的粪便。

1. 大肠杆菌卫生标准的意义

(1)理想的粪便污染的指示菌群；

(2)作为肠道致病菌污染食品的指示菌。

2. 测定方法

用稀释平板法，以每100ml(g)食品检样内大肠菌群的最近似值表示。

(三)致病菌

食品中不允许有致病性病原菌的存在，致病菌种类繁多，且食品的加工、贮存条件各异，因此被病原菌污染的情况是不同的。只有根据不同食品的可能污染的情况来作针对性的检查。

1. 禽、蛋、肉类食品必须作沙门氏菌检查；

2. 酸度不高罐头必须作肉毒梭菌的检查；

3. 发生食物中毒必须根据当地传染病的流行情况，对食品进行有关病原菌的检查；

4. 有些病原菌能产生毒素，必须检查，一般用动物实验法来测定最小致死量和半数致死量等。

(四)霉菌和酵母菌

霉菌和酵母菌是食品酿造的重要菌种。但霉菌和酵母菌也可造成食品的腐败变质，有些霉菌还可产生霉菌毒素。因此，霉菌和酵母菌也作为评价食品卫生质量的指示菌，并以霉菌和酵母菌的计数来判断其被污染的程度。

知识拓展

世卫组织公布的10大垃圾食品：油炸食品。导致心血管疾病元凶(油炸淀粉)；含致癌物质；破坏维生素，使蛋白质变性。腌制类食品。导致高血压，肾负担过重，导致鼻咽癌；影响黏膜系统(对肠胃有害)；易得溃疡和发炎。加工类肉食品(肉干、肉松、香肠等)。含三大致癌物质之一亚硝酸盐(防腐和显色作用)；含大量防腐剂，加重肝脏负担。饼干类食品(不含低温烘烤和全麦饼干)。食用香精和色素过多，对肝脏功能造成负担；严重破坏维生素；热量过多、营养成分低。汽水可乐类食品。含磷酸、碳酸，会带走体内大量的钙；含糖量过高，喝后有饱胀感，影响正常食欲。方便类食品(方便面和膨化食品)。盐分过高，含防腐剂、香精(损肝)；只有热量，没有营养。罐头类食品(包括鱼肉和水果)。破坏维生素，使蛋白质变性；热量过多，营养成分低。话梅蜜饯类食品(果脯)。含三大致癌物质之一亚硝酸盐(防腐和显色作用)；盐分过高，含防腐剂、香精(损肝)。冷冻甜品类食品(冰淇淋、冰棒和各种雪糕)。含奶油极易引起肥胖；含糖量过高，影响正餐。烧烤类食品。含大量“三苯四丙吡”(三大致癌物质之首)；1只烤鸡腿=60支烟的毒性；导致蛋白质炭化变性(加重肾脏、肝脏负担)。

任务二　食品卫生的微生物学检验

一、样品的采集与处理

（一）样品的采集和处理

在食品的检验中，样品的采集是极为重要的一个步骤。采集的原则是采集的一切样品必须具有代表性，即所取的样品能够代表食品所有成分和卫生质量。采样时既要考虑到各种影响样品质量的因素，又要防止样品受到外源性污染或变质。

样品可分为大样、中样（原始样品）和小样（检样）三种。大样指一整批；中样是从样品各部分取的混合样，一般为200g；小样又称为检样，一般以25g为准，用于检验。

取样的方案和取样的数量主要取决于检验的目的。目的不同，取样的方案也不同。例如，一般食品卫生质量的微生物检验，若需检验食品的污染情况，可取表层样品，若需检验其品质情况，应取深层样品；查找食物中毒病原微生物，则应收集可疑中毒源食品和餐具、病人的呕吐物、粪便或血液；鉴定畜禽产品中是否含有人畜共患病原体，则应采集病原体最集中、最易检出的组织和体液等。我国食品卫生微生物检验时食品取样方案和数量，具体查阅国家食品卫生检验方法标准总则（GB4789.1－1994）。

食品微生物检验中采样的方法是能采取最小包装的食品就采取完整包装，必须拆包装取样的应按无菌操作进行，样品放在无菌的容器中。冷冻样品应保持冷冻状态，非冷食品应保持在0℃～5℃保存。采样用具如探子、铲子、匙、采样器、镊子、剪子、刀子等必须灭菌。

（二）食品微生物检验的样品处理

样品处理应在无菌条件下进行。冷冻样品需解冻，解冻温度为2℃～5℃，不超过18h或45℃不超过15min。

1. 固体样品

可用无菌刀、剪或镊子取不同部位样品，剪碎混匀，取其中25g放入带225mL稀释液无菌均质杯中8000～10000r/min均质；或取25g进一步剪碎，放入225mL稀释液和适量小玻璃珠的稀释瓶中，盖紧瓶盖用力快速振摇，或取25g放入加有无菌海沙的无菌乳钵内充分研磨后，再转移至225mL无菌稀释液的稀释瓶中充分混匀，制成1∶10混悬液进行检验。

2. 液体样品

原包装样品用点燃的酒精棉球消毒瓶口，再用灭菌纱布盖住瓶口，用无菌开罐器开启，摇匀后用无菌吸管吸取样液；含二氧化碳的饮料类，按上述方法开启后，倒入灭菌磨口瓶，用灭菌纱布盖住瓶口轻轻摇动，待气体逸出后进行检验。

二、样品的检验

样品送至实验室，应立即登记、填写序号，按不同样品的性质分别放入冰箱或冰盒中，并积极准备条件进行检验。一般阳性样品发出报告后3d方能出来样品；进口食品的阳性样品，需保存6个月方能处理；阴性样品可及时处理。

每种指标都有一种或几种检验方法，应根据不同的样品、不同的检验目的来选择恰当的检验项目和方法。常规检验主要参考现行国家标准的方法进行；进、出口食品应按国际标准或食品进口国规定的方法。总之，应根据食品的消费去向选择相应的检验方法。

三、结果报告

样品检验完毕后，检验人员应及时填写报告单，签名后送主管人核实签字，加盖公章，以示生效，并立即交食品卫生监督人员处理。

思考题

1. 什么是食品的微生物污染？食品的污染源有哪些？

2. 简述食品中毒的概念及其基本特征。

3. 列表区分沙门氏菌属、变形杆菌属、志贺氏菌属、治病性大肠杆菌四种细菌性食物中毒情况。

4. 细菌性食物中毒的预防措施。

5. 黄曲霉毒素的简称是什么？其性质及毒性如何？

6. 炭疽杆菌的传染途径、症状及防治措施。

7. 什么是大肠菌群？试述细菌总数、大肠菌群检验的卫生学意义。